Mecânica

Blucher

Mecânica

Ivan de Oliveira

Publisher Edgard Blücher
Editores Eduardo Blücher e Jonatas Eliakim
Coordenação editorial Andressa Lira
Produção editorial Lidiane Pedroso Gonçalves
Revisão de texto Maurício Katayama
Capa Laércio Flenic
Imagem da capa iStockphoto
Editora Blucher
Rua Pedroso Alvarenga, 1245, 4º andar
CEP 04531-934 – São Paulo – SP – Brasil
Tel.: 55 11 3078-5366
contato@blucher.com.br
www.blucher.com.br

Dados Internacionais de Catalogação na Publicação (CIP)
Angélica Ilacqua CRB-8/7057

Oliveira, Ivan de
Mecânica / Ivan de Oliveira. — São Paulo : Blucher, 2023.
370 p.
Bibliografia
ISBN 978-65-5506-761-3
1. Mecânica 2. Física 3. Matemática I. Título
23-1333 CDD 531

Índice para catálogo sistemático: 1. Mecânica

Para Isadora, Pedro e Jussara.

Nature and Nature's laws lay hid in night: God said, "Let Newton be!" and all was light.

Alexander Pope

Conteúdo

Capítulo 1

Conceitos preliminares

Alguns conceitos como posição, velocidade e aceleração são fundamentais para o entendimento e para a descrição do movimento, seja de um ponto material ou de um corpo rígido. Dessa forma, nas seções que seguem iremos descrever esses conceitos.

1.1 Referenciais

A descrição do movimento de uma partícula ou de um corpo rígido tem como princípio fundamental a localização seja da partícula ou das partículas que compõem o corpo rígido no espaço. Entretanto, essa localização deve ser feita com base no que chamamos de referencial.

Um referencial é um sistema de coordenadas que serve para indicar a posição das partículas no espaço. Um relógio também deve ser conectado a esse sistema de coordenadas para indicar o tempo, assim podemos descrever o movimento, ou seja, a mudança da posição com tempo e com relação a um dado referencial.

Um referencial que se movimenta com velocidade constante é chamado de referencial inercial. Nesse referencial os corpos se movimentam livres de forças externas.

A importância de definirmos referencial se traduz, por exemplo, na definição do conceito de repouso. Quando a velocidade medida por um observador em um sistema de referência inercial for nula, dizemos que o objeto está em repouso.

1.2 Vetor posição e trajetória

O vetor posição é um vetor que localiza o ponto material no espaço em relação a um dado referencial. Na Fig.1.1 temos os vetores $\vec{r}_1$ e $\vec{r}_2$ localizando o ponto material em relação à origem do sistema de coordenadas. O conjunto de pontos ocupados no espaço pelo ponto material ao longo do tempo definimos como sendo a trajetória C desse ponto.

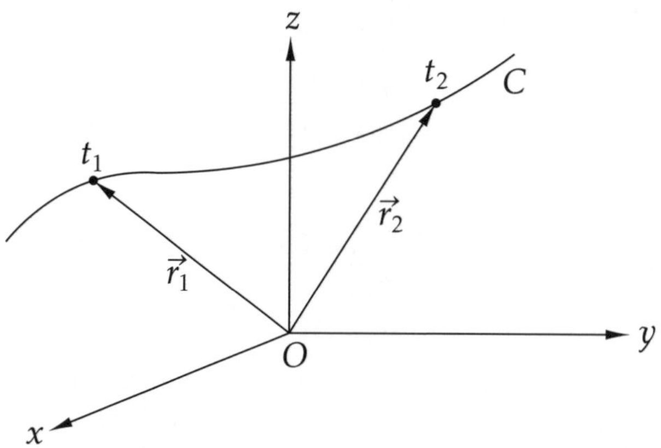

Figura 1.1: Vetores posição $\vec{r}_1$ e $\vec{r}_2$ ao longo da trajetória C.

Utilizando as coordenadas cartesianas, os vetores $\vec{r}_1$ e $\vec{r}_2$, em relação à origem do sistema de coordenadas, são dados por,

$$\vec{r}_1 = x_1\hat{i} + y_1\hat{j} + z_1\hat{k} \tag{1.1}$$

$$\vec{r}_2 = x_2\hat{i} + y_2\hat{j} + z_2\hat{k} \tag{1.2}$$

onde $\hat{i}$, $\hat{j}$ e $\hat{k}$ são os vetores unitários ao longo dos eixos x, y e z, respectivamente.

Consideremos agora que o ponto material localizado pelo vetor $\vec{r}_1$ mude de posição, sendo agora localizado pelo vetor $\vec{r}_2$. Definimos como sendo o vetor deslocamento o vetor $\Delta\vec{r}$, que é mostrado na Fig.1.2, e que representa a mudança da posição ao longo da trajetória.

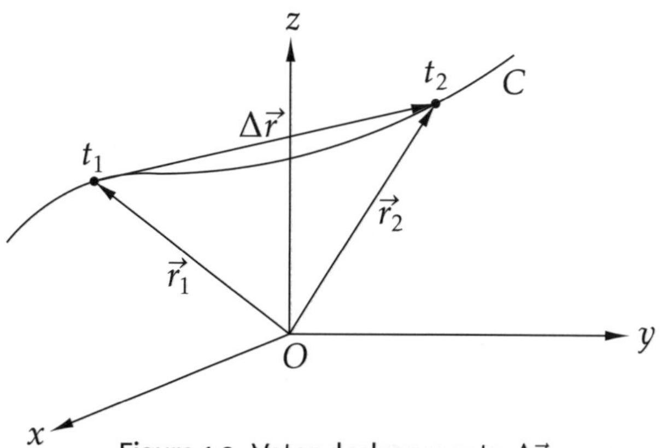

Figura 1.2: Vetor deslocamento $\Delta\vec{r}$.

É fácil perceber pela Fig.1.2 que

$$\vec{r}_2 = \Delta\vec{r} + \vec{r}_1 \tag{1.3}$$

e, dessa forma, o vetor $\Delta\vec{r}$ fica dado por

$$\Delta\vec{r} = \vec{r}_2 - \vec{r}_1 \tag{1.4}$$

Utilizando as Eqs.(1.1) e (1.2), podemos ainda escrever que

$$\Delta\vec{r} = (x_2 - x_1)\hat{i} + (y_2 - y_1)\hat{j} + (z_2 - z_1)\hat{k} \tag{1.5}$$

$$\Delta\vec{r} = \Delta x\hat{i} + \Delta y\hat{j} + \Delta z\hat{k} \tag{1.6}$$

onde Δx, Δy e Δz são as componentes do vetor $\Delta\vec{r}$ ao longo das direções x , y e z, respectivamente.

1.3 Velocidade

O conceito de velocidade é amplo, podendo ser aplicado a diferentes situações e em diferentes áreas do conhecimento. Usamos o conceito de velocidade, por exemplo, na química (velocidade de reação), na biologia (taxa de crescimentos de seres vivos) na economia (taxa de crescimento ou de redução do PIB), entre outras. Dessa forma, intuitivamente podemos perceber que a velocidade está associada à rapidez com que algum fenômeno varia com o tempo. Como estaremos interessados na descrição do movimento de um objeto, a velocidade nos dará a informação da rapidez com que varia a posição desse objeto no tempo. Dessa forma, temos

$$\vec{v} = \lim_{\Delta t \to 0} \frac{\Delta\vec{r}}{\Delta t} \tag{1.7}$$

Consideremos que os vetores $\vec{r}_1$ e $\vec{r}_2$, mostrados na Fig.1.1, sejam os vetores posição do nosso objeto ao longo da trajetória nos instantes de tempos $t_1 = t$ e $t_2 = t + \Delta t$, ou seja,

$$\vec{r}_1 = \vec{r}(t) \tag{1.8}$$

$$\vec{r}_2 = \vec{r}(t + \Delta t) \tag{1.9}$$

Dessa forma o vetor deslocamento pode ser escrito como sendo

$$\Delta\vec{r} = \vec{r}_2 - \vec{r}_1 \tag{1.10}$$

$$\Delta\vec{r} = \vec{r}(t + \Delta t) - \vec{r}(t) \tag{1.11}$$

que, substituindo na Eq.(1.7), resulta em

$$\vec{v} = \lim_{\Delta t \to 0} \frac{\vec{r}(t + \Delta t) - \vec{r}(t)}{\Delta t} \tag{1.12}$$

É importante notarmos que o lado direito da Eq.(1.12) é a definição da derivada de uma função. Sendo assim a velocidade fica sendo definida como a taxa de variação da posição com relação ao tempo, ou seja,

$$\vec{v} = \frac{d\vec{r}}{dt} \tag{1.13}$$

e que pode ser escrita, considerando que $\vec{r} = x\hat{i} + y\hat{j} + z\hat{k}$, da seguinte maneira:

$$\vec{v} = \frac{dx}{dt}\hat{i} + \frac{dy}{dt}\hat{j} + \frac{dz}{dt}\hat{k} \tag{1.14}$$

$$\vec{v} = v_x\hat{i} + v_y\hat{j} + v_z\hat{k} \tag{1.15}$$

onde v_x, v_y e v_z são as componentes cartesianas do vetor velocidade.

A Eq.(1.7) nos diz que a direção e o sentido do vetor velocidade ficam determinados pelo vetor deslocamento $\Delta\vec{r}$. Para entendermos um pouco mais sobre o vetor velocidade vamos analisar a Fig.1.3, em que a linha tracejada representa o vetor deslocamento para diferentes instantes de tempo. Pela Fig.1.3 podemos perceber que, à medida que o intervalo de tempo, Δt, diminui o vetor velocidade vai se aproximando de uma reta tangente ao ponto P. Isso quer dizer que, quando $\Delta t \to 0$, o vetor velocidade passa a ser tangente à trajetória.

Essas observações podem ser generalizadas para qualquer tipo de trajetória, ou seja, podemos afirmar que o vetor velocidade é sempre tangente à trajetória percorrida pelo objeto em questão.

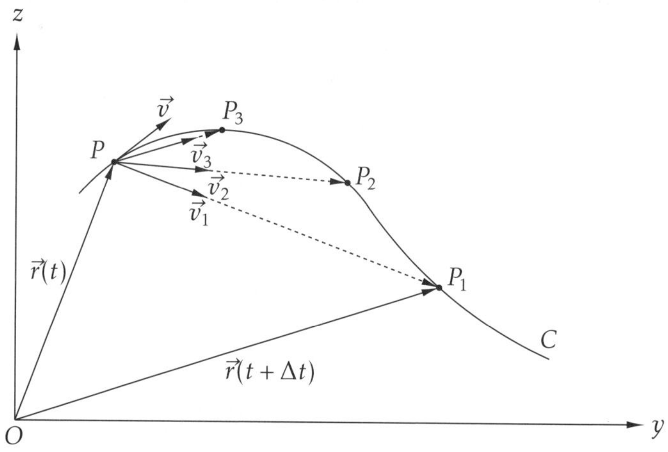

Figura 1.3: Vetor velocidade tangente à trajetória C.

Exemplo 1.3.1

O movimento de partícula no espaço é descrito pelo vetor posição $\vec{r}$ como função do tempo da seguinte forma:

$$\vec{r}(t) = \hat{i} + 2t^2\hat{j} - t\hat{k}$$

a) Encontre o vetor velocidade como função do tempo.

b) Descreva a trajetória descrita pela partícula.

SOLUÇÃO:

a) *O vetor velocidade é determinado por*

$$\vec{v} = \frac{d\vec{r}}{dt}$$

Utilizando $\vec{r}(t) = \hat{i} + 2t^2\hat{j} - t\hat{k}$ *e fazendo a respectiva derivada, encontramos que*

$$\vec{v} = 4t\hat{j} - \hat{k}$$

■

b) *Para encontrarmos a trajetória percorrida pela partícula devemos escrever o vetor* $\vec{r}$ *como função da posição, ou seja,* $\vec{r} = \vec{r}(x,y,z)$. *Para isso vamos escrever as componentes do vetor* $\vec{r} = \hat{i} + 2t^2\hat{j} - t\hat{k}$ *da seguinte forma:*

$$x = 1 \qquad y = 2t^2 \qquad e \qquad z = -t$$

com isso o vetor $\vec{r}(x,y,z)$ *pode ser escrito como sendo*

$$\vec{r}(x,y,z) = \hat{i} + 2z^2\hat{j} + z\hat{k}$$

A trajetória da partícula é o conjunto de pontos determinados pelo vetor $\vec{r}(x,y,z)$ *no espaço. Na Fig.1.4 mostramos a trajetória da partícula no espaço.*

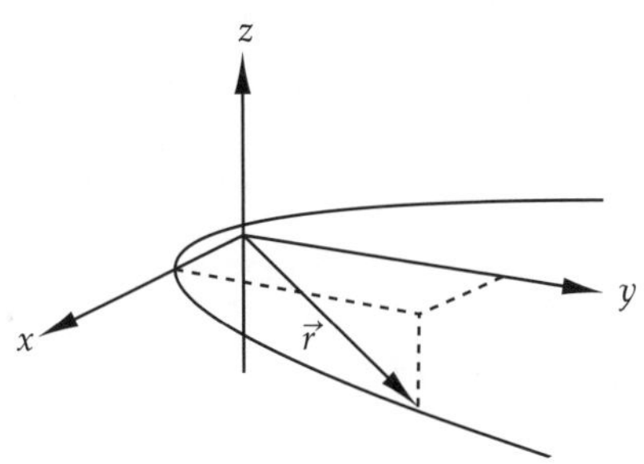

Figura 1.4: *Exemplo 1.3.1 – Trajetória da partícula.*

■

Exemplo 1.3.2

A posição em função do tempo, para $t \geq 0$, de um ponto material que se move ao longo do eixo x é determinada por

$$x(t) = 40 + t^3 - 6t^2 - 15t$$

com x e t medidos em metros e em segundos, respectivamente.
a) Encontre o deslocamento entre os instantes t_1=0 e t_2=5s.
b) Encontre o instante de tempo no qual a velocidade é nula.
c) Faça os gráficos $x(t)$ e $v(t)$ para $0 \leq t \leq 8$ s.

SOLUÇÃO:

a) *Como o movimento ocorre ao longo do eixo x, o deslocamento entre os instantes t_1 e t_2 é dado por*

$$\Delta x = x(t_2) - x(t_1)$$

Substituindo t_1=0 e t_2=5 s na função $x(t)$, encontramos $x(t_1)$=40 m e $x(t_2)$=-60 m, respectivamente. Dessa forma o deslocamento entre os instantes t_1 e t_2 fica sendo $\Delta x = -60 - 40 = -100$ m, ou seja, o ponto percorreu uma distância de 100 metros ao longo do eixo x, porém no sentido negativo do eixo. ■

b) *Para encontrarmos o instante de tempo em que a velocidade é nula, primeiro vamos encontrar a velocidade como função do tempo. Da definição de velocidade temos*

$$v = \frac{dx}{dt} = \frac{d}{dt}\left(40 + t^3 - 6t^2 - 15t\right)$$

Fazendo a respectiva derivada conseguimos

$$v(t) = 3t^2 - 12t - 15$$

Já o instante de tempo onde $v = 0$ fica então determinado por

$$3t^2 - 12t - 15 = 0$$

Resolvendo a equação acima encontramos que a velocidade é nula nos instantes $t = -1$ s e t=5 s. Como no instante de t =-1 s o movimento ainda não tinha iniciado, podemos concluir que no instante t=5 s a velocidade é nula. ■

c) *Vamos primeiro fazer o gráfico da velocidade em função do tempo, que é dada por*

$$v(t) = 3t^2 - 12t - 15$$

Como a função que descreve a velocidade é uma função do segundo grau, o gráfico é uma parábola. Dessa forma as raízes e os pontos críticos são pontos importantes para traçarmos o gráfico. Da função $v(t)$ é fácil perceber que a parábola tem concavidade voltada para cima e por isso possui um ponto de mínimo que ocorre em $t=2$ s. Além disso a função $v(t)$ corta o eixo t em $t=5$ s, uma vez que nesse instante a velocidade é nula. Com essas informações podemos construir o gráfico da velocidade em função do tempo que é mostrado na Fig.1.5.

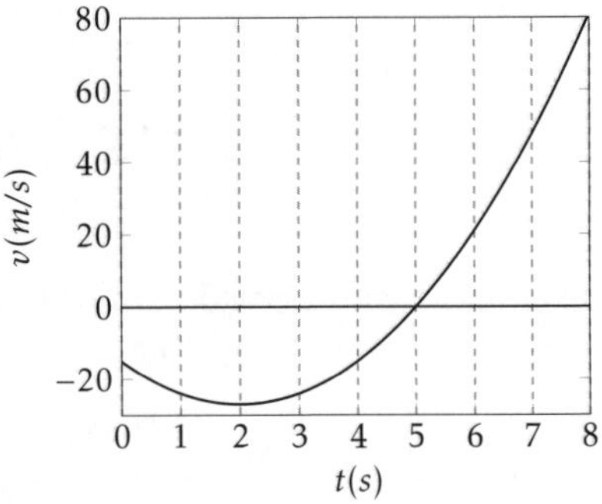

Figura 1.5: *Exemplo 1.3.2 - Velocidade em função do tempo.*

Vamos agora fazer o gráfico da posição em função do tempo, que é dada por

$$x(t) = 40 + t^3 - 6t^2 - 15t$$

Para isso vamos analisar a função $x(t)$ e suas derivadas (pontos críticos)[1] *no intervalo $0 \leq t \leq 8$ s. Os extremos da função ocorrem em $t = 0$ e $t = 8$ s, que correspondem a $x = 40$ m e $x = 48$ m, respectivamente. Como a derivada da posição em relação ao tempo determina a velocidade, podemos ver pela Fig.1.5 que no intervalo $0 \leq t < 2$ s o gráfico $x(t)$ é decrescente e para o intervalo $2 < t \leq 8$ s $x(t)$ é crescente e para $t = 5$ s, $\dfrac{dx}{dt} = 0$. Uma vez que encontramos o intervalo onde a função $x(t)$ é crescente ou decrescente, agora precisamos encontrar o intervalo para o qual a função tem concavidade para cima ou para baixo. Para isso precisamos encontrar o ponto de inflexão do gráfico. O ponto de inflexão é determinado como sendo o ponto onde a derivada segunda é nula $\left(\dfrac{d^2x}{dt^2} = 0\right)$, ou seja, em $t = 2$ s. Então podemos afirmar que no intervalo $0 \leq t \leq 2$ s o gráfico $x(t)$ é decrescente e com concavidade voltada para baixo $\left(\dfrac{d^2x}{dt^2} < 0\right)$ e, para $2 \leq t \leq 5$ s o gráfico é decrescente com a concavidade voltada para cima. Já para o intervalo $5 \leq t \leq 8$ s o gráfico é crescente com concavidade voltada para cima $\left(\dfrac{d^2x}{dt^2} > 0\right)$. Com essas*

[1]Ver Apêndice A.6.

informações construímos o gráfico da posição em função do tempo, e o resultado é mostrado na Fig.1.6.

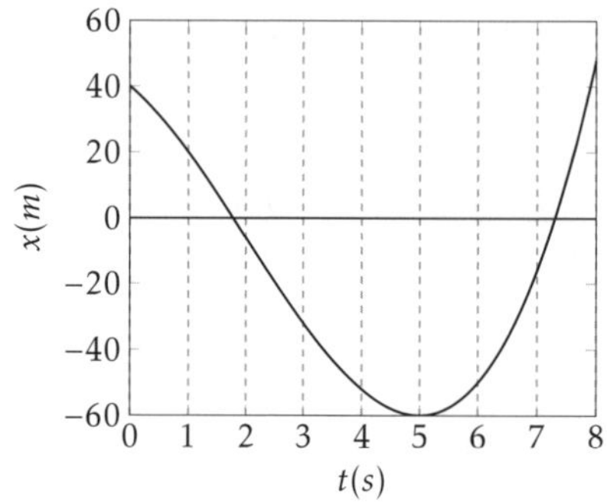

Figura 1.6: *Exemplo 1.3.2 - Posição em função do tempo.*

■

1.4 Aceleração

Na seção anterior definimos a velocidade como sendo a taxa na qual varia a posição, ou seja, a rapidez com que varia no tempo a posição de um objeto. Podemos pensar agora na seguinte pergunta: quem determina a rapidez com que varia a velocidade? A resposta está no conceito da aceleração. A aceleração é definida como sendo

$$\vec{a} = \lim_{\Delta t \to 0} \frac{\Delta \vec{v}}{\Delta t} \tag{1.16}$$

Um vez definido o conceito de aceleração pela Eq.(1.16), vamos analisar o vetor velocidade em dois pontos diferentes (P_1 e P_2), como mostrado na Fig.1.7. Nessa figura C é a trajetória, $\vec{v}_1$ e $\vec{v}_2$ as velocidades nos instantes de tempo t e $t + \Delta t$.

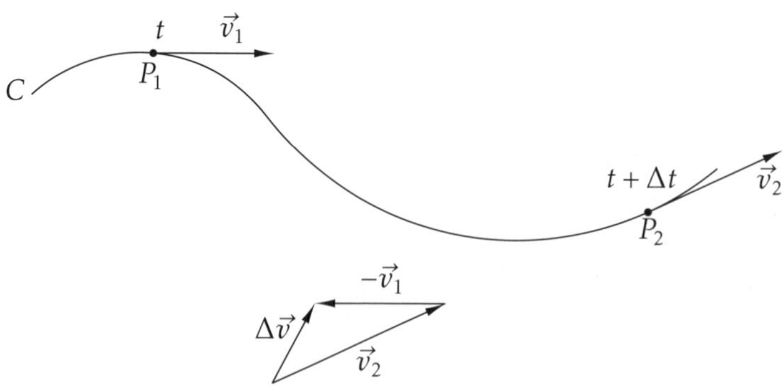

Figura 1.7: Variação da velocidade, $\Delta \vec{v} = \vec{v}_2 - \vec{v}_1$, entre os instante de tempo t e $t + \Delta t$.

Para determinarmos a aceleração consideremos que

$$\vec{v}_1 = \vec{v}(t) \tag{1.17}$$

$$\vec{v}_2 = \vec{v}(t+\Delta t) \tag{1.18}$$

e que, substituindo na Eq.(1.16), conseguimos

$$\vec{a} = \lim_{\Delta t \to 0} \frac{\vec{v}(t+\Delta t) - \vec{v}(t)}{\Delta t} \tag{1.19}$$

que pode ser escrita como

$$\vec{a} = \frac{d\vec{v}}{dt} \tag{1.20}$$

ou seja, a aceleração é a taxa na qual a velocidade varia. Um ponto importante aqui é perceber que a direção e o sentido da aceleração são determinados por $\Delta\vec{v}$, como podemos ver pela Fig.1.7. Utilizando a Eq.(1.15) a aceleração pode ser determinada em coordenadas cartesianas como sendo

$$\vec{a} = a_x\hat{i} + a_y\hat{j} + a_z\hat{k} \tag{1.21}$$

onde a_x, a_y e a_z são as componentes cartesianas do vetor aceleração ao longo dos eixos x, y e z, respectivamente .

Exemplo 1.4.1

Considere que a aceleração de um ponto material seja dada por,

$$a = -kv$$

onde k é uma constante positiva e v a velocidade. Sabendo-se que o ponto material no instante $t = 0$ está na origem com velocidade v_0, determine a velocidade e a posição em função do tempo.

SOLUÇÃO: *Da definição de aceleração temos*

$$a = \frac{dv}{dt}$$

e, como $a = -kv$ temos

$$\frac{dv}{dt} = -kv$$

que pode ser escrita como

$$\int_{v_0}^{v} \frac{dv'}{v'} = -\int_0^t kdt'$$

Resolvendo as integrais e rearranjando os termos conseguimos que a velocidade é dada por

$$v(t) = v_0 e^{-kt}$$

Para determinamos a posição em função do tempo vamos utilizar a expressão da velocidade encontrada anteriormente. Da definição de velocidade temos

$$v = \frac{dx}{dt} \qquad \frac{dx}{dt} = v_0 e^{-kt}$$

que pode ainda ser escrita da seguinte maneira:

$$\int_0^x dx' = \int_0^t v_0 e^{-kt'} dt'$$

As integrais envolvidas são de fácil resolução e por isso deixaremos como exercício. Após a resolução das integrais encontraremos que a posição em função do tempo é dada por

$$x(t) = \frac{v_0}{k}\left(1 - e^{-kt}\right)$$

■

Exemplo 1.4.2

Em um teste de balística, um projétil penetra em um meio resistente, de comprimento ℓ, com velocidade v_0. Considerando que a velocidade do projetil no meio é dada por

$$v = v_0\left(1 - \frac{x}{\ell}\right)$$

encontre a aceleração inicial do projétil e o tempo necessário para que o projétil percorra uma distância igual a 0,9ℓ.

SOLUÇÃO: *Para encontrarmos a aceleração inicial do projétil devemos primeiramente encontrar a expressão para a aceleração, porém, como a velocidade é dada em função da posição, devemos escrever que*

$$a = \frac{dv}{dt} = \frac{dv}{dx}\frac{dx}{dt}$$

Lembrando que $v = \dfrac{dx}{dt}$, *temos*

$$a = v\frac{dv}{dx}$$

como

$$v = v_0\left(1 - \frac{x}{\ell}\right)$$

temos que

$$\frac{dv}{dx} = -\frac{v_0}{\ell}$$

Substituindo as expressões para v *e sua derivada em relação a* x *na expressão da aceleração conseguimos*

$$a = -\frac{v_0^2}{\ell}\left(1 - \frac{x}{\ell}\right)$$

Para encontrarmos a aceleração inicial, basta fazermos $x = 0$ *na expressão acima e encontramos que a aceleração inicial é dada por*

$$a = -\frac{v_0^2}{\ell}$$

O tempo que o projétil demora para percorrer uma distância igual a $0{,}9\ell$ *pode ser determinada da seguinte forma:*

$$v = \frac{dx}{dt}$$

com v *dada por,*

$$v = v_0\left(1 - \frac{x}{\ell}\right)$$

Combinando as duas expressões acima conseguimos

$$\frac{dx}{dt} = v_0\left(1 - \frac{x}{\ell}\right)$$

que pode ser escrita como sendo

$$\int_0^{0{,}9\ell} \frac{dx}{v_0\left(1 - \frac{x}{\ell}\right)} = \int_0^t dt$$

Resolvendo as integrais, que deixamos como exercício, encontramos que o tempo necessário para o projétil percorrer uma distância igual a $0{,}9\ell$ *é igual a*

$$t \approx 2{,}3\frac{\ell}{v_0}$$

■

Exemplo 1.4.3

Uma caixa C está presa a uma corda de comprimento ℓ como mostrado na Fig.1.8. A corda pode deslizar sem qualquer resistência pelas polias fixas A e B. Sabendo-se que a corda é puxada paralela ao chão com uma velocidade constante e igual a v_0 determine a velocidade e aceleração da caixa C presa à corda.

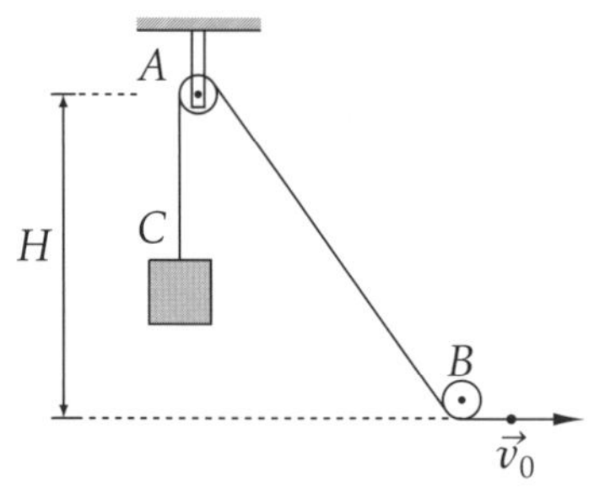

Figura 1.8: *Exemplo 1.4.3.*

SOLUÇÃO: *Para determinarmos a velocidade da caixa vamos analisar a Fig.1.9, onde* y_c *representa a posição da caixa ao longo do eixo* y *e* x *a posição de um ponto na corda que possui velocidade* v_0 *ao longo do eixo* x*.*

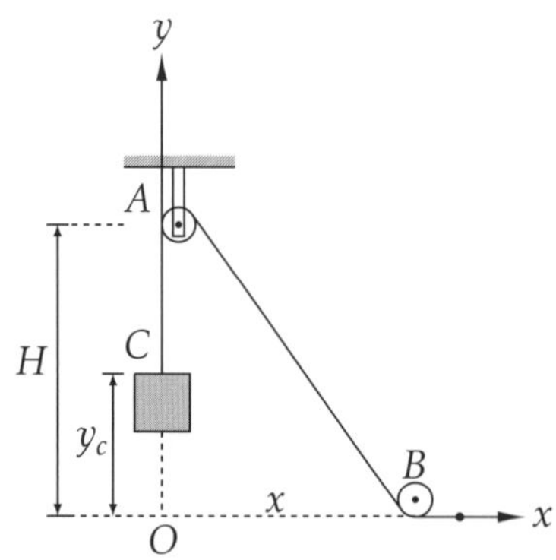

Figura 1.9: *Exemplo 1.4.3.*

Considerando que o tamanho da polia é desprezível em relação ao tamanho da corda, podemos obter a partir da Fig.1.9 a seguinte relação envolvendo o tamanho *da corda ℓ e as posições y_c e x:*

$$\ell = (H - y_c) + \sqrt{H^2 + x^2}$$

Derivando de forma implícita com relação ao tempo ambos os lados da expressão acima e lembrando que a corda mantém o seu tamanho constante ao longo de todo o movimento, conseguimos

$$\frac{d\ell}{dt} = \frac{d}{dt}\left[(H - y_c) + \sqrt{H^2 + x^2}\right]$$

$$0 = -\frac{dy_c}{dt} + \frac{x}{\sqrt{H^2 + x^2}}\frac{dx}{dt}$$

Rearranjando os termos e identificando que o termo $\frac{dy_c}{dt}$ determina a velocidade da caixa e o termo $\frac{dx}{dt}$ a velocidade v_0, temos finalmente que a velocidade da caixa é dada por

$$v_c = \frac{x}{\sqrt{H^2 + x^2}} v_0$$

A aceleração da caixa pode ser encontrada utilizando a expressão para v_c da seguinte forma:

$$a_c = \frac{dv_c}{dt}$$

$$a_c = \frac{d}{dt}\left(\frac{x}{\sqrt{H^2 + x^2}} v_0\right)$$

Fazendo a derivada implícita da expressão acima conseguimos

$$a_c = \frac{v_0^2\sqrt{H^2 + x^2} - x^2 v_0^2 (H^2 + x^2)^{-1/2}}{H^2 + x^2}$$

e, após rearranjarmos os termos, encontramos que a aceleração da caixa é dada por

$$a_c = \frac{H^2}{(H^2 + x^2)^{3/2}} v_0^2$$

■

1.4.1 Aceleração tangencial e normal

Na Fig.1.10 temos representada uma trajetória C, considerada aqui um arco de circunferência de raio R, no plano xy, na qual um ponto material se desloca com velocidade $\vec{v}$ do ponto A ao ponto B. Sabendo-se que a velocidade é sempre tangente à trajetória, podemos escrever que

$$\vec{v} = v\hat{T} \tag{1.22}$$

onde v é o módulo do vetor velocidade e $\hat{T}$ o vetor unitário ao longo da tangente a curva C. Pela Fig.1.10 é fácil perceber que o vetor unitário $\hat{T}$ pode ser escrito da seguinte forma:

$$\hat{T} = \cos\theta\hat{i} + \sin\theta\hat{j} \tag{1.23}$$

e, por consequência,

$$\vec{v} = v\cos\theta\hat{i} + v\sin\theta\hat{j} \tag{1.24}$$

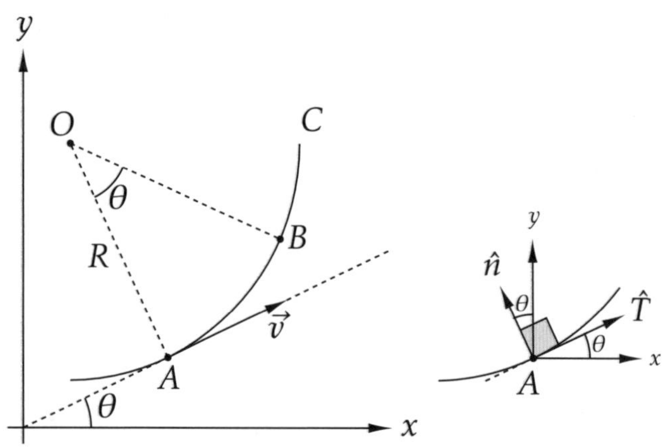

Figura 1.10: Movimento de um ponto material em um arco de circunferência C.

Substituindo a Eq.(1.24) na definição de aceleração dada pela Eq.(1.20) e considerando que ao longo da trajetória o ângulo θ varia com o tempo, temos que

$$\vec{a} = \frac{d\vec{v}}{dt} \tag{1.25}$$

$$\vec{a} = \frac{dv}{dt}\left(\cos\theta\hat{i} + \sin\theta\hat{j}\right) + v\frac{d\theta}{dt}\left(-\sin\theta\hat{i} + \cos\theta\hat{j}\right) \tag{1.26}$$

Na Eq.(1.26) o primeiro termo entre parênteses é o vetor unitário $\hat{T}$ dado pela Eq.(1.23); já o segundo termo entre parênteses é igual a um vetor unitário que é perpendicular (normal) ao vetor $\vec{v}$. É deixado como exercício mostrar que o vetor normal é

$$\hat{n} = -\sin\theta\hat{i} + \cos\theta\hat{j} \tag{1.27}$$

Levando-se em conta agora os vetores $\hat{T}$ e $\hat{n}$, a Eq.(1.26) fica sendo

$$\vec{a} = \frac{dv}{dt}\hat{T} + v\frac{d\theta}{dt}\hat{n} \tag{1.28}$$

É interessante notarmos que a Eq.(1.28) possui dois termos onde o primeiro é a componente do vetor aceleração ao longo da tangente à trajetória, e essa componente chamamos de aceleração tangencial, já o segundo termo corresponde à componente normal do vetor aceleração. Levando-se em consideração que o ângulo θ e o raio da trajetória estão relacionados ao comprimento de arco $\widehat{AB}$ por $\ell = R\theta$, podemos escrever a componente normal da aceleração (a_n) como sendo

$$a_n = v\frac{d\theta}{dt} = \frac{v}{R}\frac{d\ell}{dt} \tag{1.29}$$

$$a_n = \frac{v^2}{R} \tag{1.30}$$

Com isso temos finalmente que a aceleração do ponto material ao longo de uma trajetória dada por um arco de circunferência é igual a

$$\vec{a} = \frac{dv}{dt}\hat{T} + \frac{v^2}{R}\hat{n} \tag{1.31}$$

e cujo o módulo é dado por

$$a = \sqrt{a_T^2 + a_n^2} \tag{1.32}$$

com

$$a_T = \frac{dv}{dt} \tag{1.33}$$

$$a_n = \frac{v^2}{R} \tag{1.34}$$

Uma constatação imediata da Eq.(1.31) é que a aceleração normal ($\vec{a}_n$) será sempre perpendicular ao vetor $\vec{v}$ e apontará para o centro da trajetória, seja ela um arco de circunferência ou qualquer outra curva, como mostrada na Fig.1.11.

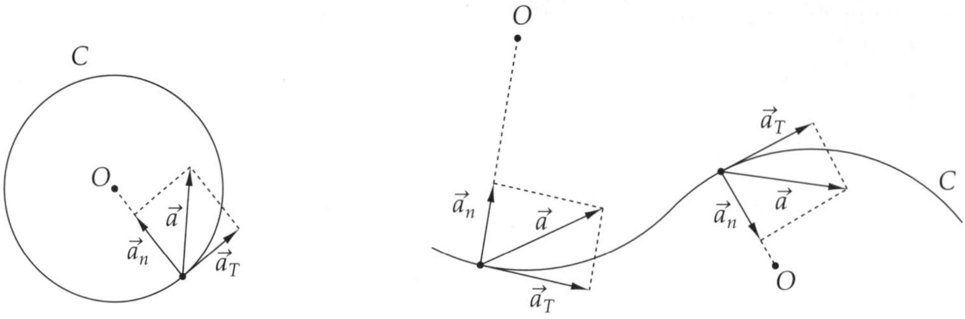

Figura 1.11: Aceleração tangencial $\vec{a}_T$ e aceleração normal $\vec{a}_n$ a trajetória C.

Embora a Eq.(1.31) tenha validade para qualquer tipo de curva, vale salientar que para uma trajetória que é definida por $y = f(x)$ o raio da trajetória é dado por

$$R = \frac{\left[1 + \left(\frac{dy}{dx}\right)^2\right]^{3/2}}{\left|\frac{d^2y}{dx^2}\right|} \tag{1.35}$$

Exemplo 1.4.4

Uma partícula move-se no plano xy com uma velocidade $v = 2 + t^2$, onde t é medido em segundos. Sabendo-se que a aceleração é 5 m/s^2, determine o raio da trajetória no instante $t = 2$ s.

SOLUÇÃO: *A aceleração da partícula no plano xy é dada por,*

$$a = \sqrt{a_T^2 + a_n^2}$$

com

$$a_T = \frac{dv}{dt} \qquad e \qquad a_n = \frac{v^2}{R}$$

onde R é o raio da trajetória. Como $v = 2 + t^2$, temos para o instante $t = 2$ s que

$$a_T = 2t \qquad \Rightarrow \qquad a_T = 4\ m/s^2$$

com isso conseguimos

$$5 = \sqrt{4^2 + a_n^2} \qquad \Rightarrow \qquad a_n = 3\ m/s^2$$

Sabendo que $v = 6$ m/s quando $t = 2$ s, podemos determinar o raio da trajetória por

$$a_n = 3\ m/s^2 \qquad \Rightarrow \qquad \frac{6^2}{R} = 3$$

logo,

$$R = 12\ m$$

■

Exemplo 1.4.5

Uma partícula move-se no plano xy por uma trajetória dada por $y(x)$ com velocidade constante v_0. Encontre para $x = 0$ a aceleração da partícula quando a trajetória for uma elipse $\frac{x^2}{\gamma^2} + \frac{y^2}{\beta^2} = 1$.

SOLUÇÃO: *A aceleração da partícula é dada por*

$$a = \sqrt{a_T^2 + a_n^2}$$

com

$$a_T = \frac{dv}{dt} \qquad e \qquad a_n = \frac{v^2}{R}$$

onde R é o raio da trajetória que é dado por

$$R = \frac{\left[1 + \left(\frac{dy}{dx}\right)^2\right]^{3/2}}{\left|\frac{d^2y}{dx^2}\right|}$$

Como o movimento ocorre com velocidade constante, $a_r = 0$, logo a aceleração da partícula fica sendo $\vec{a} = a_n\hat{n}$, ou seja,

$$a = \frac{v_0^2}{R}$$

Para determinarmos então a aceleração devemos encontrar o raio da trajetória. Considerando que a trajetória da partícula é uma elipse, temos que

$$\frac{x^2}{\gamma^2} + \frac{y^2}{\beta^2} = 1$$

$$y(x) = \beta\sqrt{1 - \frac{x^2}{\gamma^2}}$$

com isso o raio da trajetória pode ser determinado por

$$R = \frac{\left[1 + \left(\frac{dy}{dx}\right)^2\right]^{3/2}}{\left|\frac{d^2y}{dx^2}\right|}$$

com

$$\frac{dy}{dx} = -\frac{\beta x}{\gamma^2\sqrt{1 - \frac{x^2}{\gamma^2}}} \qquad e \qquad \frac{d^2y}{dx^2} = -\frac{\beta}{(\gamma^2 - x^2)\sqrt{1 - \frac{x^2}{\gamma^2}}}$$

Fazendo $x = 0$ *nas expressões acima encontramos que o raio da trajetória é* $R = \dfrac{\gamma^2}{\beta}$ *e com isso a aceleração fica sendo dada por*

$$a = \frac{\beta v_0^2}{\gamma^2}$$

■

1.5 Velocidade e aceleração em coordenadas polares

Na seção 1.3 utilizamos as coordenadas cartesianas para definirmos os conceitos de velocidade e aceleração. Entretanto em várias situações o uso de um outro sistema de coordenadas se torna necessário, pois facilita a resolução dos problemas. Diante disso vamos definir a velocidade e a aceleração utilizando agora as coordenadas polares. Para isso vamos considerar a Fig.1.12, onde o ponto P na trajetória C pode ser localizado pelo vetor

$$\vec{r} = r\hat{r} \tag{1.36}$$

onde r é a distância entre a origem do sistema de coordenadas e o ponto P da trajetória e $\hat{r}$ o vetor unitário ao longo de r. O ângulo θ indica a posição angular do ponto e $\hat{\theta}$ a direção e o sentido da variação do ângulo.

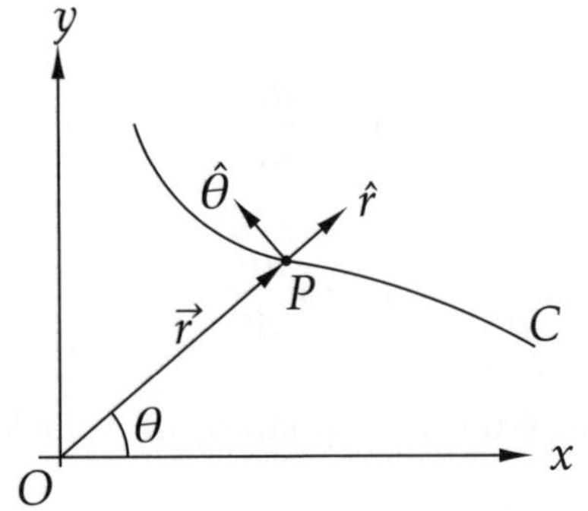

Figura 1.12: Vetor posição em coordenadas polares.

Vale salientar que, independentemente do sistema de coordenadas, a velocidade é dada pela Eq.(1.13) e, sendo assim, temos, utilizando o vetor $\vec{r} = r\hat{r}$, que

$$\vec{v} = \frac{d\vec{r}}{dt} \tag{1.37}$$

$$\vec{v} = \frac{d}{dt}\left(r\hat{r}\right) \tag{1.38}$$

Considerando que tanto r quanto $\hat{r}$ podem variar com o tempo, temos

$$\vec{v} = \frac{dr}{dt}\hat{r} + r\frac{d\hat{r}}{dt} \tag{1.39}$$

Com auxílio da Fig.1.12 podemos escrever que

$$\hat{r} = \cos\theta\hat{i} + \sin\theta\hat{j} \tag{1.40}$$

e com isso temos

$$\frac{d\hat{r}}{dt} = \left(-\sin\theta\hat{i} + \cos\theta\hat{j}\right)\frac{d\theta}{dt} \tag{1.41}$$

Através da Fig.1.12 podemos ainda encontrar que

$$\hat{\theta} = -\sin\theta\hat{i} + \cos\theta\hat{j} \tag{1.42}$$

e, dessa maneira, a Eq.(1.39) que define a velocidade em coordenadas polares pode ser escrita como

$$\vec{v} = \frac{dr}{dt}\hat{r} + r\frac{d\theta}{dt}\hat{\theta} \tag{1.43}$$

O primeiro termo da Eq.(1.43) é a componente radial da velocidade, já o segundo termo é a componente angular, ou seja,

$$\vec{v} = v_r\hat{r} + v_\theta\hat{\theta} \tag{1.44}$$

com

$$v_r = \frac{dr}{dt} \tag{1.45}$$

$$v_\theta = r\frac{d\theta}{dt} \tag{1.46}$$

O termo $\frac{d\theta}{dt}$ na Eq.(1.46) é o que chamamos de velocidade angular e representamos por ω, ou seja,

$$\omega = \frac{d\theta}{dt} \tag{1.47}$$

A velocidade angular determina a taxa na qual o ângulo θ varia com o tempo e sua unidade no Sistema Internacional de unidades (SI) é o rad/s, radiano por segundo.

Para determinarmos a aceleração utilizando as coordenadas polares, vamos fazer uso da Eq.(1.20) com $\vec{v}$ dado pela Eq.(1.43), ou seja,

$$\vec{a} = \frac{d\vec{v}}{dt} \tag{1.48}$$

$$\vec{a} = \frac{d}{dt}\left(\frac{dr}{dt}\hat{r} + r\frac{d\theta}{dt}\hat{\theta}\right) \tag{1.49}$$

Realizando as derivadas encontramos

$$\vec{a} = \frac{d^2r}{dt^2}\hat{r} + 2\frac{dr}{dt}\frac{d\theta}{dt}\hat{\theta} + r\frac{d^2\theta}{dt^2}\hat{\theta} + r\frac{d\theta}{dt}\frac{d\hat{\theta}}{dt} \tag{1.50}$$

Utilizando a Eq.(1.42) é fácil mostrar, e por isso deixaremos como exercício, que

$$\frac{d\hat{\theta}}{dt} = -\frac{d\theta}{dt}\hat{r} \tag{1.51}$$

com $\hat{r} = \cos\theta\hat{\imath} + \sin\theta\hat{\jmath}$. Dessa maneira temos finalmente que a aceleração em coordenadas polares é dada por

$$\vec{a} = \left[\frac{d^2r}{dt^2} - r\left(\frac{d\theta}{dt}\right)^2\right]\hat{r} + \left[r\frac{d^2\theta}{dt^2} + 2\frac{dr}{dt}\frac{d\theta}{dt}\right]\hat{\theta} \tag{1.52}$$

Podemos escrever ainda as componentes radial e angular da aceleração dada por Eq.(1.52) da seguinte forma:

$$a_r = \frac{d^2r}{dt^2} - r\omega^2 \tag{1.53}$$

$$a_\theta = r\alpha + 2\omega\frac{dr}{dt} \tag{1.54}$$

com

$$\omega = \frac{d\theta}{dt} \tag{1.55}$$

$$\alpha = \frac{d^2\theta}{dt^2} \tag{1.56}$$

onde α é a taxa na qual varia a velocidade angular, ou seja,

$$\alpha = \frac{d\omega}{dt} \tag{1.57}$$

que é chamada de aceleração angular e tem no SI a unidade (rad/s^2).

É importante notarmos que as Eqs.(1.43) e (1.52) descrevem a velocidade e a aceleração para movimentos gerais que ocorrem no plano. Entretanto vários casos interessantes ocorrem quando o vetor posição possui módulo constante, por exemplo, o movimento de rotação ao redor de um ponto fixo. Sendo assim é interessante escrevermos essas equações de outra forma. Considerando o módulo do vetor $\vec{r}$ constante nas Eqs.(1.43) e (1.52) temos

$$\vec{v} = r\frac{d\theta}{dt}\hat{\theta} \tag{1.58}$$

$$\vec{a} = -r\left(\frac{d\theta}{dt}\right)^2\hat{r} + r\frac{d^2\theta}{dt^2}\hat{\theta} \tag{1.59}$$

onde $\hat{r}$ e $\hat{\theta}$ são os vetores unitários mostrados na Fig.1.13. Por essa figura podemos notar que o vetor unitário $\hat{\theta}$ pode ser escrito como sendo $\hat{\theta} = \hat{k} \times \hat{r}$ uma vez que os vetores $\hat{r}$, $\hat{\theta}$ e $\hat{k}$ são todos perpendiculares entre si. Levando-se isso em consideração e ainda que $d\theta/dt$ é a velocidade angular, podemos escrever que a velocidade é dada por

$$\vec{v} = r\omega\hat{k} \times \hat{r} \tag{1.60}$$

que pode ainda ser escrita como sendo

$$\vec{v} = \vec{\omega} \times \vec{r} \tag{1.61}$$

com $\vec{\omega} = \omega\hat{k}$ e $\vec{r} = r\hat{r}$. É interessante notamos que na Eq.(1.61) a velocidade angular é dada como um vetor, indicando que o sentido do movimento é ao redor de um eixo, que no presente caso é o eixo z.

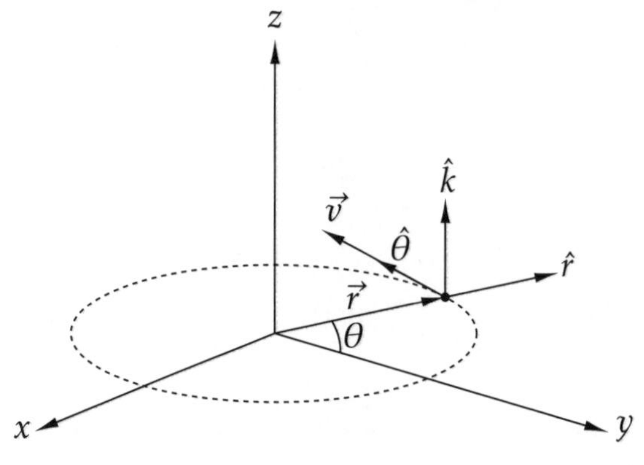

Figura 1.13: Movimento de rotação ao redor de um ponto fixo.

Considerando o fato de que o módulo do vetor $\vec{r}$ é constante e que $d\theta/dt$ é a velocidade angular (ω) e $d^2\theta/dt^2$ é a aceleração angular (α), temos que a aceleração dada pela Eq.(1.59) pode ser escrita como sendo

$$\vec{a} = -r\omega^2\hat{r} + r\alpha\hat{\theta} \tag{1.62}$$

Analisando a Fig.1.13 como fizemos anteriormente em relação ao vetores unitários, encontramos que $\hat{r} = \hat{\theta} \times \hat{k}$ e lembrando que $\hat{\theta} = \hat{k} \times \hat{r}$ o primeiro termo a direita da Eq.(1.62) pode ser escrito como sendo

$$-r\omega^2\hat{r} = r\omega^2(\hat{k} \times \hat{\theta}) \tag{1.63}$$

$$-r\omega^2\hat{r} = \omega\hat{k} \times (\omega\hat{k} \times r\hat{r}) \tag{1.64}$$

$$-r\omega^2\hat{r} = \vec{\omega} \times (\vec{\omega} \times \vec{r}) \tag{1.65}$$

Já o segundo termo à direita da Eq.(1.62) é fácil mostrar, e por isso deixaremos como exercício, que ele pode ser escrito da seguinte forma:

$$r\alpha\hat{\theta} = \vec{\alpha} \times \vec{r} \tag{1.66}$$

Com isso podemos escrever finalmente que a aceleração dada pela Eq.(1.59) é igual a

$$\vec{a} = \vec{\omega} \times (\vec{\omega} \times \vec{r}) + \vec{\alpha} \times \vec{r} \tag{1.67}$$

ou ainda

$$\vec{a} = \vec{\omega} \times \vec{v} + \vec{\alpha} \times \vec{r} \tag{1.68}$$

com o primeiro termo sendo a componente radial da aceleração e o segundo termo a componente angular (ou tangencial) da aceleração.

Exemplo 1.5.1

Uma partícula P descreve no plano xy a trajetória mostrada na Fig.1.14. Sabendo-se que a posição em função do tempo da partícula é dada por

$$r = a\left[1 + \cos\theta\right]$$

e

$$\theta = \frac{\pi t}{4}$$

com a sendo uma constante, encontre a velocidade e aceleração para os instantes $t = 0$ e $t = 3$ s.

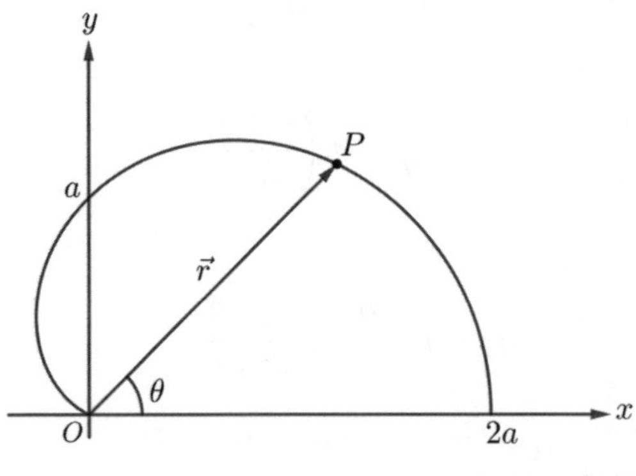

Figura 1.14: Exemplo 1.5.1 – Trajetória da partícula.

SOLUÇÃO: *A velocidade da partícula é dada por*

$$\vec{v} = v_r\hat{r} + v_\theta\hat{\theta}$$

com

$$v_r = \frac{dr}{dt} \qquad e \qquad v_\theta = r\frac{d\theta}{dt}$$

como

$$r = a\left[1 + \cos\theta\right]$$

e

$$\theta = \frac{\pi t}{4}$$

temos, após fazermos as derivadas, que a velocidade é dada por

$$\vec{v} = -\frac{a\pi}{4}\sin\left(\frac{\pi}{4}t\right)\hat{r} + \frac{a\pi}{4}\left[1+\cos\left(\frac{\pi}{4}t\right)\right]\hat{\theta}$$

Substituindo na expressão acima os instantes $t = 0$ e $t = 3$ s, conseguimos, respectivamente, que

$$\vec{v} = \frac{a\pi}{2}\hat{\theta}$$

$$\vec{v} = -\frac{a\pi\sqrt{2}}{8}\hat{r} + \frac{a\pi(2+\sqrt{2})}{8}\hat{\theta}$$

Já a aceleração podemos calcular da seguinte forma:

$$\vec{a} = a_r\hat{r} + a_\theta\hat{\theta}$$

com

$$a_r = \frac{d^2r}{dt^2} - r\left(\frac{d\theta}{dt}\right)^2$$

e

$$a_\theta = r\frac{d^2\theta}{dt^2} + 2\frac{dr}{dt}\frac{d\theta}{dt}$$

Com as informações de r e θ temos, após realizarmos as respectivas derivadas, que a aceleração da partícula é dada por

$$a_r = -\frac{a\pi^2}{16}\left[1+2\cos\left(\frac{\pi}{4}t\right)\right]$$

e

$$a_\theta = \frac{a\pi^2}{8}\sin\left(\frac{\pi}{4}t\right)$$

Para os instantes de tempo $t = 0$ e $t = 3$ s temos, respectivamente, que a aceleração é igual a

$$\vec{a} = -\frac{3a\pi^2}{16}\hat{r}$$

$$\vec{a} = -\frac{a\pi^2(1-\sqrt{2})}{16}\hat{r} + \frac{a\pi^2\sqrt{2}}{16}\hat{\theta}$$

Na Fig.1.15 mostramos os vetores velocidade e aceleração para os respectivos instantes de tempo. É importante perceber pela figura que o vetor velocidade em ambos os instantes é sempre tangente à trajetória.

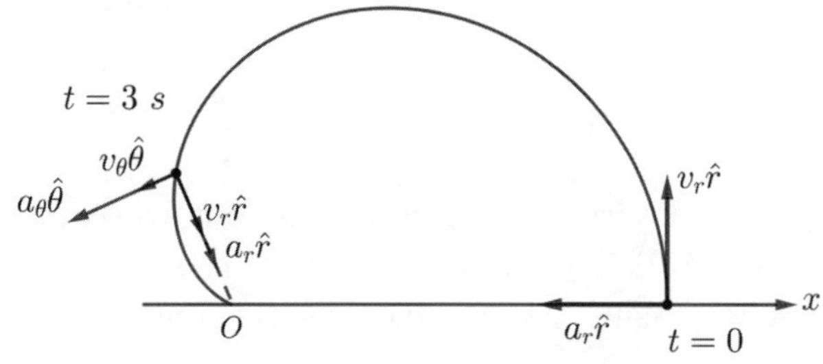

Figura 1.15: Exemplo 1.5.1 - Vetores velocidade e aceleração.

■

1.6 Velocidade e aceleração relativa

Consideremos que os pontos A e B movem-se ao longo da trajetória mostrada na Fig.1.16 com $\vec{r}_A$ e $\vec{r}_B$ os vetores posição determinados em relação à origem O do sistema de coordenadas.

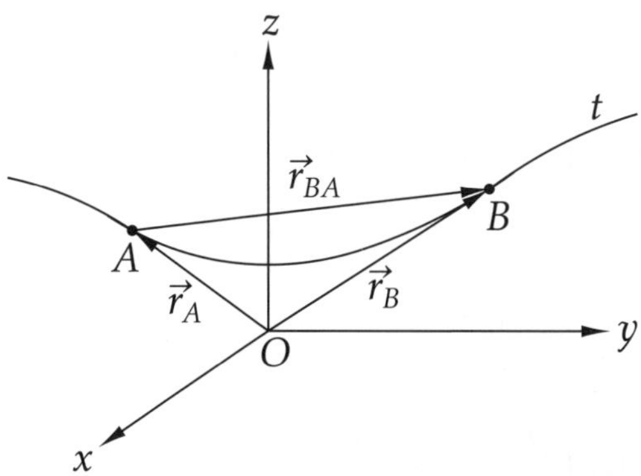

Figura 1.16: Posição dos pontos A e B ao longo da trajetória t.

Além das posições dos pontos A e B ao longo da trajetória t a Fig.1.16 também mostra o vetor posição $\vec{r}_{BA}$ que determina a posição relativa entre o pontos A e B ao longo da trajetória. Pela Fig.1.16 é fácil notar que

$$\vec{r}_B = \vec{r}_A + \vec{r}_{BA} \tag{1.69}$$

$$\vec{r}_{BA} = \vec{r}_B - \vec{r}_A \tag{1.70}$$

Utilizando a Eq.(1.70) podemos definir a velocidade relativa entre os pontos A e B da seguinte forma:

$$\vec{v}_{BA} = \frac{d\vec{r}_{BA}}{dt} \tag{1.71}$$

$$\vec{v}_{BA} = \frac{d\vec{r}_B}{dt} - \frac{d\vec{r}_A}{dt} \tag{1.72}$$

onde o primeiro termo à direita é a velocidade do ponto B ($\vec{v}_B$) e o segundo termo a velocidade do ponto A ($\vec{v}_A$). Ambas são medidas em relação à origem do sistema de coordenadas e, sendo assim, a velocidade relativa entre A e B é

$$\vec{v}_{BA} = \vec{v}_B - \vec{v}_A \tag{1.73}$$

A aceleração relativa pode ser determinada utilizando a definição de aceleração dada pela Eq.(1.20). Utilizando essa definição temos que a aceleração relativa entre os pontos A e B fica sendo

$$\vec{a}_{BA} = \vec{a}_B - \vec{a}_A \tag{1.74}$$

As Eqs.(1.73) e (1.74) descrevem a velocidade e a aceleração relativas, porém quando o movimento é de translação. Entretanto é interessante analisarmos o movimento relativo na presença de uma rotação. Para isso vamos considerar os pontos A e B mostrados na Fig.1.17.

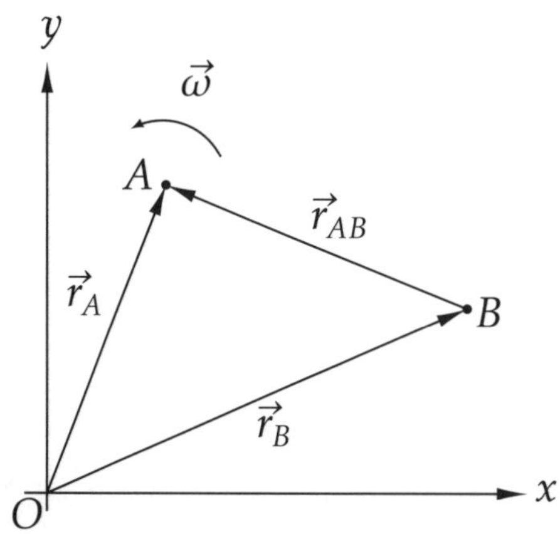

Figura 1.17: Posição dos pontos A e B em movimento relativo de rotação.

Consideremos ainda que o ponto A tenha um movimento de rotação ao redor do ponto fixo O com velocidade angular $\vec{\omega}$. Em relação ao ponto O a velocidade do ponto A esta relacionada à velocidade angular da seguinte forma:

$$\vec{v}_A = \vec{\omega} \times \vec{r}_A \tag{1.75}$$

onde $\vec{r}_A$ é o vetor posição em relação ao ponto O, como mostrado na Fig.1.17. Dessa figura podemos ainda escrever que $\vec{r}_A = \vec{r}_B + \vec{r}_{AB}$, onde $\vec{r}_B$ é o vetor posição do ponto B em relação à origem e $\vec{r}_{AB}$ o vetor posição que localiza o ponto A em relação ao ponto B. Com isso podemos escrever a Eq.(1.75) da seguinte forma:

$$\vec{v}_A = \vec{\omega} \times (\vec{r}_B + \vec{r}_{AB}) \tag{1.76}$$

$$\vec{v}_A = \vec{\omega} \times \vec{r}_B + \vec{\omega} \times \vec{r}_{AB} \tag{1.77}$$

Na equação anterior é fácil identificar que o primeiro termo à direita é a velocidade do ponto B em relação ao ponto O e, sendo assim, a velocidade do ponto A é dada por

$$\vec{v}_A = \vec{v}_B + \vec{\omega} \times \vec{r}_{AB} \tag{1.78}$$

É importante perceber que a velocidade relativa entre os pontos A e B depende da velocidade angular $\boldsymbol{\omega}$ e da distância relativa entre os pontos.

Podemos agora, assim como fizemos no movimento de translação, determinar a aceleração do ponto A em relação à origem da seguinte forma,

$$\vec{a}_A = \frac{d\vec{v}_A}{dt} \tag{1.79}$$

com $\vec{v}_A$ dada pela Eq.(1.78) temos

$$\vec{a}_A = \frac{d}{dt}\Big(\vec{v}_B + \vec{\omega} \times \vec{r}_{AB}\Big) \tag{1.80}$$

$$\vec{a}_A = \frac{d\vec{v}_B}{dt} + \frac{d\vec{\omega}}{dt} \times \vec{r}_{AB} + \vec{\omega} \times \frac{d\vec{r}_{AB}}{dt} \tag{1.81}$$

Identificando na equação acima que o primeiro termo é a aceleração do ponto B em relação à origem e $\frac{d\vec{\omega}}{dt} = \vec{\alpha}$, a aceleração angular a Eq.(1.81) pode ser escrita como

$$\vec{a}_A = \vec{a}_B + \vec{\alpha} \times \vec{r}_{AB} + \vec{\omega} \times \frac{d\vec{r}_{AB}}{dt} \tag{1.82}$$

Movimentos relativos se apresentam em diferentes situações, como nas mostradas na Fig.1.18. Na figura o movimento de um bloco está vinculado ao movimento do outro.

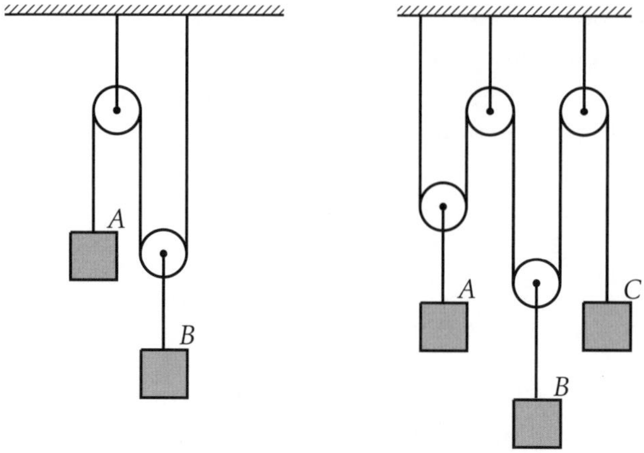

Figura 1.18: Movimento relativo e dependente.

Para encontrarmos uma relação entre o movimento dos blocos precisamos determinar a relação de vínculo entre eles. Para isso vamos analisar primeiramente o sistema de polias mostrado à esquerda na Fig.1.18. Nesse sistema temos duas polias, sendo uma delas fixa e a outra móvel. Consideremos que as duas polias são envolvidas por uma corda de comprimento L. Para encontrarmos a relação de vínculo entre os blocos vamos analisar a Fig.1.19, onde y_A e y_B indicam a posição dos blocos A e B respectivamente.

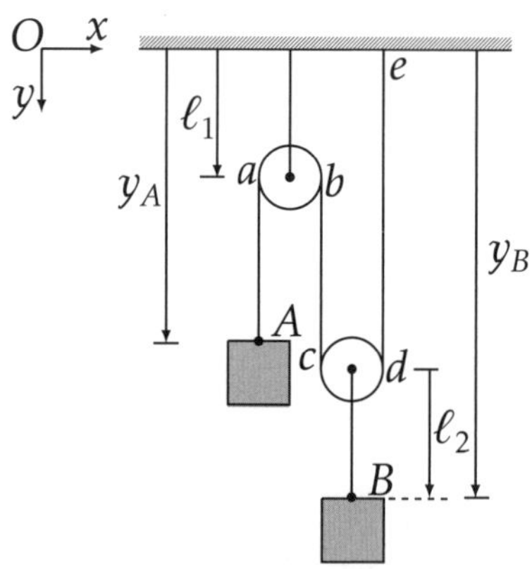

Figura 1.19: Movimento relativo e dependente para um sistema de uma polia fixa e outra móvel.

Pela Fig.1.19 encontramos que o comprimento da corda pode ser determinado por

$$L = \overline{Aa} + \widehat{ab} + \overline{bc} + \widehat{cd} + \overline{de} \tag{1.83}$$

com

$$\overline{Aa} = (y_A - \ell_1) \tag{1.84}$$

$$\overline{bc} = (y_B - \ell_1 - \ell_2) \tag{1.85}$$

$$\overline{de} = (y_B - \ell_2) \tag{1.86}$$

Já os termos $\widehat{ab}$ e $\widehat{cd}$ podem ser diferentes, porém são constantes e, dessa maneira, podemos escrever a relação entre y_A e y_B que determina o vínculo entre os blocos como sendo

$$y_A + 2y_B = C \tag{1.87}$$

onde C é uma constante. Através da Eq.(1.87) podemos encontrar uma relação entre as velocidades dos blocos A e B derivando ambos os lados da Eq.(1.87). Procedendo dessa maneira encontramos que

$$v_A + 2v_B = 0 \tag{1.88}$$

Podemos ainda encontrar uma relação entre a aceleração a_A do bloco A e a aceleração a_B do bloco B. Assim como fizemos para encontrar a relação entre as velocidades, podemos derivar ambos os lados da Eq.(1.88) para determinar

$$a_A + 2a_B = 0 \tag{1.89}$$

Consideremos agora o sistema de duas polias fixas e duas móveis, como indica o sistema da direita mostrado na Fig.1.18. Com base nas ideias discutidas anteriormente e com o auxílio da Fig.1.20 é possível mostrar, e por isso deixaremos como exercício, que a relação de vínculo entre os blocos A, B e C é dada por

$$2y_A + 2y_B + y_C = C \tag{1.90}$$

com C sendo uma constante.

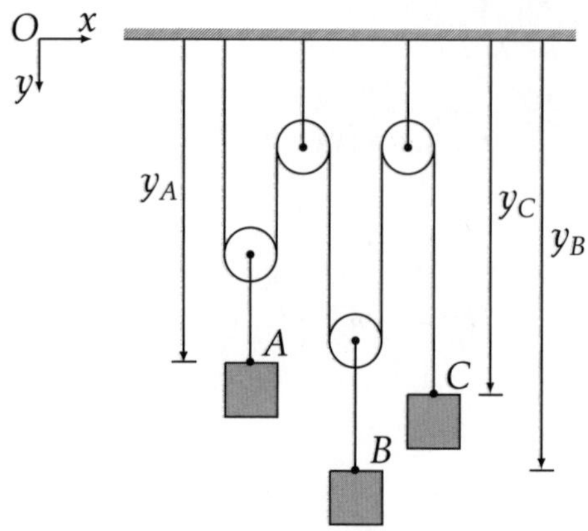

Figura 1.20: Movimento relativo e dependente para um sistema de duas polias fixas e duas móveis.

Podemos ainda encontrar, da mesma maneira que antes, as relações entre as respectivas velocidades e acelerações, que são dadas por

$$2v_A + 2v_B + v_C = 0 \tag{1.91}$$

$$2a_A + 2a_B + a_C = 0 \tag{1.92}$$

Embora as relações encontradas aqui sejam válidas apenas para os sistemas mostrados na Fig.1.18, é possível usar o procedimento discutido aqui para encontrar diferentes relações para distintos sistemas.

Exemplo 1.6.1

Uma partícula A se movimenta em relação a outra B com uma velocidade relativa $\vec{v}_{AB}$. A partícula B se movimenta em relação a outra partícula C com uma velocidade relativa $\vec{v}_{BC}$. Sabendo que

$$\vec{r}_{AB} = 2t\hat{i} - (t+1)\hat{j}$$

$$\vec{r}_{BC} = (t+5)\hat{i} - (2t-8)\hat{j}$$

determinam as posições relativas entre as partículas AB e BC, encontre a velocidade da partícula A em relação à partícula C.

SOLUÇÃO: *Para encontrarmos a velocidade $\vec{v}_{AC}$, ou seja, a velocidade da partícula A em relação à partícula C, vamos primeiro encontrar as velocidade $\vec{v}_{AB}$ e*

$\vec{v}_{BC}$ da seguinte forma:

$$\vec{v}_{AB} = \frac{d\vec{r}_{AB}}{dt} = 2\hat{i} - \hat{j}$$

$$\vec{v}_{BC} = \frac{d\vec{r}_{BC}}{dt} = \hat{i} - 2\hat{j}$$

Considerando que $\vec{v}_{AB}$ e $\vec{v}_{BA}$ podem ser escritas como sendo

$$\vec{v}_{AB} = \vec{v}_A - \vec{v}_B$$

$$\vec{v}_{BC} = \vec{v}_B - \vec{v}_C$$

podemos combinar as expressões acima para $\vec{v}_{AB}$ e $\vec{v}_{BA}$ para encontrarmos

$$\vec{v}_{AB} + \vec{v}_{BC} = \vec{v}_A - \vec{v}_C$$

Lembrando-se que $\vec{v}_A - \vec{v}_C = \vec{v}_{AC}$, temos

$$\vec{v}_{AC} = \vec{v}_{AB} + \vec{v}_{BC}$$

Substituindo os valores de $\vec{v}_{AB}$ e $\vec{v}_{BA}$ temos finalmente que a velocidade da partícula A em relação à partícula C é

$$\vec{v}_{AC} = 3\hat{i} - 3\hat{j}$$

■

Exemplo 1.6.2

Na Fig.1.21 há um sistema de três polias, sendo que duas delas são móveis. Sabendo-se que o bloco B sobe com velocidade constante v_0, determine a velocidade do bloco A.

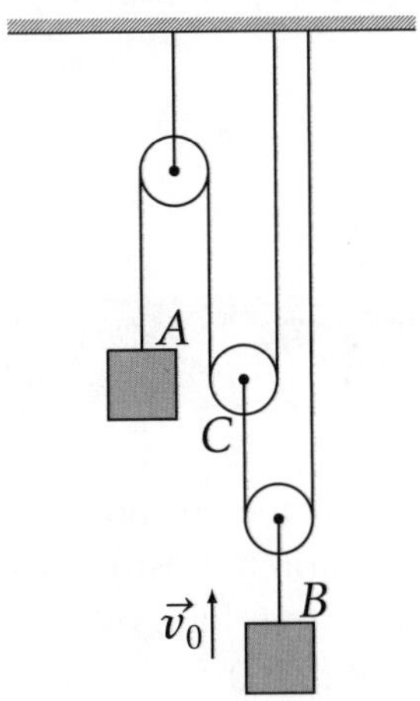

Figura 1.21: *Exemplo 1.6.2.*

SOLUÇÃO: *Para encontrarmos a velocidade do bloco A vamos adotar o referencial mostrado na Fig.1.22, onde as coordenadas y_A, y_B e y_C determinam as posições dos blocos A e B assim como da polia C, respectivamente.*

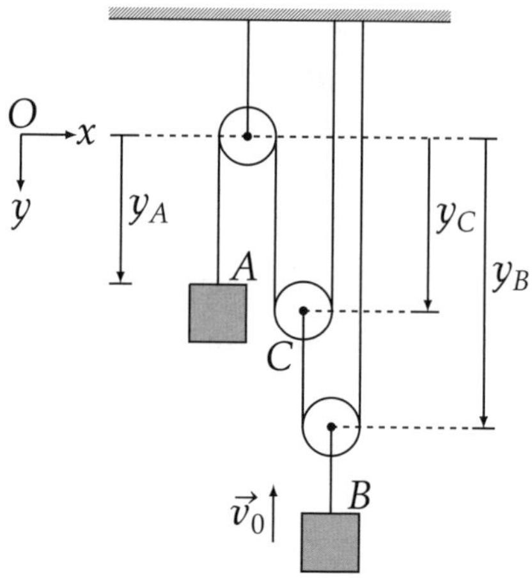

Figura 1.22: *Exemplo 1.6.2.*

Analisando a Fig.1.22 é possível encontrar as seguintes relações de vínculo:

$$y_A + 2y_C = C_1 \qquad e \qquad y_B + (y_B - y_C) = C_2$$

onde C_1 e C_2 são constantes. Derivando ambos os lados das expressões acima conseguimos

$$v_A + 2v_C = 0 \qquad e \qquad 2v_B - v_C = 0$$

Resolvendo o sistema de equações e lembrando que v_B=-v_0, encontramos que a velocidade do bloco A é

$$v_A = 4v_0$$

■

Problemas

1. A posição de uma partícula que se move ao longo do eixo x é dada em centímetros por $x = 10 + 2t^3$, onde t está em segundos. Calcule:
a) A velocidade média durante o intervalo de tempo t=2,0 s e t=3,0 s.
b) A velocidade no instante t=2,0 s.
c) O instante de tempo para o qual a velocidade da partícula é 12 m/s.
d) Faça o gráfico de v *versus* t.

2. Considere que a função $x = 20t^2 - 5t^3$, onde x está em metros e t em segundos, representa a posição de uma partícula. Responda:
a) Quando, se acontecer, a velocidade da partícula é zero?
b) Quando sua aceleração é zero?
c) Para quais intervalos de tempo temos aceleração negativa e aceleração positiva?
d) Trace os gráficos de $x(t)$, $v(t)$ e $a(t)$.

3. O vetor posição de um íon em t=0 s é $\vec{r} = 5,0\hat{\imath} - 6,0\hat{\jmath} + 2,0\hat{k}$ e em t=10 s passa a ser $\vec{r} = -2,0\hat{\imath} + 8,0\hat{\jmath} - 2,0\hat{k}$, todos em metros. Qual é sua velocidade média durante o intervalo de tempo correspondente?

4. A posição $\vec{r}$ de uma partícula que se move num plano xy é dada por

$$\vec{r} = (2t^3 - 5t)\hat{\imath} + (6 - 7t^4)\hat{\jmath}$$

com $\vec{r}$ em metros e t em segundos.
a) Encontre os vetores $\vec{r}$, $\vec{v}$ e $\vec{a}$ para t=2 s.
b) Qual é o ângulo entre o sentido positivo do eixo x e uma reta tangente à trajetória da partícula em t=2 s?

5. O vetor posição de uma partícula em função do tempo é dado por:

$$\vec{r}(t) = t^3\hat{\imath} + (t^2 - 2)\hat{\jmath} + (t^2 - t)\hat{k} \qquad (S.I)$$

Determine:
a) As coordenadas da partícula em t=2 s.
b) O vetor deslocamento e a velocidade média entre os instantes t_1=1 s e t_2=3 s.
c) O vetor velocidade em função do tempo.
d) O vetor aceleração em função do tempo.
e) O instante em que a partícula toca o plano xz.
f) O instante de tempo no qual a velocidade da partícula é paralela ao eixo z e as coordenadas da partícula nesse instante.

6. As equações

$$x = \beta(2t + 3)^2 \qquad \text{e} \qquad y = \frac{1}{\beta(3 + 2t)^2}$$

definem o movimento de um ponto material no plano xy.
a) Mostre que a trajetória desse ponto é um arco de parábola dado por $xy = 1$.
b) Encontre a velocidade e aceleração para t=1 s.

7. A evolução no tempo de um ponto material é descrita por

$$\vec{r} = \gamma\cos(pt)\hat{\imath} + \beta\sin(pt)\hat{\jmath}$$

sendo γ, β e p constantes positivas.
a) Mostre que a trajetória descrita pelo ponto é uma elipse.
b) Mostre também que a aceleração aponta para a origem e é proporcional a r.

8. O movimento helicoidal de uma partícula pode ser descrito por

$$\vec{r} = \frac{1}{2}\sin(\gamma t)\hat{\imath} + \frac{1}{2}\cos(\beta t)\hat{\jmath} - \beta t\hat{k}$$

com r medido em metros, t em segundos e γ e β constantes positivas.
a) Encontre a posição da partícula quando t=3/4 s.
b) Para o mesmo instante do item (a), determine os módulos da velocidade e da aceleração da partícula.

9. Um ponto material percorre uma trajetória definida pela parábola

$$y = \frac{x^2}{100}$$

Determine o módulo da aceleração da partícula quando ela passa pelo ponto $P(60,36)$m com velocidade igual a v=15 m/s e aumentando a uma taxa de 3 m/s^2 a sua velocidade.

10. Uma partícula movimenta-se ao longo de uma trajetória descrita por

$$y = ax^2 + bx + c$$

com a, b e c constantes. Se a partícula tem velocidade $v = v_0$ constante, determine as componentes x e y da velocidade assim como as componentes tangencial e normal da aceleração quando $x = 0$.

11. Uma partícula move-se em uma trajetória circular de raio R.

a) Determine o comprimento do arco que a partícula, partindo do repouso, percorre após transcorrido um tempo τ se o movimento ocorre com aceleração angular constante α.
b) Encontre o comprimento do arco que a partícula em movimento com aceleração constante e igual a $-\alpha$ (desaceleração) percorre até parar sabendo-se que em t=0 sua velocidade angular é ω_0.

12. Uma chapa triangular de lados $OB = \ell_1$ e $BA = \ell_2$ pode girar ao redor de um eixo fixo O com velocidade angular $\vec{\omega} = \omega_0\hat{k}$ e aceleração angular $\vec{\alpha} = -\alpha_0\hat{k}$, como mostra a Fig.1.23. Determine a velocidade e a aceleração de um ponto localizado no vértice A do triângulo.

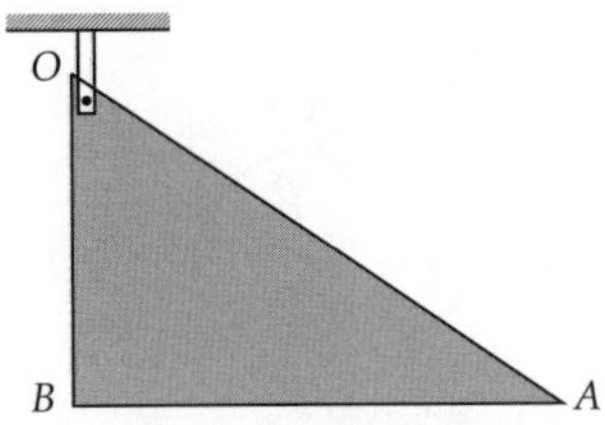

Figura 1.23: *Problema 12.*

13. A estrutura mostrada na Fig.1.24 gira ao redor do eixo fixo O com velocidade angular $\omega = 2$ rad/s e com aceleração angular igual a 8 rad/s^2. Sabendo-se que $\ell = 60$ cm, $R = 30$ cm e $\beta = 30^o$, encontre a velocidade e a aceleração do ponto A.

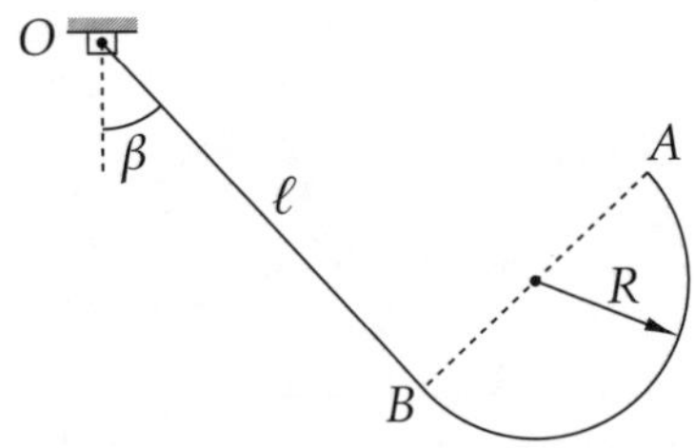

Figura 1.24: *Problema 13.*

14. Considere um ponto P em uma roda de raio R que gira, sem deslizar, com velocidade angular ω, como mostra a Fig.1.25. Considerando que a velocidade do ponto C é $v_0\hat{\imath}$ determine a velocidade do ponto P em relação ao ponto C.

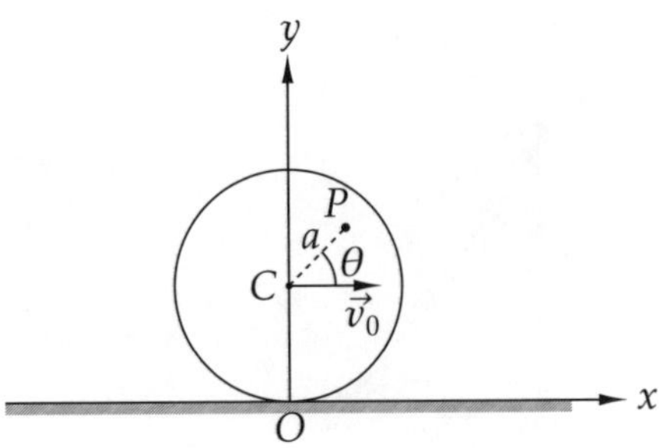

Figura 1.25: *Problema 14.*

15. Um carrinho se movimenta com velocidade $v_c = 2$ m/s para a direita, como indica a Fig.1.26. Sobre esse carrinho há uma roda de raio $R = 25$ cm que está fixa, porém pode girar com velocidade angular ω. Considere que a velocidade do ponto A na roda tenha velocidade $\vec{v}_A = -2\hat{\imath}$ m/s e determine

a velocidade angular da roda.

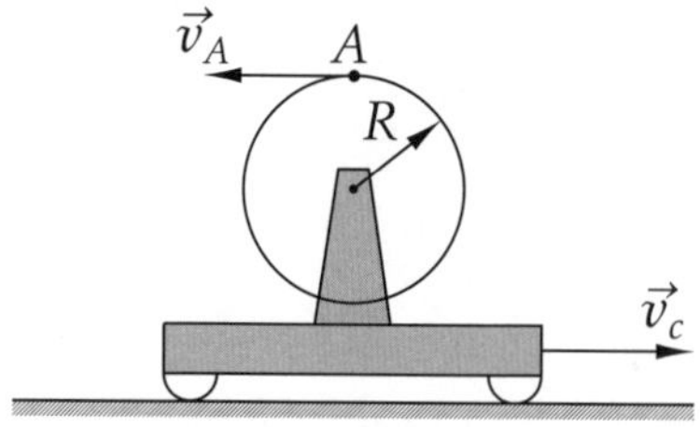

Figura 1.26: *Problema 15.*

16. A estrutura em forma de L mostrada na Fig.1.27 possui velocidade angular $\omega = 4$ rad/s. O ponto C da estrutura pode se movimentar ao longo do canal com uma velocidade $\vec{v}_c$ sem qualquer tipo de atrito. Determine a velocidade do ponto A em relação ao do ponto C quando $\theta = 60^o$ considerando que $CB = 40$ cm e $AB = 30$ cm.

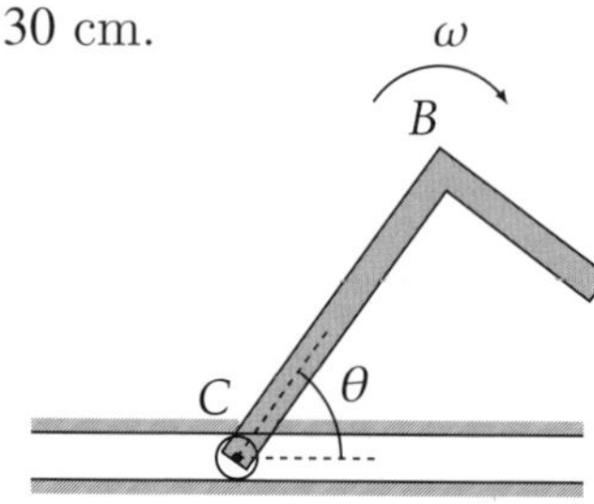

Figura 1.27: *Problema 16.*

17. Uma barra de comprimento $\ell = 50$ cm está apoiada como mostra a Fig.1.28. Em um determinado instante a barra começa a se movimentar devido à inclinação de uma das superfícies de contato. Sabendo-se que a extremidade B da barra move-se, ao longo da direção definida pela superfície, com velocidade $v_B = 0,4$ m/s, determine a velocidade da extremidade A e a velocidade angular da barra.

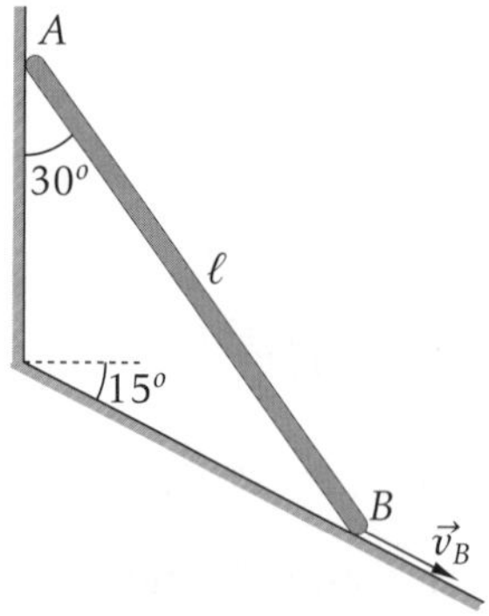

Figura 1.28: *Problema 17.*

18. Na barra OA mostrada na Fig.1.29 há um anel C que pode deslizar ao longo da barra. A barra gira em torno do ponto O de acordo com $\theta = c_1\pi(4t - 3t^2)$. Já o anel tem sua posição em relação ao ponto O dada por $r = c_2t^2 - c_3t^3$, com c_1, c_2 e c_3 constantes. Determine para o instante $t = 1$s, a velocidade e a aceleração do anel C.

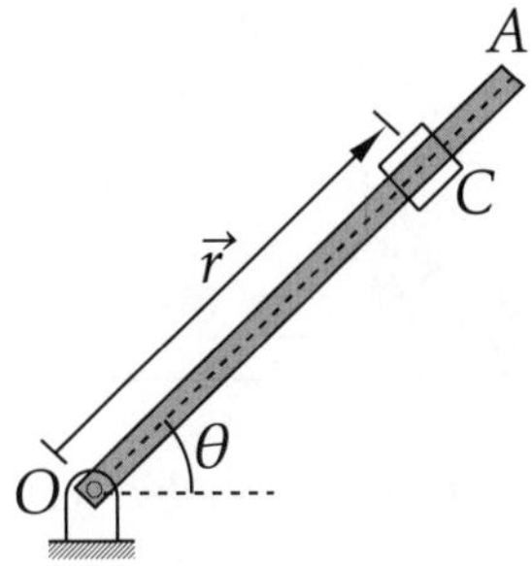

Figura 1.29: *Problema 18.*

19. A trajetória de um objeto no espaço é definida pelo vetor posição,

$$\vec{r} = 3\cos 2t\hat{i} + 3\sin 2t\hat{j} + (8t - 4)\hat{k}$$

a) Encontre o vetor unitário tangente à trajetória.
b) Mostre que a velocidade do objeto é dada por $\vec{v} = v\hat{T}$, onde v é o módulo do vetor $\vec{v}$ e $\hat{T}$ é o vetor unitário tangente à trajetória.

20. A posição de uma partícula é definida pelo vetor

$$\vec{r} = \gamma\cos\omega t\hat{i} + \gamma\sin\omega t\hat{j} + \beta t^2\hat{k}$$

com γ e β sendo constantes.
a) Descreva a trajetória percorrida pela partícula no espaço.
b) Determine o módulo da velocidade e da aceleração da partícula.

21. O movimento de uma partícula é descrito pelo vetor,

$$\vec{r} = at\cos t\hat{i} + a\sqrt{t^2+1}\hat{j} + bt\sin t\hat{k}$$

Mostre que a trajetória da partícula é descrita por

$$\left(\frac{y}{a}\right)^2 - \left(\frac{x}{a}\right)^2 - \left(\frac{z}{b}\right)^2 = 1$$

22. Um *drone* segue uma trajetória t paralela ao solo a uma altura z e com uma velocidade v_0 constante. Um radar posicionado no ponto O, como indica a

Fig.1.30, acompanha o movimento do aparelho varrendo o ângulo θ a uma taxa $\frac{d\theta}{dt}$. Encontre uma expressão para essa taxa em função de v_0, z e θ.

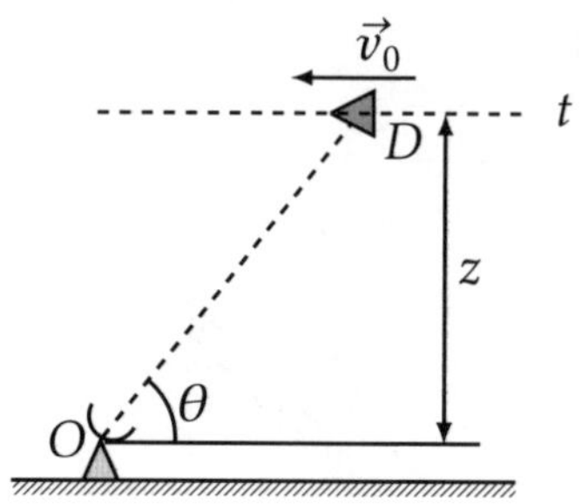

Figura 1.30: *Problema 22.*

23. Uma trajetória em espiral pode ser definida por $r\theta = b$, onde b é uma constante positiva. Considere que um ponto percorre essa trajetória com uma velocidade v_0 constante. Mostre que as componentes v_r e v_θ da velocidade do ponto são dadas por

$$v_r = \frac{-v_0}{\sqrt{1+\theta^2}} \qquad \text{e} \qquad v_\theta = \frac{v_0\theta}{\sqrt{1+\theta^2}}$$

24. Considere que o ponto P mostrado na Fig.1.31 percorra com velocidade angular constante ω_0 a trajetória definhada por $r = b\left(2 + \frac{1}{\sqrt{3}}\cos\theta\right)$. Determine:
a) A velocidade e a aceleração do ponto P para $\theta = 30^o$.
b) As componentes v_x e v_y do ponto P para $\theta = 30^o$.

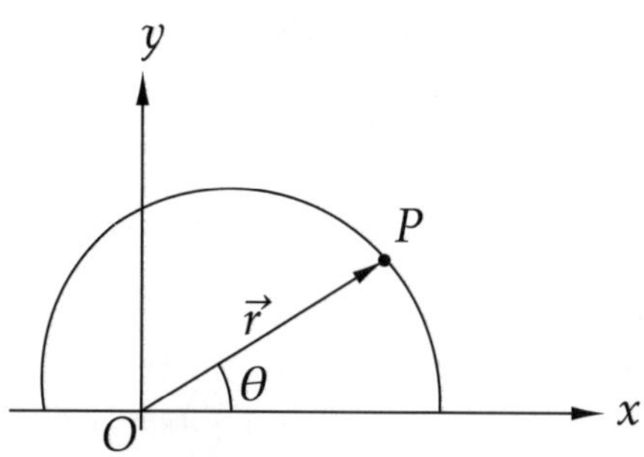

Figura 1.31: *Problema 24.*

25. Um corpo tem sua aceleração definida como função da posição x por $a = -bx$, com x em metros e b uma constante positiva. Sabendo-se que para $x = 0$ a velocidade do corpo é v_0, determine a velocidade em função da posição x e mostre também que a distância e a velocidade em função do tempo são iguais a

$$x = \frac{v_0}{\sqrt{b}} \sin \sqrt{b}t \qquad \text{e} \qquad v = v_0 \cos \sqrt{b}t$$

26. Uma partícula que se movimenta em uma reta possui aceleração dada por $a = -kv^2$, onde v é a velocidade e k uma constante. Sabendo-se que quando $t = 0$ a partícula está em $x = x_0$ com velocidade v_0, encontre a velocidade e a posição em função do tempo. Além disso, mostre que a velocidade em função da posição é dada por

$$v = v_0 e^{-k(x-x_0)}$$

27. A aceleração de um corpo varia linearmente com a velocidade seguindo a relação $a = \alpha - \beta v$, onde α e β são constantes. Determine a velocidade e a posição como função do tempo sabendo-se que em t=0 a velocidade é v_0 e mostre que a posição em função da velocidade é dada por

$$x = -\frac{v - v_0}{\beta} - \frac{\alpha}{\beta^2} \ln \left(\frac{\alpha - \beta v}{\alpha - \beta v_0} \right)$$

28. Uma partícula se movimenta ao longo de uma curva no espaço cuja posição em função do tempo é determinada pelo vetor

$$\vec{r} = t\hat{i} + \frac{1}{2}t^2 \hat{j} + t\hat{k}$$

a) Mostre que a direção da velocidade como função do tempo é dada pelo vetor unitário,

$$\hat{T} = \frac{\hat{i} + t\hat{j} + \hat{k}}{\sqrt{2 + t^2}}$$

b) Mostre que a direção da aceleração normal como função do tempo é dada pelo vetor unitário,

$$\hat{n} = \frac{-t\hat{i} + 2\hat{j} - t\hat{k}}{\sqrt{4 + 2t^2}}$$

c) Mostre que o raio de curvatura em função do tempo é dado por

$$R = \frac{(2 + t^2)^{3/2}}{\sqrt{2}}$$

29. Uma partícula se movimenta com uma aceleração dada por

$$\vec{a} = 3e^{-\gamma t}\hat{i} + 2\cos\gamma t\,\hat{j} - \sin\gamma t\hat{k}$$

Considere que no instante $t = 0$ a partícula está na origem e em repouso. Determine a velocidade e o deslocamento da partícula como função do tempo.

30. Um ponto material move-se em uma trajetória definida ao longo do tempo pelo vetor

$$\vec{r} = a\cos\omega t\hat{i} + b\sin\omega t\,\hat{j}$$

Mostre que as componentes da aceleração da partícula como função do tempo são dadas por

$$a_T = \frac{\omega^2(a^2 - b^2)\sin 2\omega t}{2\sqrt{a^2\sin^2\omega t + b^2\cos^2\omega t}} \quad \text{e} \quad a_n = \frac{\omega^2 ab}{\sqrt{a^2\sin^2\omega t + b^2\cos^2\omega t}}$$

31. Considere uma partícula com velocidade $\vec{v}$ e aceleração $\vec{a}$ movendo-se ao longo de uma trajetória no espaço. Mostre que o raio de curvatura dessa trajetória pode ser determinado por

$$R = \frac{v^3}{|\vec{v} \times \vec{a}|}$$

32. Uma escada de comprimento ℓ está apoiada em uma parede vertical em um ponto $A(0,y)$ e no solo em um ponto $B(x,0)$. Considere que a base da escada que está apoiada no solo se move com velocidade constante v_0. Qual a trajetória do ponto médio da escada e qual o módulo da velocidade desse ponto em função de x para $x < \ell$?

33. Um carro A está localizado 5 km ao norte e 3 km a leste de um outro carro B. O carro A se movimenta em direção ao sul com uma velocidade 36 km/h. O carro B possui velocidade 50 km/h e tem seu movimento na direção nordeste fazendo uma ângulo de 40° com a direção leste. Considerando que os carros se movimentam com velocidades constantes, determine em qual instante de tempo a distância entre eles é mínima e encontre o valor dessa distância.

34. Uma partícula A se desloca em relação a outra partícula B com uma velocidade relativa dada por $\vec{v}_{AB} = 3\hat{i} - 2\hat{j}$ m/s. Já uma partícula B se desloca em relação a outra partícula C com uma velocidade relativa $\vec{v}_{BC} = 2\hat{i} - 5\hat{j}$ m/s. Encontre a velocidade da partícula A em relação à partícula C.

35. Um avião faz uma viagem de ida e volta entre dois pontos distantes d um do outro. Considere que os pontos estão ao longo da direção leste/oeste. Na ida (leste/oeste) o avião viaja com uma velocidade em relação a um ponto fixo no solo igual a $\vec{v}$. Determine o tempo total de ida e volta do avião considerando que nessa direção há vento no sentido leste/oeste com uma velocidade igual a v_0 em relação ao solo.

36. Duas partículas A e B movem-se no espaço de acordo com os seguintes vetores:

$$\vec{r}_A = 2t\hat{i} - 3t^2\hat{j} + (4t^3 - t)\hat{k} \qquad \text{e} \qquad \vec{r}_B = (4t^2 - 5t + 2)\hat{i} - 2t^3\hat{j} - t\hat{k}$$

Determine a velocidade da partícula A em relação à partícula B no instante $t = 2$ segundos.

37. Uma embarcação deve cruzar um rio de largura ℓ, como mostrado na Fig.1.32, partindo do ponto A e indo em direção ao ponto C. Sabendo-se que a distância entre o ponto B e o ponto C é igual a d e que a velocidade do rio é v_c no sentido de B para C, mostre que a menor velocidade, em relação ao rio, que a embarcação deve ter para chegar ao ponto B é

$$v = \frac{v_c d}{\sqrt{\ell^2 + d^2}}$$

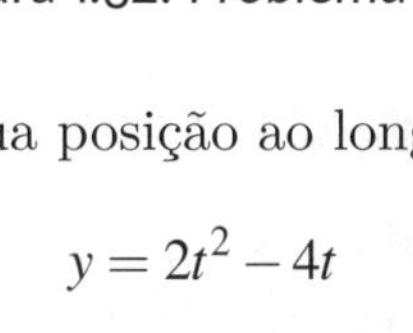

Figura 1.32: *Problema 37.*

38. Um ponto material tem sua posição ao longo do tempo determinada por

$$x = t - 2, \qquad y = 2t^2 - 4t \qquad \text{e} \qquad z = 5$$

com x, y e z em metros e t em segundos. Determine:
a) A equação da trajetória.
b) Em que momento a velocidade é paralela ao eixo x.
c) As componentes tangencial e normal da aceleração.
d) O raio de curvatura no instante $t = 1$ segundo.

39. Os blocos A e B são ligados por uma corda como mostra a Fig.1.33. O bloco B está se movendo para a direita com uma aceleração constante e com uma

velocidade igual a 5 cm/s. Sabendo que depois que o bloco A deslocou 72 cm para a direita, sua velocidade nesse instante passou a ser igual a 12 cm/s. Determine:

a) A aceleração do bloco A e a do bloco B.

b) A velocidade e a variação da posição do bloco B depois de 2 s.

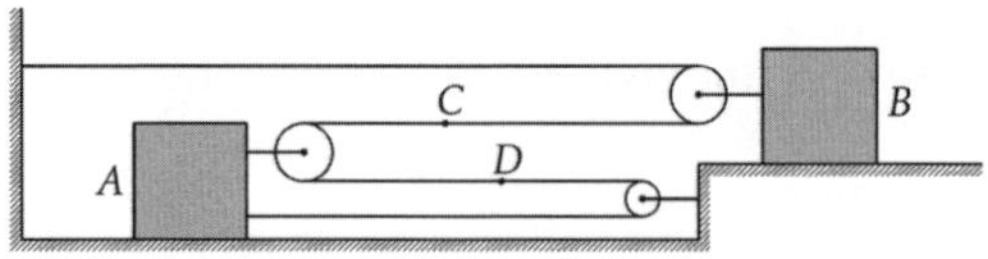

Figura 1.33: *Problemas 39 e 40.*

40. Os blocos A e B estão conectados por uma corda como mostra a Fig.1.33. O bloco B se movimenta para a direita com uma velocidade constante igual a v_0.

    a) Determine as velocidades do bloco A, do ponto C e do ponto D.

    b) Qual a velocidade relativa entre o bloco A e o ponto C?

41. Na Fig.1.34 os blocos A e B estão conectados por uma corda. O bloco B inicia seu movimento com aceleração constante partindo do repouso.

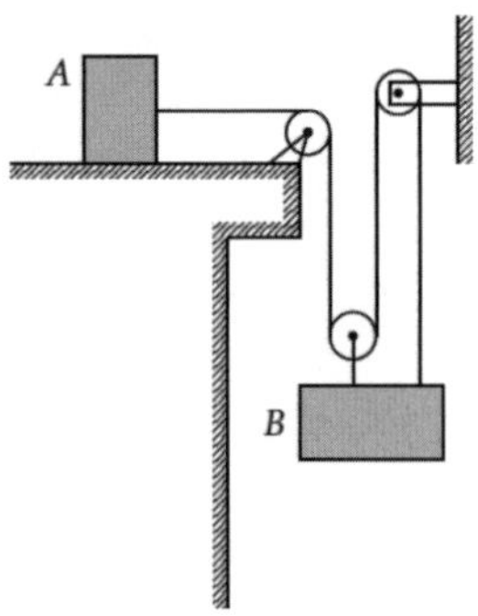

Figura 1.34: *Problema 41.*

Sabendo que a velocidade do bloco A é igual a 3 m/s após ele ter deslocado 50 cm, determine a aceleração dos blocos A e B e o deslocamento do bloco B depois de transcorridos 3 s.

42. Na Fig.1.35 os blocos A, B e C estão conectados por uma corda. Sabendo que os blocos A e C se movimentam com aceleração constante a_A e a_C, respectivamente, e que o B desce com aceleração também constante, mostre que

$$a_B = \frac{1}{2}\left(a_A + a_C\right)$$

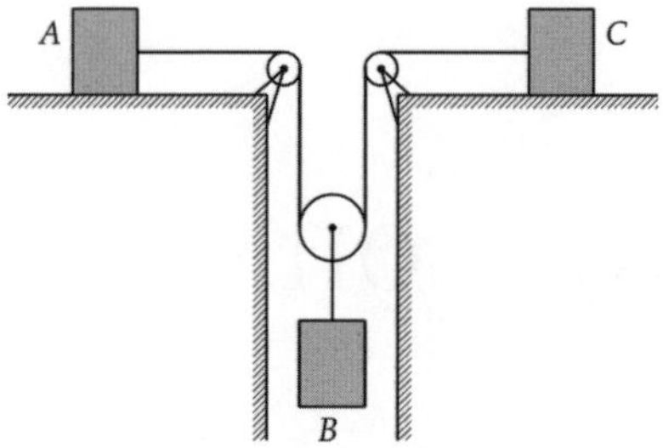

Figura 1.35: *Problema 42.*

43. O bloco A mostrado na Fig.1.36 parte do repouso e sobe com aceleração constante. Se o bloco C desloca 20 m em 5 segundos, determine:
a) A aceleração de cada um dos blocos.
b) A velocidade do bloco B depois de 2 segundos.

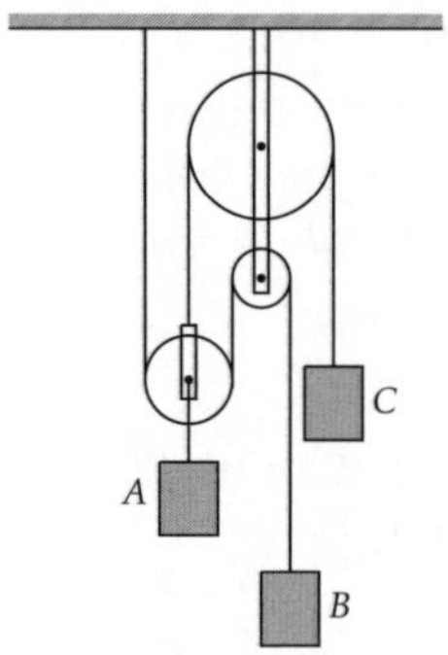

Figura 1.36: *Problema 43.*

44. Consideremos que os blocos A, B e C mostrados na Fig.1.37 movem-se com velocidades constantes. Sabendo-se que a velocidade relativa entre o bloco A e o bloco C é igual a $v_{AC} = v_0$ e que a velocidade relativa entre o bloco B e ao bloco A é igual a $v_{AB} = -2v_0/3$, determine o deslocamento de cada bloco após τ segundos.

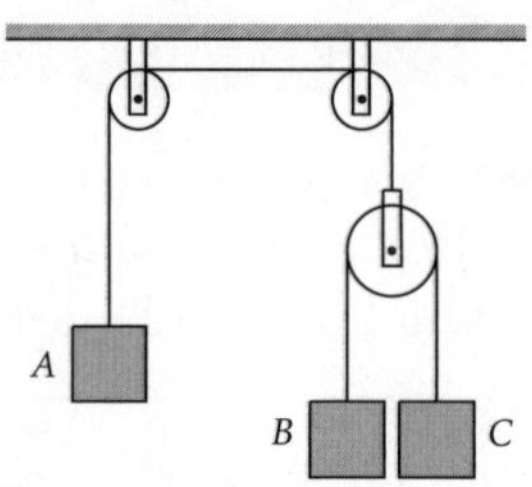

Figura 1.37: *Problema 44.*

Capítulo 2

Leis de Newton

Um dos grandes desafios do homem sempre foi o de entender e descrever os fenômenos da natureza. A tarefa, na maioria das vezes, de descrever esses fenômenos foi dada aos cientistas. Um dos maiores cientistas que se dedicou a executar essa tarefa foi *Sir Isaac Newton*. As ideias de Newton acerca de vários fenômenos da natureza são válidas até os dias de hoje. Newton contribui com a evolução do pensamento científico em diferentes áreas do conhecimento. Muitos dos fenômenos da natureza podem ser descritos por um conjunto de três leis conhecidas como as leis de Newton, que são:

Primeira lei : "*Todo corpo tende a permanecer em repouso ou a se movimentar em uma linha reta com velocidade constante a menos que uma força seja aplicado sobre ele.*"

Segunda lei : "*A força resultante que atua em um corpo é igual a taxa de variação do momento linear*", ou seja,

$$\vec{F}_R = \frac{d\vec{p}}{dt} \tag{2.1}$$

onde $\vec{p} = m\vec{v}$ é o momento linear, com $\vec{v}$ sendo a velocidade e m a massa.

Terceira lei : "*A toda ação corresponde uma reação de mesma intensidade e mesma direção, porém de sentido contrário.*"

Exemplo 2.0.1

Em uma partícula de massa $m = 1$ kg atua uma força constante $\vec{F}$ que modifica a velocidade da partícula de $\vec{v}_1 = 2\hat{i} - 3\hat{j} + 2\hat{k}$ m/s para $\vec{v}_2 = 6\hat{i} + 4\hat{j} - 5\hat{k}$ m/s em 2 segundos. Qual o módulo dessa força?

SOLUÇÃO: *A força $\vec{F}$ no intervalo de tempo Δt pode ser determinada por*

$$\vec{F} = \frac{\Delta\vec{p}}{\Delta t}$$

onde $\Delta\vec{p} = m\vec{v}_2 - m\vec{v}_1$. *Utilizando os dados fornecidos temos que*

$$\Delta\vec{p} = m\vec{v}_2 - m\vec{v}_1$$

$$\Delta\vec{p} = 1(6\hat{i} + 4\hat{j} - 5\hat{k}) - 1(2\hat{i} - 3\hat{j} + 2\hat{k})$$

$$\Delta\vec{p} = 4\hat{i} + 7\hat{j} - 7\hat{k}\ kgm/s$$

Com isso a força $\vec{F}$ *fica sendo igual a*

$$\vec{F} = \frac{\Delta\vec{p}}{\Delta t}$$

$$\vec{F} = \frac{4\hat{i} + 7\hat{j} - 7\hat{k}}{2}$$

$$\vec{F} = 2\hat{i} + 3,5\hat{j} - 3,5\hat{k}\ N$$

e seu módulo é dado por

$$\vec{F} = \sqrt{F_x^2 + F_y^2 + F_z^2} = \sqrt{2^2 + 3,5^2 + (-3,5)^2}$$

$$F = 5,34\ N$$

■

2.1 Força

As leis de Newton estão fortemente relacionadas ao conceito de força. A primeira lei afirma que na ausência de qualquer força (ação) o corpo mantém seu estado, ou de repouso ou de movimento em linha reta com velocidade constante. Já a segunda lei refere que a ação é o agente provocador da mudança do momento linear $\vec{p}$. A terceira lei nos diz que, quando a ação ocorre sobre um corpo, ele reage a essa interação provocando uma ação igual, oposta e na mesma direção. A essa ação chamamos de força, ou seja, força é uma ação que pode modificar o estado de um corpo e/ou deformá-lo.

2.1.1 Força resultante

A força resultante ($\vec{F}_R$) é a soma vetorial de todas as forças que atuam no corpo. Matematicamente representamos por

$$\vec{F}_R = \vec{F}_1 + \vec{F}_2 + \vec{F}_3 + \cdots + \vec{F}_n \tag{2.2}$$

$$\vec{F}_R = \sum_{i=1}^{n} \vec{F}_i \tag{2.3}$$

onde $\vec{F}_i$, com $i = 1 \cdots n$, são as forças que atuam no corpo. As forças devem ser somadas seguindo as regras da álgebra vetorial. Para o caso de duas forças, $\vec{F}_1$ e $\vec{F}_2$, que são aplicadas no mesmo ponto, como mostrado na Fig.2.1, a força resultante pode ser facilmente determinada.

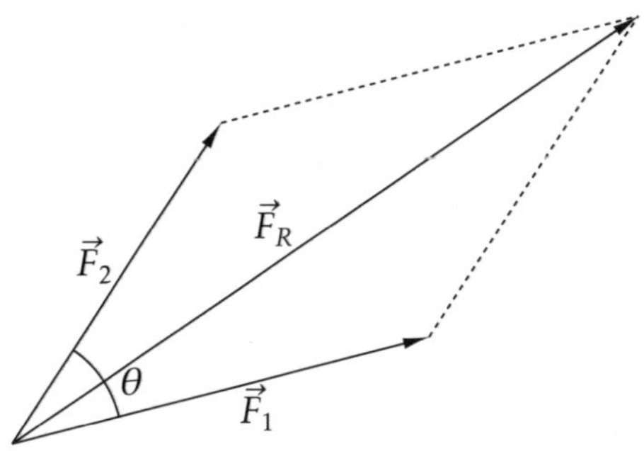

Figura 2.1: *Soma de forças utilizando a regra do paralelogramo.*

Considerando a Fig.2.1 é fácil perceber que

$$\vec{F}_R = \vec{F}_1 + \vec{F}_2 \tag{2.4}$$

O módulo da força resultante para as forças mostradas Fig.2.1 é dado por

$$F_R^2 = (\vec{F}_1 + \vec{F}_2) \cdot (\vec{F}_1 + \vec{F}_2) \tag{2.5}$$

Expandindo o lado direito da relação acima e rearranjando os termos, temos que o módulo da força resultante fica então determinado por

$$F_R^2 = F_1^2 + F_2^2 + 2F_1F_2\cos\theta \tag{2.6}$$

onde θ é o ângulo entre os vetores $\vec{F}_1$ e $\vec{F}_2$.

Vamos voltar à definição de força resultante dada pela Eq.(2.2) e escrever o lado esquerdo da seguinte forma:

$$\vec{F}_R = F_{Rx}\hat{i} + F_{Ry}\hat{j} + F_{Rz}\hat{k} \tag{2.7}$$

onde F_{Rx}, F_{Ry} e F_{Rz} são as componentes cartesianas da força resultante. Dessa maneira as componentes da força resultante, Eq.(2.2), podem ser determinadas por

$$F_{Rx} = F_{1x} + F_{2x} + F_{3x} + \cdots + F_{nx} \tag{2.8}$$

$$F_{Ry} = F_{1y} + F_{2y} + F_{3y} + \cdots + F_{ny} \tag{2.9}$$

$$F_{Rz} = F_{1z} + F_{2z} + F_{3z} + \cdots + F_{nz} \tag{2.10}$$

O lado direito das Eqs.(2.8)-(2.10) indica que podemos decompor cada uma das forças, $\vec{F}_1, \vec{F}_2, \vec{F}_3, \cdots \vec{F}_n$, nas respectivas direções x, y e z para encontrarmos as componentes F_{Rx}, F_{Ry} e F_{Rz} e, consequentemente, determinarmos o módulo da força resultante a partir de

$$F_R = \sqrt{F_{Rx}^2 + F_{Ry}^2 + F_{Rz}^2} \tag{2.11}$$

Consideremos agora que uma determinada força de módulo F seja aplicada ao longo da sua linha de ação definida pela reta que passa pelos ponto $A(x_1, y_1, z_1)$ e $B(x_2, y_2, z_2)$ como indicados na Fig.2.2 e tendo o sentido do ponto A para o ponto B. Conhecendo o módulo da força e os pontos que pertencem à linha de ação da força, podemos então determinar o vetor $\vec{F}$ da seguinte maneira:

$$\vec{F} = F\hat{\lambda} \tag{2.12}$$

onde $\hat{\lambda}$ é um vetor unitário ao longo da linha de ação da força.

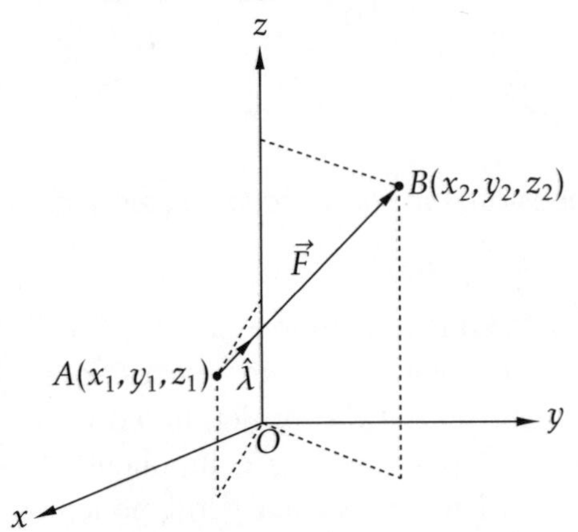

Figura 2.2: *Representação de um força no espaço.*

Utilizando os conceitos da álgebra vetorial, podemos escrever o vetor unitário $\hat{\lambda}$ em coordenadas cartesianas como sendo

$$\hat{\lambda} = \frac{\vec{\lambda}}{|\vec{\lambda}|} \tag{2.13}$$

com

$$\vec{\lambda} = (x_2 - x_1)\hat{i} + (y_2 - y_1)\hat{j} + (z_2 - z_1)\hat{k} \tag{2.14}$$

e

$$|\vec{\lambda}| = \sqrt{(x_2 - x_1)^2 + (y_2 - y_1)^2 + (z_2 - z_1)^2} \tag{2.15}$$

Uma vez conhecida a força no espaço, um ponto importante é conhecer as componentes dessa força. Mostraremos aqui como encontrar as componentes cartesianas da força, porém podemos utilizar o procedimento para encontrar as componentes da força para qualquer direção. Para isso consideremos a Fig.2.3, onde mostramos o vetor $\vec{F}$ e suas componentes cartesianas $\vec{F}_x$, $\vec{F}_y$ e $\vec{F}_z$.

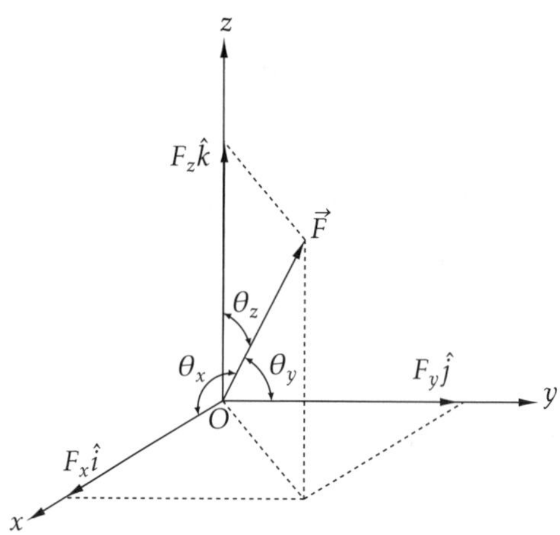

Figura 2.3: *Decomposição em coordenadas cartesianas da força no espaço.*

É fácil perceber pela Fig.2.3 que as componentes F_x, F_y e F_z da força correspondem às projeções do vetor $\vec{F}$ ao longo dos eixos cartesianos. Perceba ainda que as componentes F_x e F_y podem ser obtidas projetando o vetor $\vec{F}$ no plano xy e depois nas respectivas direções. Já para obter a componente F_z é suficiente projetar o vetor ao longo do eixo z. De uma forma geral podemos definir a projeção do vetor $\vec{F}$ ao longo de qualquer direção através do produto escalar entre esse vetor $\vec{F}$ e um vetor que determina a direção na qual se deseja encontrar a projeção. Para exemplificar, consideremos novamente a Fig.2.3, onde temos representados os ângulos θ_x, θ_y e θ_z que determinam a direção do vetor $\vec{F}$ com relação aos eixos x, y e z, respectivamente. Da definição de produto escalar temos que as componentes cartesianas do vetor $\vec{F}$ são dadas por

$$F_x = \vec{F}\cdot\hat{\imath} \qquad F_y = \vec{F}\cdot\hat{\jmath} \qquad \text{e} \qquad F_z = \vec{F}\cdot\hat{k} \tag{2.16}$$

Sabendo-se que $\vec{A}\cdot\vec{B} = |\vec{A}||\vec{B}|\cos\theta$, onde θ é o ângulo entre os vetores $\vec{A}$ e $\vec{B}$, temos que

$$F_x = F\cos\theta_x \qquad F_y = F\cos\theta_y \qquad \text{e} \qquad F_z = F\cos\theta_z \tag{2.17}$$

onde $\cos\theta_x$, $\cos\theta_y$ e $\cos\theta_z$ são os cossenos diretores. Utilizando agora os cossenos diretores, o vetor $\vec{F}$ pode ser escrito como

$$\vec{F} = F\hat{\lambda} \qquad \text{com} \qquad \hat{\lambda} = \cos\theta_x\hat{\imath} + \cos\theta_y\hat{\jmath} + \cos\theta_z\hat{k} \tag{2.18}$$

É fácil mostrar, e por isso deixaremos como exercício, que os cossenos diretores satisfazem a seguinte relação:

$$\cos^2\theta_x + \cos^2\theta_y + \cos^2\theta_z = 1 \tag{2.19}$$

Exemplo 2.1.1

Na Fig.2.4 é mostrada uma argola presa a uma parede. Sabendo-se que na argola atuam as forças F_1=150 N, F_2=260 N e F_3=110 N e que $\theta_1=40^o$ e $\theta_2=50^o$, determine a força resultante do sistema e o ângulo entre a força resultante e o eixo x.

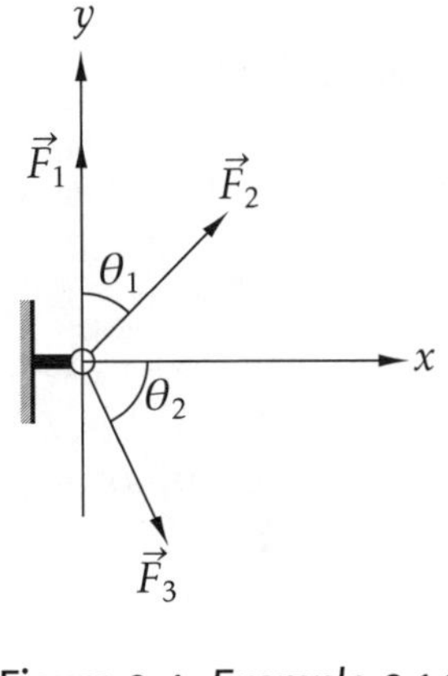

Figura 2.4: *Exemplo 2.1.1.*

SOLUÇÃO: *Como as forças estão no plano xy, podemos decompor cada uma das forças ao longo dos eixos x e y. Na Fig.2.5 mostramos a decomposição das forças ao longo dos eixos.*

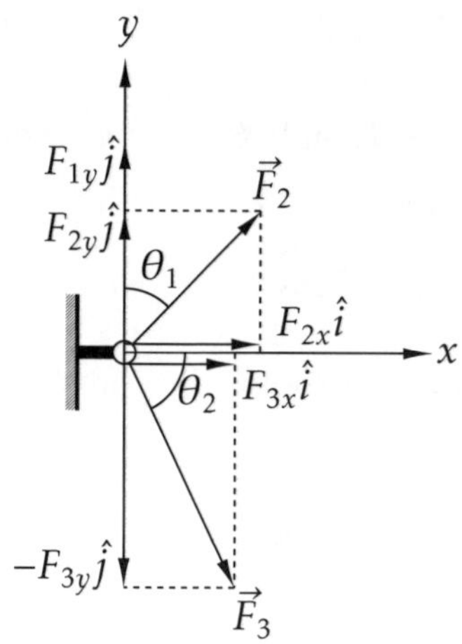

Figura 2.5: *Exemplo 2.1.1.*

Utilizando a definição de força resultante, podemos escrever com auxílio da Fig.2.5 que

$$\vec{F}_R = F_{Rx}\hat{i} + F_{Ry}\hat{j}$$

$$\vec{F}_R = (F_{2x} + F_{3x})\hat{i} + (F_{1y} + F_{2y} - F_{3y})\hat{j}$$

$$\vec{F}_R = (F_2 \sin\theta_1 + F_3 \cos\theta_2)\hat{i} + (F_1 + F_2 \cos\theta_1 - F_3 \sin\theta_2)\hat{j}$$

Levando em consideração que $F_1 = 150$ N, $F_2 = 260$ N, $F_3 = 110$ N, $\theta_1 = 40^o$ e $\theta_2 = 50^o$, temos que a força resultante é igual a

$$\vec{F}_R = 237,8\hat{i} + 264,9\hat{j}N$$

e cujo módulo é $F_R = 356$ N. Para determinarmos a direção da força resultante em relação ao eixo x, vamos considerar a Fig.2.6, onde β é o ângulo desejado. Pela figura é fácil ver que

$$\tan\beta = \frac{F_{Ry}}{F_{Rx}}$$

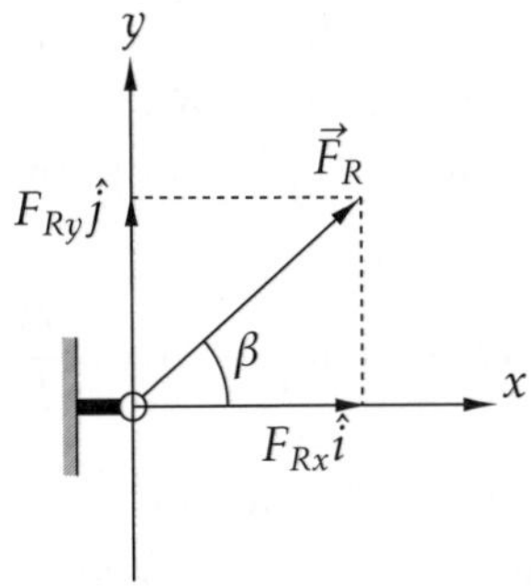

Figura 2.6: *Exemplo 2.1.1.*

Utilizando os valores F_{Rx} =237,8 N e F_{Ry}=264,9 N na expressão acima conseguimos determinar β =48,1º. ■

2.1.2 Tipos de forças

Nas seções anteriores definimos as três leis de Newton com base no conceito de força e como podemos combinar essas forças. Entretanto não dissemos nada sobre a natureza das forças. As forças envolvidas podem ser de quatro tipos diferentes: força gravitacional, força nuclear (forte e fraca) e força eletromagnética. Muitas das interações, como, força de atrito, força de tração e força elástica, são manifestações macroscópicas da força eletromagnética. Já a estabilidade dos núcleos dos átomos é determinada pelas forças nucleares.

2.1.2.1 Força gravitacional

A força gravitacional é a força devido ao campo gravitacional criado sobretudo por corpos celestes que possuem grandes massas. A presença desses corpos modifica o espaço/tempo dando origem ao campo gravitacional. A interação gravitacional pode ser descrita com sendo uma força de atração (***lei da gravitação universal de Newton***) que é diretamente proporcional ao produto das massas e inversamente proporcional ao inverso do quadrado da distância, ou seja,

$$\vec{F} = -G\frac{m_1 m_2}{r^2}\hat{r} \tag{2.20}$$

onde m_1 e m_2 são, respectivamente, as massas dos corpos e r a distância entre eles. A constante G é a constante de gravitação universal que no S.I vale $6.67 \times 10^{-11}\mathrm{m}^3/(\mathrm{kg\ s}^2)$. Já próximo à superfície da Terra, a interação gravitacional é dada por

$$\vec{F} = -G\frac{M_T m}{R_T^2}\hat{r} \tag{2.21}$$

onde o sinal (-) na equação acima indica que a força é sempre na direção radial apontando para o centro da Terra, M_T e R_T são a massa ($M_T \approx 6 \times 10^{24}$kg) e raio ($R_T \approx 6.4 \times 10^4$km) da Terra. A Eq.(2.21) pode ser escrita ainda da seguinte maneira:

$$\vec{F} = -m\vec{g} \qquad \text{com} \qquad g = \frac{GM_T}{R_T^2} \tag{2.22}$$

e, substituindo os valores de M_T e R_T, temos $g \approx 9,8$ m/s^2, que é a aceleração de queda livre de um corpo próximo à superfície da Terra, ou seja, a aceleração devido à gravidade. É importante notarmos que, devido ao movimento de rotação da Terra e a sua assimetria, o valor de g irá depender das coordenadas (raio polar e raio equatorial), assim como da velocidade de rotação da Terra.

2.1.2.2 Força elástica

A força elástica tem sua origem nas interações eletromagnéticas entre átomos. Quando um objeto é deformado, a distância entre os átomos, que compõem a estrutura do objeto, é modificada. Quando um objeto é deformado mediante a aplicação de uma força, a deformação causada pode ser elástica ou plástica. Uma deformação é dita elástica quando, ao cessar a força aplicada, o objeto volta a ter suas dimensões originais. Já a deformação plástica é aquela na qual, ao interromper a força aplicada, o objeto tem suas dimensões modificadas. Entretanto, dependo da intensidade da força, o objeto pode ainda se romper. Neste caso podemos dizer que ocorreu a quebra das ligações atômicas que mantêm unidos os átomos. Na Fig.2.7 mostramos um gráfico da deformação versus força aplicada (F_A). Nessa figura *RE* é a região elástica e *RP* a região plástica. O ponto *A* indica o momento em que o material começa a deixar a região elástica e o ponto *B* indica o momento da ruptura.

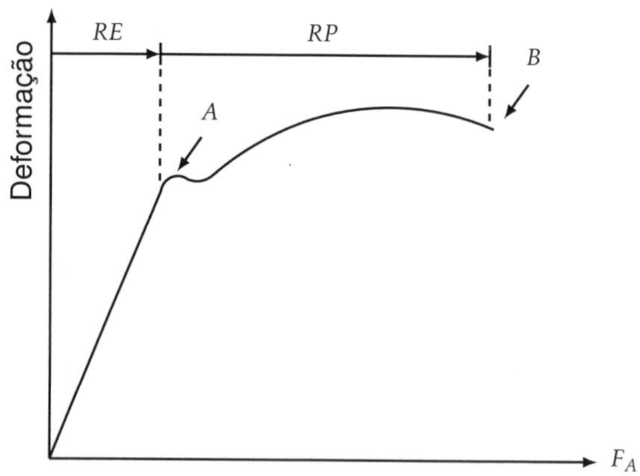

Figura 2.7: *Deformação em função da força aplicada.*

Pela Fig.2.7 esta claro o comportamento dos materiais de acordo com o tipo de deformação. Entretanto, para o nosso propósito, vamos nos ater à região linear do gráfico. Para essa região as deformações elásticas podem ser analisadas com auxílio da Fig.2.8.

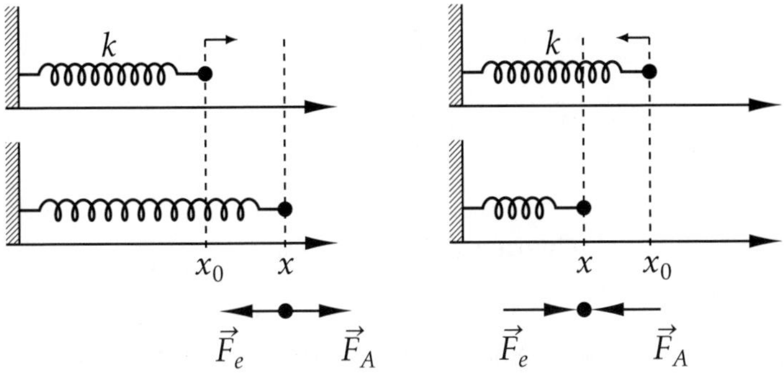

Figura 2.8: *Direção e sentido da força elástica.*

O comportamento elástico do objeto será descrito por uma mola de constante elástica k. A constante elástica determina a facilidade que a mola tem em se deformar. Na figura ainda temos preso à mola um ponto material que pode descolar-se para a direita ou para a esquerda quando uma força F_A for aplicada. Na figura da esquerda a mola é deformada (movimentada por tração) até a posição $x > x_0$. A experiência mostra que se o ponto material for abandonado na posição x ele retorna à posição de equilíbrio, que nesse caso é a posição indicada por x_0. Já na figura da direita a mola é deformada (movimentada por compressão) até a posição $x < x_0$ e nesse caso o ponto material também volta à posição de equilíbrio após ser abandonado. Diante disso podemos afirmar que a força exercida pela mola, a força elástica (F_e), será sempre contrária ao sentido da força aplicada. Matematicamente a força elástica, no regime linear, pode ser escrita como

$$\vec{F}_e = -k\Delta x\hat{e} \qquad \text{com} \qquad \Delta x = x - x_0 \tag{2.23}$$

onde Δx é a deformação sofrida pela mola e $\hat{e}$ é o vetor unitário ao longo da deformação. A Eq.(2.23) é conhecida como a ***lei de Hooke***.

Exemplo 2.1.2

Um bloco de massa $m = 5$ kg é preso a uma mola de constante elástica $k = 1200$ N/m. Em seguida esse bloco é puxado verticalmente para cima e preso a um cabo ideal como mostra a Fig.2.9, produzindo assim uma tração no cabo de 72 N. Uma vez o sistema em equilíbrio na situação descrita, o cabo é cortado e o bloco retorna lentamente à posição de equilíbrio. Encontre a distância percorrida pelo bloco até a posição de equilíbrio.

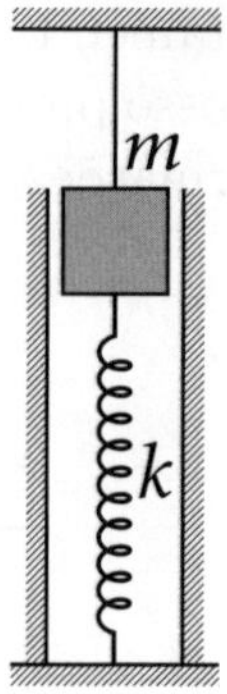

Figura 2.9: *Exemplo 2.1.2.*

SOLUÇÃO: *A distância que o bloco percorre até atingir a posição de equilíbrio é dada por* $d = \Delta y_1 + \Delta y_2$*, onde* Δy_1 *é a deformação sofrida pela mola quando ela foi esticada; já* Δy_2 *é a deformação sofrida pela mola até a posição de equilíbrio devido à força gravitacional. Para encontrarmos as respectivas deformações vamos primeiro fazer o diagrama de corpo livre para as duas situações, que são mostradas na Fig.2.10 (a) e (b).*

Figura 2.10: *Exemplo 2.1.2 - Diagrama do corpo livre.*

Do primeiro diagrama, Fig.2.10(a), podemos escrever que a força resultante é

$$F_R = T - F_g - F_e$$

Como o bloco está em repouso, $F_R = 0$*, e dessa maneira temos*

$$T - F_g - F_e = 0 \qquad k\Delta y_1 = T - mg$$

$$\Delta y_1 = \frac{T - mg}{k}$$

Substituindo os valores correspondentes para m*,* k *e* T *conhecidos, encontramos que* $\Delta y_1 = 1{,}9$ *cm. Para encontrarmos a deformação da mola quando o equilíbrio* *é atingido vamos fazer uso diagrama do corpo livre mostrado na Fig.2.10(b). Por essa figura podemos ver que a força resultante é dada por*

$$F_R = F_e - F_g$$

Da mesma forma que antes, podemos escrever que

$$F_e - F_g = 0 \qquad k\Delta y_2 = mg$$

$$\Delta y_2 = \frac{mg}{k}$$

Substituindo os valores correspondentes para m e k fornecidos, encontramos que a deformação da mola é $\Delta y_2 = 4,1$ cm. Dos resultados encontrados, temos finalmente que o bloco percorrera uma distância igual a

$$d = \Delta y_1 + \Delta y_2 = 6\ cm$$

■

2.1.2.3 Força de tração

A força de tração é aquela transmitida por cabos, fios, cordas, entre outros. A força de tração, assim como a força elástica, tem sua origem nas interações eletromagnéticas. Na maioria das situações tratadas aqui as cordas e/ou cabos terão um caráter ideal, ou seja, as deformações sofridas pela corda e/ou cabos assim como suas massas serão consideradas desprezíveis. Uma implicação direta dessas considerações é que a força de tração ao longo de uma corda, por exemplo, é igual em todos os pontos ao longo do comprimento. Na Fig.2.11, mostramos uma corpo de massa m preso a uma corda presa ao teto e, na Fig.2.12, mostramos o diagrama de corpo livre.

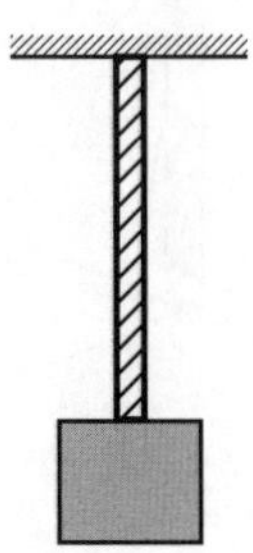

Figura 2.11: *Corpo de massa m suspenso por uma corda.*

Analisando a Fig.2.12(b) é possível escrever que

$$F_R = T_2 - F_g^c - T_1 \tag{2.24}$$

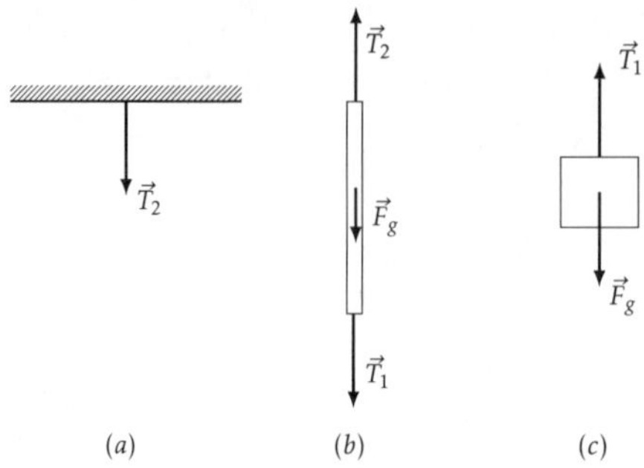

Figura 2.12: *Diagrama de corpo livre, força aplicada ao teto (a), forças aplicadas à corda e (c) forças aplicadas ao corpo de massa m.*

onde F_g^c é a força gravitacional sobre a corda. Considerando que a corda é ideal ($m_c \approx 0$) fica fácil de perceber que $T_1 = T_2$, ou seja, a força de tração é igual ao longo da corda.

Exemplo 2.1.3

Um poste de altura H =60 m está fixado pelos cabos AD, CD e BD, como mostra a Fig.2.13. Sabendo-se que a tração no cabo AD é igual a 1800 N e que $A(-750, 2250, 0)$cm, $B(300, 1100, 0)$cm e $C(0, -2000, 0)$cm, determine as componentes cartesianas dessa tração assim como sua direção.

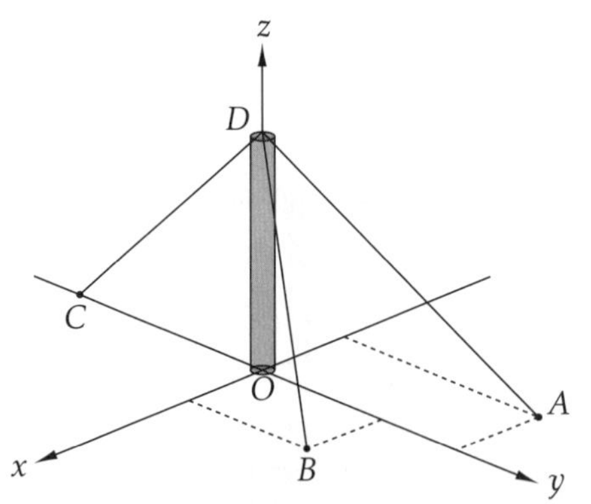

Figura 2.13: *Exemplo 2.1.3.*

SOLUÇÃO: *Para encontrarmos as componentes da força de tração no cabo AD assim como sua direção vamos determinar o vetor $\vec{T}_{AD}$, que tem como módulo T=1800 N e cuja direção está ao longo da reta que passa pelos pontos AD. Para* *isso vamos escrever que o vetor* $\vec{T}_{AD}$ *é dado por*

$$\vec{T}_{AD} = T\hat{\lambda}_{AD}$$

onde $\hat{\lambda}_{AD}$ *é o vetor unitário ao longo da reta que passa pelos pontos* A *e* D *indicados na Fig.2.14. Utilizando a definição de vetor unitário, Eq.(2.13), com as coordenadas dos pontos* A *e* D*, conseguimos*

$$\hat{\lambda}_{AD} = \frac{(0+750)\hat{\imath}+(0-2250)\hat{\jmath}+(6000-0)\hat{k}}{\sqrt{(0+750)^2+(0-2250)^2+(6000-0)^2}}$$

$$\hat{\lambda}_{AD} = 0,116\hat{\imath} - 0,348\hat{\jmath} + 0,929\hat{k}$$

Com o resultado obtido para $\hat{\lambda}_{AD}$ *e com* T*=1800 N, podemos então encontrar o*

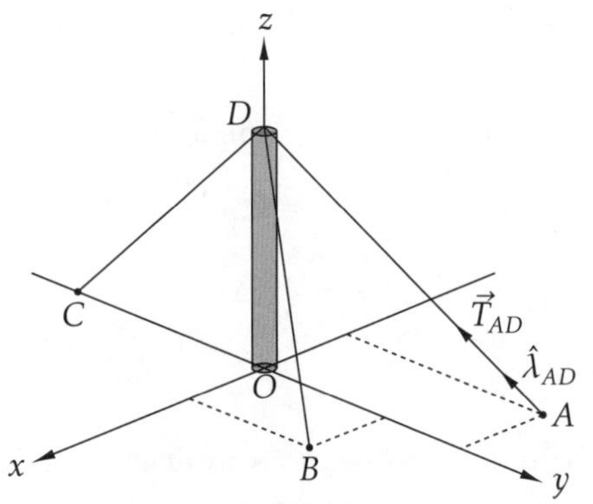

Figura 2.14: *Exemplo 2.1.3.*

vetor $\vec{T}_{AD}$ *da seguinte maneira:*

$$\vec{T}_{AD} = T\hat{\lambda}_{AD}$$

$$\vec{T}_{AD} = 208,8\hat{\imath} - 627,4\hat{\jmath} + 1672,2\hat{k}\ N$$

Do resultado obtido para $\vec{T}_{AD}$ *é fácil identificar que as componentes da tração ao longo dos eixos* x*,* y *e* z *são iguais a*

$T_{ADx} = 208,8\ N$ $\qquad T_{ADy} = -627.4\ N$ $\qquad$ *e* $\qquad T_{ADz} = 1672,2\ N$

A direção da tração é determinada pelos ângulos θ_x*,* θ_y *e* θ_z *mostrados na Fig.2.15 e que podem ser determinados da seguinte forma:*

$T_{ADx} = T\cos\theta x$ $\qquad T_{ADy} = T\cos\theta_y$ $\qquad$ *e* $\qquad T_{ADz} = T\cos\theta_z$

Usando os valores de T e das componentes T_{ADx}, T_{ADy} e T_{ADz} determinados anteriormente, encontramos finalmente que

$$\theta_x = 83,3^o \qquad \theta_y = 69,6^o \qquad e \qquad \theta_z = 21,7^o$$

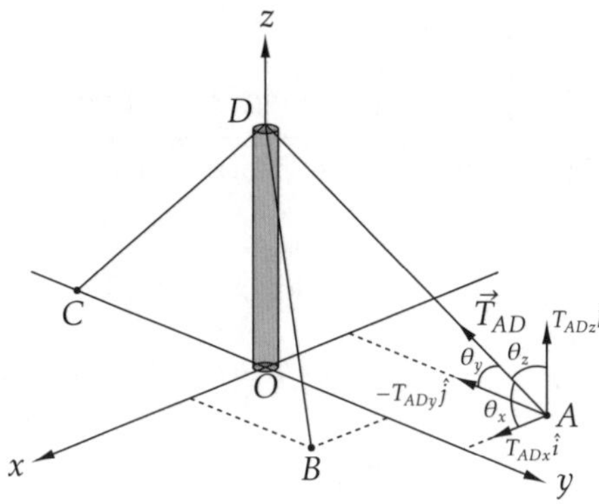

Figura 2.15: *Exemplo 2.1.3.*

■

2.1.2.4 Força de atrito

Uma outra manifestação macroscópica das interações eletromagnéticas é a força de atrito. A força de atrito se manifesta basicamente de duas formas. Uma delas é devido ao contato entre superfícies com movimento relativo entre si. Já a outra forma de atrito é o que podemos chamar de atrito de arrasto. O atrito de arrasto é aquele em que um corpo fica submetido quando o movimento se dá na presença de um fluido. Um paraquedista faz uso da força de atrito de arrasto para um voo tranquilo, e a aerodinâmica de um carro de corrida é projetada de maneira a minimizar os efeitos da força de atrito de arrasto. Independente da forma com que atua a força de atrito, sempre haverá um consumo de energia para vencer o atrito. Em muitas situações usam-se, por exemplo, fluidos lubrificantes para diminuir os efeitos do atrito de contato.

Para melhor entendimento da força de atrito de contato, consideremos a Fig.2.16, onde temos um bloco de massa m em repouso em uma superfície. Consideremos agora que o nosso Isaac Newton (representado aqui pelo boneco) queira deslocar o bloco aplicando uma força $\vec{F}_A$ para a direita.

Em um primeiro momento Isaac aplica, digamos, uma força igual a $\vec{F}_0$ e percebe que o bloco permanece em repouso. Com o objetivo de deslocar o bloco ele aumenta a força para um valor $\vec{F}_1$, porém o bloco ainda permanece em repouso. A fim de conseguir o seu objetivo, Isaac aumenta novamente a força para um valor

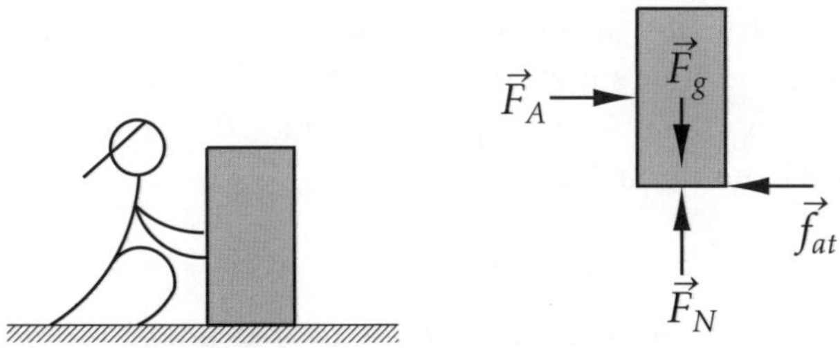

Figura 2.16: *Isaac Newton tentando deslocar o bloco de massa m mediante uma força F_A. No diagrama de corpo livre $\vec{F}_N$ é a força normal, $\vec{F}_g$ a força gravitacional e $\vec{f}_{\text{at}}$ a força de atrito.*

$\vec{F}_2$, mas para seu espanto, o bloco ainda permanece em repouso. Após aumentar a força pela quarta vez, Isaac percebe que o bloco dá sinais de se movimentar. Porém, para atingir seu objetivo por completo, ele aumenta um pouco mais a força e finalmente consegue movimentar o bloco. Isaac percebe ainda que a força necessária para manter o bloco em movimento é menor que a força necessária para iniciar o movimento. A situação descrita anteriormente está representada na Fig.2.17. Nessa figura mostramos a evolução da força de atrito na tentativa de deslocar o bloco por uma força aplicada $\vec{F}_A$. Na Fig.2.17 (d) o bloco está na iminência do movimento, ou seja, um pequeno aumento na força aplicada colocará o bloco em movimento.

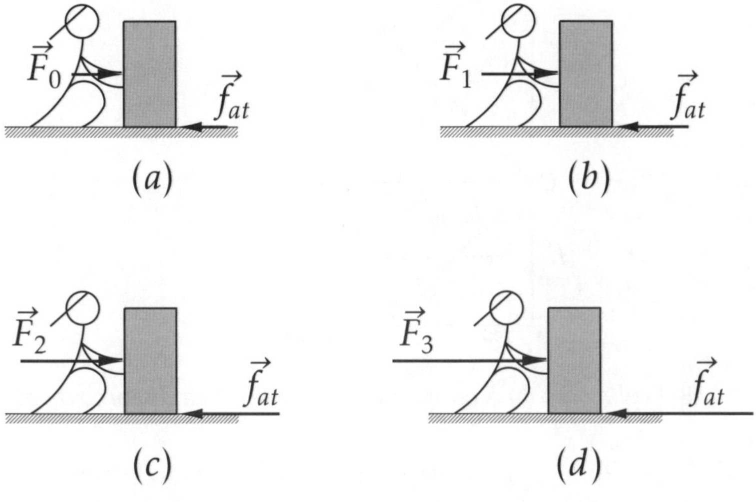

Figura 2.17: *Evolução da força de atrito durante tentativa de deslocamento do bloco de massa m. Nas figuras de (a) a (c) o bloco permanece em repouso pois a força aplicada é equilibrada pela força de atrito ($F_A = f_{\text{at}}$); já na figura (d) o bloco está na iminência do movimento.*

Das considerações feitas acima podemos concluir que: para deslocar o bloco que está em repouso sobre uma superfície devemos aplicar uma força que seja no mínimo igual à força de atrito máxima, que chamamos de força de atrito estático. A força de atrito estático é dada por

$$f_{\text{at}}^{\text{max}} = \mu_e F_N \tag{2.25}$$

onde μ_e é o coeficiente de atrito estático e F_N é a força normal (representada na Fig.2.16) que é perpendicular à superfície. Uma vez o bloco em movimento, a força de atrito passa a ser o que chamamos de força de atrito cinético, que nesse caso é

$$f_{\text{at}}^{\text{c}} = \mu_c F_N \tag{2.26}$$

com μ_{c} o coeficiente de atrito cinético. É importante notar que $\mu_e > \mu_c$, uma vez que $f_{\text{at}}^{\text{max}} > f_{at}^{\text{c}}$.

A Fig.2.18 mostra a evolução da força de atrito durante o deslocamento do bloco. Do instante inicial (t=O) até o instante $t = t_i$ o bloco permanece em repouso e a força de atrito equilibra a força aplicada. Após o instante $t = t_i$ o movimento do bloco se inicia e a força de atrito que passa atuar no bloco é a força de atrito cinético.

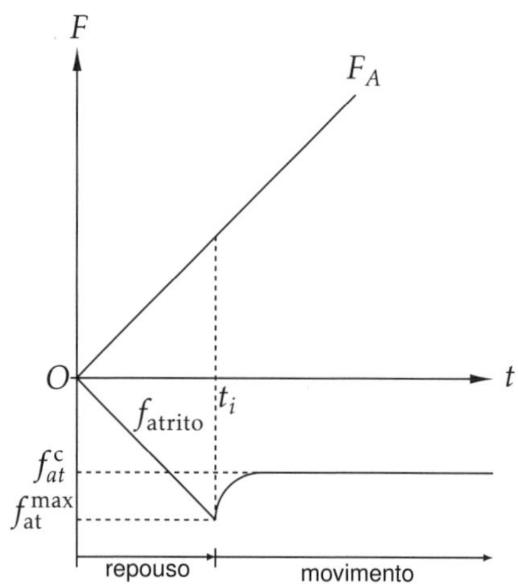

Figura 2.18: *Evolução com o tempo da força aplicada e da força de atrito.*

A força de atrito de arrasto é dependente da velocidade e pode ser escrita como

$$f_{\text{at}} = bv^n \tag{2.27}$$

onde b é uma constante e n um número inteiro. A constante b depende de fatores geométricos do corpo em movimento e também das características do meio (como a densidade do meio, por exemplo) no qual ocorre o movimento. É importante notar que a força de atrito de arrasto é sempre contrária à velocidade do corpo.

Exemplo 2.1.4

Uma força horizontal $\vec{F} = 12\hat{\imath}$ N empurra um bloco de massa m=450 g contra uma parede vertical, como mostra a Fig.2.19. O coeficiente de atrito estático entre a parede e o bloco é 0,60 e o coeficiente de atrito cinético é igual a 0,40. Considere que o bloco esteja inicialmente parado.
a) O bloco vai se mover?
b) Qual a força de atrito entre a parede e o bloco?

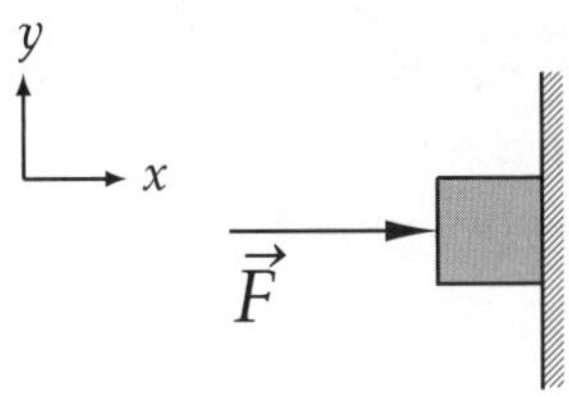

Figura 2.19: *Exemplo 2.1.4.*

SOLUÇÃO:

a) *A fim de determinamos se o bloco vai ou não se mover, vamos analisar o diagrama do corpo livre mostrado na Fig.2.20, onde F_A é a força aplicada ao bloco, $\vec{F}_g$ a força gravitacional, $\vec{f}_{at}$ a força de atrito e $\vec{F}_N$ a força normal. Como*

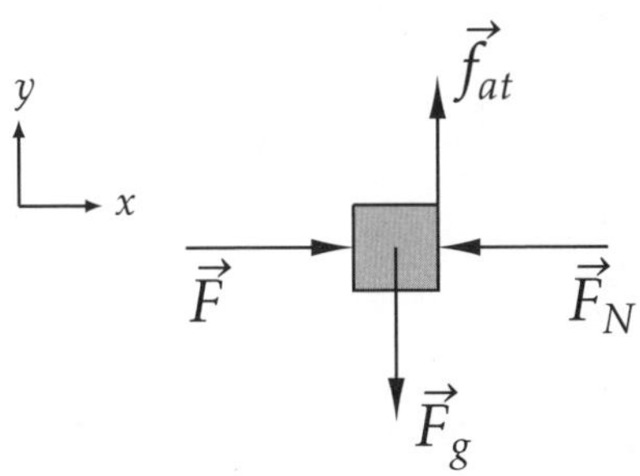

Figura 2.20: *Exemplo 2.1.4.*

a tendência do bloco é descer devido à ação gravitacional, a força de atrito é contrária a essa tendência. Para que o bloco entre em movimento, a condição $F_g > f_{at}^e$ deve ser satisfeita. Para essa verificação temos

$$F_g = mg \qquad F_g = 0,45 \times 9,8 = 4,4\ N$$

Para encontrarmos a máxima força de atrito, ou seja, $\vec{f}^e_{at}$ devemos levar em consideração que o bloco ao longo da direção x está em repouso, assim temos que $F_A = F_N$, ou seja, $F_N = 12\ N$ e com isso temos que

$$f_{at} = \mu_e F_N \qquad f^e_{at} = 0,6 \times 12 = 7,2\ N$$

Como $F_g < f^e_{at}$, o bloco permanecerá em repouso ao longo da direção y. ∎

b) *Dos resultados obtidos no item a) podemos concluir, uma vez que o bloco permanecerá em repouso, que a força de atrito entre o bloco e a parede é $f_{at} = F_g$, ou seja, $f_{at} = 4,4\ N$.* ∎

Exemplo 2.1.5

Um bloco de massa m desliza a partir do ponto A, como mostra a Fig.2.21, com velocidade constante sobre uma trajetória que é um arco de parábola dado por

$$y(x) = a - \frac{x^2}{4a}$$

com x medido em metros. Sabendo-se que existe atrito entre o bloco e a superfície, determine a força de atrito quando o bloco atinge o ponto B.

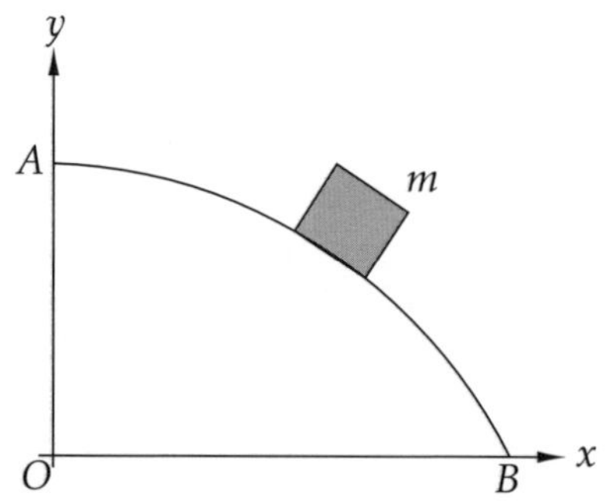

Figura 2.21: *Exemplo 2.1.5.*

SOLUÇÃO: *Para determinarmos a força de atrito no ponto B vamos analisar o diagrama de corpo livre mostrado na Fig.2.22, onde mostramos a força de atrito ($\vec{f}_{at}$) que é tangente à trajetória, a força normal ($\vec{F}_n$) que é perpendicular à trajetória e a força gravitacional.*

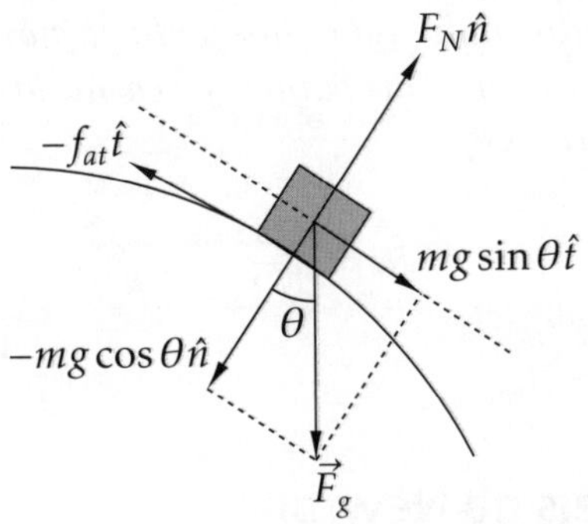

Figura 2.22: Exemplo 2.1.5.

Sabendo-se que o bloco desliza com velocidade constante ao longo da trajetória parabólica, temos que a resultante tangente das forças é dada por

$$F_{Rt} = mg\sin\theta - f_{at} = 0$$

e com isso temos

$$f_{at} = mg\sin\theta$$

onde θ *é o ângulo entre a horizontal e a reta tangente à trajetória. Pela Fig.2.22 podemos ver que a inclinação da reta tangente à trajetória determina o ângulo* θ *da seguinte forma:*

$$\tan\theta = \frac{dy}{dx}$$

Considerando que

$$y = a - \frac{x^2}{4a}$$

temos que

$$\tan\theta = -\frac{x}{2a}$$

Utilizando a expressão acima e lembrando que $\sin^2\theta + \cos^2\theta = 1$*, é fácil encontrar que*

$$\sin\theta = \frac{x}{\sqrt{4a^2 + x^2}}$$

Da expressão acima podemos escrever que a força de atrito é dada por

$$f_{at} = \frac{mgx}{\sqrt{4a^2 + x^2}}$$

No ponto B, que é o ponto onde queremos determinar a força de atrito, temos $x = 2a$*, e, substituindo na expressão para a força de atrito em função da posição* x*, encontramos finalmente que,*

$$f_{at} = \frac{mg}{\sqrt{2}}$$

■

2.2 Validade das leis de Newton

A descrição dos fenômenos apresentados pela natureza foram e são descritos por teorias que evoluíram com o pensamento científico. As leis de Newton descrevem fenômenos desde o movimento de um cometa até o lançamento de foguete que transporta um satélite. Entretanto, com fenômenos que envolvem altas velocidades, próximas à velocidade da luz (c$\approx$ 3×10^8m/s), ou fenômenos em escalas atômicas, a teoria de Newton perde a precisão necessária para a descrição dos fenômenos. Para eventos que ocorrem a altas velocidades ($v \approx c$) a teoria da relatividade de Einstein deve ser utilizada. A teoria da relatividade mostra, por exemplo, que a inércia de um corpo aumenta à medida que a velocidade do corpo aumenta da seguinte maneira:

$$m = \frac{m_0}{\sqrt{1 - \frac{v^2}{c^2}}} \tag{2.28}$$

onde m_0 é a massa de repouso, v a velocidade do corpo e c a velocidade da luz. É importante perceber que a modificação está no aumento da inércia do corpo, e não na sua quantidade de elétrons, prótons e nêutrons. O aumento da inércia ocorre evidentemente somente para velocidades próximas à da velocidade da luz.

Por outro lado, se os fenômenos ocorrerem em escala atômica, como a formação de uma molécula, por exemplo, a teoria da Mecânica Quântica deve ser utilizada para a sua descrição.

Através das leis de Newton é possível descrever o movimento de um corpo ou de uma partícula material conhecendo as condições iniciais, ou seja, é possível determinar a posição e a velocidade do corpo em qualquer instante de tempo. A teoria da Mecânica Quântica prevê que não é possível conhecer com total precisão a posição e o momento linear de uma partícula/fóton. Essa limitação é intrínseca à natureza e não tem relação nenhuma com o equipamento utilizado para se fazer a observação. Essa incerteza é descrita pelo princípio da incerteza de Heisenberg. O princípio de Heisenberg relaciona as incertezas da posição (Δx) e do momento linear (Δp) da seguinte forma:

$$\Delta x \Delta p \geq h/4\pi \tag{2.29}$$

onde h é a constante de Planck , cujo valor é 6.62×10^{-34} Js (Jolue×segundo).

Embora esses assuntos sejam extremamente interessantes, não entraremos em mais detalhes, uma vez que estaremos interessados em situações em que possamos utilizar as leis de Newton em sua plenitude, ou seja, os eventos descritos aqui serão aqueles que possuem baixas velocidade ($v << c$) e em uma escala na qual possamos determinar com precisão total as grandezas envolvidas.

Exemplo 2.2.1

De acordo com a teoria da relatividade, a massa de um de um corpo com velocidade v é dada por

$$m = \frac{m_0}{\sqrt{1 - \frac{v^2}{c^2}}}$$

onde m_0 é a massa de repouso e c a velocidade da luz no vácuo. Determine a razão m/m_0 para as seguintes velocidades: $v = 100$ km/h (carro), $v = 108 \times 10^3$ km/h (cometa) e $v = 0,8c$.

SOLUÇÃO: *A velocidade da luz no vácuo é igual a* $c = 3 \times 10^8$ *m/s e, com isso, temos* m/m_0 *para as três situações,*

$$\begin{aligned} \frac{v}{c} &= 9,3 \times 10^{-8} & \rightarrow & \quad \frac{m}{m_0} = 1 \\ \frac{v}{c} &= 1,0 \times 10^{-4} & \rightarrow & \quad \frac{m}{m_0} = 1 \\ \frac{v}{c} &= 0,8 & \rightarrow & \quad \frac{m}{m_0} = 1,67 \end{aligned}$$

Dos resultados obtidos acima fica claro que a correção na massa devido à teoria da relatividade só tem significado quando a velocidade do corpo é próxima à velocidade da luz. ■

Problemas

1. Uma partícula de massa $m = 1$ kg move-se em linha reta com sua velocidade variando como função do tempo de acordo com $v = 2t^3 + 3t^2 + t + 1$ m/s. Determine a força que atua sobre a partícula como função do tempo.

2. Considere uma força $\vec{F}$ como função do tempo t dada por

$$\vec{F} = \gamma \cos \omega t \hat{i} + \beta \sin \omega t \hat{j}$$

Se a força atua em uma partícula de massa m inicialmente em repouso na origem do sistema de coordenadas, determine a posição e a velocidade como função do tempo dessa partícula.

3. Uma partícula de massa $m = 1$ kg move-se ao longo de uma curva no espaço cujo vetor posição, medido em metros, em função do tempo é dado por

$$\vec{r} = (3t^2 - 2t^3)\hat{i} - 6t\hat{j} + (2t^4 - 1)\hat{k}$$

Determine quando $t = 1$ s o momento linear e a força.

4. O momento linear de uma partícula é igual a

$$\vec{p} = 3e^{-t}\hat{i} - 4\cos t\,\hat{j} - 2\sin t\,\hat{k}$$

Qual a força que atua nessa partícula no instante $t = 0$?

5. Considere que uma partícula de massa m está em repouso na origem do sistema de coordenadas. Em um determinado momento passa atuar sobre ela uma força dada por $\vec{F} = \beta t e^{-\alpha t}\hat{i}$. Determine a variação do momento linear e a velocidade da partícula depois de transcorrido um longo período de tempo.

6. Considere duas forças concorrentes $\vec{F}_1$ e $\vec{F}_2$ de módulos iguais a F_0. Sabendo-se que α é o menor ângulo entre as forças, encontre o maior e menor valor que a força resultante pode assumir nessa situação.

7. Para o sistema de forças mostrado na Fig.2.23, encontre a força resultante sabendo-se que $F_1 = 150$ N, $F_2 = 120$ N e $F_3 = 80$ N.

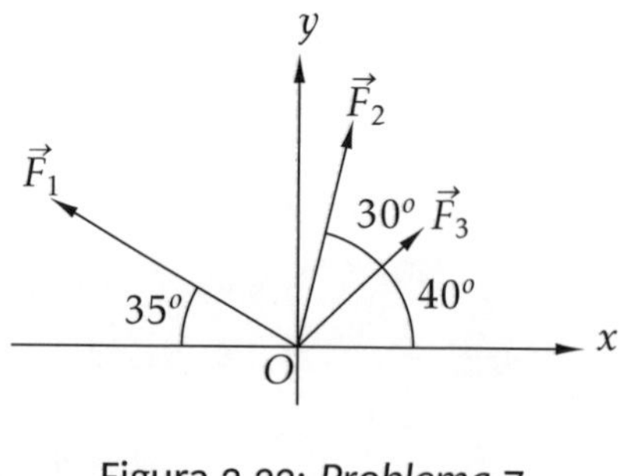

Figura 2.23: *Problema 7.*

8. Na Fig.2.24 três forças de módulos iguais a $F_1 = 800$ N, $F_2 = 408$ N e $F_3 = 424$ N estão sendo aplicadas no ponto O. Determine a força resultante dessas três forças, assim como o ângulo que a força resultante faz com o eixo x.

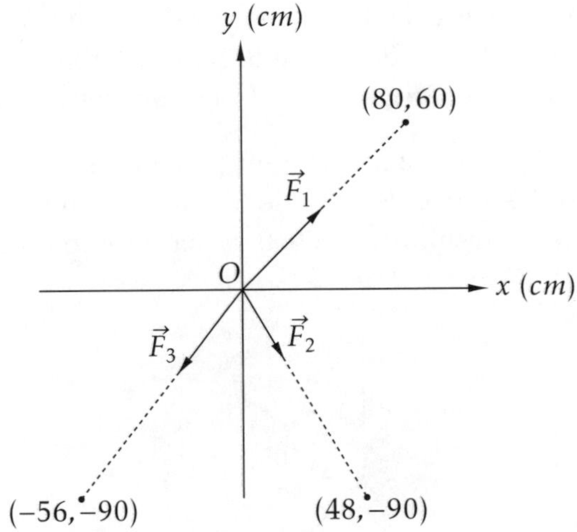

Figura 2.24: *Problema 8.*

9. O bloco mostrado na Fig.2.25 é suportado por duas forças, $\vec{F}_1$ e $\vec{F}_2$. Sabendo-se que F_1=125 N, determine o módulo da força $\vec{F}_2$ se a resultante das forças aplicadas no ponto A é vertical e a força resultante.

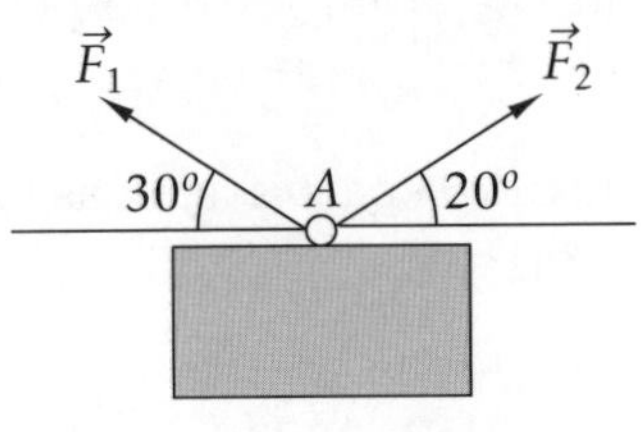

Figura 2.25: *Problema 9.*

10. Sabendo-se que α=40° e β=50° na Fig.2.26, determine a força resultante sobre o bloco.

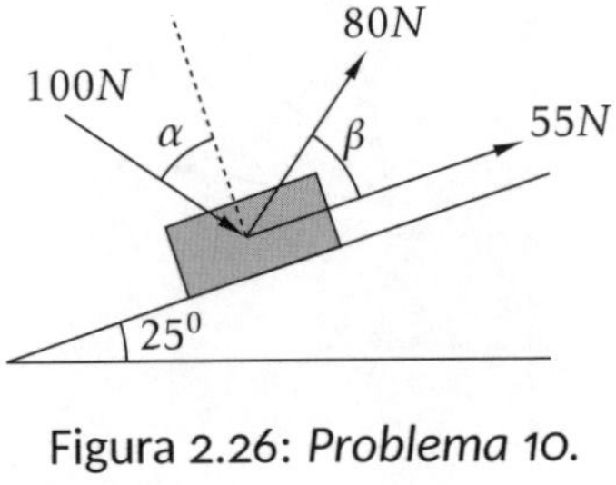

Figura 2.26: *Problema 10.*

11. Uma força $\vec{F}$ atua na origem de um sistema de coordenadas cartesianas e sua direção é determinada por $\theta_x = 71^o$ e $\theta_y = 145^o$. Sabendo-se que $\vec{F}_y = -165\hat{j}$ N encontre o vetor $\vec{F}$ e a direção dessa força com relação ao eixo z.

12. O bloco mostrado na Fig.2.27 deve ser puxado usando duas cordas. Determine o módulo das forças F_1 e F_2 devido a cada uma das cordas a fim de produzir uma força resultante de 950 N, na direção do eixo x positivo.

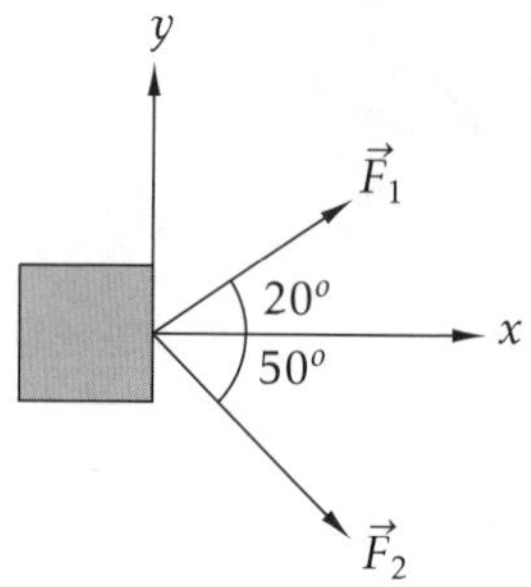

Figura 2.27: *Problema 12.*

13. Considere as forças $\vec{F}_1 = -200\hat{i} + 300\hat{j} + 400\hat{k}$ N, $\vec{F}_2 = 300\hat{i} + 100\hat{j} - 300\hat{k}$ N e $\vec{F}_3$. Sabendo-se que as forças $\vec{F}_1$ e $\vec{F}_2$ são perpendiculares (ortogonais) a $\vec{F}_3$ cujo módulo é igual a 400 N, encontre o vetor correspondente à força $\vec{F}_3$.

14. Em um determinado ponto do espaço atuam as forças $\vec{F}_1 = 230\hat{i} + 400\hat{j} - 250\hat{k}$ N e $\vec{F}_2 = -380\hat{i} - 560\hat{j} + 341\hat{k}$ N.

    a) Determine a força resultante.

    b) Encontre os ângulos que determinam a direção da força resultante.

15. Na Fig.2.28 os módulos das forças são iguais, ou seja, $F_1 = F_2 = 30$ N. Determine os ângulos α e β de modo que a força resultante seja orientada ao longo do eixo y positivo e tenha módulo $F_R = 20$ N.

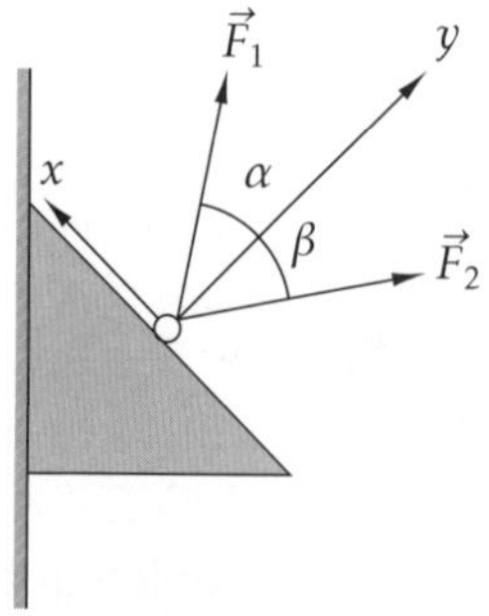

Figura 2.28: *Problema 15.*

16. A força de 500 N que atua na estrutura deve ser decomposta em duas componentes que atuem ao longo do eixo das linhas AB e AC, como mostrado na Fig.2.29. Se a componente da força ao longo da linha AC for igual a 300 N no sentido de A para C, qual o módulo da força ao longo de AB e o valor do ângulo β?

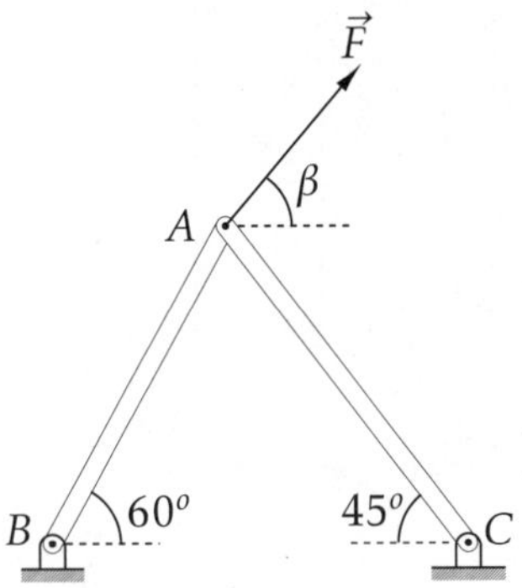

Figura 2.29: *Problema 16.*

17. Uma estrutura metálica de 27 metros de altura é suportada por três cabos que estão presos ao ponto A e aos pontos B, C e D mostrados na Fig.2.30. Sabendo-se que a tração no cabo AB é igual a 2800 N e que a força resultante está ao longo do eixo z, determine a força resultante no ponto A devido aos cabos.

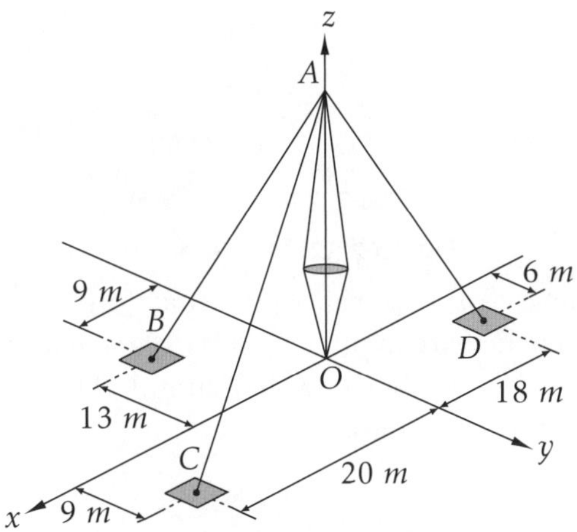

Figura 2.30: *Problema 17.*

18. Na Fig.2.31 as forças $\vec{F}_1$ e $\vec{F}_2$ têm módulos iguais a 200 N e 150 N, respectivamente, e as dimensões estão todas em metro. Determine a força

resultante dessas duas forças e os ângulos que determinam a direção da força resultante.

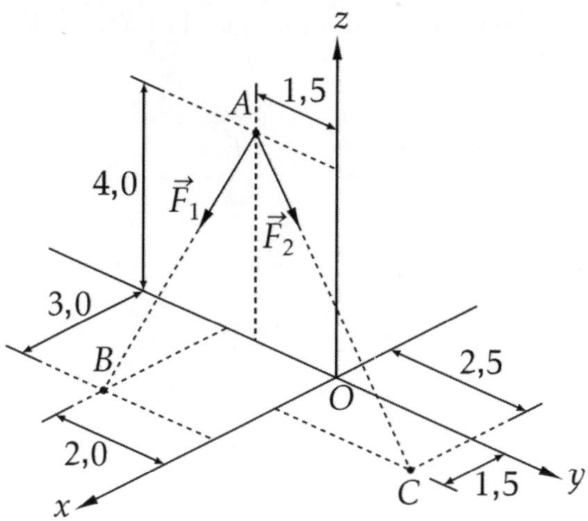

Figura 2.31: *Problema 18.*

19. Uma força $\vec{F}$ atua sobre um bloco de massa m=25 kg como mostra a Fig.2.32. Determine o menor valor da força $\vec{F}$ para que o bloco fique na iminência de se mover, sabendo-se que o coeficiente de atrito estático entre as superfícies é μ_e=0,25. Além disso, encontre o valor do ângulo α.

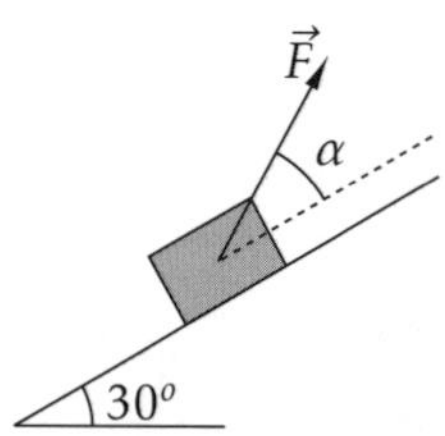

Figura 2.32: *Problema 19.*

20. Um bloco de massa m é puxado por uma força $\vec{F}$ sobre uma superfície horizontal cujo coeficiente de atrito estático entre as superfícies é igual a μ. A força faz um ângulo θ abaixo da horizontal. Mostre que a menor força F que pode mover o bloco é dada por

$$F = \frac{\mu mg \sec\theta}{1 - \mu \tan\theta}$$

21. Uma caixa de massa m=3 kg é empurrada contra uma parede por uma força $\vec{F}$ que faz um ângulo $\theta = 55^o$ com a horizontal, como indica a Fig.2.33. Sabendo-se que o coeficiente de atrito estático entre as superfícies é $\mu = 0,3$,

encontre o intervalo de valores para a força F para que a caixa não entre em movimento.

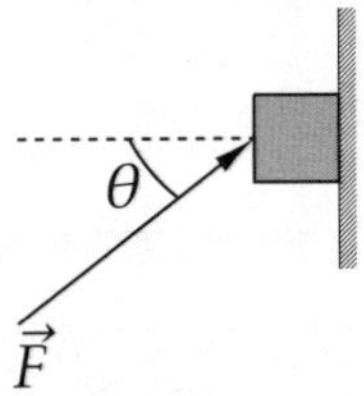

Figura 2.33: *Problema 21.*

22. Na Fig.2.34 dois blocos de massas iguais a 4.5 kg estão ligados por uma haste de massa desprezível. Sabendo-se que o coeficiente de atrito estático entre todas as superfícies é igual a 0,3, determine o maior valor da força F para que o sistema não se movimente.

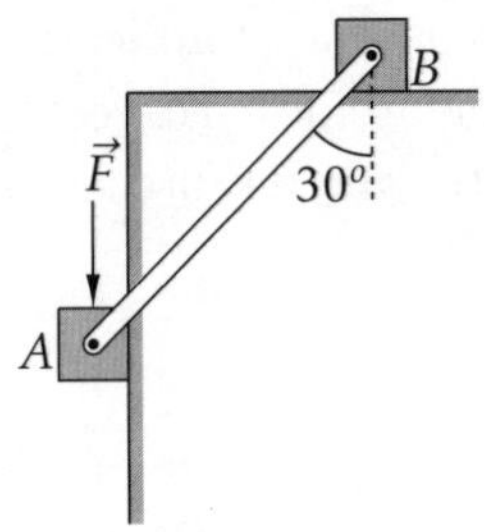

Figura 2.34: *Problema 22.*

23. Duas molas de constantes elásticas $k_1 = 250$ N/m e $k_2 = 300$ N/m estão conectadas conforme mostra a Fig.2.35. Encontre o valor da força $\vec{F}$ para que a força resultante seja ao longo da horizontal.

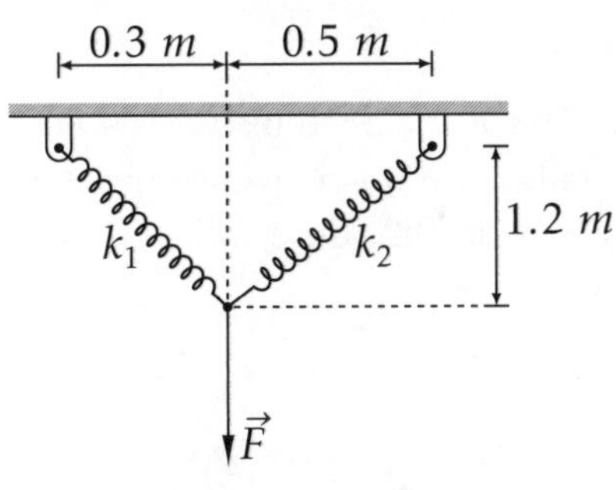

Figura 2.35: *Problema 23.*

24. Dois blocos de massas iguais m estão conectados, como mostra a Fig.2.36, por hastes de massas desprezíveis. O coeficiente de atrito estático entre o

bloco A e a superfície é μ_A e entre o bloco B e a superfície o coeficiente é μ_B. Considere que $\mu_A < \mu_B$. Encontre o menor valor para a força $\vec{F}$ aplicada no ponto C de modo que não ocorra o movimento dos blocos.

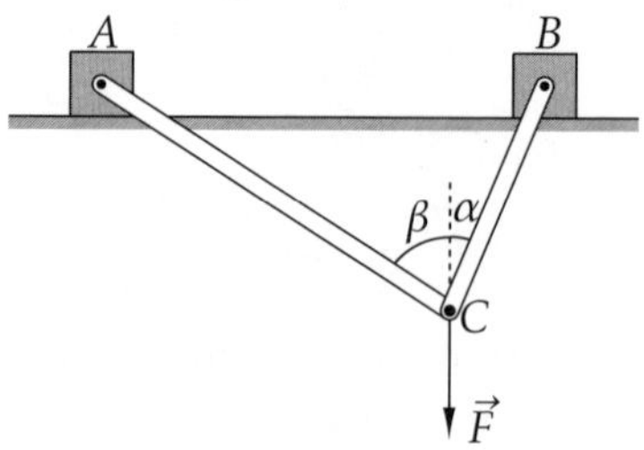

Figura 2.36: *Problema 24.*

25. A Fig.2.37 mostra as forças $\vec{F}$ e $\vec{P}$ aplicadas em uma caixa que está sobre uma superfície cujo coeficiente de atrito estático é $\mu = 0,25$. Sabendo-se que P=500 N, determine o intervalo da força F para o qual a caixa permanecerá em repouso quando $\theta = 30^o$.

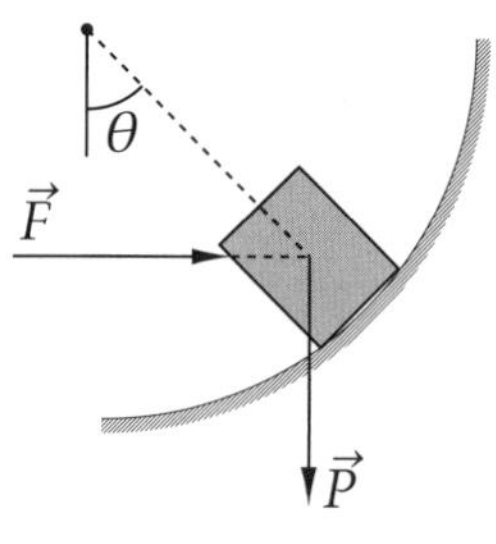

Figura 2.37: *Problema 25.*

26. Os blocos mostrados na Fig.2.38 têm massas m_A=5 kg e m_B=6 kg e estão conectados por um cabo. Se o coeficiente de atrito estático entre todas as superfícies de contato vale 0,2, determine o ângulo θ para que o sistema permaneça em repouso.

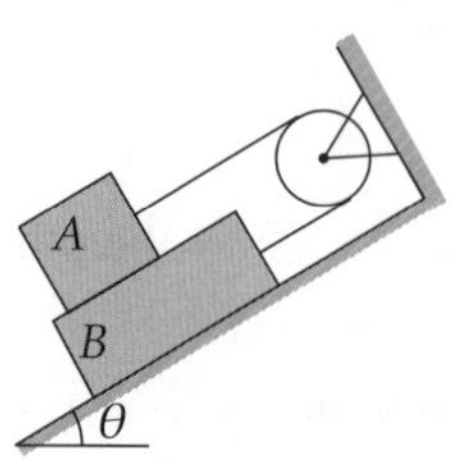

Figura 2.38: *Problema 26.*

27. O bloco mostrado na Fig.2.39 tem massa de $m = 15$ kg e está sustentado por uma mola de tamanho natural igual a 200 mm e constante elástica $k = 400$ N/m e por uma força $\vec{F}$. Determine o valor da força $\vec{F}$ e do ângulo β de modo que a força resultante seja zero.

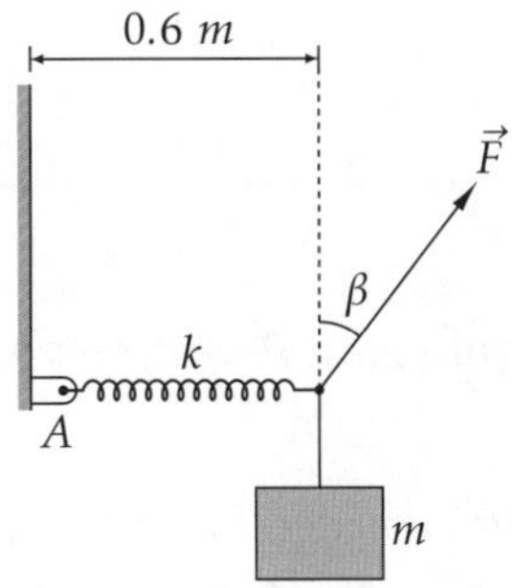

Figura 2.39: *Problema 27.*

28. Um avião se desloca ao longo de um arco de parábola, $y = \dfrac{2}{b}x^2$, como mostra a Fig.2.40. Quando o avião passa pelo ponto A, sua velocidade é igual a 250 m/s, aumentando a uma taxa igual a 1 m/s^2. Sabendo-se que $b = 6000$ metros, determine o módulo da aceleração do avião no ponto A.

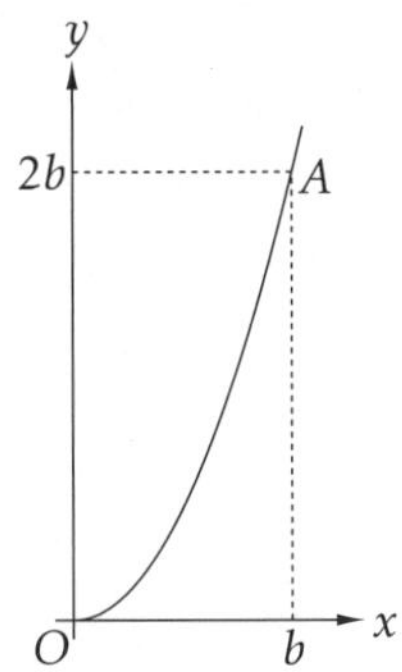

Figura 2.40: *Problema 28.*

29. Um bloco de massa m desliza por uma superfície sem atrito como mostra a Fig.2.41. O perfil da superfície é definido por $y = x^2/2p$, com p sendo uma constante positiva. Sabendo-se que quando $x = -p$ a velocidade do bloco é v_0, encontre a força normal sobre o bloco.

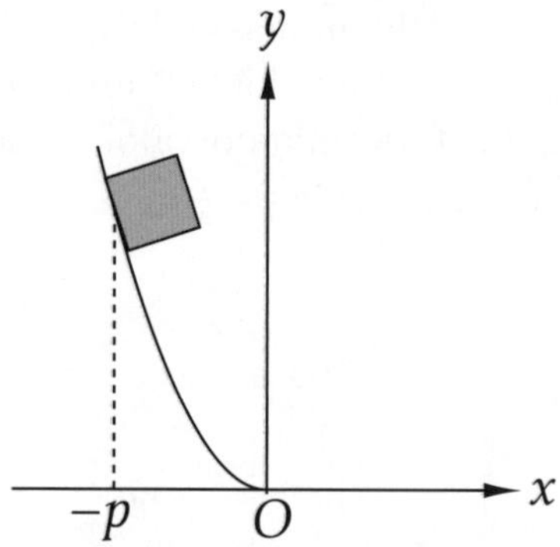

Figura 2.41: *Problema 29.*

30. Um corpo de massa m está localizado em uma superfície parabólica como mostra a Fig.2.42 e cujo perfil é descrito por $y = x^2/p$, com p sendo uma constante positiva. O coeficiente de atrito entre o corpo e a superfície é igual a μ. Determine a que altura em relação ao eixo x o corpo irá permanecer em repouso.

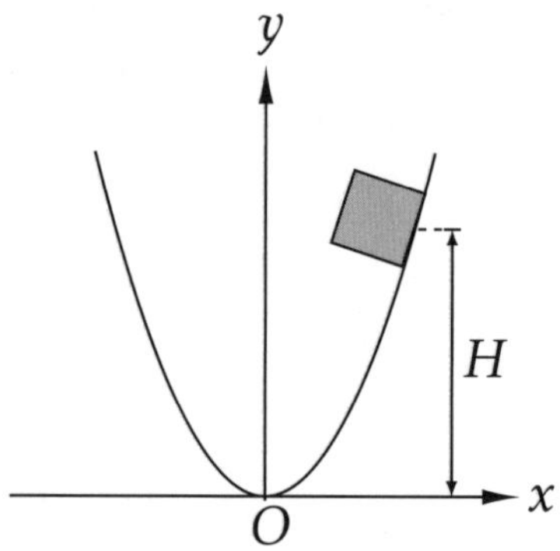

Figura 2.42: *Problema 30.*

Capítulo 3

Leis de Newton I – Estática

As leis de Newton possuem um vasto campo de aplicações, porém o nosso interesse aqui está em utilizar essas leis na descrição do equilíbrio de pontos materiais assim como de corpos rígidos, ou seja, discutiremos os conceitos da estática.

3.1 Estática

A estática tem como fundamento as condições de equilíbrio. Analisando as leis de Newton, pode-se perceber que a condição de equilíbrio estático ocorre quando $\vec{F}_R = 0$, e ainda $\vec{v} = 0$, ou seja, que além da força resultante nula o corpo deve estar em repouso em relação a um determinado referencial. Entretanto essa condição só garante que não haverá movimento de translação, porém o corpo pode ainda ter um movimento de rotação. Dessa forma, para que o corpo esteja em equilíbrio estático, tanto o movimento de translação quanto o de rotação não podem existir. Para garantirmos que não ocorra o movimento de rotação do corpo, devemos impor a condição de que o momento da força resultante (ou torque resultante) seja também nulo.

Nas seções que seguem iremos primeiramente definir o conceito de centro de massa e, como consequência, o conceito de ponto material. Além disso, descreveremos como determinar o centro de massa para uma distribuição discreta e para uma distribuição contínua de massa. Uma vez definido o conceito de ponto material, descreveremos as condições de equilíbrio para os pontos materiais. Em seguida estudaremos o equilíbrio dos corpos rígidos e, para isso, definiremos o conceito de ***momento de uma força*** ou simplesmente ***torque***.

3.2 Centro de massa

O centro de massa de um corpo é definido como sendo o ponto do corpo onde podemos considerar que toda a massa desse corpo está localizada. O centro de massa tem papel importante na descrição do movimento e também em situações de equilíbrio. Para um melhor entendimento da definição de centro de massa, consideramos a Fig.3.1, onde mostramos algumas figuras simétricas e uniformes.

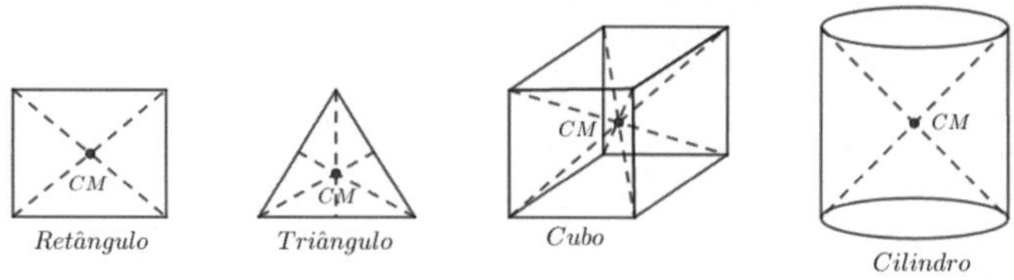

Figura 3.1: *Centros de massa (CM) de figuras simétricas e com uma distribuição de massa uniforme.*

Fica claro que o centro de massa de figuras (com distribuição uniforme de massa) que possuem um eixo de simetria está localizado ao longo desse eixo. Entretanto, para corpos cuja simetria não seja tão evidente, as coordenadas do centro de massa podem ser determinadas utilizando o cálculo diferencial e integral. Nas seções que seguem descrevemos como determinar as coordenadas do centro de massa para diferentes sistemas. Um corpo de massa uniforme pode ser equilibrado apoiando-o no centro de massa.

3.2.1 Cálculo de centro de massa

Nesta seção descreveremos como determinar o centro de massa para diferentes sistemas, tais como: conjunto de partículas discretas, distribuição linear e uniforme de massa, figuras planas e de sólidos de revolução.

3.2.1.1 Centro de massa para um sistema de partículas

Considere a distribuição de massa mostrada na Fig.3.2, onde m_i representa a massa de cada partícula e (x_i, y_i) a posição da massa em relação aos eixos x e y.

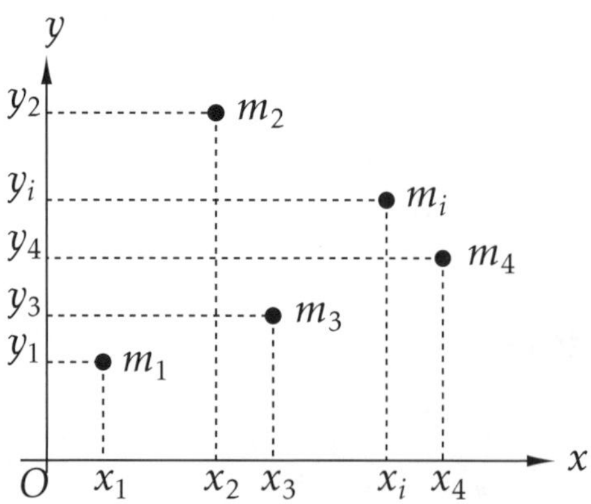

Figura 3.2: *Sistema discreto de partículas de massa* $m_1, m_2, m_3, m_4 \cdots m_i$.

As coordenadas, (x_{cm}, y_{cm}), do centro de massa para o sistema de partículas mostrado na Fig.3.2 são definidas como sendo

$$x_{cm} = \frac{m_1x_1 + m_2x_2 + m_3x_3 + m_4x_4 + \cdots + m_nx_n}{m_1 + m_2 + m_3 + \cdots + m_n} \tag{3.1}$$

$$y_{cm} = \frac{m_1y_1 + m_2y_2 + m_3y_3 + m_4y_4 + \cdots + m_ny_n}{m_1 + m_2 + m_3 + \cdots + m_n} \tag{3.2}$$

que podem ser escritas como

$$x_{cm} = \frac{\sum_{i=1}^{n} x_im_i}{\sum_{i=1}^{n} m_i} \quad \text{e} \quad y_{cm} = \frac{\sum_{i=1}^{n} y_im_i}{\sum_{i=1}^{n} m_i} \tag{3.3}$$

onde $\sum_{i=1}^{n} m_i$ é a massa total do sistema. É evidente que para um sistema de partículas localizadas no espaço (três dimensões) o centro de massa é $CM(x_{cm}, y_{cm}, z_{cm})$, com z_{cm} sendo dada por

$$z_{cm} = \frac{\sum_{i=1}^{n} z_im_i}{\sum_{i=1}^{n} m_i} \tag{3.4}$$

Exemplo 3.2.1

Considere que as partículas de massas m_1=10 kg, m_2=25 kg e m_3=15 kg estão localizadas ao longo do eixo x nos pontos x_1=2 m, x_2= 4 m e x_3= 12 m, respectivamente. Determine as coordenadas do centro de massa para esse sistema de partículas.

SOLUÇÃO: *Como as partículas estão localizadas ao longo do eixo x fica fácil perceber que* $y_{cm}=0$ *e* $z_{cm}=0$. *Agora a coordenada* x_{cm} *é dada por*

$$x_{cm} = \frac{m_1x_1 + m_2x_2 + m_3x_3}{m_1 + m_2 + m_3}$$

$$x_{cm} = \frac{10 \times 2 + 25 \times 4 + 15 \times 12}{10 + 25 + 15} = 6\ m$$

Na Fig.3.3 mostramos a localização do centro de massa para o sistema de partículas de massas m_1*=10 kg,* m_2*=25 kg e* m_3*=15 kg.*

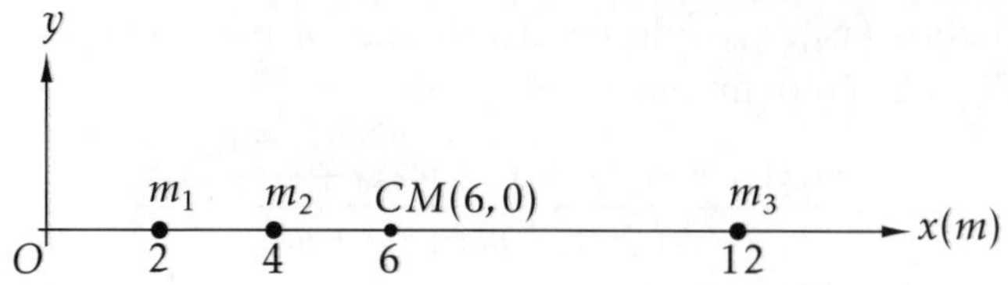

Figura 3.3: *Exemplo 3.2.1.*

■

Um ponto importante aqui que devemos notar pelo resultado do exemplo 3.2.1 é que o centro de massa estará localizado em um ponto próximo à região de maior concentração de massa. Consideremos a Fig.3.4, onde a partícula de massa m_2 é muito maior que m_1.

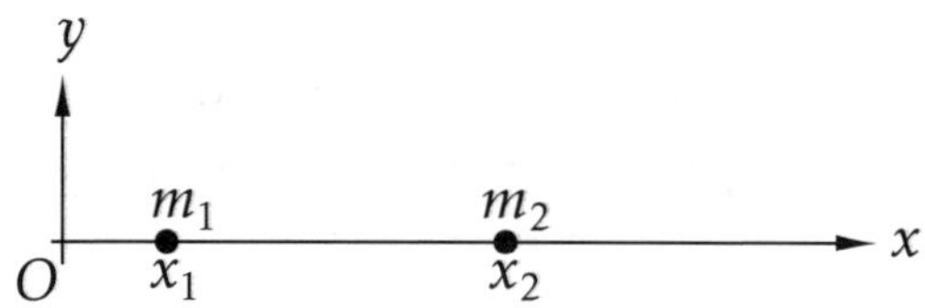

Figura 3.4: *Localização do centro de massa de duas partículas de massas m_1 e m_2 quando $m_2 >> m_1$.*

Utilizando a Eq.(3.1) para o centro de massa ao longo do eixo x, temos

$$x_{cm} = \frac{m_1 x_1 + m_2 x_2}{m_1 + m_2} = \frac{m_2(\frac{m_1}{m_2} x_1 + x_2)}{m_2(\frac{m_1}{m_2} + 1)} = \frac{\frac{m_1}{m_2} x_1 + x_2}{\frac{m_1}{m_2} + 1} \quad (3.5)$$

Levando-se em conta que $m_2 >> m_1$, conseguimos que

$$x_{cm} \cong x_2 \quad (3.6)$$

ou seja, o centro de massa sempre estará mais próximo de regiões onde possui a maior concentração de massa.

3.2.1.2 Centro de massa para uma distribuição linear e uniforme de massa

Para determinarmos o centro de massa de uma distribuição linear de massa, utilizaremos a definição de centro de massa para um sistema de partículas descrito na seção anterior. Consideremos a distribuição linear de massa mostrada na Fig.3.5. A massa m da linha está distribuída uniformemente ao longo do comprimento total L.

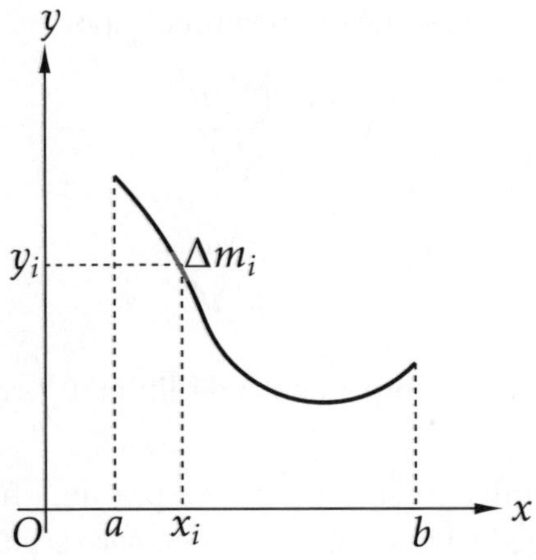

Figura 3.5: *Distribuição linear de massa de comprimento L.*

O centro de massa da distribuição contínua de massa pode ser calculado da seguinte forma: dividindo-se a linha em n partes e calculando o centro de massa do sistema como se fosse um sistema de partículas. Das Eqs.(3.1) e (3.2) para um sistema de partículas temos

$$x_{cm} = \frac{\sum_{i=1}^{n} x_i \Delta m_i}{\sum_{i=1}^{n} \Delta m_i} \quad \text{e} \quad y_{cm} = \frac{\sum_{i=1}^{n} y_i \Delta m_i}{\sum_{i=1}^{n} \Delta m_i} \tag{3.7}$$

com Δm_i sendo o elemento de massa da i-ésima partícula. Para o caso de a distribuição linear de massa ser uniforme, podemos escrever que

$$\Delta m_i = \lambda \Delta \ell_i \tag{3.8}$$

onde λ é a densidade linear de massa, ou seja, massa por unidade de comprimento. Substituindo a Eq.(3.8) nas Eqs.(3.7), conseguimos

$$x_{cm} = \frac{\sum_{i=1}^{n} x_i \Delta \ell_i}{\sum_{i=1}^{n} \Delta \ell_i} \quad \text{e} \quad y_{cm} = \frac{\sum_{i=1}^{n} y_i \Delta \ell_i}{\sum_{i=1}^{n} \Delta \ell_i} \tag{3.9}$$

Considerando que podemos dividir a linha em um número n de partes de modo que $n \to \infty$, ou seja, que $\Delta \ell_i \to 0$, as Eqs.(3.9) tornam-se

$$x_{cm} = \lim_{\Delta \ell_i \to 0} \frac{\sum_{i=1}^{n} x_i \Delta \ell_i}{\sum_{i=1}^{n} \Delta \ell_i} \quad \text{e} \quad y_{cm} = \lim_{\Delta \ell_i \to 0} \frac{\sum_{i=1}^{n} y_i \Delta \ell_i}{\sum_{i=1}^{n} \Delta \ell_i} \tag{3.10}$$

e dessa forma o centro de massa fica determinado por

$$x_{cm} = \frac{\int_a^b x d\ell}{\int_a^b d\ell} \tag{3.11}$$

$$y_{cm} = \frac{\int_a^b y d\ell}{\int_a^b d\ell} \tag{3.12}$$

com dl sendo o diferencial do comprimento da linha e $\int_a^b d\ell$ o comprimento total da linha.

Considerando que a linha possa ser definida por uma função $f(x)$ contínua em um intervalo $[a,b]$, as Eqs.(3.11) e (3.12) podem ser escritas da seguinte forma:

$$x_{cm} = \frac{\int_a^b x\sqrt{1+[f'(x)]^2}dx}{\int_a^b \sqrt{1+[f'(x)]^2}dx} \tag{3.13}$$

$$y_{cm} = \frac{\int_a^b f(x)\sqrt{1+[f'(x)]^2}dx}{\int_a^b \sqrt{1+[f'(x)]^2}dx} \tag{3.14}$$

com o comprimento L da linha sendo dado por

$$L = \int_a^b \sqrt{1+[f'(x)]^2}dx \tag{3.15}$$

Exemplo 3.2.2

Com um arame foi construído um triângulo como mostra a Fig.3.6. O arame é composto de um material cuja densidade é constante. Desprezando a espessura do arame em comparação ao comprimento, encontre as coordenadas do centro de massa considerando que $\overline{AB} = 8$ m, $\overline{AC} = 6$ m.

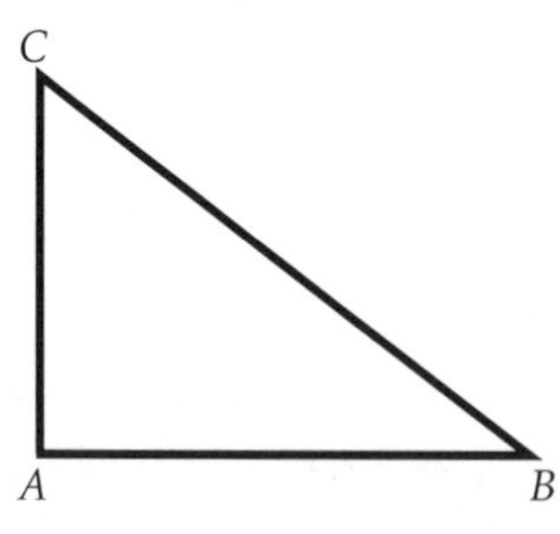

Figura 3.6: *Exemplo 3.2.2.*

SOLUÇÃO: *Sabendo-se que o arame possui densidade linear de massa (λ) constante, podemos escrever que $m_i = \lambda \ell_i$, com ℓ_i sendo o comprimento de cada um dos* *lados do triângulo. Levando isso em conta, as coordenadas do centro de massa da Fig.3.6 podem ser determinadas com*

$$x_{cm} = \frac{\sum_{i=1}^{3} x_i m_i}{\sum_{i=1}^{3} m_i} = \frac{x_1\ell_1 + x_2\ell_2 + x_3\ell_3}{\ell_1 + \ell_2 + \ell_3}$$

$$y_{cm} = \frac{\sum_{i=1}^{3} y_i m_i}{\sum_{i=1}^{3} m_i} = \frac{y_1\ell_1 + y_2\ell_2 + y_3\ell_3}{\ell_1 + \ell_2 + \ell_3}$$

onde x_i e y_i, com i=1,2 e 3, são as posições do centro de massa de cada um dos lados do triângulo e estão mostrados na Fig.3.7.

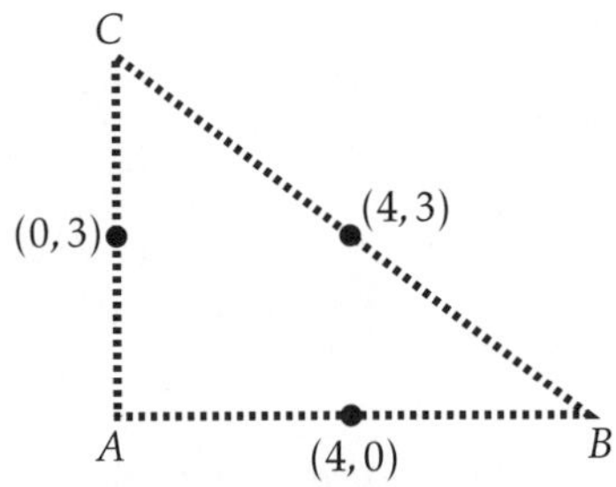

Figura 3.7: *Localização do centro de massa de cada lado do triângulo da Fig.3.6.*

Substituindo os valores indicados, temos que as coordenadas do centro de massa são

$$x_{cm} = \frac{x_1\ell_1 + x_2\ell_2 + x_3\ell_3}{\ell_1 + \ell_2 + \ell_3} = \frac{4\times 8 + 0\times 6 + 4\times 10}{8+6+10} = 3\ m$$

$$y_{cm} = \frac{y_1\ell_1 + y_2\ell_2 + y_3\ell_3}{\ell_1 + \ell_2 + \ell_3} = \frac{0\times 8 + 3\times 6 + 3\times 10}{8+6+10} = 2\ m$$

Logo o centro de massa do triângulo é $CM(3,2)m$. ■

Exemplo 3.2.3

Determine o centro de massa de um arco de semicírculo de raio R.

SOLUÇÃO: *Consideremos que o arco do semicírculo mostrado na Fig.3.8 seja definido por*

$$y^2 + x^2 = R^2$$

onde R é o raio do semicírculo.

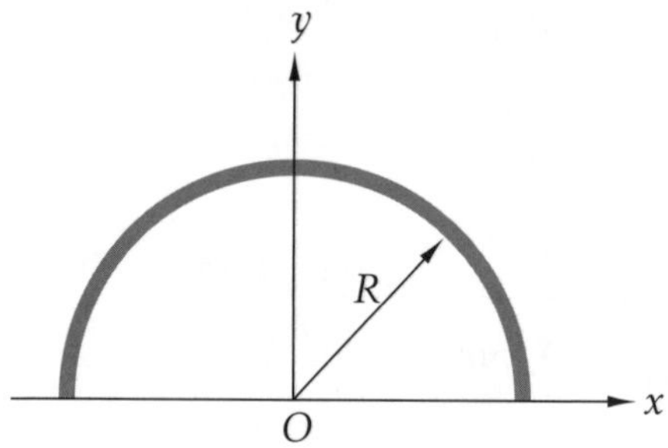

Figura 3.8: *Exemplo 3.2.3.*

Pela simetria fica claro que $x_{cm} = 0$, *então devemos apenas calcular a coordenada* y_{cm}. *Da definição de centro de massa temos*

$$y_{cm} = \frac{\int_{-R}^{R} f(x)\sqrt{1+[f'(x)]^2}dx}{\int_0^R \sqrt{1+[f'(x)]^2}dx}$$

com

$$f(x) = \sqrt{R^2 - x^2}$$

$$f'(x) = -\frac{x}{\sqrt{R^2 - x^2}}$$

e assim a integral do numerador fica

$$\int_{-R}^{R} \sqrt{R^2 - x^2}\sqrt{1+\left(\frac{-x}{\sqrt{R^2-x^2}}\right)^2}dx = \int_{-R}^{R} Rdx = 2R^2$$

Como a integral do denominador determina o comprimento do semicírculo, é fácil perceber então que

$$\int_{-R}^{R} \sqrt{1+[f'(x)]^2}dx = \pi R$$

Levando-se em conta os resultados anteriores, temos que a coordenada y_{cm} *fica*

$$y_{cm} = \frac{2R^2}{\pi R} = \frac{2R}{\pi}$$

É interessante perceber que o centro de massa nesse caso se encontra em uma região fora dos pontos que determinam o semicírculo, ou seja, $CM\left(0, \frac{2R}{\pi}\right)$. ■

3.2.1.3 Centro de massa para figuras planas

Para determinarmos o centro de massa de figuras planas com uma distribuição uniforme de massa, utilizaremos o mesmo procedimento descrito anteriormente. Para isso vamos dividir a Fig.3.9 em retângulos infinitesimais de largura Δx_i e de massa Δm_i.

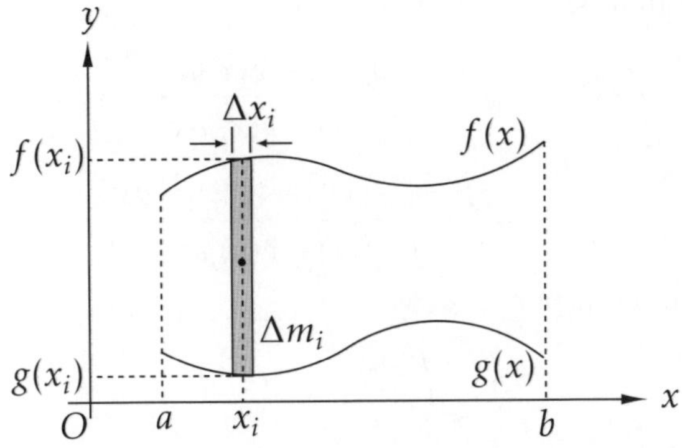

Figura 3.9: *Centro de massa de figuras planas.*

As coordenadas do centro de massa da figura toda podem então ser determinadas por

$$x_{cm} = \frac{\sum_{i=1}^{n} x_i \Delta m_i}{\sum_{i=1}^{n} \Delta m_i} \quad \text{e} \quad y_{cm} = \frac{\sum_{i=1}^{n} y_i \Delta m_i}{\sum_{i=1}^{n} \Delta m_i} \tag{3.16}$$

com Δm_i sendo

$$\Delta m_i = \sigma \Delta A_i \tag{3.17}$$

onde σ é a densidade superficial (massa por unidade de área) e ΔA_i é a área do retângulo mostrado na Fig.3.9, e com isso temos

$$x_{cm} = \frac{\sum_{i=1}^{n} x_i \Delta A_i}{\sum_{i=1}^{n} \Delta A_i} \quad \text{e} \quad y_{cm} = \frac{\sum_{i=1}^{n} y_i \Delta A_i}{\sum_{i=1}^{n} \Delta A_i} \tag{3.18}$$

Assim como fizemos antes, podemos dividir a área em um número n de partes de modo que $n \to \infty$, ou seja, que $\Delta A_i \to 0$, e dessa maneira as Eqs.(3.18) tornam-se

$$x_{cm} = \frac{\int_a^b x dA}{\int_a^b dA} \tag{3.19}$$

$$y_{cm} = \frac{\int_a^b y dA}{\int_a^b dA} \tag{3.20}$$

onde a área da figura é determinada por $A = \int_a^b dA$.

No caso em que a região da figura seja definida pelas funções $f(x)$ e $g(x)$ contínuas em um intervalo $[a,b]$, como mostrada na Fig.3.9, as coordenadas do centro de massa podem ser determinadas por

$$x_{cm} = \frac{\int_a^b x[f(x) - g(x)]dx}{\int_a^b [f(x) - g(x)]dx} \tag{3.21}$$

$$y_{cm} = \frac{\int_a^b \frac{1}{2}\{[f(x)]^2 - [g(x)]^2\}dx}{\int_a^b [f(x) - g(x)]dx} \tag{3.22}$$

onde a área agora é dada por

$$A = \int_a^b [f(x) - g(x)]dx \tag{3.23}$$

Exemplo 3.2.4

Determine o centro de massa da chapa de densidade constante mostrada na Fig.3.10.

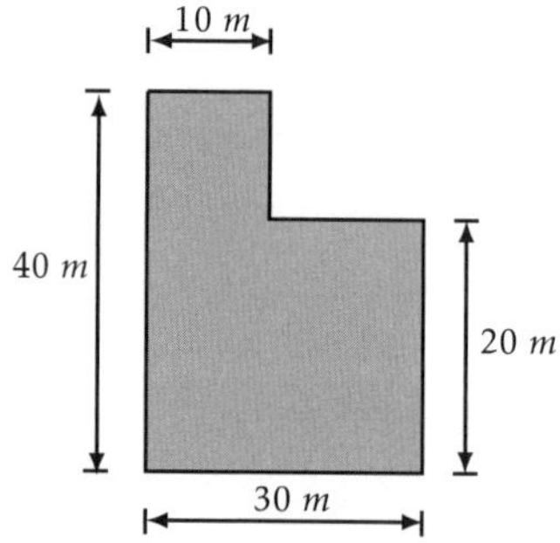

Figura 3.10: *Exemplo 3.2.4.*

SOLUÇÃO: *Para calcular o centro de massa da chapa, vamos proceder da mesma forma que fizemos no Exemplo 3.2.2, ou seja, vamos dividir a figura em duas partes e determinar o centro de massa de cada uma delas da seguinte maneira:*

$$x_{cm} = \frac{\sum_{i=1}^{2} x_i A_i}{\sum_{i=1}^{2} A_i} = \frac{x_1 A_1 + x_2 A_2}{A_1 + A_2} \quad e \quad y_{cm} = \frac{\sum_{i=1}^{2} y_i A_i}{\sum_{i=1}^{2} A_i} = \frac{y_1 A_1 + y_2 A_2}{A_1 + A_2}$$

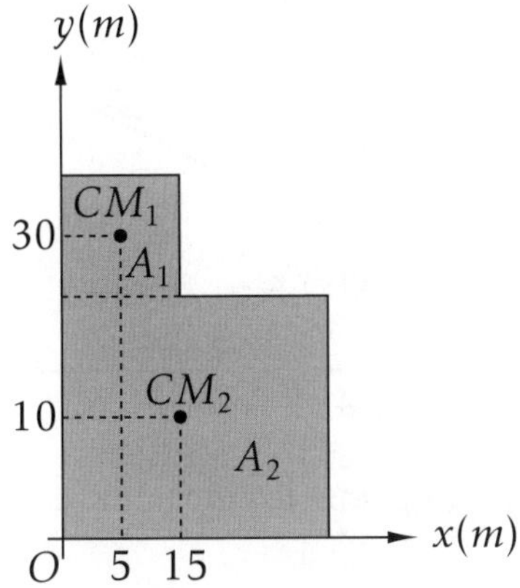

Figura 3.11: *Exemplo 3.2.4.*

onde x_i *e* y_i *com* $i=1$ *e 2 são as coordenadas do centro de massa, indicadas na Fig.3.11, de cada uma das partes de áreas iguais a* A_1 *e* A_2*. Para os dados mostrados na Fig.3.11 conseguimos*

$$x_{cm} = \frac{5 \times 200 + 15 \times 600}{200 + 600} = \frac{25}{2}\ m$$

$$y_{cm} = \frac{30 \times 200 + 10 \times 600}{200 + 600} = 15\ m$$

que indica que o centro de massa da figura é $CM\left(\frac{25}{2}, 15\right) m.$ ■

Exemplo 3.2.5

Determine as coordenadas do centro de massa da figura limitada pelas curvas $y = \sqrt{2x}$ e $y = \frac{x}{2}$.

SOLUÇÃO: *A Fig.3.12 mostra a região definida pelas curvas* $y = \sqrt{2x}$ *e* $y = \frac{x}{2}$*. É importante notarmos que as curvas possuem dois pontos em comum. Esses pontos, que limitam a figura, são chamados de extremos e determinam os limites de integração das Eqs.(3.21) e (3.22). É fácil perceber que os pontos extremos ocorre quando* $f(x) = g(x)$*. Dessa maneira, resolvendo a igualdade, conseguimos*

$$\sqrt{2x} = \frac{x}{2} \quad \Rightarrow x=0 \quad e \quad x=8$$

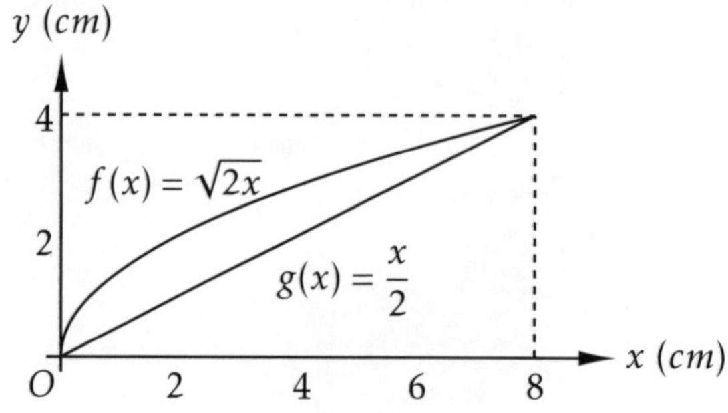

Figura 3.12: *Exemplo 3.2.5.*

Utilizando a definição de centro de massa para figuras planas com as respectivas funções e com os limites de integração determinados anteriormente, temos

$$x_{cm} = \frac{\int_0^8 x(\sqrt{2x} - x/2)dx}{\int_0^8 (\sqrt{2x} - x/2)dx}$$

$$y_{cm} = \frac{\int_0^8 \frac{1}{2}[(\sqrt{2x})^2 - (x/2)^2]dx}{\int_0^8 (\sqrt{2x} - x/2)dx}$$

calculando as integrais,

$$\int_0^8 x\left[\sqrt{2x} - \frac{x}{2}\right]dx = \left[\frac{2}{5}\sqrt{2}x^{5/2} - \frac{x^3}{6}\right]_0^8 = \frac{256}{15}$$

$$\int_0^8 \frac{1}{2}\left[(\sqrt{2x})^2 - (\frac{x}{2})^2\right]dx = \frac{1}{2}\left[x^2 - \frac{x^3}{12}\right]_0^8 = \frac{32}{3}$$

$$\int_0^8 \left[\sqrt{2x} - \frac{x}{2}\right]dx = \left[\frac{2}{3}\sqrt{2}x^{3/2} - \frac{x^2}{4}\right]_0^8 = \frac{16}{3}$$

e substituindo nas definições acima temos finalmente que as coordenadas do centro de massa são

$$x_{cm} = \frac{16}{5}\ cm \qquad e \qquad y_{cm} = 2\ cm$$

■

Exemplo 3.2.6

Determine a coordenada y do centro de massa da Fig.3.13 sabendo-se que $R_1 = R$ e $R_2 = 3R/5$.

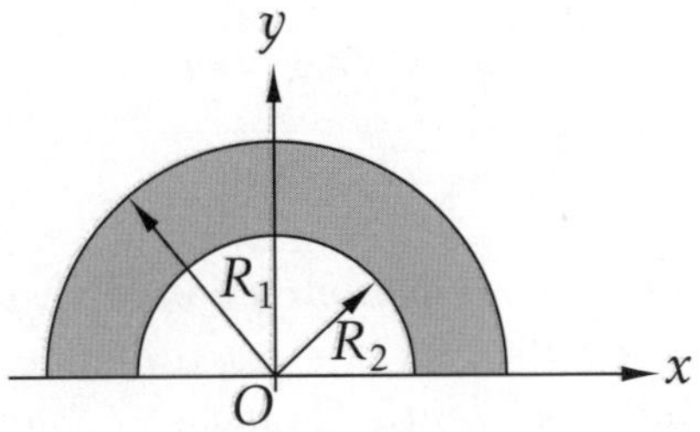

Figura 3.13: *Exemplo 3.2.6.*

SOLUÇÃO: *Para encontrarmos o centro de massa da Fig.3.13 podemos fazer uma composição de figuras de modo que o resultado seja o desejado. Para isso vamos considerar a Fig.3.14, onde a figura original pode ser obtida com a composição de duas áreas, sendo que um sinal de negativo (−) deve ser atribuído a uma delas.*

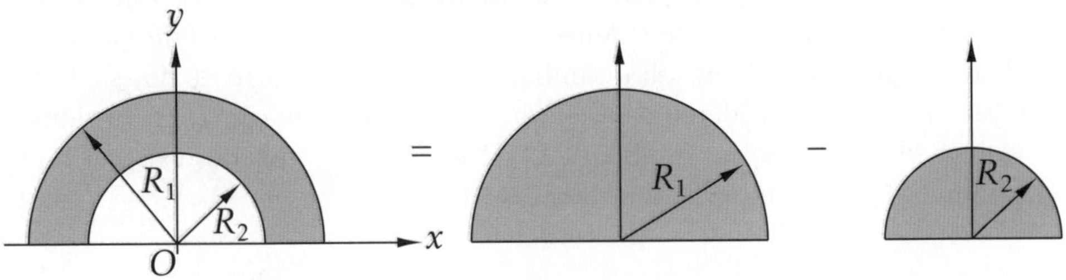

Figura 3.14: *Exemplo 3.2.6.*

Dessa maneira a coordenada y *do centro de massa fica sendo determinada por*

$$y_{cm} = \frac{y_{cm1}A_1 + y_{cm2}A_2}{A_1 + A_2}$$

onde y_{cm1} *e* y_{cm2} *são as coordenadas do centro de massa das figuras de raios* R_1 *e* R_2*, respectivamente, e as áreas das respectivas figuras são* A_1 *e* A_2*. Primeiramente devemos encontrar as coordenadas* y_{cm1} *e* y_{cm2}*. É deixado como exercício mostrar que a coordenada* y *do centro de massa de um semicírculo de raio* R *é*

$$y_{cm} = \frac{4R}{3\pi}$$

Utilizando o resultado acima podemos determinar o centro de massa da Fig.3.13 da seguinte maneira:

$$y_{cm} = \frac{y_{cm1}A_1 + y_{cm2}A_2}{A_1 + A_2}$$

$$y_{cm} = \frac{\frac{4R_1}{3\pi}\frac{\pi R_1^2}{2} + \frac{4R_2}{3\pi}\frac{-\pi R_2^2}{2}}{\frac{\pi R_1^2}{2} - \frac{\pi R_2^2}{2}}$$

onde o sinal (-) no numerador e no denominador correspondem à área A_2. *Substituindo os valores de* $R_1 = R$ *e* $R_2 = 3R/5$ *e rearranjando os termos, conseguimos finalmente que a coordenada* y *do centro de massa é igual a*

$$y_{cm} = \frac{49R}{30\pi}$$

Deixamos como exercício mostrar que o resultado acima pode ser obtido utilizando a definição de centro de massa dada pela Eq.(3.20). ■

3.2.1.4 Centro de massa de um sólido de revolução

O cálculo do centro de massa para um sólido de revolução tem como base os mesmos princípios que utilizamos antes para determinar o centro de massa para uma distribuição linear de massa e também o cálculo do centro de massa de uma figura plana. Agora consideremos a curva definida pela função $f(x)$ contínua no intervalo $[a,b]$, mostrada na Fig.3.15 (A). Rodando ao redor do eixo x a função $f(x)$, obtemos o sólido mostrado na Fig.3.15 (B).

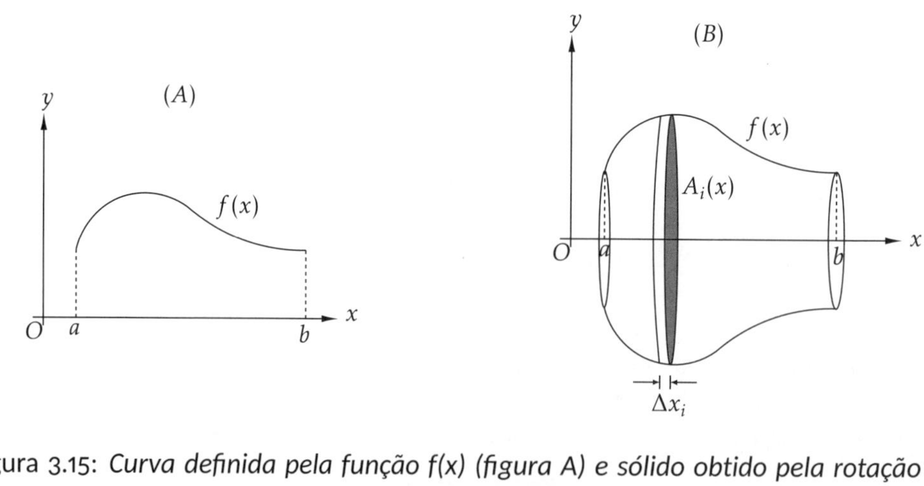

Figura 3.15: *Curva definida pela função f(x) (figura A) e sólido obtido pela rotação ao redor do eixo* x *da curva definida pela função* $f(x)$ *(figura B).*

Dividindo o sólido em discos infinitesimais de largura Δx_i e área $A_i(x)$, podemos calcular o centro de massa de cada disco utilizando as Eqs.(3.3) e assim determinar o centro de massa do sólido como um todo. Para um sólido de densidade constante (ρ) podemos escrever as coordenadas do centro de massa como sendo

$$x_{cm} = \frac{\sum_{i=1}^{n} x_i \rho V_i}{\sum_{i=1}^{n} \rho V_i} \quad \text{e} \quad y_{cm} = \frac{\sum_{i=1}^{n} y_i \rho V_i}{\sum_{i=1}^{n} \rho V_i} \tag{3.24}$$

onde V_i é o volume do i-ésimo disco de espessura Δx_i e área da secção $A_i(x)$. Fazendo o limite para $V_i \to 0$ temos que

$$x_{cm} = \lim_{V_i \to 0} \frac{\sum_{i=1}^{n} x_i V_i}{\sum_{i=1}^{n} V_i} \quad \text{e} \quad y_{cm} = \lim_{V_i \to 0} \frac{\sum_{i=1}^{n} y_i V_i}{\sum_{i=1}^{n} V_i} \tag{3.25}$$

e, dessa forma, as coordenadas do centro de massa para um sólido de revolução são dadas por

$$x_{cm} = \frac{\int_a^b x dV}{\int_a^b dV} \tag{3.26}$$

$$y_{cm} = \frac{\int_a^b y dV}{\int_a^b dV} \tag{3.27}$$

onde o volume V do sólido é dado por

$$V = \int_a^b dV \tag{3.28}$$

Exemplo 3.2.7

Determine o centro de massa do sólido obtido pela rotação, ao redor do eixo x, da curva definida pela função $f(x) = x^2$ e limitada pela reta x=4.

SOLUÇÃO: *Na Fig.3.16 temos a representação da curva (figura da esquerda) e do sólido (figura da direita) obtido pela rotação da função $f(x) = x^2$ ao redor do eixo x.*

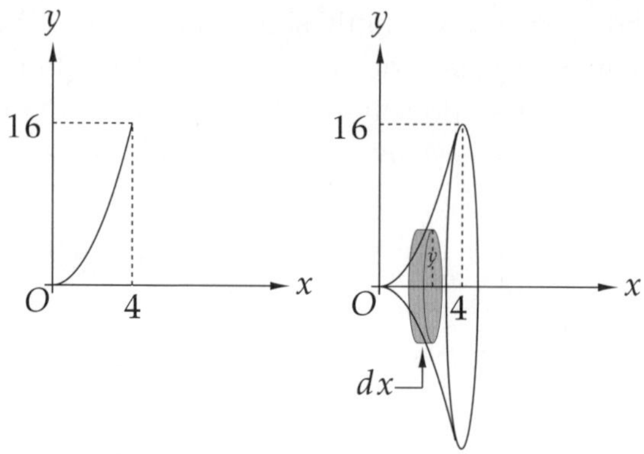

Figura 3.16: *Exemplo 3.2.7.*

Na figura mostramos o elemento de volume do sólido, onde y é raio e dx a espessura. Sendo assim, temos que

$$dV = A(x)dx = \pi y^2 dx$$
$$dV = \pi x^4 dx$$

uma vez que o o raio do elemento (disco) é definido pela função $y = f(x) = x^2$. Pela simetria do problema fica fácil perceber que $y_{cm} = 0$. Já a coordenada x_{cm} pode ser determinada substituindo dV na Eq.(3.26), e com isso temos

$$x_{cm} = \frac{\int_0^4 x\pi x^4 dx}{\int_0^4 \pi x^4 dx}$$

Calculando as integrais,

$$\int_0^4 \pi x^4 dx = \frac{\pi x^5}{5}\bigg|_0^4 = \frac{1024\pi}{5} \qquad e \qquad \int_0^4 x\pi x^4 dx = \frac{\pi x^6}{6}\bigg|_0^4 = \frac{2048}{3}$$

determinamos que a coordenada x do centro de massa é

$$x_{cm} = \frac{\int_0^4 x\pi x^4 dx}{\int_0^4 \pi x^4 dx} = \frac{10}{3}$$

Logo, o centro de massa do sólido mostrado na Fig.3.16 está localizado ao longo do eixo x no ponto $CM\left(\frac{10}{3}, 0\right)$. ■

3.2.2 Exercícios

1. Na Fig.3.17 temos um arame de densidade uniforme em forma de U. Desprezando a espessura do arame, determine as coordenadas do centro de massa da figura sabendo que $\overline{AB}$=10 m, $\overline{BC}$=32 m e $\overline{CD}$=18 m.

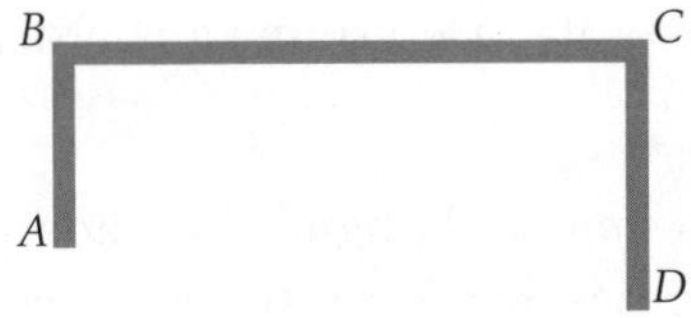

Figura 3.17: *Exercício 1.*

2. Com base na Fig.3.18, determine o centro de massa do arame de densidade constante e de 9 m de comprimento.

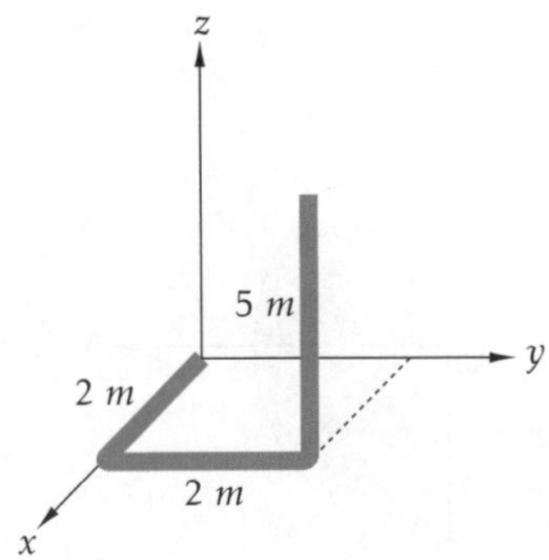

Figura 3.18: *Exercício 2.*

3. Considere o arco uniforme mostrado na Fig.3.19 e determine as coordenadas do seu centro de massa para $\alpha = 45°$.

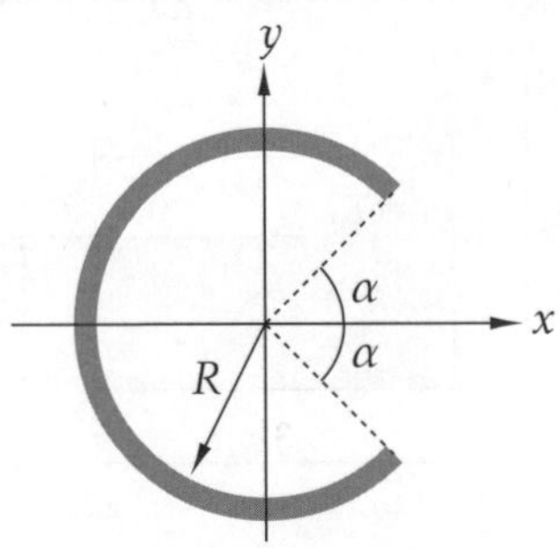

Figura 3.19: *Exercício 3.*

4. Uma barra de comprimento total L tem uma densidade linear de massa dada por

$$\lambda(x) = k\left(1 + \frac{x^2}{L^2}\right)$$

com k sendo uma constante. Determine a coordenada x do centro de massa da barra.

5. Determine o centro de massa da figura limitada pela função $f(x) = kx$, com $k > 0$, limitada pelas retas $y = 0$, $x = 0$ e $x = a$ com $a > 0$.

6. Considere um arco definido pela função $f(x) = x^{3/2}$ no intervalo $0 \leq x \leq 4$ e determine as coordenadas do centro de massa desse arco.

7. Determine as coordenadas do centro de massa de um setor circular uniforme de raio R e ângulo central 2α como o mostrado na Fig.3.20.

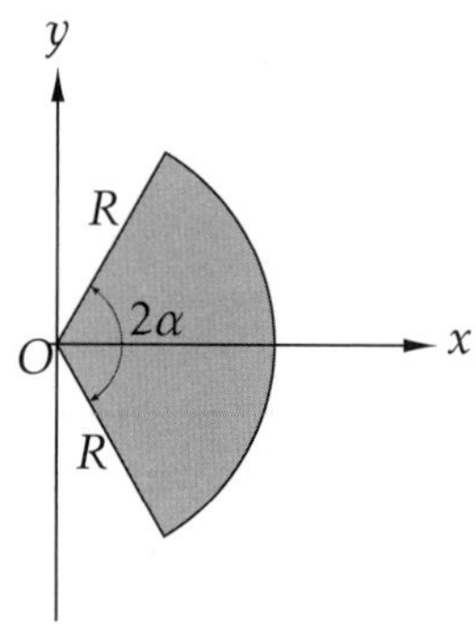

Figura 3.20: *Exercício 7.*

8. Encontre as coordenadas do centro de massa da Fig.3.21.

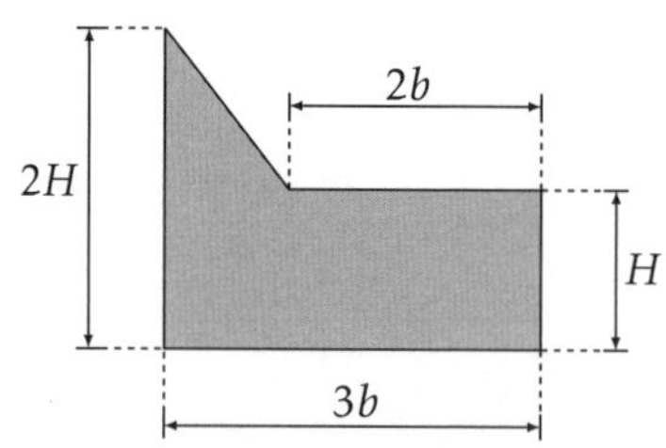

Figura 3.21: *Exercício 8.*

9. Determine o centro de massa da figura limitada pelas curvas definidas pelas funções $y = x^2$ e $y = -x^2 + 4$.

10. Determine o centro de massa da área formada pelo primeiro quadrante de uma elipse de equação $\dfrac{x^2}{a^2} + \dfrac{y^2}{b^2} = 1$.

11. Determine o centro de massa da área limitada pelo primeiro quadrante de um círculo de raio R.

12. Determine o centro de massa da área limitada pela curva definida pela função $f(x) = \cos(x)$ e por $x = 0$ e $x = \pi/2$.

13. Determine o centro de massa da área limitada pelo círculo de equação

$$x^2 + y^2 = 25$$

e pelas retas $x = 0$, $y = 0$, $x = 5$ e $y = 5$.

14. Na Fig.3.22 é mostrada uma chapa uniforme de raio $2R$ com um orifício de raio R. Encontre as coordenadas do centro de massa dessa chapa.

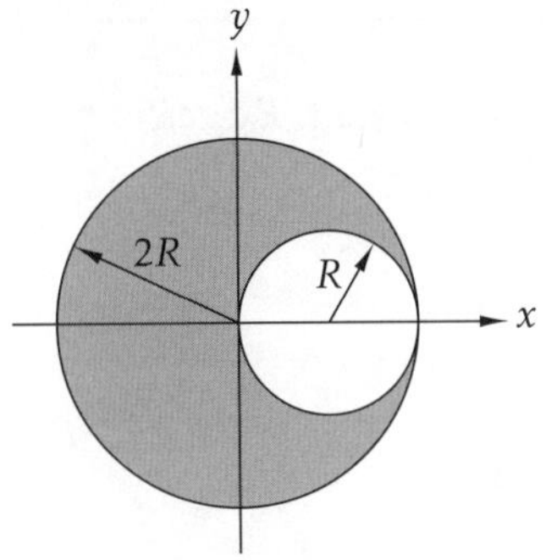

Figura 3.22: *Exercício 14.*

15. Na Fig.3.23 mostramos uma chapa triangular, de lados $AB = 6a$ e $AC = 8a$, uniforme com um furo circular de raio $R = a$.
a) Encontre as coordenadas do centro de massa dessa chapa sem o furo.
b) Encontre o centro de massa da chapa com o furo.

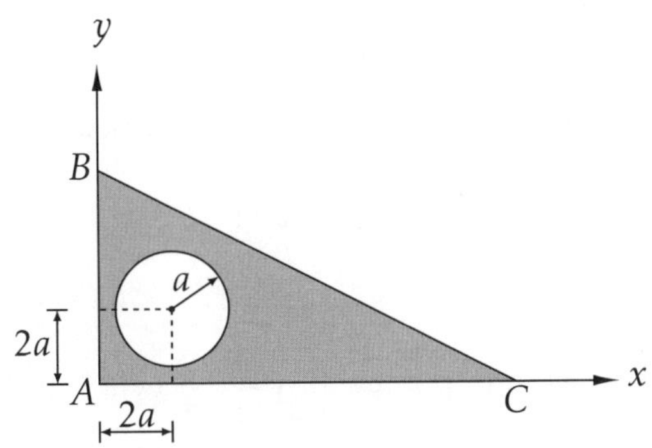

Figura 3.23: *Exercício 15.*

16. Na Fig.3.24 mostramos uma chapa triangular uniforme com um furo circular de raio $R = 3b/10$.

    a) Encontre as coordenadas do centro de massa dessa chapa sem o furo.

    b) Encontre o centro de massa da chapa com o furo.

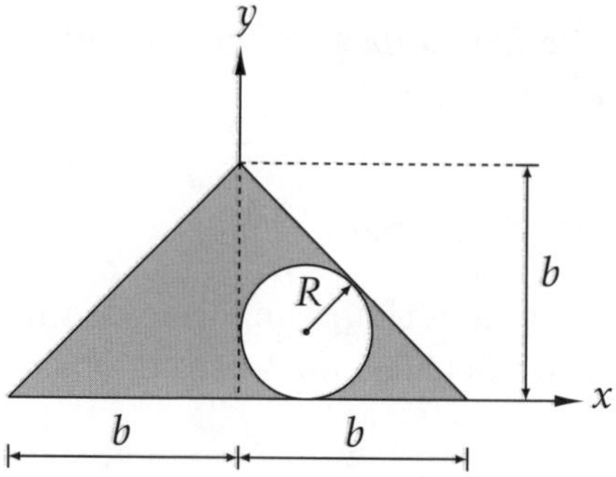

Figura 3.24: *Exercício 16.*

17. Na Fig.3.25 mostramos uma chapa quadrada, de lado 2ℓ, uniforme vazada por um setor circular de raio 2ℓ. Encontre as coordenadas do centro de massa dessa chapa.

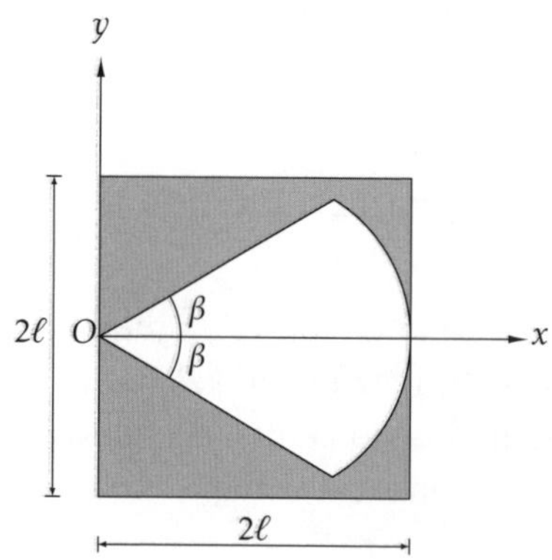

Figura 3.25: *Exercício 17.*

18. Determine o centro de massa da área limitada pela curva definida por

$$y = (4 - \sqrt{x})^2$$

e pelos eixos coordenados.

19. Uma chapa fina é definida por $x = 0$, $y = 0$ e pela função

$$y = \sqrt{9 - \frac{3x}{2}}$$

Sabendo-se que a densidade superficial da chapa é função da posição seguindo $\sigma(x) = k\sqrt{6-x}$ com k, sendo uma constante, determine as coordenadas do centro de massa dessa chapa.

20. Determine o centro de massa de uma semiesfera uniforme de raio R.

21. Determine o centro de massa do sólido obtido pela rotação, ao redor do eixo x, da função $f(x) = 1 - \frac{x}{2}$ e limitada pelos eixos coordenados.

22. Determine o centro de massa do sólido obtido pela rotação, ao redor do eixo y, da função $y = -\frac{h}{a^2}x^2 + h$ e limitada pela reta $y = 0$.

23. Determine o centro de massa do sólido obtido pela rotação, ao redor do eixo x, da função $y^2 = x^3$ e limitado pela reta $x = 4$.

24. Encontre as coordenadas do centro de massa da Fig.3.26 sabendo-se que o perfil da figura é definido por uma parábola.

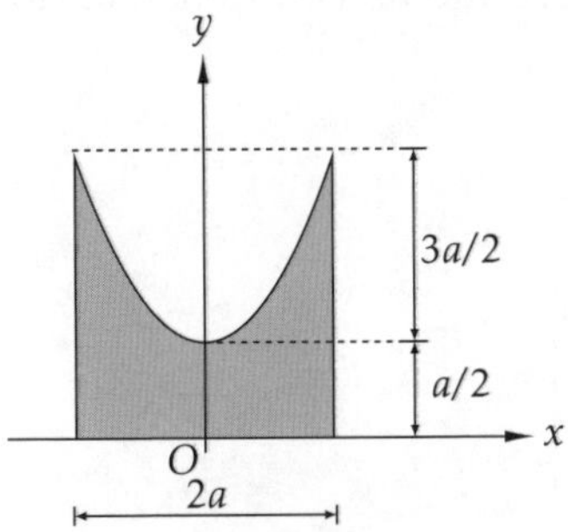

Figura 3.26: *Exercício 24.*

25. Encontre as coordenadas do centro de massa do sólido mostrado na Fig.3.27.

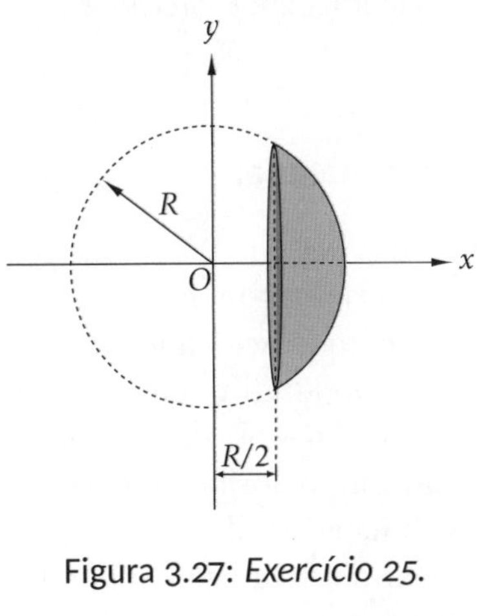

Figura 3.27: *Exercício 25.*

26. Para o tronco de cone mostrado na Fig.3.28, encontre as coordenadas do centro de massa sabendo-se que $b = 2a$ e que H é a altura do tronco.

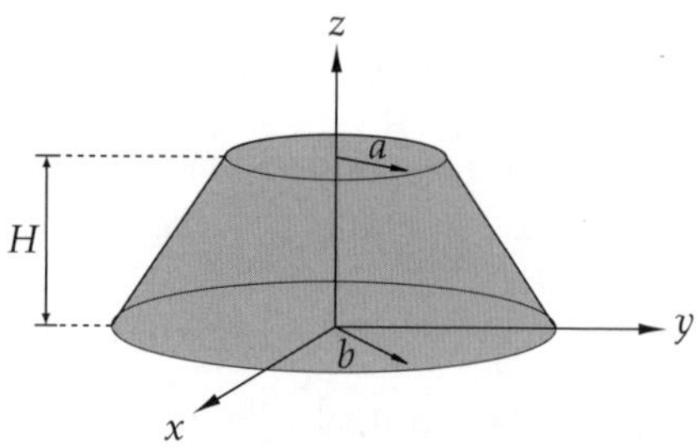

Figura 3.28: *Exercício 26.*

27. A Fig.3.29 mostra uma região limitada por um arco de elipse pelo eixo y e por uma reta. Determine as coordenadas do centro de massa para essa figura.

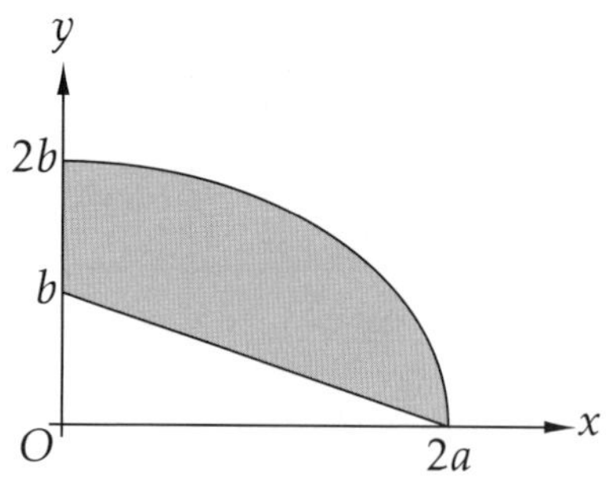

Figura 3.29: *Exercício 27.*

3.2.3 Equilíbrio de um ponto material

Uma consequência imediata das leis de Newton, descritas no capítulo 2, é o equilíbrio estático de ponto material, assim como o dos corpos rígidos. O conceito de ponto material está diretamente relacionado com a definição de corpos rígidos. Um corpo rígido é aquele que pode girar em torno de um eixo com todas as partes unidas conjuntamente sem mudança de forma. Podemos dizer também que um corpo é rígido quando as deformações sofridas pelo corpo possam ser desprezadas diante das suas dimensões. Já um ponto material é um corpo rígido de dimensões desprezíveis. Sem perda de generalidade, podemos afirmar que um ponto material pode ser tratado como sendo o centro de massa do corpo.

Pelo fato de o ponto material ter suas dimensões desprezíveis, ele está restrito somente ao movimento de translação, ou seja, ele não possui movimento de rotação. Diante disso, para que um ponto material permaneça em equilíbrio estático, a força resultante sobre ele deve ser nula, ou seja,

$$\vec{F}_R = 0 \tag{3.29}$$

É importante perceber que a condição de equilíbrio estático de um ponto material dada pela Eq.(3.29) impõe que

$$F_{Rx}\hat{i} + F_{Ry}\hat{j} + F_{Rz}\hat{k} = 0 \tag{3.30}$$

com

$$F_{Rx} = 0 \quad \text{e} \quad F_{Ry} = 0 \quad \text{e} \quad F_{Rz} = 0 \tag{3.31}$$

Exemplo 3.2.8

Na Fig.3.30 o bloco de massa m está suspenso pelos cabos AB e AD. Sabendo-se que o cabo AB faz um ângulo α com vertical (reta BC) e o cabo AD um ângulo β com a reta CD, encontre as trações nos respectivos cabos.

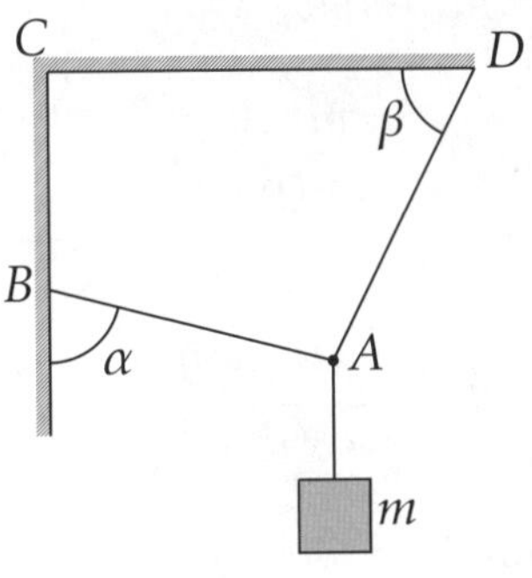

Figura 3.30: *Exemplo 3.2.8.*

SOLUÇÃO: *Como o sistema está em equilíbrio, a soma vetorial das três forças, $\vec{T}_1$ no cabo AD, $\vec{T}_2$ no cabo AB e a força gravitacional $\vec{F}_g$, deve ser nula. A representação geométrica dessas forças forma um triângulo como o mostrado na Fig.3.31, onde indicamos também os correspondentes ângulos α, β, θ e γ. Utilizando a lei dos senos no triângulo ABE conseguimos*

$$\frac{T_1}{\sin\alpha} = \frac{T_2}{\sin\theta}$$

$$\frac{F_g}{\sin(\beta+\gamma)} = \frac{T_2}{\sin\theta}$$

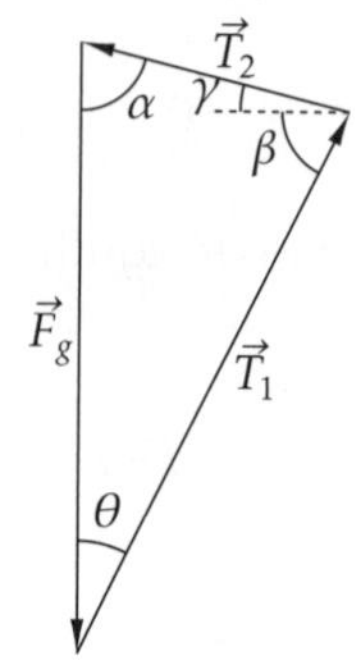

Figura 3.31: *Exemplo 3.2.8.*

Do triângulo ABE podemos ainda determinar os respectivos ângulos γ e θ, que são dados por

$$\gamma = \frac{\pi}{2} - \alpha \qquad e \qquad \theta = \frac{\pi}{2} - \beta$$

Com as informações acima, podemos facilmente, e por isso deixaremos como exercício, determinar que as trações nos cabos são dadas por

$$T_1 = \frac{Mg\sin\alpha}{\cos(\beta-\alpha)}$$

$$T_2 = \frac{Mg\cos\beta}{\cos(\beta-\alpha)}$$

Deixamos também como exercício resolver o exemplo acima utilizando o conceito de projeções de vetores. Resolvendo dessa forma o mesmo resultado deverá ser encontrado.

■

Exemplo 3.2.9

Um poste de 60 metros de altura está preso a dois cabos como mostra a Fig.3.32. Encontre a tração no cabo *AB* de tal forma que a resultante das trações seja vertical e para baixo a partir do ponto *A* e sabendo-se que a tração no cabo *AC* é 4400 N.

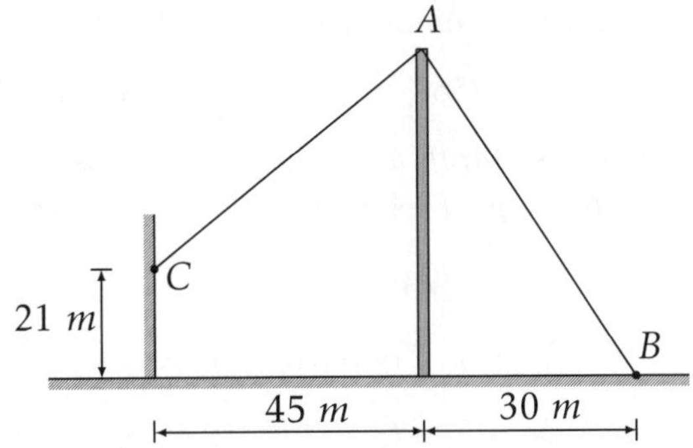

Figura 3.32: *Exemplo 3.2.9.*

SOLUÇÃO: *Na Fig.3.33 mostramos as trações $\vec{T}_1$ e $\vec{T}_2$ nos cabos AB e AC respectivamente aplicadas no ponto A. Nesse ponto a força resultante é dada por*

$$\vec{F}_{RA} = \vec{T}_1 + \vec{T}_2$$

$$\vec{F}_{RA} = (T_{1x} + T_{2x})\hat{\imath} + (T_{1y} + T_{2y})\hat{\jmath}$$

Conhecendo as coordenadas dos pontos A, B e C, como as mostradas no Fig.3.33, podemos escrever os vetores $\vec{T}_1$ e $\vec{T}_2$ da seguinte forma:

$$\vec{T}_1 = T_1\hat{\lambda}_1 \qquad e \qquad \vec{T}_2 = T_2\hat{\lambda}_2$$

com

$$\hat{\lambda}_1 = \frac{(30-0)\hat{\imath} + (0-60)\hat{\jmath}}{\sqrt{30^2+60^2}} \qquad \hat{\lambda}_1 = 0,447\hat{\imath} - 0,894\hat{\jmath}$$

$$\hat{\lambda}_2 = \frac{(-45-0)\hat{\imath} + (21-60)\hat{\jmath}}{\sqrt{45^2+39^2}} \qquad \hat{\lambda}_2 = -0,756\hat{\imath} - 0,655\hat{\jmath}$$

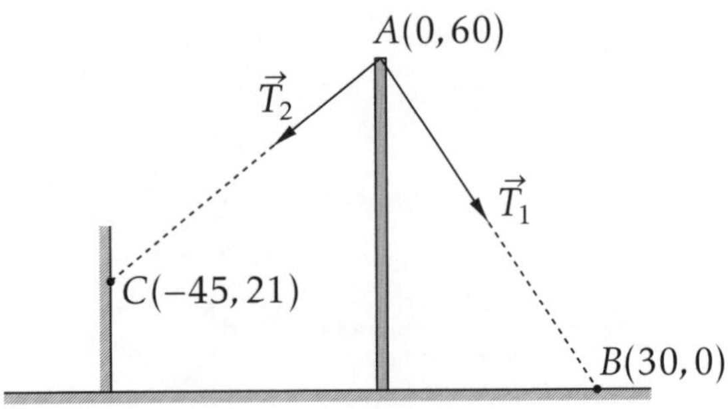

Figura 3.33: *Exemplo 3.2.9.*

Utilizando os resultados obtidos acima, a força resultante no ponto A fica sendo

$$\vec{F}_{RA} = (0,447T_1 - 0,756T_2)\hat{\imath} + (-0,894T_1 - 0,655T_2)\hat{\jmath}$$

Considerando que a força resultante deve ser vertical, isso implica que a componente x da força resultante no ponto A deve ser nula, ou seja,

$$F_{RAx} = 0$$

$$0,447T_1 - 0,756T_2 = 0$$

Sabendo que a tração no cabo AC é T_2=4400 N, temos finalmente que a tração no cabo AB, de modo que a força resultante seja vertical e para baixo, é

$$T_1 = \frac{0,756T_2}{0,447} = 7442\ N$$

■

3.2.4 Exercícios

1. Um bloco de massa M=320 kg está preso por uma corda no ponto C, que, por sua vez, está preso em outras duas cordas como mostrado na Fig.3.34. Determine a tração nas cordas AC e BC sabendo-se que β=50° e α=23°.

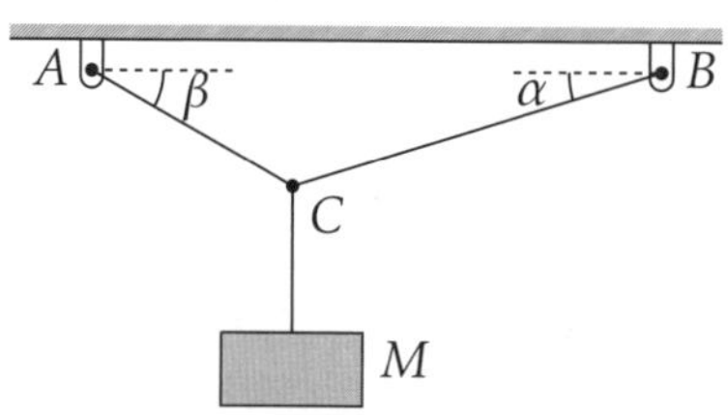

Figura 3.34: *Exercício 1.*

2. As cordas AC e BC estão presas no ponto C como mostra a Fig.3.35. As cordas suportam, cada uma, no máximo 750 N. Determine o módulo da força $\vec{F}$ assim como o valor do ângulo θ.

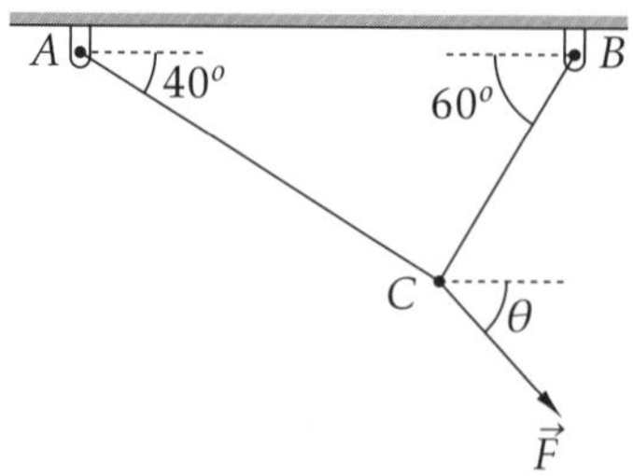

Figura 3.35: *Exercício 2.*

3. A força $\vec{F}_1$ está aplicada no centro da polia C, já a força $\vec{F}_2$ de módulo 750 N está aplicada no ponto D da corda DAC. Determine a tração na corda ACB e o módulo da força $\vec{F}_1$ aplicada na polia C como mostra a Fig.3.36.

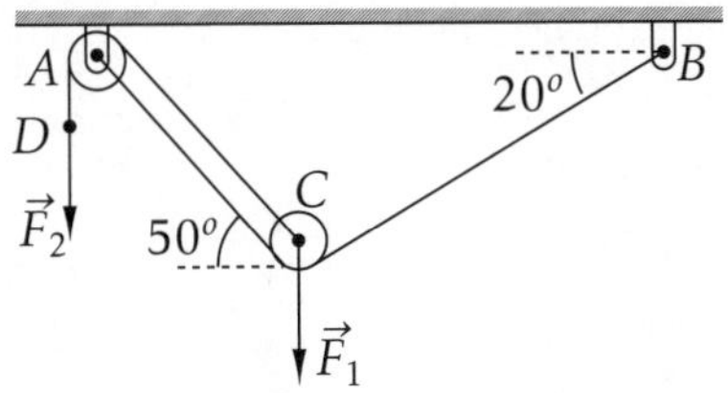

Figura 3.36: *Exercício 3.*

4. O bloco mostrado na Fig.3.37 é suportado por dois cabos. Sabendo-se que os cabos AB e BC rompem-se quando submetidos a uma força maior que 2000 N e 2140 N, respectivamente, encontre o peso máximo que o bloco pode ter de modo que o equilíbrio seja mantido.

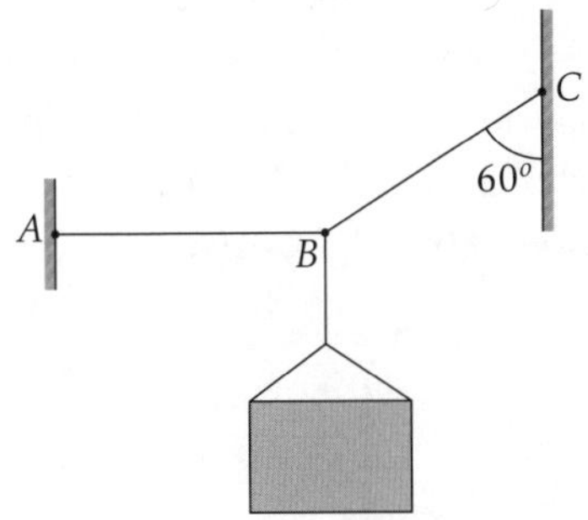

Figura 3.37: *Exercício 4.*

5. Um dispositivo deslizante A está conectado a um corpo de massa $m = 50$ kg e pode movimentar-se sem qualquer atrito ao longo da horizontal como mostra a Fig.3.38. Sabe-se que o sistema atinge o equilíbrio quando uma força cujo módulo é $F = 250$ N atua no dispositivo deslocando-o de uma distância d. Encontre o valor dessa distância.

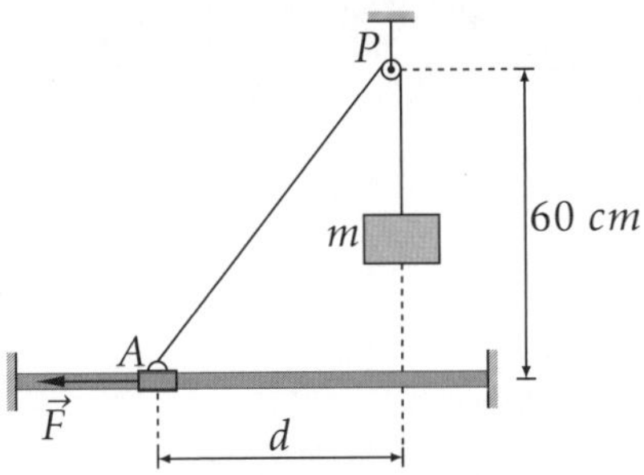

Figura 3.38: *Exercício 5.*

6. Na Fig.3.39 o bloco tem massa 100 kg e está preso por cordas. Determine a tração em cada uma das cordas.

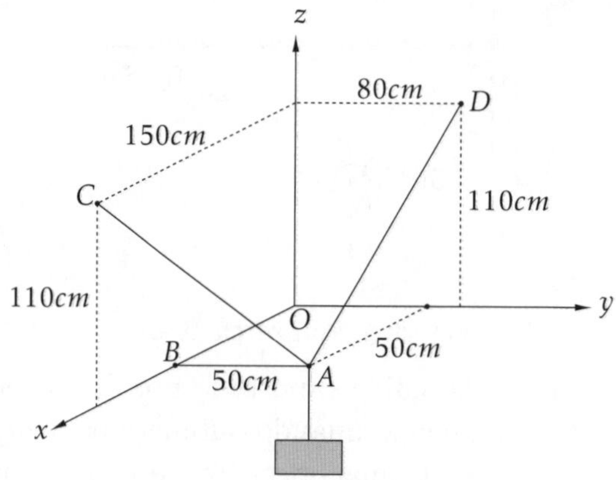

Figura 3.39: *Exercício 6.*

7. Na Fig.3.40 uma força $\vec{F}$ vertical é aplicada ao ponto A situado a 6 metros da origem do sistema de coordenadas. Sabendo-se que o cabo AB está submetido a uma força de tração igual a 550 N, determine o módulo da força $\vec{F}$ e as trações nos cabos AC e AD.

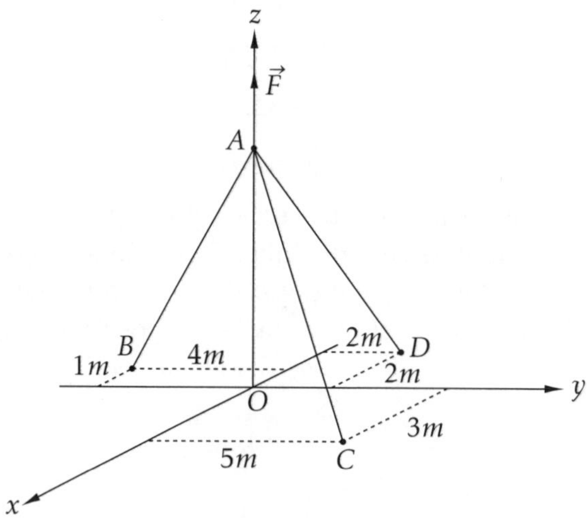

Figura 3.40: *Exercício 7.*

3.2.5 Momento de uma força

Quando um corpo rígido é submetido a uma força ele pode ter, além do movimento de translação, um movimento de rotação. A essa tendência que o corpo tem de rodar ao redor de um ponto ou de uma reta chamamos de ***momento de uma força*** ou simplesmente ***torque***. O momento da força é definido da seguinte maneira:

$$\vec{M}_O = \vec{r} \times \vec{F} \tag{3.32}$$

onde $\vec{r}$ é o vetor posição que localiza o ponto de aplicação da força $\vec{F}$. No Sistema Internacional de medidas a unidade para o momento da força é $N.m$ (Newtom×metro). É importante salientar que a unidade $N.m$ também é usada para a grandeza trabalho de uma força; embora as unidades de momento de uma força e de trabalho sejam iguais, elas têm significados diferentes. Como veremos mais adiante a unidade para o trabalho é o Joule.

Na Fig.3.41 mostramos um corpo rígido onde a força $\vec{F}$ é aplicada no ponto A que é localizado pela posição $\vec{r}$. Nessa figura também mostramos o vetor $\vec{M}_O$, que é momento da força $\vec{F}$ em relação ao ponto O. É importante perceber que o vetor $\vec{M}_O$ é sempre perpendicular ao plano formado pelos vetores $\vec{r}$ e $\vec{F}$.

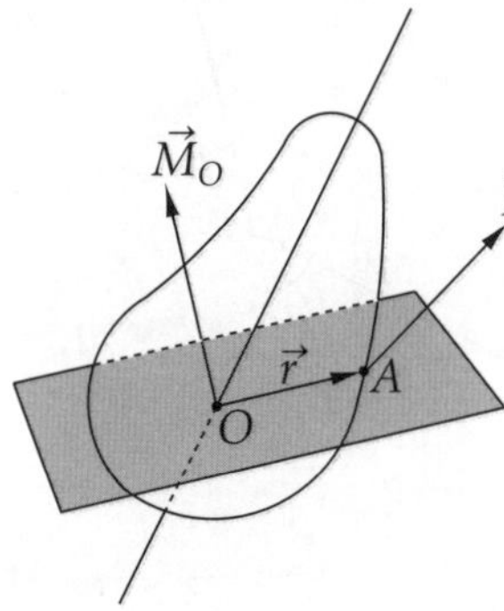

Figura 3.41: *Força aplicada no ponto A de um corpo rígido.*

Para os vetores $\vec{r}$ e $\vec{F}$ definidos como

$$\vec{r} = x\hat{i} + y\hat{j} + z\hat{k} \tag{3.33}$$

e

$$\vec{F} = F_x\hat{i} + F_y\hat{j} + F_z\hat{k} \tag{3.34}$$

o momento da força em relação ao ponto O dado pela Eq.(3.32) pode ser determinado por

$$\vec{M}_O = (x\hat{i} + y\hat{j} + z\hat{k}) \times (F_x\hat{i} + F_y\hat{j} + F_z\hat{k}) \tag{3.35}$$

Realizando os respectivos produtos vetoriais e rearranjando os termos, temos que o momento da força é determinado por

$$\vec{M}_O = (yF_z - zF_y)\hat{i} + (zF_x - xF_z)\hat{j} + (xF_y - yF_x)\hat{k} \tag{3.36}$$

É deixado como exercício mostrar que o momento da força também pode ser determinado pela resolução do seguinte determinante:

$$\vec{M}_O = \begin{vmatrix} \hat{i} & \hat{j} & \hat{k} \\ x & y & z \\ F_x & F_y & F_z \end{vmatrix} \tag{3.37}$$

É interessante analisarmos a Eq.(3.32) quando a tendência de rotação é no plano, ou seja, quando o corpo rígido simplesmente tem a tendência de girar no sentido horário ou anti-horário. Para isso consideremos a Fig.3.42, onde uma força $\vec{F}$ é aplicada no ponto A, e que a menor distância entre a linha de ação da força $\vec{F}$ e o ponto O seja dada por d.

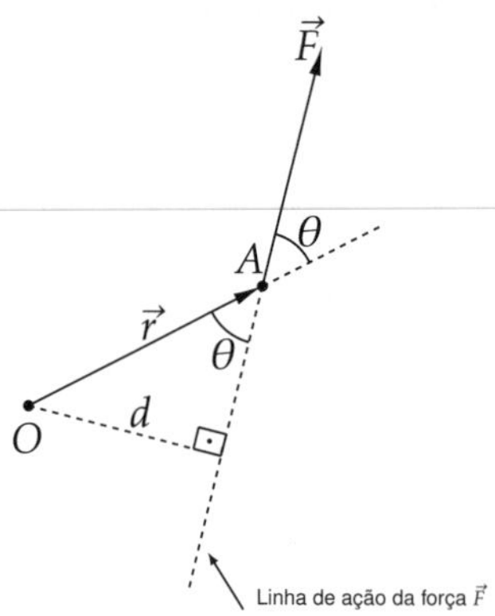

Figura 3.42: *Definição de braço de alavanca* d.

Da Eq.(3.32) temos que o módulo do vetor $\vec{M}_O$ é dado por

$$M_O = rF \sin\theta \tag{3.38}$$

com θ sendo o ângulo entre a linha de ação da força e o vetor $\vec{r}$. Pela Fig.3.42 é fácil perceber que podemos escrever a Eq.(3.38) da seguinte forma:

$$M_O = \pm Fd \tag{3.39}$$

onde d é o que chamamos de braço de alavanca e os sinais ($\pm$) estão indicados na Fig.3.43, sendo o sentido horário ($+$) e o sentido anti-horário ($-$) para a tendência de rotação. Entretanto vale salientar que a escolha do sinal é aleatória; em outras palavras, isso quer dizer que, se a escolha fosse ao contrário, não haveria nenhum efeito sobre a tendência de rotação do corpo rígido.

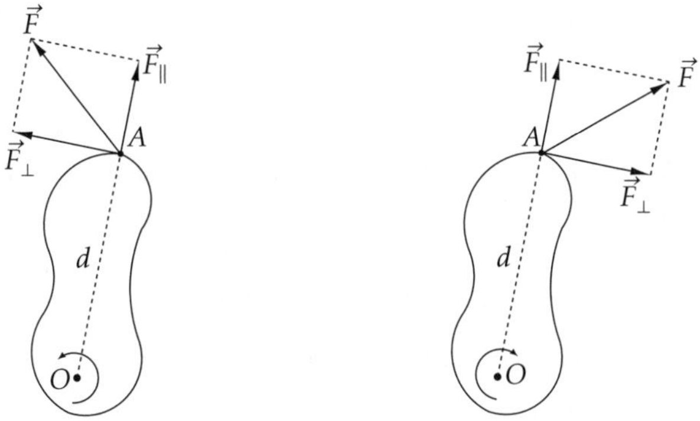

Figura 3.43: *Momento da força $\vec{F}$ em relação ao ponto O. Na figura da esquerda o momento é positivo; já na da direita o momento é negativo.*

Para melhor entendimento do braço de alavanca vamos decompor a força $\vec{F}$ aplicada no ponto A nas componentes $\vec{F}_{\parallel}$ e $\vec{F}_{\perp}$ como mostradas na Fig.3.43. A componente $\vec{F}_{\parallel}$ está ao longo da reta que passa pelos pontos O e A. Já a componente $\vec{F}_{\perp}$ é perpendicular a essa mesma reta. O ponto importante aqui é perceber que para a componente $\vec{F}_{\parallel}$ o braço de alavanca é zero; isso quer dizer que a componente $\vec{F}_{\parallel}$ não contribui para a rotação do corpo ao redor do ponto O, já que o momento dessa componente da força é nulo. Em outras palavras, podemos dizer que, quando a linha de ação da força passa pelo ponto de rotação, o momento da força será sempre nulo.

Exemplo 3.2.10

Uma força de módulo 750 N é aplicada no ponto A da barra mostrada na Fig.3.44. Sabendo-se que $a = 925$ mm, $b = 545$ mm e $\theta = 30^o$, encontre o momento dessa força em relação ao ponto O.

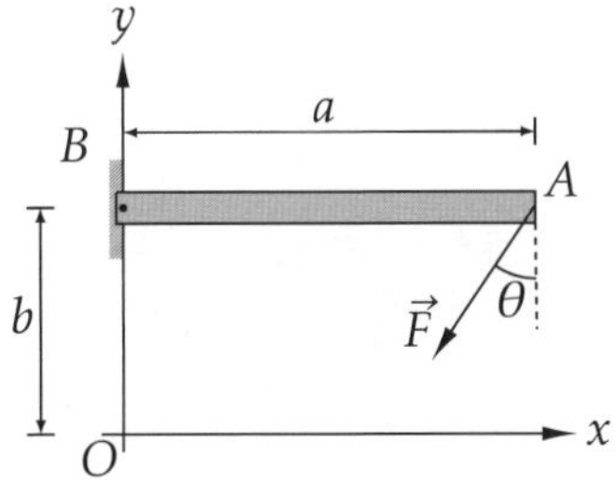

Figura 3.44: *Exemplo 3.2.10.*

SOLUÇÃO: *O momento da força $\vec{F}$ em relação ao ponto O é determinado por*

$$\vec{M}_O = \vec{r}_{OA} \times \vec{F}$$

com $\vec{r}_{OA}$ o vetor que localiza o ponto de aplicação da força $\vec{F}$, que pode ser encontrado da seguinte maneira:

$$\vec{r}_{OA} = (x_A - x_O)\hat{\imath} + (y_A - y_O)\hat{\jmath}$$

onde x_A, y_A, x_O e y_O são as coordenadas dos pontos A e O, respectivamente. Utilizando as informações da Fig.3.44 temos que

$$\vec{r}_{OA} = (a-0)\hat{\imath} + (b-0)\hat{\jmath} \qquad \vec{r}_{OA} = 0,925\hat{\imath} + 0,545\hat{\jmath}$$

Uma vez encontrado o vetor $\vec{r}_{OA}$,vamos agora encontrar o vetor $\vec{F}$ e para isso vamos novamente utilizar a Fig.3.44. Pela figura temos que o vetor força pode ser escrito como

$$\vec{F} = F_x\hat{\imath} + F_y\hat{\jmath} \qquad \vec{F} = -F\sin\theta\hat{\imath} - F\cos\theta\hat{\jmath}$$

onde os sinais negativos indicam que as componentes estão no sentido contrário ao mostrado na figura. Substituindo $F = 750$ N e $\theta = 30^o$ conseguimos

$$\vec{F} = -375\hat{\imath} - 375\sqrt{3}\hat{\jmath} \;\; N$$

Com os valores obtidos para $\vec{r}_{AO}$ e para $\vec{F}$, podemos determinar o momento da força em relação ao ponto O da seguinte maneira:

$$\vec{M}_O = \begin{vmatrix} \hat{\imath} & \hat{\jmath} & \hat{k} \\ x_{OA} & y_{OA} & z_{OA} \\ F_x & F_y & F_z \end{vmatrix} \qquad \vec{M}_O = \begin{vmatrix} \hat{\imath} & \hat{\jmath} & \hat{k} \\ 0,925 & 0,545 & 0 \\ -375 & -375\sqrt{3} & 0 \end{vmatrix}$$

Resolvendo o determinante mostrado acima conseguimos finalmente que o momento da força em relação ao ponto O é dado por

$$\vec{M}_O = -396,4\hat{k} \; Nm$$

■

Exemplo 3.2.11

A Fig.3.45 mostra uma estrutura tubular em forma de *L* na qual o comprimento *OA* é 2,5 metros. No ponto *B* da estrutura há um cabo que tem sua outra extremidade presa ao ponto *C*. Sabendo-se que a tração no cabo *BC* é 2650 N, determine o momento, em relação ao ponto *O*, dessa tração.

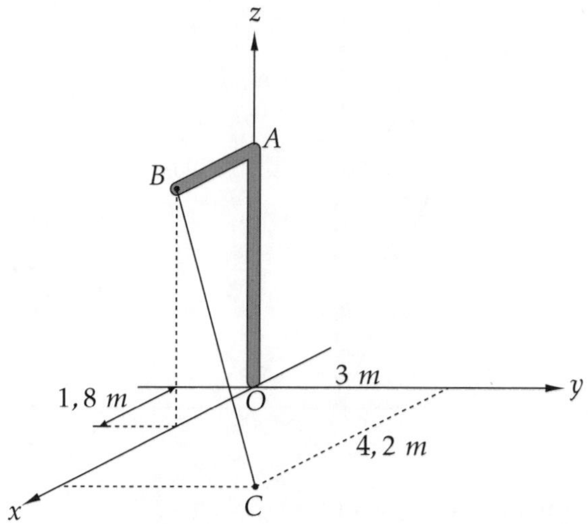

Figura 3.45: *Exemplo 3.2.11.*

SOLUÇÃO: *O momento da força de tração no cabo, aplicada no ponto B, em relação ao ponto O é determinado por*

$$\vec{M}_O = \vec{r}_{OB} \times \vec{T}$$

com $\vec{r}_{OB}$ *e* $\vec{T}$ *indicados na Fig.3.46. Primeiramente vamos determinar o vetor* $\vec{T}$ *da seguinte forma:*

$$\vec{T} = T\hat{\lambda}_{BC}$$

com $\hat{\lambda}_{BC}$ *sendo o vetor unitário partindo do ponto B até o ponto C, que é dado por*

$$\hat{\lambda}_{BC} = \frac{(x_C - x_B)\hat{\imath} + (y_C - y_B)\hat{\jmath} + (z_C - z_B)\hat{k}}{\sqrt{(x_C - x_B)^2 + (y_C - y_B)^2 + (z_C - z_B)^2}}$$

$$\hat{\lambda}_{BC} = \frac{(4,2-1,8)\hat{\imath} + (3-0)\hat{\jmath} + (0-2,5)\hat{k}}{\sqrt{2,4^2 + 3^2 + 2,5^2}}$$

$$\hat{\lambda}_{BC} = 0,524\hat{\imath} + 0,655\hat{\jmath} - 0,545\hat{k}$$

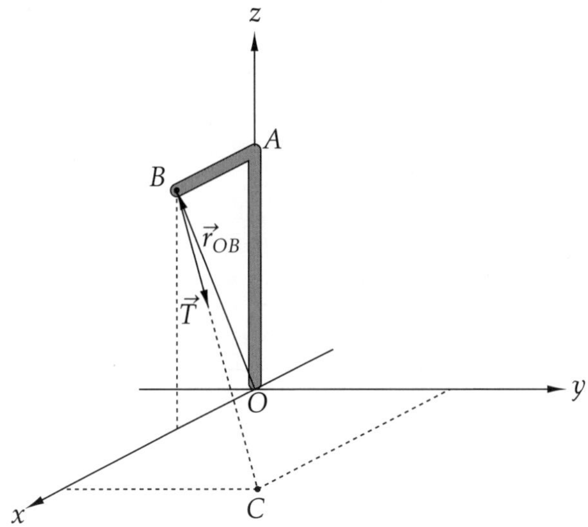

Figura 3.46: *Exemplo 3.2.11.*

Com isso podemos escrever o vetor tração da seguinte maneira:

$$\vec{T} = 1388,60\hat{\imath} + 1735,75\hat{\jmath} - 1444,25\hat{k}$$

Agora vamos encontrar o vetor $\vec{r}_{OB}$, e, para isso, vamos utilizar o mesmo procedimento que realizamos no exemplo anterior, ou seja,

$$\vec{r}_{OB} = (x_B - x_O)\hat{\imath} + (y_B - y_O)\hat{\jmath} + (z_B - z_O)\hat{k}$$

onde x_B, y_B, x_O e y_O são as coordenadas dos pontos **B** *e* **O**, *respectivamente. Utilizando as informações da Fig.3.45, temos que*

$$\vec{r}_{OB} = (1,8 - 0)\hat{\imath} + (2,5 - 0)\hat{k}$$

$$\vec{r}_{OB} = 1,8\hat{\imath} + 2,5\hat{k}$$

Com os resultados obtidos podemos finalmente encontrar o momento da tração em relação ao ponto **O** *da seguinte forma:*

$$\vec{M}_O = \begin{vmatrix} \hat{\imath} & \hat{\jmath} & \hat{k} \\ 1,8 & 0 & 2,5 \\ 1388,60 & 1735,75 & -1444,25 \end{vmatrix}$$

e, após a resolução do determinante, conseguimos

$$\vec{M}_O = -4339,38\hat{\imath} - 6071,15\hat{\jmath} + 3124,35\hat{k}\ Nm$$

■

3.2.5.1 Momento de um sistema de forças

Consideremos o corpo rígido mostrado na Fig.3.47, onde atuam as forças externas $\vec{F}_1$, $\vec{F}_2$, $\vec{F}_3$, $\vec{F}_4$,$\cdots$, $\vec{F}_i$, no ponto A localizado, em relação à origem O, pelo vetor $\vec{r}$.

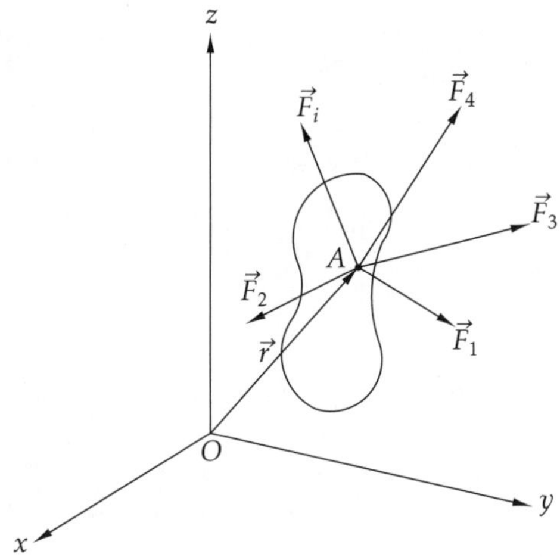

Figura 3.47: *Sistema de forças aplicadas no ponto A de um corpo rígido.*

Lembrando que o conjunto de forças aplicadas ao ponto A pode ser substituído pela força resultante $\vec{F}_R$, podemos determinar o momento da força $\vec{F}_R$ em relação à origem da seguinte maneira:

$$\vec{M}_O^R = \vec{r} \times \vec{F}_R \tag{3.40}$$

Substituindo $\vec{F}_R$ por

$$\vec{F}_R = \vec{F}_1 + \vec{F}_2 + \vec{F}_3 + \cdots + \vec{F}_n \tag{3.41}$$

na Eq.(3.40) temos

$$\vec{M}_O^R = \vec{r} \times \vec{F}_1 + \vec{r} \times \vec{F}_2 + \vec{r} \times \vec{F}_3 + \cdots + \vec{r} \times \vec{F}_n \tag{3.42}$$

Analisando o lado direito da Eq.(3.42) podemos perceber que o momento de um sistema de forças (momento resultante) é dado pela soma vetorial dos momentos individuais devido a cada uma das forças calculados em relação ao mesmo ponto O, ou seja,

$$\vec{M}_O^R = \vec{M}_1 + \vec{M}_2 + \vec{M}_3 + \cdots + \vec{M}_n \tag{3.43}$$

$$\vec{M}_O^R = \sum_{i=1}^{n} \vec{M}_i \tag{3.44}$$

3.2.5.2 Momento em relação a um eixo

Nas seções anteriores descrevemos o momento de uma força em relação a um determinado ponto. Entretanto, o corpo rígido pode tender ou rodar ao redor de um eixo. Para determinarmos o momento de uma força ao redor de um eixo, consideremos a Fig.3.48, onde a força $\vec{F}$ é aplicada em um ponto A do corpo rígido e t é o eixo de rotação do corpo rígido.

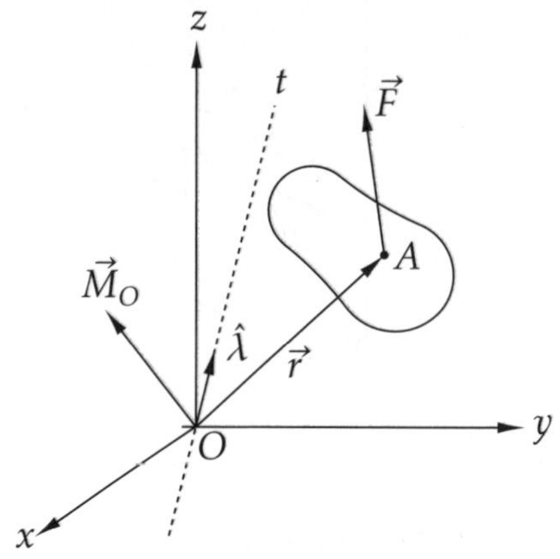

Figura 3.48: *Momento da força $\vec{F}$ em relação ao eixo t.*

Na Fig.3.48 o eixo possui a mesma direção do vetor unitário $\hat{\lambda}$. O momento da força $\vec{F}$ em relação ao eixo t pode ser determinado da seguinte forma:

$$M_t = \hat{\lambda} \cdot \vec{M}_O \tag{3.45}$$

onde $\vec{M}_O$ é o momento em relação à origem. É importante salientar que o momento em relação ao eixo M_t é a projeção do momento em relação ao ponto O sobre o eixo t. Vale ainda dizer que o ponto não necessariamente precisa ser a origem. O ponto deve pertencer ao eixo t. Considerando que podemos escrever o vetor unitário $\hat{\lambda}$ e a força $\vec{F}$ como

$$\hat{\lambda} = \lambda_x \hat{i} + \lambda_y \hat{j} + \lambda_z \hat{k} \tag{3.46}$$

$$\vec{F} = F_x \hat{i} + F_y \hat{j} + F_z \hat{k} \tag{3.47}$$

o momento em relação ao eixo t pode então ser determinado da seguinte forma:

$$M_t = (\lambda_x \hat{i} + \lambda_y \hat{j} + \lambda_z \hat{k}) \cdot (\vec{r} \times \vec{F}) \tag{3.48}$$

Utilizando a Eq.(3.36), podemos escrever a equação acima como sendo

$$M_t = (\lambda_x \hat{i} + \lambda_y \hat{j} + \lambda_z \hat{k}) \cdot [(yF_z - zF_y)\hat{i} + (zF_x - xF_z)\hat{j} + (xF_y - yF_x)\hat{k}] \tag{3.49}$$

Realizando o produto escalar e rearranjando os termos, temos que o momento em relação ao eixo t é dado por

$$M_t = (\lambda_y z - \lambda_z y)F_x + (\lambda_z x - \lambda_x z)F_y + (\lambda_x y - \lambda_y x)F_z \tag{3.50}$$

É deixado como exercício mostrar que o momento dado pela Eq.(3.50) pode ser determinado por

$$M_t = \begin{vmatrix} \lambda_x & \lambda_y & \lambda_z \\ x & y & z \\ F_x & F_y & F_z \end{vmatrix} \tag{3.51}$$

onde x, y e z são as componentes do vetor $\vec{r}$.

Exemplo 3.2.12

Considere o exemplo 3.2.11 e encontre o momento da tração no cabo AB com relação ao eixo OC.

SOLUÇÃO: *O momento em relação ao eixo OC é determinado por*

$$M_{OC} = \hat{\lambda}_{OC} \cdot \vec{M}_O$$

Utilizando o resultado do exemplo 3.2.11 temos que o momento em relação ao ponto O é

$$\vec{M}_O = -4339.38\hat{i} - 6071.15\hat{j} + 3124.35\hat{k}\ Nm$$

Agora devemos encontrar o vetor unitário $\hat{\lambda}$ que determina o eixo. Utilizando as coordenadas dos pontos O e C mostrados na Fig.3.45, temos que $\hat{\lambda}_{OC}$ é dado por

$$\hat{\lambda}_{OC} = \frac{(x_C - x_O)\hat{i} + (y_C - y_O)\hat{i} + (z_C - z_O)\hat{k}}{\sqrt{(x_C - x_O)^2 + (y_C - y_O)^2 + (z_C - z_O)^2}}$$

$$\hat{\lambda}_{OC} = \frac{(4,2-0)\hat{i} + (3-0)\hat{j} + (0-0)\hat{k}}{\sqrt{4,2^2 + 3^2}} = 0,814\hat{i} + 0,581\hat{j}$$

e com isso o momento da tração em relação ao eixo OC fica sendo

$$M_{OC} = \hat{\lambda}_{OC} \cdot \vec{M}_O$$

$$M_{OC} = (0,814\hat{i} + 0,581\hat{j}) \cdot (-4339.38\hat{i} + 6071.15\hat{j} + 3124.35\hat{k})$$

Resolvendo o produto escalar, encontramos que o momento da tração em relação ao eixo OC é igual a

$$M_{OC} = -4.9\ Nm$$

■

3.2.5.3 Sistema equivalente de forças

Anteriormente verificamos que quando um corpo rígido é submetido a uma força $\vec{F}$ ele pode ter um movimento de translação e/ou de rotação. Vale lembrar que o ponto (O) de aplicação da força pertence a uma reta que chamamos de linha de ação da força, como mostra a Fig.3.49.

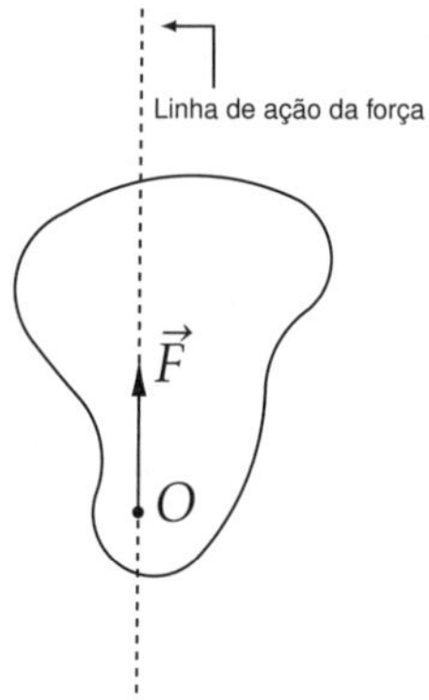

Figura 3.49: *Força aplicada no ponto O pertencente à linha de ação da força.*

Embora a força possa provocar uma rotação ao corpo, vamos primeiramente analisar o efeito de uma força aplicada em um ponto qualquer do corpo. Porém vamos considerar que a linha de ação dessa força passa pelo centro de massa do corpo, evitando assim o movimento de rotação. Para isso vamos fazer uso da Fig.3.50, onde mostramos a linha de ação das forças e o ponto onde elas são aplicadas.

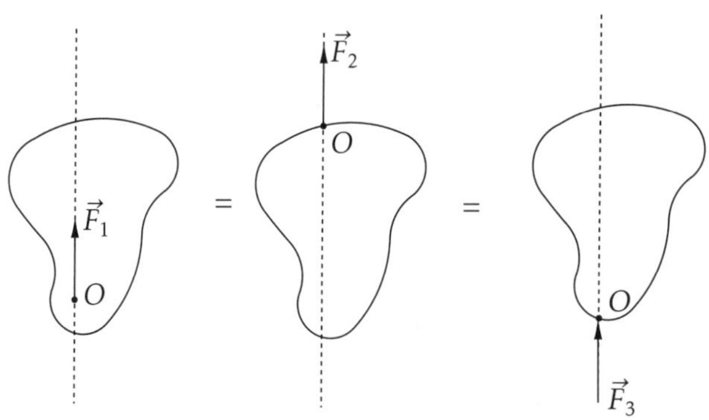

Figura 3.50: *Sistema equivalente de forças.*

É importante perceber que, se o ponto de aplicação da força estiver ao longo da linha de ação da força e se as forças forem iguais, ou seja, $\vec{F}_1 = \vec{F}_2 = \vec{F}_3$, o efeito delas será o mesmo. Agora vamos analisar o momento devido às forças $\vec{F}$ e $\vec{F}'$ que são aplicadas ao longo de uma mesma linha de ação, como mostra a Fig.3.51.

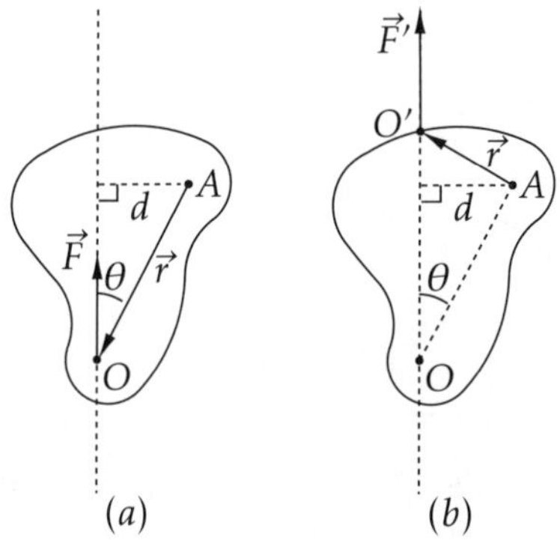

Figura 3.51: *Momento de um sistema equivalente de forças.*

Inicialmente vamos determinar o momento em relação ao ponto A da força $\vec{F}$ aplicada no ponto O. Da definição de momento de uma força temos

$$\vec{M}_A = \vec{r} \times \vec{F} \tag{3.52}$$

$$M_A = rF \sin\theta \tag{3.53}$$

onde θ é o ângulo entre a força $\vec{F}$ e o vetor $\vec{r}$ mostrados na Fig.3.51 (a). Pela figura podemos ainda escrever que $d = r\sin\theta$, com d sendo a menor distância entre a linha de ação da força e o ponto A, e com isso conseguimos

$$M_A = Fd \tag{3.54}$$

Da mesma forma podemos determinar o momento em relação do ponto A da força $\vec{F}'$ aplicada no ponto O' mostrada na Fig.3.51 (b). Utilizando o mesmo procedimento que fizemos acima obtemos que

$$M'_A = F'd \tag{3.55}$$

Considerando que o ponto O' pertence à mesma reta (linha de ação) que o ponto O e que a força $\vec{F}' = \vec{F}$, temos que

$$\vec{M}_A = \vec{M}'_A \tag{3.56}$$

ou seja, o momento em relação ao ponto A de uma mesma força que está aplicada ao longo da linha de ação é sempre o mesmo e, sendo assim, definimos um sistema equivalente de forças.

A definição de sistema equivalente de forças discutida acima pode ser generalizada para a situação na qual o corpo rígido é submetido a um conjunto de forças externas. Consideremos as forças $\vec{F}_1$, $\vec{F}_2$, $\vec{F}_3$, $\cdots$, $\vec{F}_n$ e as forças $\vec{F}'_1$, $\vec{F}'_2$, $\vec{F}'_3$, $\cdots$, $\vec{F}'_n$ atuando em um corpo rígido. Os sistemas de forças serão equivalentes se e somente se

$$\vec{F}_R = \vec{F}'_R \qquad \sum_{i=1}^{n} \vec{F}_i = \sum_{i=1}^{n} \vec{F}'_i \tag{3.57}$$

$$\vec{M}_{RO} = \vec{M}'_{RO} \qquad \sum_{i=1}^{n} \vec{M}_{Oi} = \sum_{i}^{n} \vec{M}'_{Oi} \tag{3.58}$$

Podemos interpretar as Eqs.(3.57) e (3.58) da seguinte forma: a equivalência entre os sistemas de forças existe se as forças resultantes de um sistema forem iguais às do outro e, além disso, se o momento resultante em relação ao mesmo ponto for igual ao do outro sistema. Em outras palavras, podemos ainda dizer que, se o movimento de translação e de rotação provocado por um sistema de forças for igual ao do outro, os sistemas são equivalentes.

3.2.5.4 Momento de um binário

Consideremos um corpo rígido no qual atuam duas forças, $\vec{F}_1$ e $\vec{F}_2$, que são aplicadas nos pontos A e B e cujas linhas de ação são paralelas, como mostra a Fig.3.52. Além disso, as forças estão no mesmo plano (são coplanares), possuem o mesmo módulo, mesma direção e sentidos opostos, ou seja, $\vec{F}_2 = -\vec{F}_1$. A esse par de forças que obedecem às características descritas chamamos de binário.

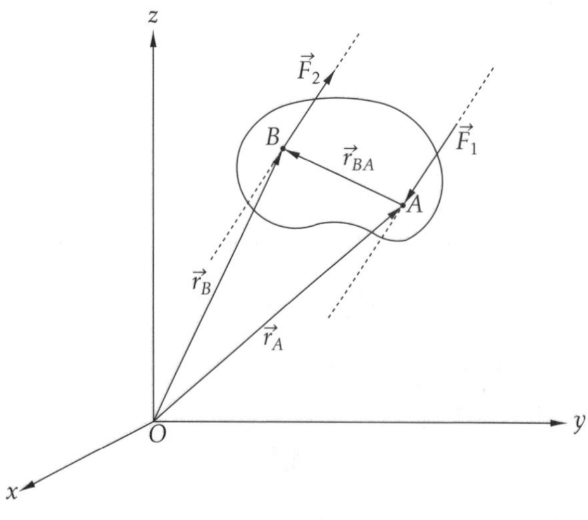

Figura 3.52: *Momento de um binário.*

É fácil perceber que a força resultante de um binário é zero. Porém será que o momento desse binário também será nulo? Para respondermos a essa questão vamos determinar o momento em relação ao ponto O desse binário. Utilizando a definição de momento de um sistema de forças, temos que o momento em relação ao ponto O é determinado por

$$\vec{M}_O = \vec{M}_1 + \vec{M}_2 \tag{3.59}$$

$$\vec{M}_O = \vec{r}_A \times \vec{F}_1 + \vec{r}_B \times \vec{F}_2 \tag{3.60}$$

Levando-se em conta que $\vec{F}_1 = -\vec{F}$ e $\vec{F}_2 = \vec{F}$, temos

$$\vec{M}_O = -\vec{r}_A \times \vec{F} + \vec{r}_B \times \vec{F} \tag{3.61}$$

$$\vec{M}_O = (\vec{r}_B - \vec{r}_A) \times \vec{F} \tag{3.62}$$

Analisando a Fig.3.52 podemos ver que $\vec{r}_B = \vec{r}_A + \vec{r}_{BA}$, com $\vec{r}_{BA}$ sendo o vetor que localiza o ponto A em relação ao ponto B e, dessa forma, podemos escrever que o momento do binário é dado por

$$\vec{M}_O = \vec{r}_{BA} \times \vec{F} \tag{3.63}$$

Diferentemente da força resultante de um binário , que é nula, o momento do binário é diferente de zero. Além disso, o momento desse binário será sempre perpendicular ao plano formado pelas forças. Isso nos diz que o efeito do binário é de apenas rodar o corpo, ou seja, o corpo rígido não irá transladar quando submetido a um binário.

Para um melhor entendimento do momento de um binário, vamos agora determinar o momento do binário em relação ao ponto O', mostrado na Fig.3.53.

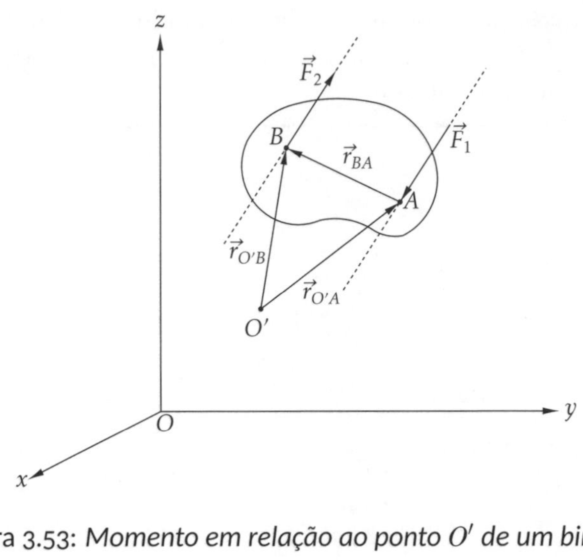

Figura 3.53: *Momento em relação ao ponto O' de um binário.*

O momento relação ao ponto O' é dado por

$$\vec{M}_{O'} = \vec{M}_1 + \vec{M}_2 \tag{3.64}$$

$$\vec{M}_{O'} = \vec{r}_{O'A} \times \vec{F}_1 + \vec{r}_{O'B} \times \vec{F}_2 \tag{3.65}$$

$$\vec{M}_{O'} = (\vec{r}_{O'B} - \vec{r}_{O'A}) \times \vec{F} \tag{3.66}$$

Da mesma forma que antes, podemos ver pela Fig.3.53 que $\vec{r}_{O'B} - \vec{r}_{O'A} = \vec{r}_{BA}$ e com isso conseguimos

$$\vec{M}_{O'} = \vec{r}_{BA} \times \vec{F} \tag{3.67}$$

É interessante notarmos que o momento em relação ao ponto O, Eq.(3.63), e o momento em relação ao ponto O', Eq.(3.67), são iguais, ou seja,

$$\vec{M}_O = \vec{M}_{O'} \tag{3.68}$$

Pelo fato de a igualdade demonstrada pela Eq.(3.68) ser válida, dizemos que o momento de um binário é um vetor livre que está sempre perpendicular ao plano formado pelo binário. Além disso, e devido a isso, o momento do binário pode ser determinado em relação a qualquer ponto.

Exemplo 3.2.13

Na Fig.3.54 mostramos um triângulo onde são aplicados três binários cujas forças responsáveis pelos binários possuem módulos iguais a $F_1 = 120$ N, $F_2 = 550$ N e $F_3 = 240$ N. Sabendo-se que $a = 2$ m e $\beta = 30^o$, determine o momento de binário resultante.

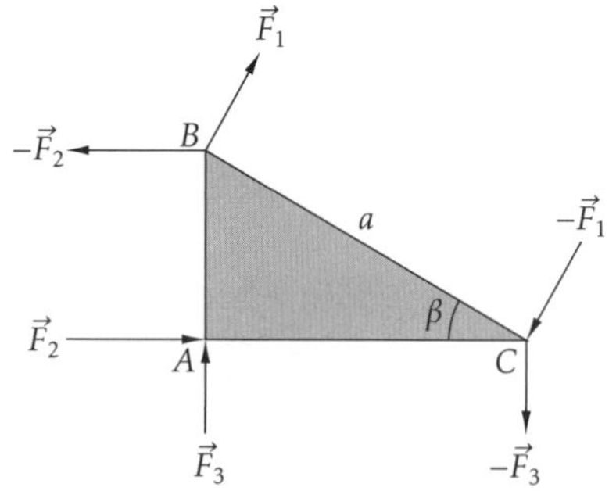

Figura 3.54: *Exemplo 3.2.13.*

SOLUÇÃO: *Como o momento de binário resultante é um vetor livre, podemos determiná-lo em relação a qualquer ponto. Diante disso, vamos determinar o momento em relação ao ponto B. Considerando o sentido horário como sinal positivo, o momento resultante em relação ao ponto B é*

$$M_{RB} = F_1 a + F_3 a \cos\beta - F_2 a \sin\beta$$

Substituindo os valores de $F_1 = 120$ *N,* $F_2 = 550$ *N,* $F_3 = 240$ *N,* $a = 2$ *m e* $\theta = 30^o$*, temos que o momento de binário resultante é igual a*

$$M_{RB} = 105,7\ Nm$$

■

3.2.6 Exercícios

1. Uma força de 140 N é aplicada no ponto A da haste mostrada na Fig.3.55. Sabendo-se que a haste possui 1 metro de comprimento, determine o momento dessa força em relação ao ponto O.

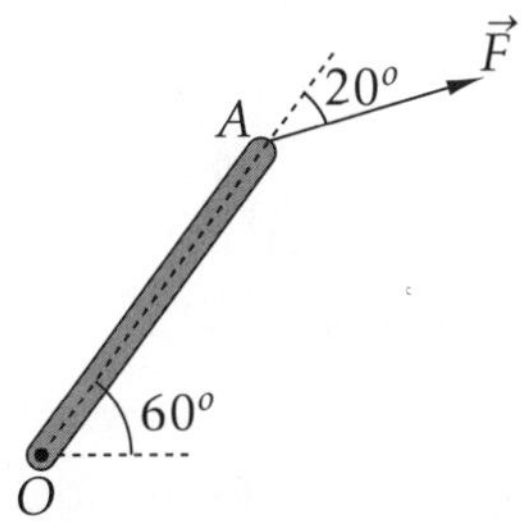

Figura 3.55: *Exercício 1.*

2. Uma força de módulo 400 N é aplicada no ponto $A(-2,4)$m mostrado na Fig.3.56. Substitua a força aplicada no ponto A por uma força e um momento equivalentes no ponto $B(2,1)$m considerando que $\theta = 30^o$.

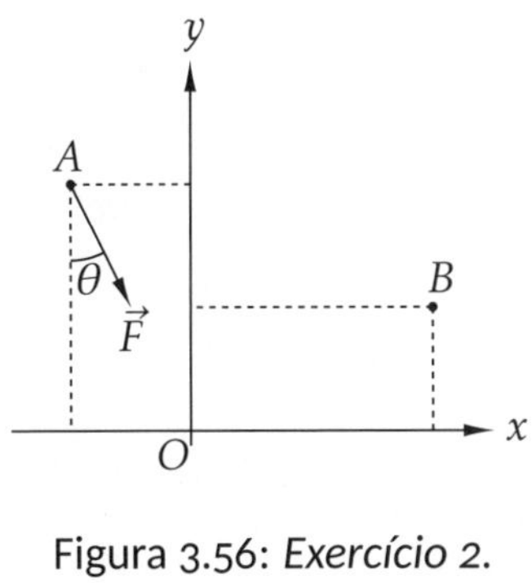

Figura 3.56: *Exercício 2.*

3. Na Fig.3.57 uma força de 900 N atua no ponto A da estrutura. Encontre o momento dessa força em relação ao ponto B.

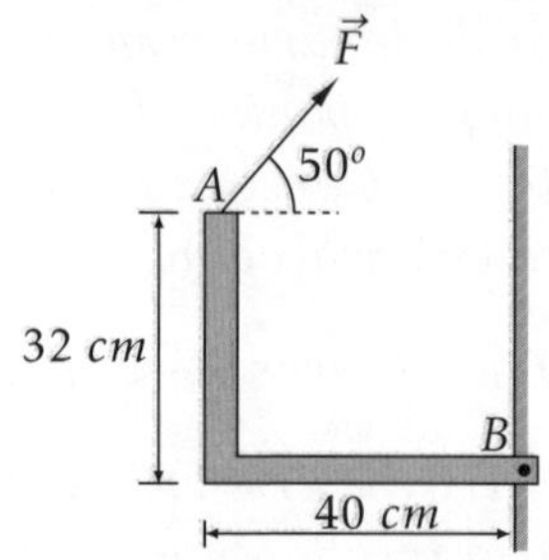

Figura 3.57: *Exercício 3.*

4. Uma força $\vec{F}$ cujo módulo é 350 N é aplicada no ponto A como mostrado na Fig.3.58. Sabendo-se que a barra tem comprimento $\ell = 20$ cm e que $\theta = 60^o$, substitua essa força por um sistema equivalente consistindo de uma força aplicada no ponto O e um binário.

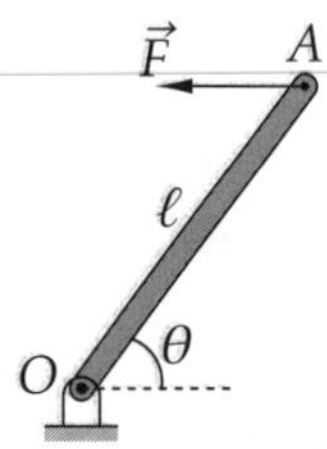

Figura 3.58: *Exercício 4.*

5. As forças mostradas na Fig.3.59 possuem módulos iguais a 800 N. Determine o momento do binário para esse par de forças se $\theta = 40^o$.

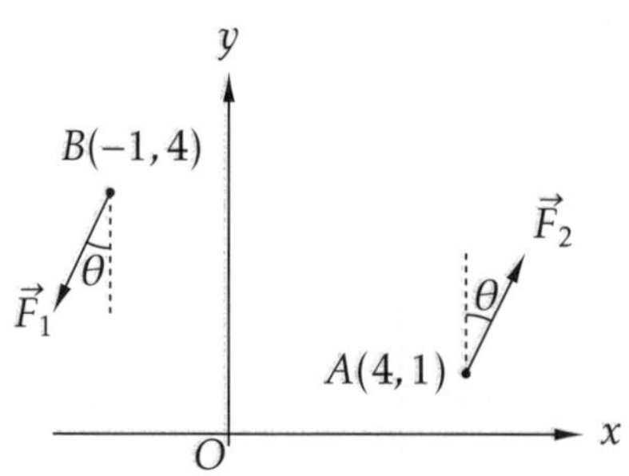

Figura 3.59: *Exercício 5.*

6. Para a estrutura mostrada na Fig.3.60 e sabendo-se que $F = 250$ N, $\theta = 60^o$, $\overline{OA} = 30$ cm e $\overline{AB} = 20$ cm, determine o momento do binário.

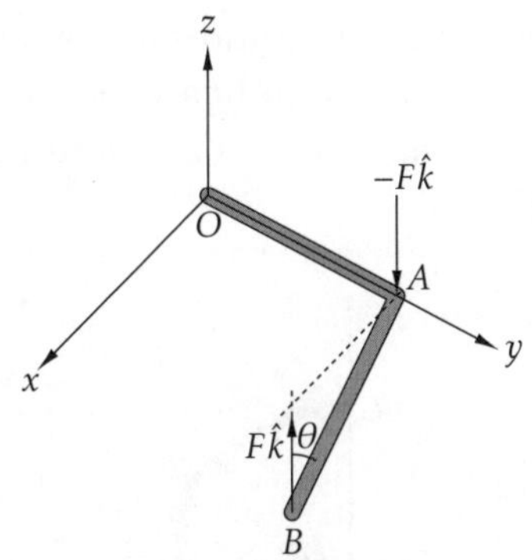

Figura 3.60: *Exercício 6.*

7. A força $\vec{F} = 50\hat{\imath} - 20\hat{\jmath} - 10\hat{k}$ N é aplicada no ponto A como mostrado na Fig.3.61. Determine o momento dessa força em relação ao ponto P.

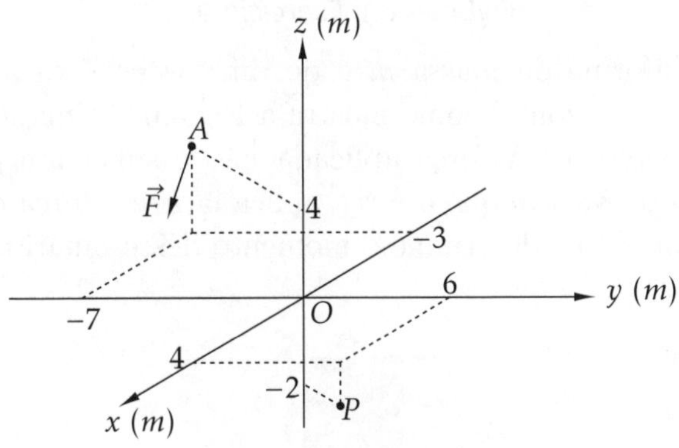

Figura 3.61: *Exercício 7.*

8. As forças $\vec{F}_1 = 100\hat{\imath} + 240\hat{\jmath}$ N e $\vec{F}_2 = 345\hat{\imath} + 200\hat{\jmath}$ N estão aplicadas nos pontos A e B, respectivamente, como mostra a Fig.3.62. Determine o momento resultante em relação ao ponto P.

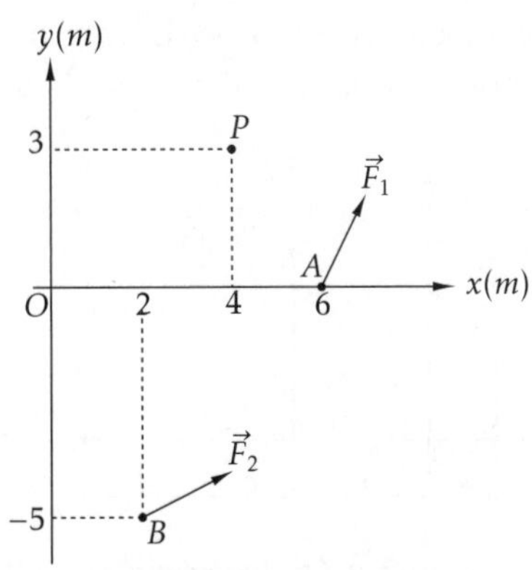

Figura 3.62: *Exercício 8.*

9. O arco de circunferência $\widehat{AC}$ mostrado na Fig.3.63 tem raio igual a 1,5 m e está no plano yz. Uma corda que liga o ponto A ao ponto B exerce uma tração igual a 200 N ao longo da corda. Determine o momento da tração em relação ao ponto C.

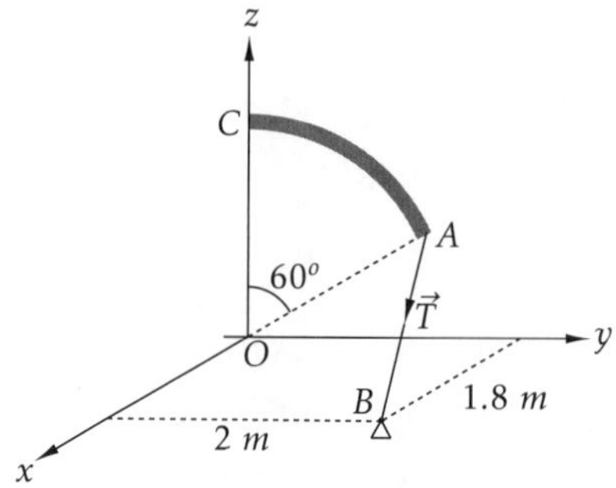

Figura 3.63: *Exercício 9.*

10. Um bloco uniforme de massa m e de dimensões $\ell \times \ell \times \ell$ repousa sobre uma superfície horizontal como mostra a Fig.3.64. Uma força $\vec{F}$ horizontal é aplicada no bloco. A força aplicada não é suficiente para deslocar ou tombar o bloco. Mostre que a força aplicada $\vec{F}$ e a força de atrito estático formam um binário e determine o momento desse binário.

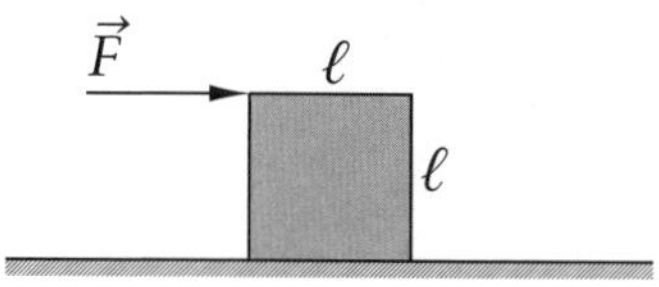

Figura 3.64: *Exercício 10.*

11. Considere que ao longo do eixo x são aplicadas as forças verticais, como mostra a Fig.3.65, e cujos módulos são iguais a $F_1 = 700$ N, $F_2 = 250$ N e $F_3 = 100$ N. Determine, em relação ao ponto A, o ponto de aplicação da força resultante sabendo-se que $a = 1$ m, $b = 3$ m, $c = 1,5$ m e $d = 2$ m.

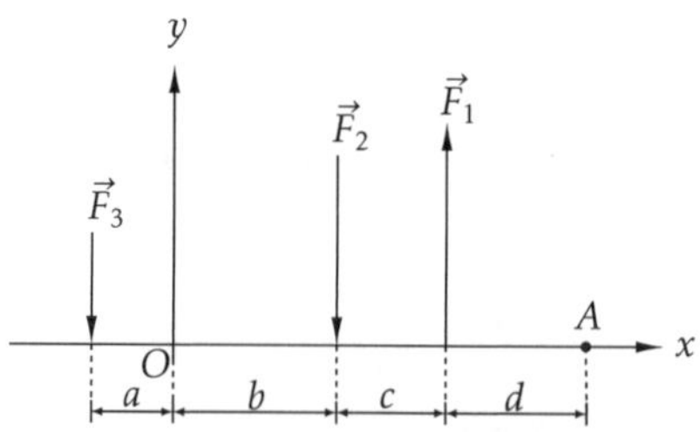

Figura 3.65: *Exercício 11.*

12. Uma força igual a $\vec{F} = 50\hat{\imath} - 20\hat{\jmath} + 20\hat{k}$ N é aplicada no ponto $A(1,-2,6)$ m como mostra a Fig.3.66. Determine o momento dessa força em relação à reta que passa pelos pontos O e $B(0,4,3)$ m.

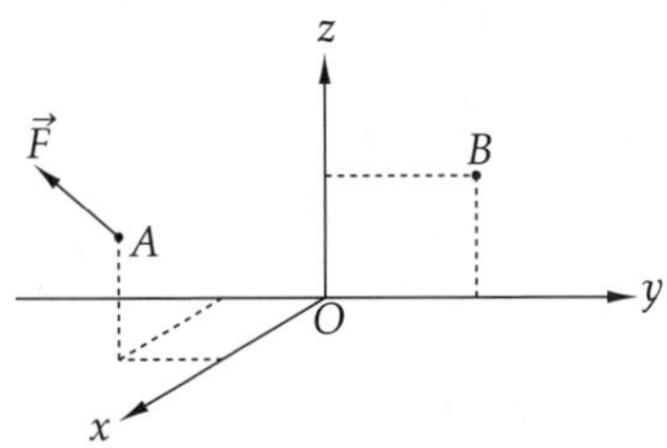

Figura 3.66: *Exercício 12.*

13. Na Fig.3.67 $\overline{OA} = 1,5$ m e $\overline{OB} = 2$ m. Uma força igual a $\vec{F} = 85\hat{\imath} + 45\hat{\jmath} - 60\hat{k}$ N é aplicada no ponto O. Encontre o momento da força $\vec{F}$ em relação à reta AB.

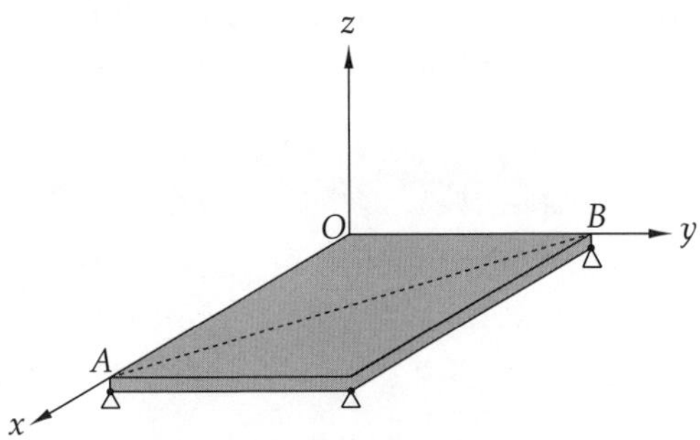

Figura 3.67: *Exercício 13.*

14. Na Fig.3.68 a chapa fina de largura a e comprimento b está submetida a um sistemas de forças. Encontre o sistema de força e binário equivalentes em relação ao ponto O quando $\alpha = 45^o$.

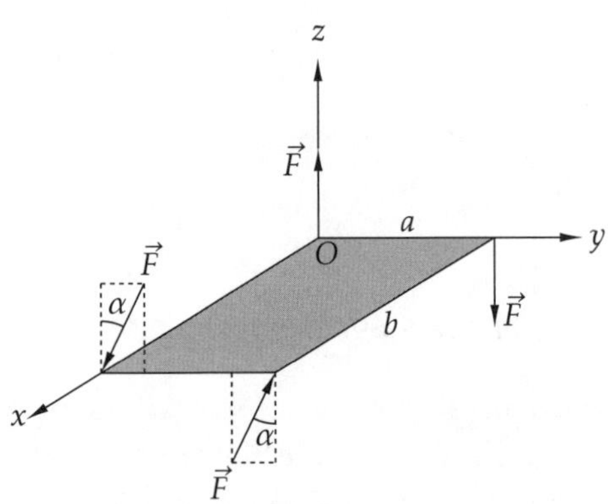

Figura 3.68: *Exercício 14.*

3.2.7 Equilíbrio de um corpo rígido

Com a definição de momento de uma força, fica claro que, além do movimento de translação, um corpo rígido pode também ter uma tendência de rotação. Diante disso é importante perceber que um corpo rígido permanecerá em equilíbrio estático se as condições

$$\vec{F}_R = 0 \qquad \Rightarrow \qquad \sum_{i=1}^{n} \vec{F}_i = 0 \tag{3.69}$$

e

$$\vec{M}_R = 0 \qquad \Rightarrow \qquad \sum_{i=1}^{n} \vec{M}_i = 0 \tag{3.70}$$

forem satisfeitas. Quando as condições dadas pelas Eqs.(3.69) e (3.70) forem satisfeitas, ou seja, quando a força resultante atuando no corpo for nula, assim como o momento resultante em relação a um ponto ou a um eixo ou ainda a qualquer referencial for nulo, dizemos que o corpo rígido está em equilíbrio estático.

Exemplo 3.2.14

Na Fig.3.69 uma barra de comprimento ℓ e massa 50 kg está presa por uma corda no ponto B a uma distância $0,75\ell$ do ponto A. Sabendo-se que uma força igual a 240 N é aplicada no ponto C, determine a tração na corda e a reação no ponto A.

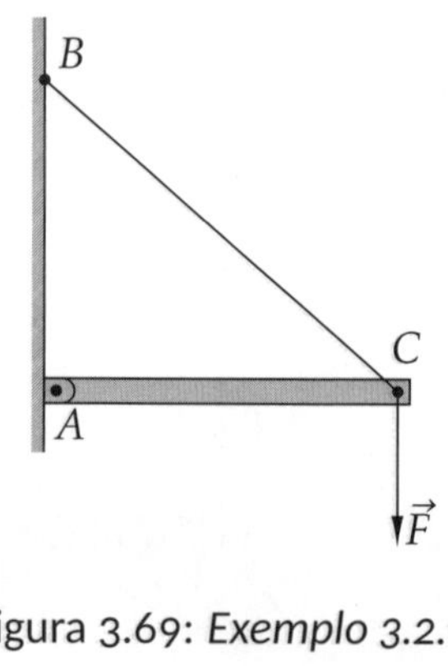

Figura 3.69: *Exemplo 3.2.14.*

SOLUÇÃO: *Para encontrarmos a tração na corda e a reação no ponto A, vamos primeiro fazer o diagrama de corpo livre da barra. Na Fig.3.70 mostramos o diagrama do corpo livre, onde $\vec{T}$ é a tração na corda, R_{Ax} e R_{Ay} são as componentes da reação no ponto A ao longo de x e y, respectivamente.*

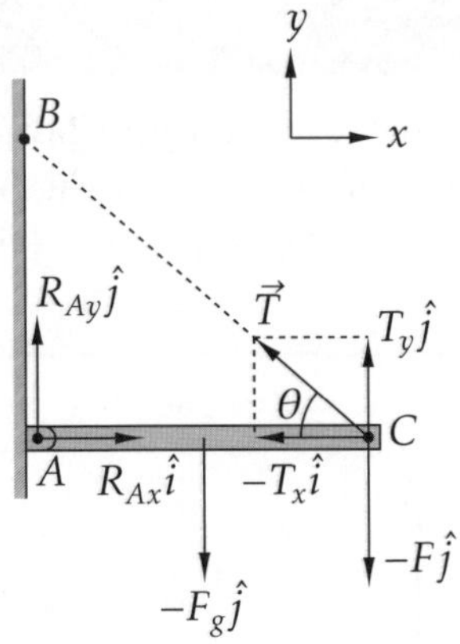

Figura 3.70: *Exemplo 3.2.14.*

Além disso, $\vec{F}_g = -mg\hat{j}$ é a força gravitacional que atua no centro de massa da barra que está a uma distância $\ell/2$ do ponto A. Utilizando as condições de equilíbrio temos

$$
\begin{aligned}
F_{Rx} &= 0 \quad \Rightarrow \quad R_{Ax} - T_{Ax} = 0 \\
F_{Ry} &= 0 \quad \Rightarrow \quad R_{Ay} + T_{Ay} - F_g - F = 0
\end{aligned}
$$

Considerado que $T_x = T\cos\theta$ e $T_y = T\sin\theta$, onde θ é o ângulo entre a tração e barra, podemos escrever as equações acima como sendo

$$
\begin{aligned}
R_{Ax} - T\cos\theta &= 0 \\
R_{Ay} + T\sin\theta - mg - F &= 0
\end{aligned}
$$

As equações acima garantem que a barra permanecerá em equilíbrio ao longo de x e y, entretanto a barra não deve ter nenhum movimento de rotação, e, para isso, o momento resultante em relação ao ponto A (ou para qualquer outro referencial) deve nulo, ou seja,

$$M_R^A = 0$$

Assumindo que o momento é positivo no sentido anti-horário e negativo no sentido horário, temos que o momento total em relação ao ponto A fica sendo

$$-mg\frac{\ell}{2} - F\ell + T_y\ell = 0$$

Substituindo os valores e resolvendo o sistema de equações encontramos que

$$T = 809,2\ N \qquad R_{Ax} = 647,3\ N \qquad e \qquad R_{Ay} = 245,5\ N$$

■

Exemplo 3.2.15

Uma placa retangular de 3 metros de largura por 5 metros de comprimento está suspensa por três cabos como mostra a Fig.3.71. Sabendo que a placa é uniforme, que sua massa é 25 kg e que $a = 1$ m, encontre a tração nas três cordas.

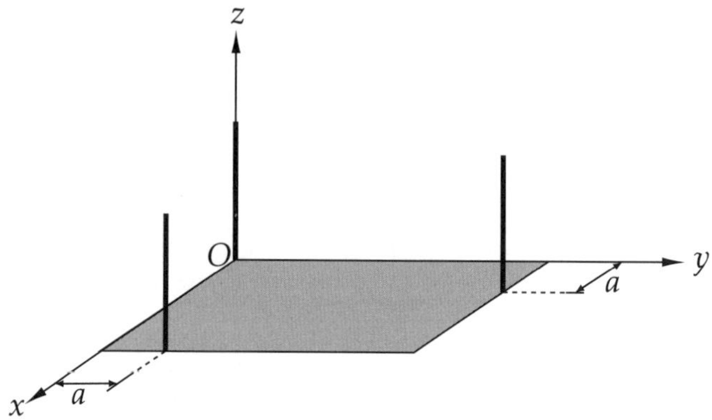

Figura 3.71: *Exemplo 3.2.15.*

SOLUÇÃO: *Para encontrarmos a tração em cada uma das cordas, vamos considerar o diagrama de corpo livre da placa que é mostrado na Fig.3.72, onde* $\vec{F}_g$ *é a força gravitacional aplicada no centro de massa da placa.*

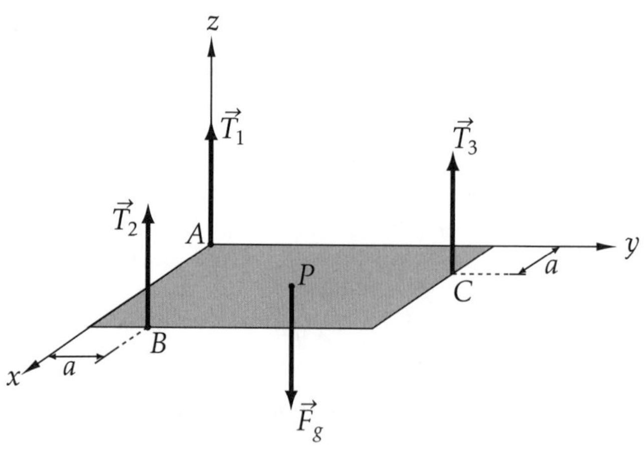

Figura 3.72: *Exemplo 3.2.15.*

Das condições de equilíbrio podemos escrever que

$$\vec{F}_R = 0 \quad \Rightarrow \quad \vec{T}_1 + \vec{T}_2 + \vec{T}_3 + \vec{F}_g = 0$$

e

$$\vec{M}^A_R = 0 \quad \Rightarrow \quad \vec{M}^A_1 + \vec{M}^A_2 + \vec{M}^A_3 + \vec{M}^A_g = 0$$

sendo a soma das forças e a dos momentos de cada uma dessas forças. Das equações acima e levando em consideração que os respectivos momentos são determinados em relação ao ponto A, temos

$$T_1\hat{k} + T_2\hat{k} + T_3\hat{k} - mg\hat{k} = 0$$

$$\vec{r}_{AB} \times T_2\hat{k} + \vec{r}_{AC} \times T_3\hat{k} - \vec{r}_{AP} \times mg\hat{k} = 0$$

onde $\vec{r}_{AB}$, $\vec{r}_{AC}$ e $\vec{r}_{AP}$ são os vetores que localizam o ponto de aplicação das trações $\vec{T}_1$, $\vec{T}_2$ e da força gravitacional, respectivamente, e que são dados por

$$\vec{r}_{AB} = 3\hat{i} + 1\hat{j}$$

$$\vec{r}_{AC} = 1\hat{i} + 5\hat{j}$$

$$\vec{r}_{AP} = 1,5\hat{i} + 2,5\hat{j}$$

Substituindo os vetores $\vec{r}_{AB}$, $\vec{r}_{AC}$ e $\vec{r}_{AP}$ na equação acima e rearranjando os termos, conseguimos o seguinte conjunto de equações:

$$\begin{aligned} T_2 + 5T_3 - 2,5mg &= 0 \\ -3T_2 - T_3 + 1,5mg &= 0 \\ T_1 + T_2 + T_3 - mg &= 0 \end{aligned}$$

que permitirá encontrarmos as respectivas trações. Resolvendo o conjunto de equações conseguimos

$$T_1 = 52,6\ N \qquad T_2 = 87,6\ N \qquad e \qquad T_3 = 101,1\ N$$

■

3.2.8 Exercícios

1. A Fig.3.73 mostra quatro tijolos idênticos de comprimento ℓ empilhados de modo que uma parte de cada um deles fica além do tijolo de baixo. Mostre a que a distância máxima da parte que fica além do tijolo superior (o primeiro de cima para baixo) é igual a $\ell/2$ e que a parte correspondente do segundo tijolo, de cima para baixo, é $\ell/4$.

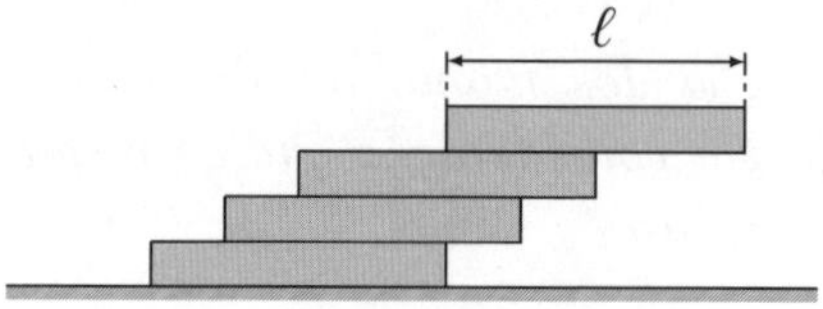

Figura 3.73: *Exercício 1.*

2. Na Fig.3.74 uma barra de massa m e comprimento ℓ repousa sobre duas superfícies sem atrito que formam um ângulo reto. Determine as reações nos pontos A e B e mostre que a posição de equilíbrio obedece à relação

$$\cot 2\beta = \tan \alpha$$

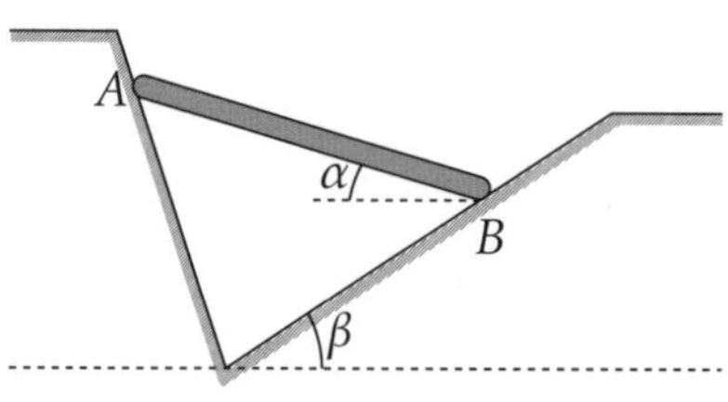

Figura 3.74: *Exercício 2.*

3. Uma força $\vec{F}$ é aplicada a um disco de de raio R e massa m como mostra a Fig.3.75. Determine o menor valor da força $\vec{F}$ que deve ser aplicada ao centro do disco para que seja possível vencer o obstáculo de altura h.

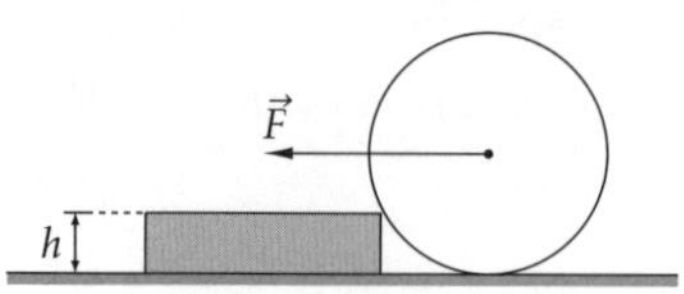

Figura 3.75: *Exercício 3.*

4. Na Fig.3.76 uma barra de massa m e comprimento 2ℓ está apoiada nos pontos A e B da superfície circular de raio ℓ. Sabendo-se que não há qualquer tipo de atrito, determine as reações nos pontos A e B e ângulo θ para que a barra permaneça em equilíbrio.

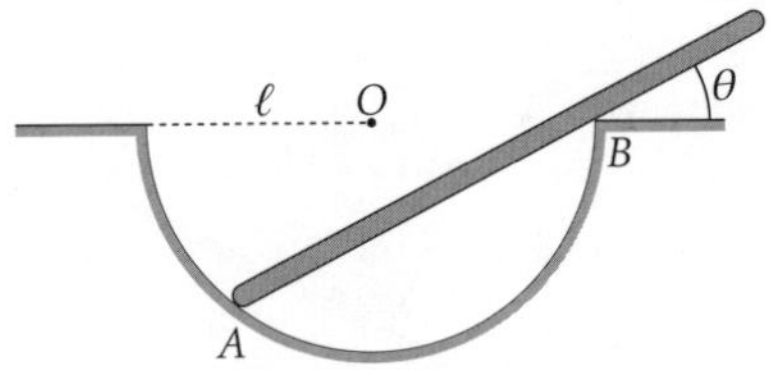

Figura 3.76: *Exercício 4.*

5. Um disco uniforme de massa m está apoiado nos pontos A e B como mostra a Fig.3.77. Determine o menor momento que deve ser aplicado ao ponto C de maneira que o disco role sem deslizar.

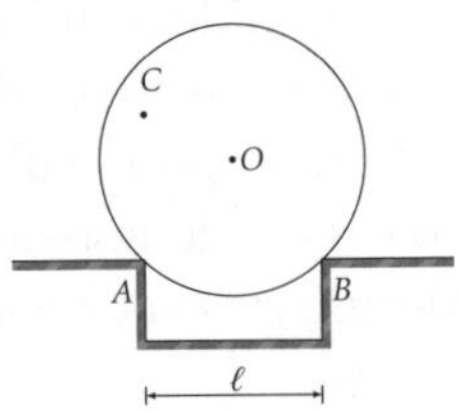

Figura 3.77: *Exercício 5.*

6. Considere a força $\vec{F}$ horizontal aplicada no cubo de lado ℓ e massa m que repousa sobre uma superfície horizontal como mostra a Fig.3.78. A força $\vec{F}$ não é suficiente para deslocar o cubo ou fazê-lo girar. Isso ocorre porque o momento do binário, formado pela força $\vec{F}$ e pela força de atrito estático, é equilibrado pelo momento do binário formado pela força gravitacional e pela força normal. Levando esse fato em consideração, determine o ponto de aplicação da força normal sabendo-se que $F = mg/3$.

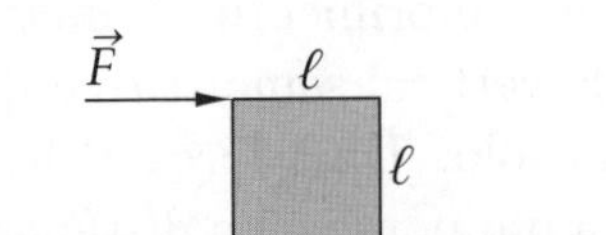

Figura 3.78: *Exercício 6.*

7. Um bloco uniforme de massa m, largura ℓ e altura $h = 3\ell$ repousa sobre uma superfície inclinada como indica a Fig.3.79. Sabendo-se que o coeficiente de atrito estático entre o bloco e a superfície é igual a $\mu = 0,5$, determine se o bloco irá deslizar ou tombar à medida que o plano for aumentando lentamente a sua inclinação.

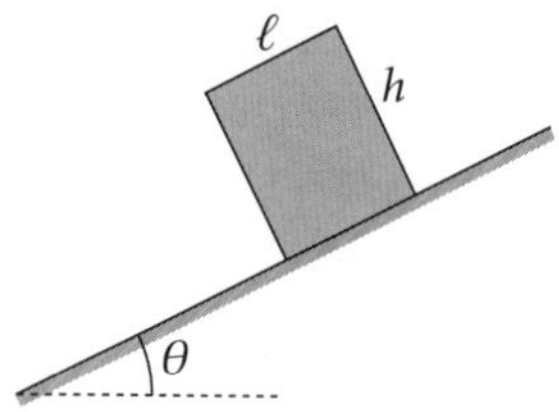

Figura 3.79: *Exercício 7.*

8. Uma escada de comprimento $\ell = 15$ metros e massa $m_e = 50$ kg está apoiada em uma parede vertical sem atrito a uma altura $H = 10$ metros do solo como indica a Fig.3.80. A extremidade inferior da escada está apoiada em uma superfície horizontal cujo coeficiente de atrito é $\mu = 0,5$. Determine a distância máxima que a pessoa pode subir sem que a escada comece a deslizar considerando que o centro de massa da escada está a uma distância igual a $\ell/3$ da extremidade inferior da escada e que a massa da pessoa é $m_p = 84$ kg.

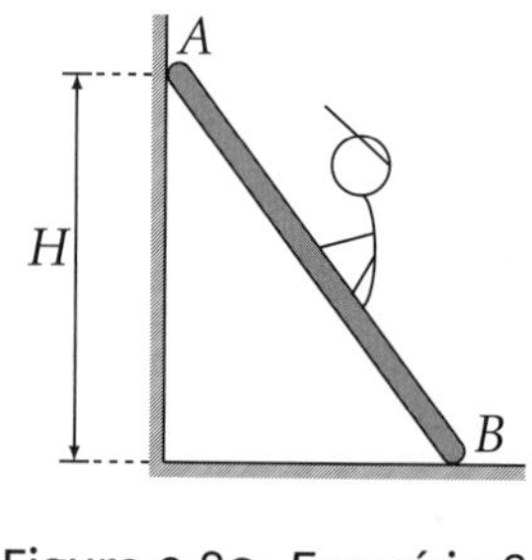

Figura 3.80: *Exercício 8.*

9. Uma barra uniforme de comprimento 10 metros e massa $m_b = 20$ kg está apoiada em uma parede vertical sem atrito cuja extremidade A está a uma altura $H = 8$ metros do solo. Uma força $\vec{F}$ horizontal, como mostrada na Fig.3.81, está aplicada a um ponto cuja distância da extremidade B da barra é igual a 2 metros. Sabendo-se que o coeficiente de atrito estático entre a barra e a superfície horizontal é $\mu = 0.4$, determine o menor valor para a força $\vec{F}$ que colocará a barra em movimento.

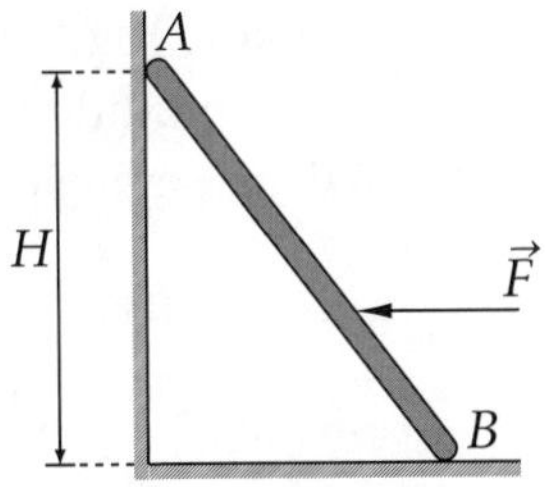

Figura 3.81: *Exercício 9.*

10. Uma força $\vec{F}$ de módulo 1200 N é aplicada no ponto E da estrutura mostrada na Fig.3.82. Um cabo ideal preso ao ponto B passa por uma pequena polia e é preso ao ponto D. Considerando $\ell = 5$ cm, determine a tração no cabo BCD e a reação no pino A.

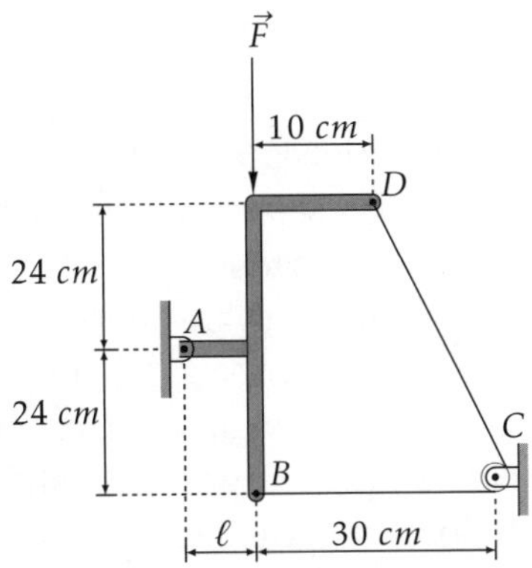

Figura 3.82: *Exercício 10.*

11. A estrutura, Fig.3.83, tem a forma de um semicírculo de raio R. Uma das extremidade da estrutura está presa no ponto A e na outra atua uma força $\vec{F}$. Para $\theta = 30^o$, determine as reações nos pontos A e B.

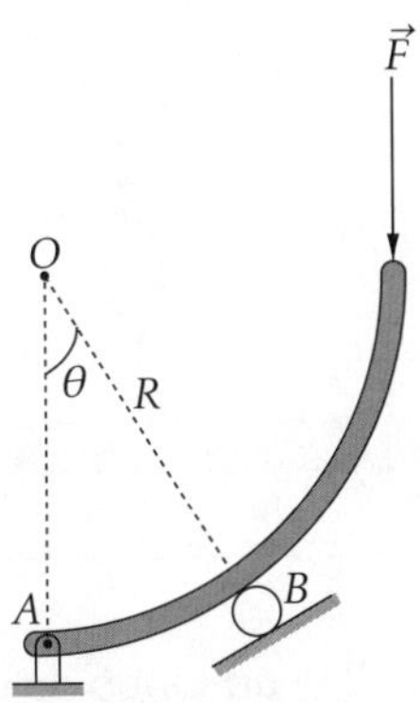

Figura 3.83: *Exercício 11.*

12. A barra uniforme BD, como mostra a Fig.3.84, está presa ao ponto C por um pino. Uma força $\vec{F}$ vertical de módulo 350 N é aplicada ao ponto D. Determine a tração no cabo AB e a reação no ponto C sabendo-se que $\theta = 20^o$.

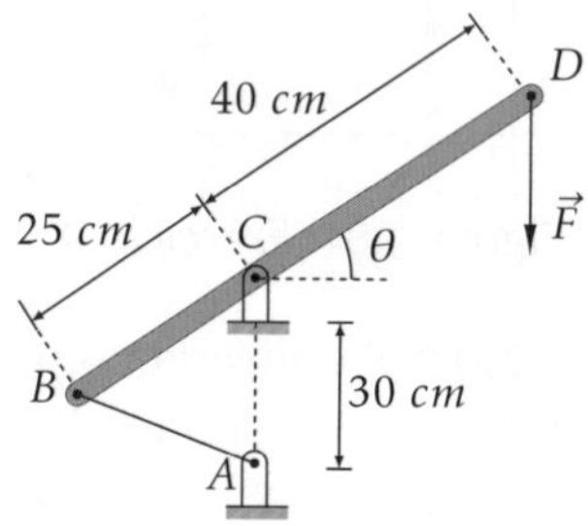

Figura 3.84: *Exercício 12.*

3.2.9 Carga distribuída

A estática dos corpos rígidos discutida até o presente momento está relacionada às forças aplicadas pontualmente, ou seja, que são aplicadas em um determinado ponto do corpo, ou simplesmente aplicadas no centro de massa. Nessa situação dizemos que a força está concentrada em um único ponto. Entretanto inúmeras outras situações como a barragem de contenção de uma represa, a distribuição do peso de uma estrutura ao longo de uma viga são exemplos daquilo que chamamos de carga distribuída. Entende-se por carga distribuída uma força por unidade de comprimento, ou seja, a força agora deixa de ser pontual, passando a ser distribuída ao longo de uma direção.

Para que possamos compreender melhor o significado da carga distribuída vamos analisar a Fig.3.85. Nessa figura representamos a carga distribuída ao longo da barra de comprimento L, por $C(x)$. No sistema internacional a unidade da grandeza $C(x)$ é Newton$\times$metro.

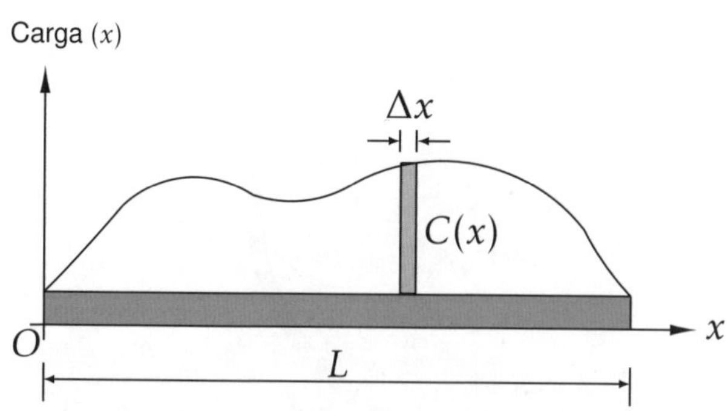

Figura 3.85: *Carga distribuída $C(x)$ ao longo do comprimento de uma barra.*

Com base na Fig.3.85 podemos fazer as seguintes perguntas: será possível substituir a distribuição de carga por uma única força? Se a substituição for possível, em que ponto ao longo da barra a força deve ser aplicada para que produza o mesmo efeito sobre a barra?

Para responder a primeira pergunta, vamos dividir a área definida pela função $C(x)$ em retângulos de área $C(x)\Delta x$, como mostrado na Fig.3.85. É fácil perceber que o produto da carga ($C(x)$) pela distância (Δx) nos fornece a força, então para toda a extensão da barra podemos escrever que a força resultante é dada por

$$F_R = C_1(x)\Delta x_1 + C_2(x)\Delta x_2 + C_3(x)\Delta x_3 + \cdots + C_n(x)\Delta x_n \tag{3.71}$$

$$F_R = \sum_{i=1}^{n} C_i(x)\Delta x_i \tag{3.72}$$

onde $C_i(x)$ é a carga em cada comprimento Δx_i da barra. A Eq.(3.72) nos diz que é possível substituir a carga distribuída ao longo da barra por uma única força. Entretanto, como a carga é distribuída de maneira contínua ao longo da barra, isso nos permite tomar o limite da Eq.(3.72) quando $\Delta x_i \to 0$, ou seja,

$$F_R = \lim_{\Delta x_i \to 0} \sum_{i=1}^{n} C_i(x)\Delta x_i \tag{3.73}$$

e com isso a força resultante pode ser determinada da seguinte forma:

$$F_R = \int_0^L C(x)dx \tag{3.74}$$

É interessante notar que o lado direito da Eq.(3.74) é a área abaixo da curva determinada pela função $C(x)$, ou seja, a força resultante pode ser determinada encontrando a área abaixo da curva e, sendo assim, para a primeira pergunta já temos a resposta. Agora vamos nos ater à segunda pergunta.

Como é possível substituir a carga distribuída ao longo da barra por uma única força, vamos determinar o momento dessa força em relação ao ponto O (ver Fig.3.86) da seguinte forma:

$$M_O = \bar{x}F_R \tag{3.75}$$

onde $\bar{x}$ é a distância em relação ao ponto O em que deve ser aplicada a força resultante. Considerando o fato que podemos escrever que

$$dM_O = \bar{x}dF_R \tag{3.76}$$

com dF_R sendo um elemento da força resultante e sendo dado pela Eq.(3.74), ou seja,

$$dF_R = C(x)dx \tag{3.77}$$

podemos reescrever a Eq.(3.76) da seguinte forma:

$$dM_O = \bar{x}C(x)dx \tag{3.78}$$

e com isso temos finalmente que o momento em relação ao ponto O fica dado por

$$M_O = \bar{x}\int_0^L C(x)dx \tag{3.79}$$

Na Seção 3.2.5.1 mostramos que o momento de um sistema de forças é a soma vetorial dos momentos de cada uma das forças que atuam individualmente no sistema. Levando isso em conta, o momento da força resultante em relação ao ponto O dado pela Eq.(3.79) também pode ser determinado por

$$M_O = \sum_{i=1}^{n} x_i F_i \tag{3.80}$$

e, substituindo F_i por $C_i(x)\Delta x_i$ na Eq.(3.80), conseguimos

$$M_O = \sum_{i=1}^{n} x_i C_i(x)\Delta x_i \tag{3.81}$$

Assumindo a distribuição de força como um contínuo, podemos fazer o limite de $\Delta x_i \to 0$ na equação acima para obter

$$M_O = \lim_{\Delta x_i \to 0}\sum_{i=1}^{n} x_i C_i(x)\Delta x_i \tag{3.82}$$

ou seja,

$$M_O = \int_0^L xC(x)dx \tag{3.83}$$

Das Eqs.(3.79) e (3.83) temos finalmente que o ponto onde a força resultante deve ser aplicada é dado por

$$\bar{x} = \frac{\int_0^L xC(x)dx}{\int_0^L C(x)dx} \tag{3.84}$$

Na Fig.3.86 mostramos o sistema equivalente de uma carga distribuída ao longo de uma barra, ou seja, a força F_R determinada pela Eq.(3.74) aplicada no ponto $\bar{x}$ dado pela Eq.(3.84). É interessante notar que o ponto onde a força resultante deve ser aplicado corresponde à coordenada x do centro de massa da figura definida por $C(x)$, ou seja, pela carga distribuída ao longo da direção x.

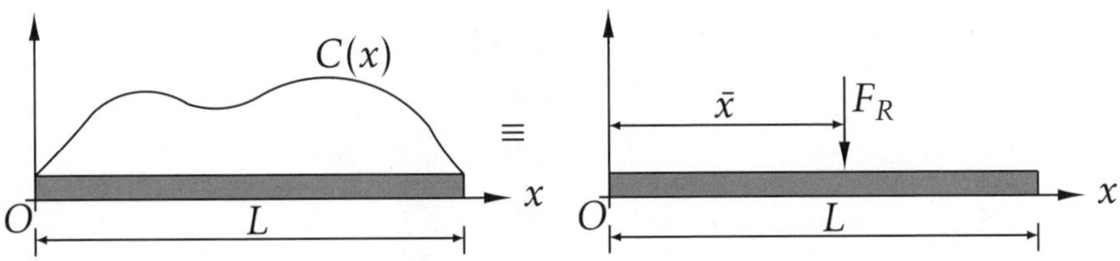

Figura 3.86: *Carga distribuída $C(x)$ ao longo de uma barra de comprimento L (figura da esquerda) e o seu equivalente (figura da direita), com a força resultante F_R aplicada no ponto $\bar{x}$.*

Exemplo 3.2.16

Uma barra homogênea de 8 metros de comprimento está apoiada nos pontos a e b como mostra a Fig.3.87. Desconsiderando o peso da barra determine:
a) A força resultante correspondente à carga distribuída e o ponto em relação à extremidade esquerda da barra em que essa força está localizada
b) As reações nos apoios a e b.

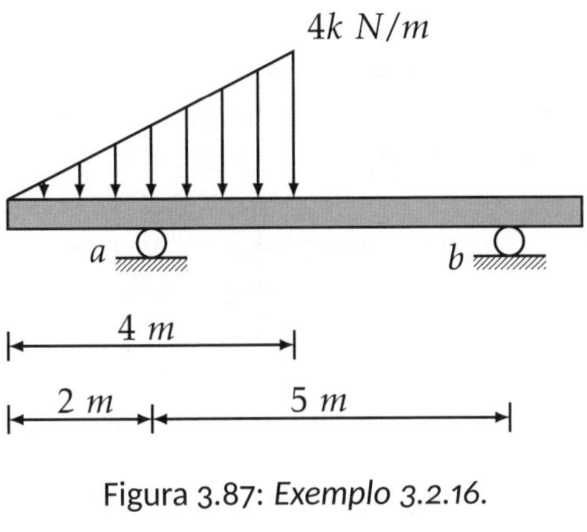

Figura 3.87: *Exemplo 3.2.16.*

SOLUÇÃO:

a) *Pela Fig.3.87 é fácil perceber que a carga $C(x)$ é dada por*

$$C(x) = 1000x$$

e, sendo assim, a força resultante e a posição $\bar{x}$ ficam determinadas por

$$F_R = \int_0^L C(x)dx$$

e

$$\bar{x} = \frac{\int_0^L xC(x)dx}{\int_0^L C(x)dx}$$

Substituindo nas expressões acima $C(x) = 1000x$ *e* $L = 4$, *temos que a força resultante é*

$$F_R = \int_0^4 1000xdx = 1000\frac{x^2}{2}\Big|_0^4$$

$$F_R = 8000\ N$$

e a posição,

$$\bar{x} = \frac{\int_0^4 1000x^2dx}{\int_0^4 1000xdx} = \frac{1}{8}\frac{x^3}{3}\Big|_0^4$$

$$\bar{x} = \frac{8}{3}\ m$$

É importante notar que tanto a força resultante F_R *quanto a posição* $\bar{x}$ *podem ser determinadas considerando o triângulo que representa a carga* $C(x)$. *A área da figura determina a força resultante,* $F_R = 4 \times 4000/2$*=8000 N e* $\bar{x}$ *a coordenada x do centro de massa, ou seja,* $\bar{x}$*=2b/3, onde b é a base do triângulo, que nesse caso é 4 m, sendo assim,* $\bar{x} = 8/3\ m$. ■

b) *Para determinarmos as reações nos apoios a e b, vamos considerar o diagrama de corpo livre mostrado na Fig.3.88, onde* R_A *e* R_B *são as respectivas reações.*

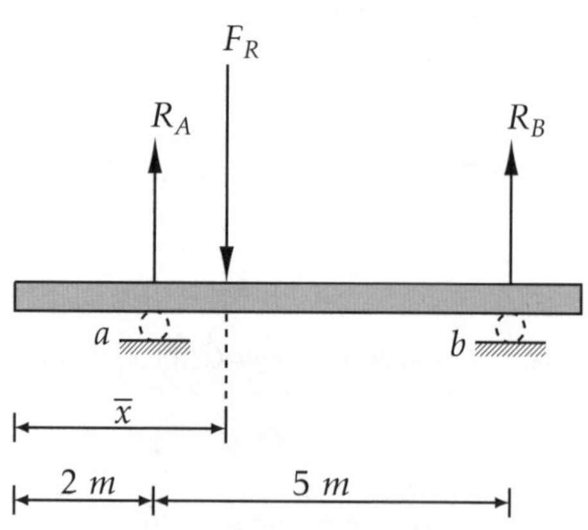

Figura 3.88: *Exemplo 3.2.16.*

Escolhendo o ponto a como o referencial, temos das condições de equilíbrio que

$$R_A + R_B = F_R$$

e, assumindo que o momento é positivo no sentido anti-horário e negativo no sentido horário, temos que o momento total em relação ao ponto a fica sendo

$$(\bar{x} - 2)F_R - 5R_B = 0$$

Utilizando os valores obtidos no item a) para $\bar{x}$ e F_R é fácil encontrar que as reações nos pontos a e b são iguais a

$$R_A = 6928\ N \quad e \quad R_B = 1072\ N$$

■

3.2.10 Exercícios

1. Na Fig.3.89 a barra de comprimento 14 m está apoiada nos apoios A e B. Sabendo-se que a=3,8 m, b=7,6 m e c=2,6 m, determine as reações nesses apoios.

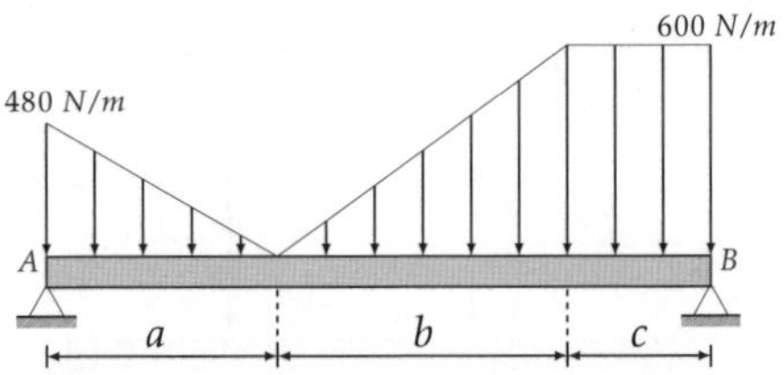

Figura 3.89: *Exercício 1.*

2. A barra mostrada na Fig.3.90 tem 4 m de comprimento e está apoiada em suas extremidades pelos apoios A e B. Determine as reações nesses apoios.

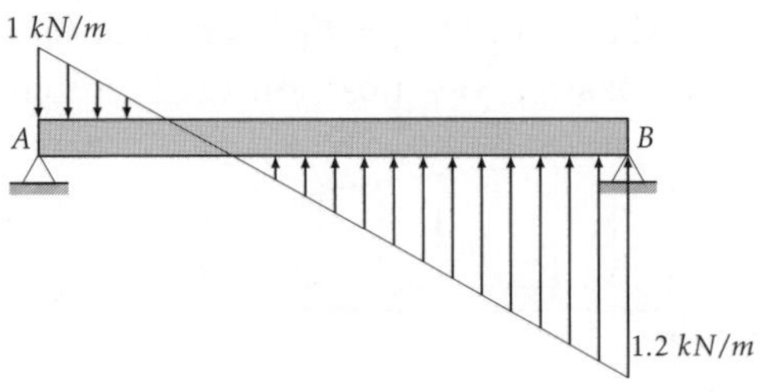

Figura 3.90: *Exercício 2.*

3. Na Fig.3.91 a barra de L=12 metros de comprimento esta apoiada nas extremidades A e B. Faça o diagrama do corpo livre, indicando as forças de reação nas extremidade e a força resultante devido à carga distribuída ao longo da barra com

$$C(x) = \frac{a}{b}\left[b - (x-4)^2\right]$$

e $a = 300$ N/m $b = 64$ m^2. Além disso determine também o respectivo ponto onde a força deve ser aplicada e os respectivos valores das reações nos pontos A e B.

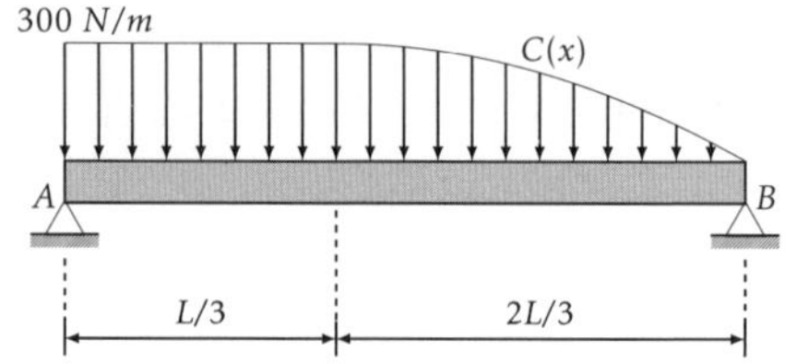

Figura 3.91: *Exercício 3.*

4. A barra mostrada na Fig.3.92 suporta duas forças concentradas iguais a 24 kN e 30 kN. Além disso, uma carga linear está distribuída ao longo do comprimento da barra. Considerando que a barra tenha comprimento L=2 m e que permanece em equilíbrio, determine os valores de C_A e C_B.

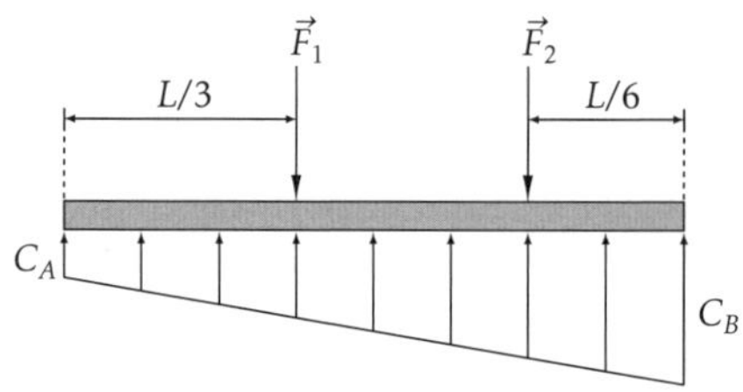

Figura 3.92: *Exercício 4.*

5. A barra mostrada na Fig.3.93 está apoiada nos pontos A e B. Considerando que a barra tenha comprimento de 10 metros e suporta uma carga ao longo do seu comprimento dada por $C(x) = C_0 - ax^3$ com C_0 =3 kN/m e a=2 N/m^4, determine os valores das reações nos pontos de apoio.

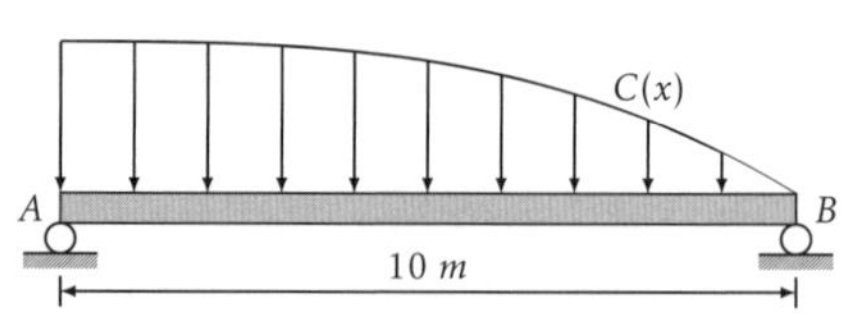

Figura 3.93: *Exercício 5.*

Problemas

1. O sólido mostrado na Fig.3.94 é uniforme. Considerando que $a = R/2$ e $b = R$, determine a coordenada z do centro de massa desse sólido.

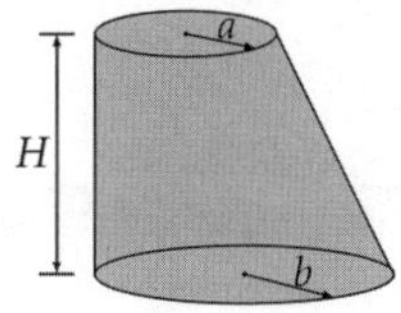

Figura 3.94: *Problema 1.*

2. Na Fig.3.95 mostramos uma peça que tem a forma de uma corneta. A corneta é feita em forma de uma casca uniforme. Encontre a coordenada z do centro de massa da corneta.

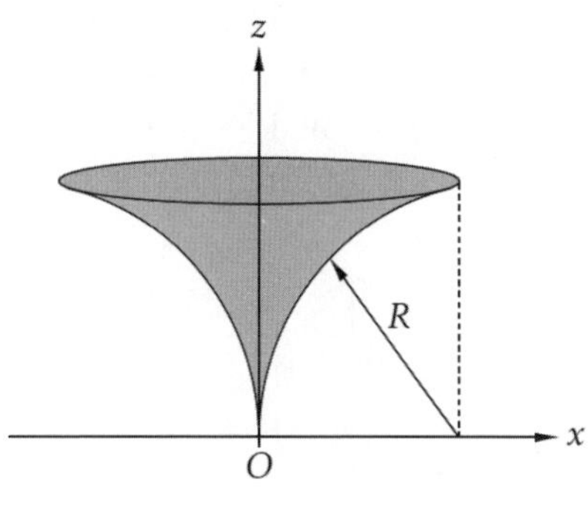

Figura 3.95: *Problema 2.*

3. A barra uniforme AB tem comprimento de 5 metros e pesa 100 kg. A barra está fixa no ponto C como mostra a Fig.3.96. Um menino de 60 kg caminha sobre a barra partindo do ponto A. Sabendo-se que a distância entre os pontos AC é 3 metros, determine a maior distância que o menino pode caminhar sobre a barra se afastando do ponto A e ainda manter o equilíbrio.

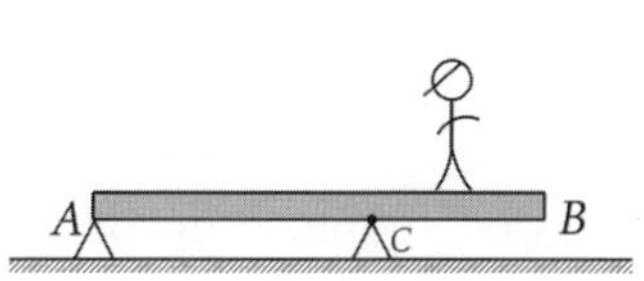

Figura 3.96: *Problema 3.*

4. Um bloco de massa $m = 1000$ kg está preso a uma barra de massa $m_b = 200$ kg e de 6 metros de comprimento como mostra Fig.3.97. A barra, por sua vez, é suportada por um cabo preso ao ponto B. Encontre o maior e o menor valor para reação no ponto A sabendo-se que $\theta = 30^o$.

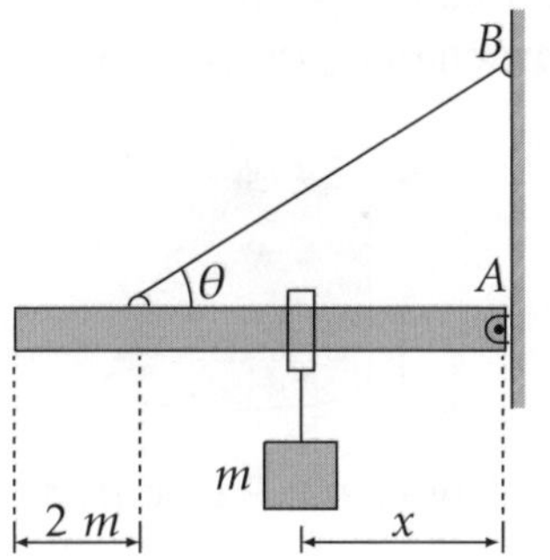

Figura 3.97: *Problema 4.*

5. Uma placa uniforme de dimensões 1.5m×1.0m é mantida na posição mostrada na Fig.3.98 pelo cabo AB, cuja tração é igual a 120 N e por um eixo OC de dimensões desprezíveis. Considerando $\theta = 30^o$, determine a projeção da força de tração no cabo AB ao longo do eixo OB.

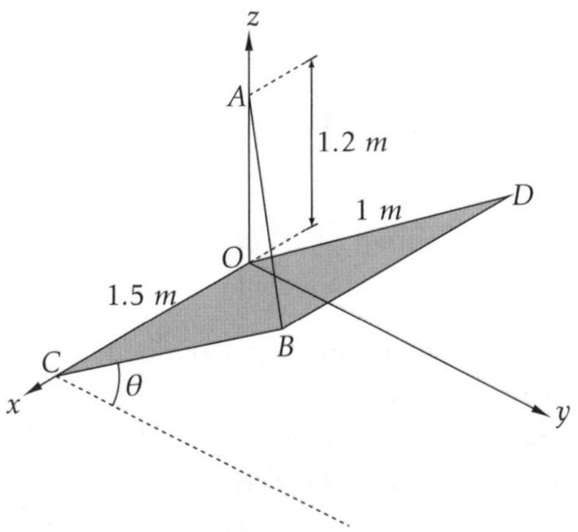

Figura 3.98: *Problema 5.*

6. Uma chapa não uniforme de espessura desprezível tem 4 metros de largura e 6 de comprimento e é sustentada por três cabos como indica a Fig.3.99. A densidade de massa da chapa varia de acordo com $\rho = \alpha\sqrt{x}$, onde α é

uma constante. Determine a tração em cada um dos cabos de modo que a chapa permaneça paralela ao plano xy.

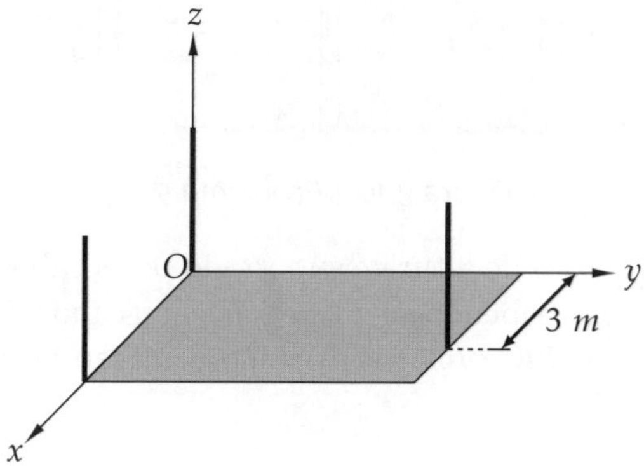

Figura 3.99: *Problema 6.*

7. Uma barra uniforme de comprimento $\ell = 3R$ está encostada em um esfera lisa de raio R que está fixa sobre uma superfície horizontal. A barra faz um ângulo $\theta = 60^o$ como a superfície horizontal. Encontre o coeficiente de atrito que impedirá que a barra deslize.

8. A Fig.3.100 mostra uma barragem ($OABC$) de contenção de água em uma represa. Considere que a represa tem largura ℓ e que o volume de água preenche a represa até uma altura h. Considerando que a densidade da água é ρ, determine a força na parede $OABC$ da barragem devido à coluna de água e o momento dessa força em relação ao ponto O. Em qual ponto sobre a parede da barragem essa força está aplicada?

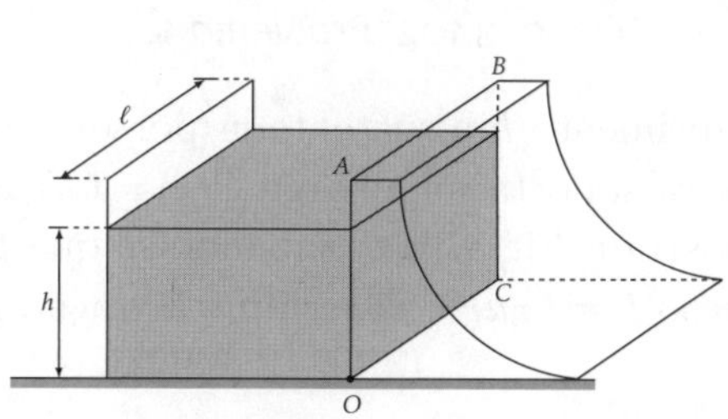

Figura 3.100: *Problema 8.*

9. Uma comporta retangular de comprimento $\ell = 6$ metros (perpendicular ao plano do papel) pode rodar ao redor do eixo P mostrado na Fig.3.101. A comporta é utilizada para separar dois líquidos de densidades ρ_A=1 g/cm^3 e ρ_B=1.03 g/cm^3 em um reservatório. Sabendo-se que $H_A = 6$ m, $h_A = 2$ m, $H_B = 4$ m e $h_B = 4$ m, encontre o momento no eixo da comporta necessário para evitar que porta se abra.

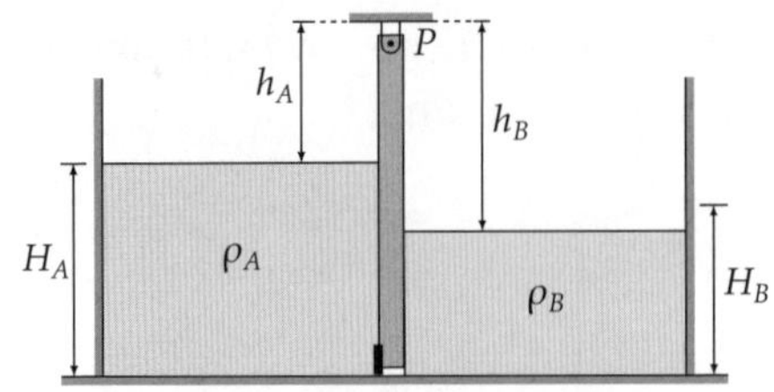

Figura 3.101: *Problema 9.*

10. Um poste de 8 metros de altura é suportado pelos cabos BE, BD e CF como mostra a Fig.3.102. Sabendo-se que a tração no cabo CF é 460 N, determine a tração nos cabos BE e BD assim como a reação no ponto A. Considere $a = 4$ m e $b = 5$ m.

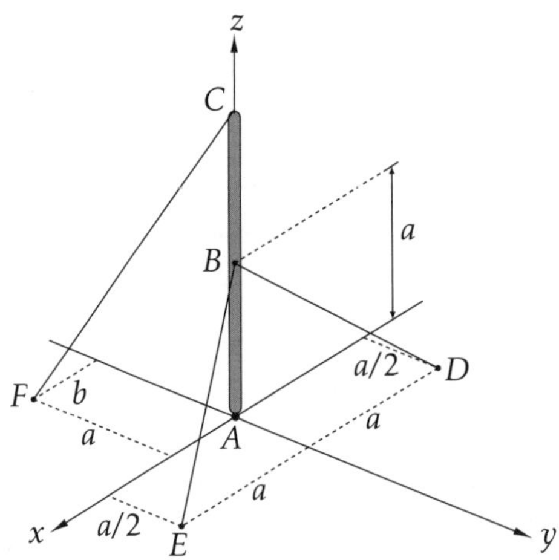

Figura 3.102: *Problema 10.*

11. Um barra de comprimento b é sustentada por um cabo AB e por um pino no ponto O. A barra suporta uma carga $C(x) = C_0\sqrt{x/a}$ que varia ao longo da barra como mostra a Fig.3.103. Sabendo-se que $\beta = 60^o$, que a barra é uniforme e tem peso $P = C_0a/3$, determine a tração no cabo e a reação no ponto O.

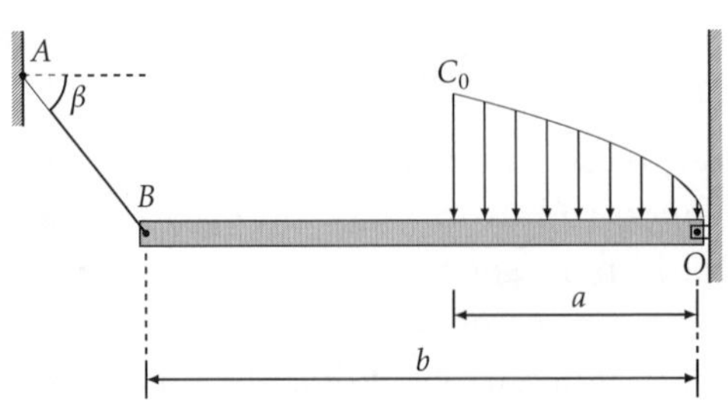

Figura 3.103: *Problema 11.*

12. Uma barra uniforme de massa m_1 e comprimento ℓ está apoiada com uma das suas extremidade (B) sobre uma superfície horizontal cujo coeficiente de atrito estático é μ_h; já a outra extremidade (A) está apoiada sobre um bloco de massa m_2 como mostra a Fig.3.104. O bloco, por sua vez, está apoiado, por conta da barra, em uma superfície vertical cujo coeficiente de atrito estático é μ_v. Sabendo-se que o coeficiente de atrito estático entre o bloco e a barra também é igual a μ_v mostre que o ângulo mínimo,θ_{min}, para que o bloco não deslize e o coeficiente de atrito estático μ_h são dados por

$$\tan\theta_{min} = \frac{1}{\mu_v\left(1+\frac{m_1}{m_2}\right)} \qquad \text{e} \qquad \mu_h = \frac{1}{\mu_v\left(1+\frac{2m_1}{m_2}\right)}$$

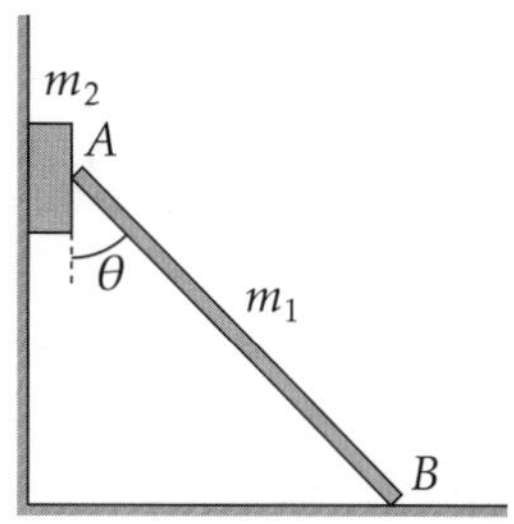

Figura 3.104: *Problema 12.*

13. A estrutura mostrada na Fig.3.105 é mantida em equilíbrio pelos cabos BC e BD e pelo ponto A. Sabendo-se que no ponto A a reação possui as três componentes, encontre o módulo dessa reação e a tração em cada um dos cabos considerando que $\vec{F}_1 = -1500\hat{k}$ N, $\vec{F}_2 = -2000\hat{k}$ N, $a = 4$ m, $b = 3$ m, $c = 1$ m e $d = 1,5$ m.

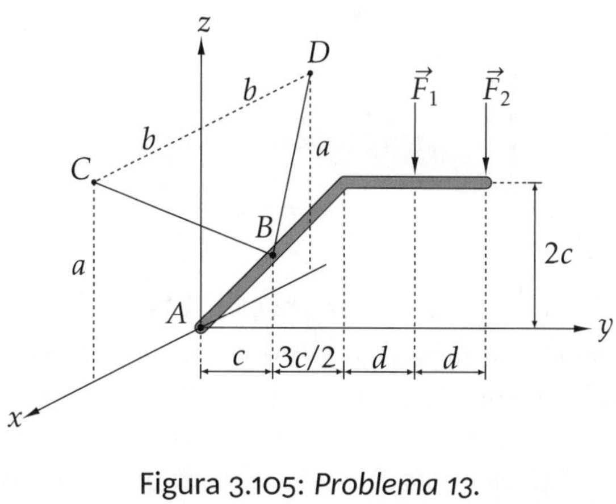

Figura 3.105: *Problema 13.*

14. A placa mostrada na Fig.3.106 tem espessura de $t = 30$ cm e densidade $\rho = 8$ g/cm^3 e está presa ao pino A e apoiada no ponto B. Determine as reações nos pontos A e B mostrados na figura.

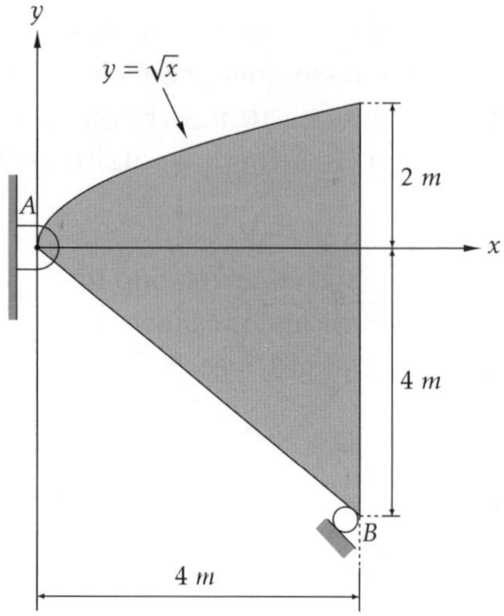

Figura 3.106: *Problema 14.*

15. Uma placa uniforme de massa $m = 45$ kg est´s suportada por três cabos como mostra a Fig.3.107. Sabendo-se que $a = 16$ metros, determine a tração em cada um dos cabos.

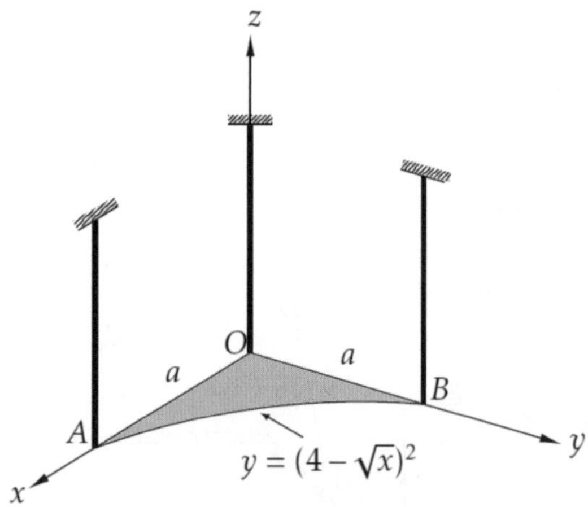

Figura 3.107: *Problema 15.*

16. Um disco uniforme de massa m e raio R está em contato nos pontos A e B de duas superfícies como mostra a Fig.3.108. Sabendo-se que o coeficiente de atrito entre o disco e as superfícies vale μ, encontre o máximo momento $\vec{M}$ que pode ser aplicado ao disco de forma que ele ainda não gire.

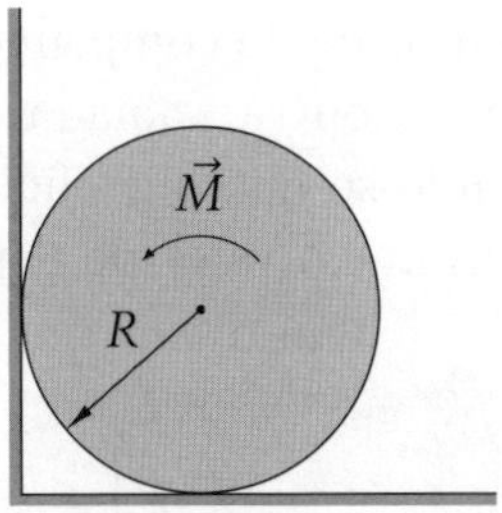

Figura 3.108: *Problema 16.*

17. Na Fig.3.109 o bloco tem massa m, largura ℓ e altura h. A corda presa ao bloco impede que ele caia plano abaixo. Sabendo-se que o coeficiente de atrito entre o bloco e a superfície é μ, mostre que o máximo ângulo que o plano pode ter para que o bloco não deslize pelo plano é dado por

$$\tan\theta_{max} = \frac{\ell}{h}\left(1 + 2\mu\frac{h}{\ell}\right)$$

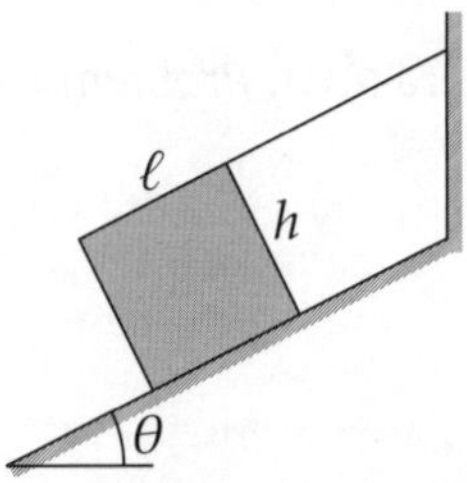

Figura 3.109: *Problema 17.*

18. Um anel de espessura desprezível e de massa m está apoiado no ponto A como indica a Fig.3.110. Sabendo-se que o coeficiente de atrito entre o anel e a superfície é μ, encontre a força $\vec{F}$ necessária para que o anel comece a deslizar.

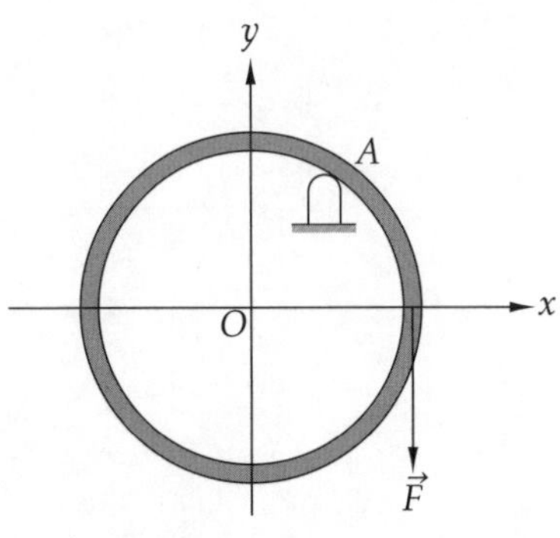

Figura 3.110: *Problema 18.*

19. Uma barra de massa m uniforme de comprimento ℓ tem uma de suas extremidades presa a um cabo e a outra apoiada em uma parede vertical como mostra a Fig.3.111. Sabendo-se que o coeficiente de atrito entre a barra e a parede é igual a μ, determine o valor de θ para que a barra não deslize e a tração no cabo.

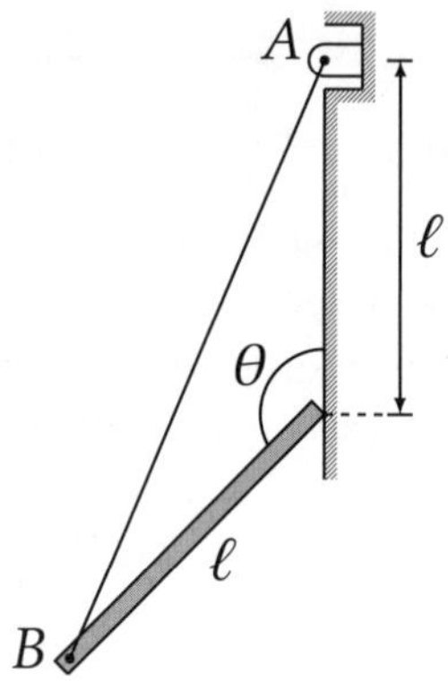

Figura 3.111: *Problema 19.*

Capítulo 4

Leis de Newton II – Dinâmica

As leis de Newton podem ser utilizadas para a descrição da dinâmica (movimento) de um ponto material e/ou de um corpo rígido. A descrição do movimento que será feita neste capítulo é aquela que chamamos de descrição clássica, ou seja, quando os efeitos relativísticos e quânticos não são considerados.

4.1 Movimento com velocidade constante

Consideremos que um ponto material se movimenta em uma trajetória retilínea ao longo de uma dada direção, por exemplo, a direção x. Levemos em consideração ainda que a força resultante sobre o ponto material é nula, ou seja, $F_R = 0$. Aplicando agora a segunda lei Eq.(2.1) para esse caso temos

$$F_R = m\frac{dv}{dt} \tag{4.1}$$

$$0 = m\frac{dv}{dt} \qquad \Rightarrow \qquad v = \text{cte} \tag{4.2}$$

É importante notar que, como consequência da força resultante nula, o movimento se dá com velocidade constante e, nesse caso, a posição do ponto material pode ser determinada ao longo do tempo por

$$x = x_0 + vt \tag{4.3}$$

onde x_0 é a posição no instante de tempo $t = 0$ medida em relação do ponto O, origem do sistema de referência. A posição em função do tempo para um ponto material em movimento com velocidade constante é mostrado na Fig.4.1. A figura $v > 0$ indica que o movimento se dá na mesma orientação da trajetória, já $v < 0$ indica movimento no sentido contrário à orientação da trajetória.

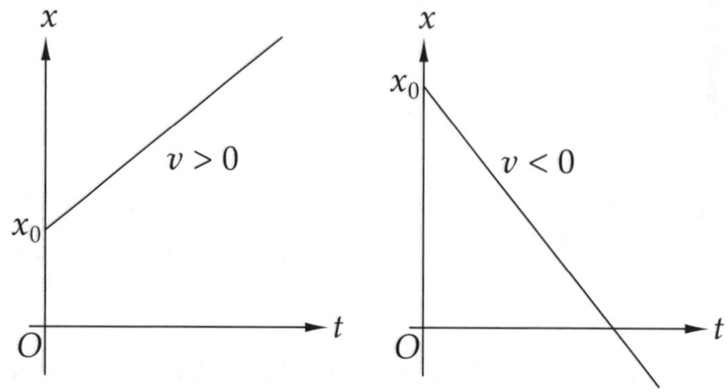

Figura 4.1: *Posição em função do tempo para o movimento com velocidade constante.*

4.2 Movimento com aceleração constante

Na seção anterior mostramos que, quando o movimento ocorre na condição de força resultante nula, o mesmo se dá com velocidade constante. Agora vamos levar em consideração que a força resultante não varia, ou seja, que ela é constante. Sendo assim a Eq.(2.1) pode ser escrita como

$$F_R = m\frac{dv}{dt} \tag{4.4}$$

$$\frac{F_R}{m} = \frac{dv}{dt} \tag{4.5}$$

Como F_R é constante, é fácil perceber que o lado esquerdo da Eq.(4.5) também será uma constante, pois m é a massa. Dessa maneira podemos dizer que a taxa de variação da velocidade com o tempo, ou seja, a aceleração, é constante. Isso quer dizer ainda que o movimento se dá com aceleração constante. Nessas condições a evolução temporal da velocidade fica sendo determinada da seguinte maneira:

$$a = \frac{dv}{dt} \tag{4.6}$$

$$\int dv = \int adt \quad \Rightarrow \quad v = at + C \tag{4.7}$$

Considerando que no instante $t = 0$ temos $v = v_0$, encontramos $C = v_0$ e, com isso, temos que

$$v = v_0 + at \tag{4.8}$$

Graficamente a velocidade em função do tempo para o movimento com aceleração constante está representada na Fig.4.2 para os casos $a > 0$ e $a < 0$.

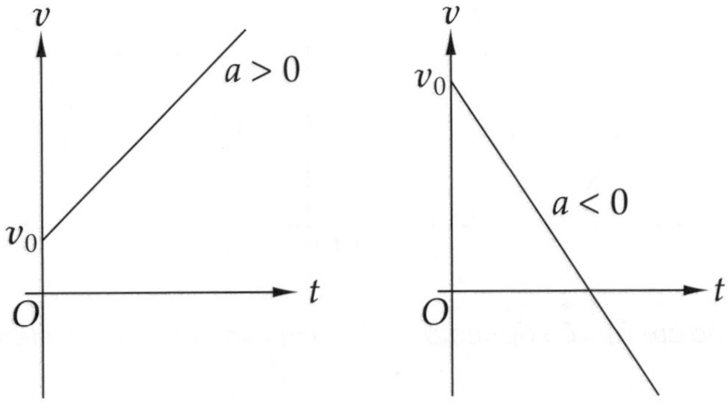

Figura 4.2: *Velocidade em função do tempo para o movimento com aceleração constante.*

Uma vez que conhecemos a velocidade, Eq.(4.8), podemos encontrar a posição em função do tempo da seguinte forma:

$$v = \frac{dx}{dt} \tag{4.9}$$

$$\int dx = \int v dt \tag{4.10}$$

Substituindo a Eq.(4.8) na Eq.(4.10), temos

$$\int dx = \int (v_0 + at) dt \quad \Rightarrow \quad x = v_0 t + \frac{1}{2} a t^2 + C \tag{4.11}$$

Considerando que, no instante $t = 0$, $x = x_0$, determinamos que $C = x_0$ e, com isso, conseguimos

$$x = x_0 + v_0 t + \frac{1}{2} a t^2 \tag{4.12}$$

Assim como foi feito para a velocidade, podemos representar graficamente a posição em função do tempo. Na Fig.4.3 temos a evolução temporal da posição, Eq.(4.12), quando $a > 0$ e $a < 0$. Um ponto importante aqui é que o gráfico do movimento foi obtido através da Eq.(4.12), porém podemos obter informações acerca do movimento fazendo uma análise somente dos gráficos $v \times t$ ou $x \times t$ sem o conhecimento da lei que escreve o movimento. Mais adiante mostraremos como essa análise pode ser feita.

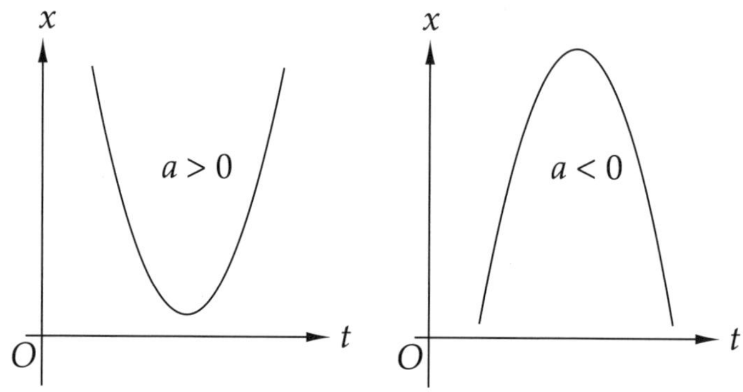

Figura 4.3: *Posição em função do tempo para o movimento com aceleração constante.*

As Eqs.(4.8) e (4.12) são as evoluções temporais tanto da velocidade quando da posição, ou seja, são equações que envolvem a grandeza tempo na descrição do movimento. Entretanto em alguns casos não temos o conhecimento da grandeza tempo para a descrição do movimento. Nesse caso é interessante termos uma equação que não envolva o tempo. Para isso vamos considerar que a Eq.(2.1) possa ser escrita da seguinte forma:

$$F_R = mv\frac{dv}{dx} \tag{4.13}$$

uma vez que

$$\frac{dv}{dt} = v\frac{dv}{dx} \tag{4.14}$$

Considerando ainda que a força resultante não varia e que F_R/m determina a aceleração, temos

$$a = v\frac{dv}{dx} \tag{4.15}$$

ou ainda

$$\int a dx = \int v dv \quad \Rightarrow \quad ax = \frac{v^2}{2} + C \tag{4.16}$$

Sabendo-se que v_0 é a velocidade na posição x_0, encontramos o valor da constante C e, com isso, conseguimos

$$v^2 = v_0^2 + 2a\Delta x \tag{4.17}$$

com $\Delta x = x - x_0$ sendo o deslocamento. É importante notar que agora a velocidade fica relacionada à posição, e não à grandeza tempo.

Exemplo 4.2.1

Um carro percorre 250 m em 12 s, enquanto sua velocidade diminui a uma taxa constante e igual a 0,5 m/s^2. Determine a velocidade inicial e a velocidade final do carro.

SOLUÇÃO: *Considerando que o movimento do carro ocorre ao longo do eixo x e com aceleração constante, temos que o deslocamento em função do tempo pode ser determinado por*

$$\Delta x = v_0 t + \frac{1}{2}at^2$$

onde v_0 é a velocidade inicial, Δx=250 m e t=12 s. Substituindo esses valores na equação acima e sabendo-se que o carro diminui sua velocidade, ou seja, que a aceleração é a=-0,5 m/s^2, conseguimos que a velocidade inicial é v_0=23.83 m/s. A velocidade ao fim do deslocamento pode ser determinada por

$$v^2 = v_0^2 + 2a\Delta x$$

Conhecendo os valores de v_0, $a = -0,5$ m/s^2 e Δx=250 m é fácil obter que a velocidade ao final do deslocamento é igual a v=17,83 m/s. ■

Exemplo 4.2.2

Em uma corrida de carros, o carro A está 50 metros à frente do carro B e ambos estão a uma velocidade escalar constante de 180 km/h. No instante t=0, os carros aceleram a taxas constantes. Sabendo que no instante t=8 s o carro B ultrapassa carro A, que nesse instante possui velocidade igual a 216 km/h, encontre a aceleração de cada um dos carros.

SOLUÇÃO: *Consideremos o referencial mostrado na Fig.4.4 e que o tamanho dos carros possam ser desprezados em comparação às distâncias envolvidas.*

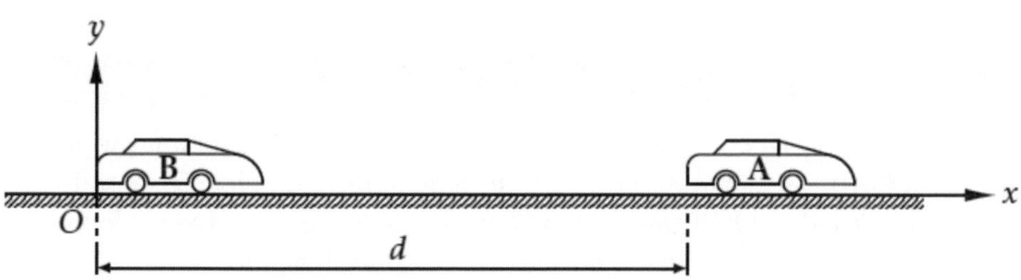

Figura 4.4: *Exemplo 4.2.2.*

Os carros possuem velocidades iguais a $v_{0A} = v_{0B} = 180$ km/h no instante t=0, e que corresponde a 50 m/s. A velocidade do carro A em função do tempo pode ser determinada por

$$v_A = v_{0A} + a_A t$$

Sabendo-se que no instante $t = 8$ s o carro A é ultrapassado pelo carro B e nesse momento sua velocidade é igual a $v_A = 216$ km/h, que corresponde a 60 m/s, dessa maneira podemos encontrar a aceleração da seguinte forma:

$$60 = 50 + a_A 8$$

ou seja, $a_A = 1,25$ m/s^2. Com o referencial adotado podemos escrever que a posição dos carros obedece às seguintes equações:

$$x_A = d + v_{0A}t + \frac{1}{2}a_A t^2 \qquad e \qquad x_B = v_{0B}t + \frac{1}{2}a_B t^2$$

No momento da ultrapassagem, que corresponde ao instante $t = 8$ s, temos que $x_A = x_B$, ou seja,

$$d + v_{0A}t + \frac{1}{2}a_A t^2 = v_{0B}t + \frac{1}{2}a_B t^2$$

$$d + \frac{1}{2}a_A t^2 = \frac{1}{2}a_B t^2$$

Substituindo os valores de d=50 m, $v_{A0} = v_{B0} = 50$ m/s e a_A=1,25 m/s^2 na relação acima encontramos que a aceleração do carro B é igual a $a_B = 2,80$ m/s^2.

■

Exemplo 4.2.3

Um bloco de massa m é lançado sobre uma superfície com inclinação θ em relação à horizontal. Sabe-se que o tempo de subida do bloco é metade do tempo de descida. Qual deve ser o coeficiente de atrito entre o bloco e a superfície para que ele volte à posição de onde foi lançado?

SOLUÇÃO: *Consideremos o diagrama do corpo livre mostrado na Fig.4.5 tanto para a subida quanto para a descida.*

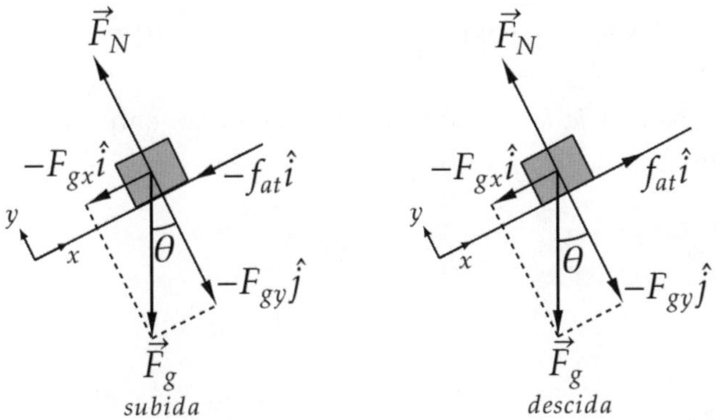

Figura 4.5: *Exemplo 4.2.3 - Diagrama do corpo livre.*

Com base nessa figura podemos escrever que a aceleração do bloco na subida ao longo do plano é dada por

$$\vec{F}_R = m\vec{a}$$

$$F^s_{Rx}\hat{i} = (-F_{gx} - f_{at})\hat{i} = (-mg\sin\theta - \mu F_N)\hat{i}$$

$$F^s_{Ry}\hat{i} = (-F_{gy} + F_N)\hat{j} = (-mg\cos\theta + F_N)\hat{j}$$

Como o movimento ocorre ao longo do plano F_{Ry}=0 tanto na subida quanto na descida, temos

$$F^s_{Rx}\hat{i} = -mg(\sin\theta + \mu\cos\theta)\hat{i}$$

$$a^s_x\hat{i} = -g(\sin\theta + \mu\cos\theta)\hat{i}$$

e, da mesma forma, podemos encontrar que a aceleração durante a descida é dada por

$$a^d_x\hat{i} = -g(\sin\theta - \mu\cos\theta)\hat{i}$$

É possível perceber que as acelerações tanto na subida quanto na descida são constantes; dessa maneira podemos escrever que

$$\Delta x_s = \frac{1}{2}a_s t_s^2 \qquad e \qquad \Delta x_d = \frac{1}{2}a_d t_d^2$$

Considerando que os deslocamentos do bloco tanto na subida quanto na descida são iguais, e sabendo-se que o tempo $t_s = t_d/2$, temos

$$\Delta x_s = \Delta x_d$$

$$\frac{g}{2}(\sin\theta+\mu\cos\theta)\frac{t_d^2}{4}=\frac{g}{2}(\sin\theta-\mu\cos\theta)t_d^2$$

Simplificando e rearranjado os termos, temos finalmente que o coeficiente de atrito é dado por

$$\mu=\frac{3}{5}\tan\theta$$

■

4.2.1 Exercícios

1. Um carro percorrendo uma trajetória retilínea aumenta sua velocidade a uma taxa constante. Considere que o carro tem velocidade v_1 no instante de tempo t_1 e v_2 no instante t_2. Mostre que a velocidade média do carro no intervalo de tempo $\Delta t=t_2-t_1$ é dada por

$$v_M=\frac{v_1+v_2}{2}$$

2. Um carro percorre uma trajetória retilínea com uma aceleração a. Considerando que no instante t_1 a posição do carro é x_1 e no instante t_2 é x_2, determine a aceleração do carro.

3. Um carro A e outro B se movimentam no mesmo sentido com velocidades v_A e v_B, respectivamente, e com $v_A>v_B$. Quando o carro A está a uma distância d atrás do carro B o motorista do carro A aciona os freios desacelerando o carro a uma taxa constante a. Para a situação descrita encontre uma condição para que não ocorra a colisão.

4. Um passageiro corre à sua velocidade máxima de 7 m/s para pegar um trem. Quando está à distância d da porta de entrada, o trem começa a se movimentar com aceleração igual a 1 m/s^2, afastando-se.
   a) Se d=20 m e se o passageiro continuar a correr, conseguirá ou não alcançar o trem?
   b) Qual a maior distância entre o passageiro e o trem que ainda permitirá que o passageiro consiga pegar o trem?
   c) Na condição do item (b), qual a velocidade do trem no instante em que o passageiro consegue pegá-lo?
   d) Qual a velocidade média do trem no intervalo de tempo de t=0 até o instante em que o passageiro consegue alcançá-lo?
   e) Faça um gráfico da função $x(t)$ do trem, com x=0 em t=0. Na mesma figura faça o gráfico da função $x(t)$ do passageiro.

5. Um corredor partindo do repouso aumenta sua velocidade a uma taxa constante até atingir uma velocidade máxima v_{max} que ocorre em um instante de tempo t_1. A partir desse instante o corredor mantém a velocidade constante até o instante de tempo t_2. Sabendo-se que a distância total percorrida pelo corredor é d, determine a velocidade máxima atingida pelo corredor.

6. Um bloco de massa m repousa sobre uma plataforma de massa M como mostra a Fig.4.6. Considere que não há atrito entre a plataforma e o chão e que o coeficiente de atrito entre a plataforma e o bloco é μ. Sabendo-se que a distância entre o centro de massa do bloco e a extremidade esquerda da plataforma é d, determine o tempo que o bloco leva para cair da plataforma.

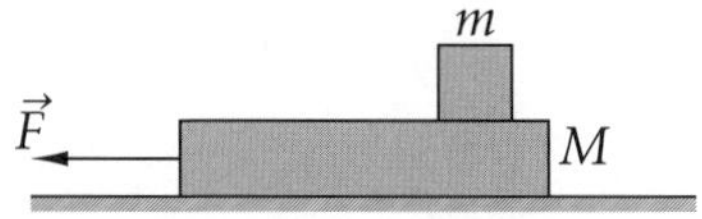

Figura 4.6: *Exercício 6.*

7. Um bloco de massa m desliza sobre um plano inclinado como mostra a Fig.4.7. Sabendo-se que o coeficiente de atrito entre o bloco e o plano é $\mu = 0,3$ e que a base do plano tem comprimento $d = 4$ metros, determine o ângulo θ que torna o tempo de deslizamento do bloco o menor possível. Qual é esse tempo?

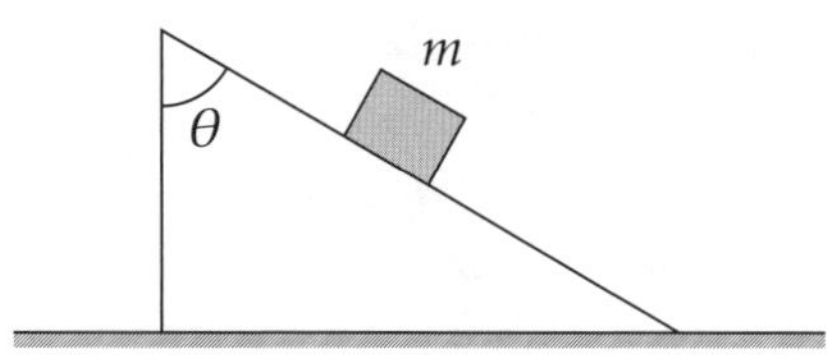

Figura 4.7: *Exercício 7.*

8. Um carro está parado no sinal de trânsito. Uma vez que o sinal abre o carro aumenta sua velocidade a uma taxa de 2 m/s^2 durante 8 segundos. Após esse instante o carro passa a ter velocidade constante. No instante em que o carro começa a se movimentar ele é ultrapassado por um motociclista viajando com velocidade constante e igual a 12 m/s. Quanto tempo depois de iniciado o movimento o carro irá encontrar o motociclista e a que distância a partir do instante em que o sinal abre isso ocorrerá?

9. Considere a Fig.4.8, onde um carro percorre uma distância d_0 entre dois pontos A e B com uma velocidade v_1 e um outro trecho entre os pontos C

e D com velocidade v_2 e gastando o mesmo tempo que no trecho AB. Se o carro diminui sua velocidade a uma taxa constante durante um tempo τ entre os pontos B e C, determine a distância d_0 e o tempo gasto entre os pontos A e B sabendo-se que distância entre os pontos A e D é igual a D_T.

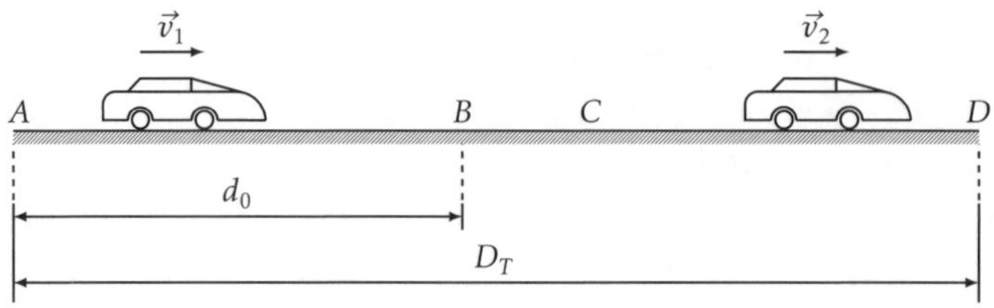

Figura 4.8: *Exercício 9.*

10. Um passageiro de um carro A que está viajando em uma trajetória retilínea com velocidade constante igual a 90 km/h tenta atingir outro passageiro em um carro B viajando na mesma direção e sentido, porém com uma velocidade constante de 72 km/h. Em um determinado instante o passageiro do carro A joga, utilizando algum dispositivo, uma pedra com aceleração 4 m/s^2 na direção do carro B que esta 110 metros à sua frente. Determine o tempo que leva a pedra desde o seu lançamento até atingir o carro B e a distância entre os carros no instante em que a pedra atinge o carro B.

11. Uma moto partindo da origem no instante $t = 0$ e com velocidade igual a 180 km/h percorre uma trajetória retilínea. Nos primeiros quatro segundos o movimento é com velocidade constante. Após esse instante a moto diminui sua velocidade a uma taxa constante e igual a -10 m/s^2. Encontre a velocidade da moto no instante $t = 12$ s e a posição em relação à origem na qual a velocidade da moto é zero.

12. Um carro está uma distância d à frente de uma moto e ambos estão viajando com velocidade constante v_0. De maneira inusitada o motorista do carro pisa no freio e diminui a velocidade do carro a uma taxa constante igual a_c. Somente após um tempo τ o piloto da moto começa a diminuir sua velocidade, porém não conseguindo evitar a colisão. Mostre que a moto diminui sua velocidade a uma taxa igual a

$$a_m = \frac{2d}{2d - \tau^2 a_c} a_c$$

e dessa forma não depende da velocidade inicial, v_0, de cada veículo.

13. Três pontos A, B e C no instante inicial estão situados em uma mesma reta horizontal, a iguais distâncias um do outro. O ponto A começa a mover-se verticalmente para cima com velocidade constante v. No mesmo instante o

ponto C inicia o seu movimento verticalmente para baixo com velocidade inicial nula e aceleração constante a. Encontre a equação em função do tempo para o movimento na vertical do ponto B para que os três pontos permaneçam alinhados durante o movimento e determine a equação da velocidade do ponto B.

14. Dois carros A e B se movimentam com velocidades constantes v_A e v_B, respectivamente, e em direções perpendiculares entre si. No instante t=0 o carro A está a uma distância a da origem e o carro B a uma distância b. Encontre o instante de tempo para o qual a distância entre os carros é mínima e a respectiva distância entre os carros.

15. Dois pontos materiais A e B se movimentam no plano xy como mostra a Fig.4.9. O ponto material A se movimenta paralelo ao eixo x ao longo da coordenada $y = y_0$ com velocidade constante e igual a v_0. Já o outro ponto se movimenta com aceleração constante e igual a a ao longo de uma reta que faz um ângulo θ com o eixo x. Com relação ao referencial da figura e sabendo-se que o ponto B parte do repouso, determine o valor do ângulo θ para que ocorra o encontro entre os pontos A e B.

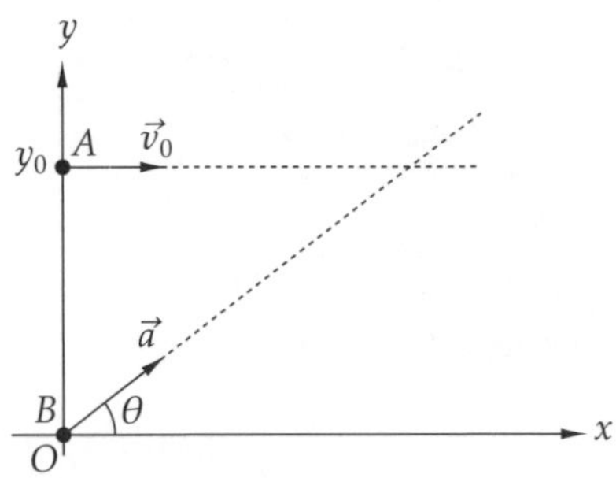

Figura 4.9: *Exercício 15.*

16. Os blocos de massas $m_A = 15$ kg e $m_B = 20$ kg estão conectados por um fio ideal como mostra a Fig.4.10. Sabendo-se que o coeficiente de atrito entre os blocos e a superfície é $\mu = 0,3$ e que o bloco A está submetido a uma força F=150 N, determine a aceleração de cada um dos blocos.

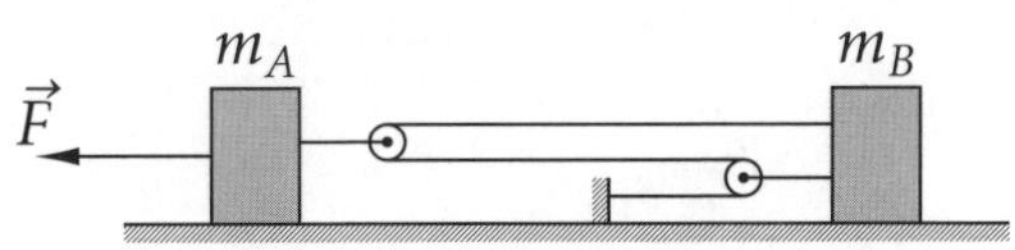

Figura 4.10: *Exercício 16.*

17. Os blocos mostrados na Fig.4.11 possuem massas $m_1 = m_2 = m$ e estão inicialmente em repouso. Considere que não há qualquer tipo de atrito e determine o deslocamento dos blocos após 4 segundos e a tração no cabo que une a polia móvel ao bloco de massa m_2.

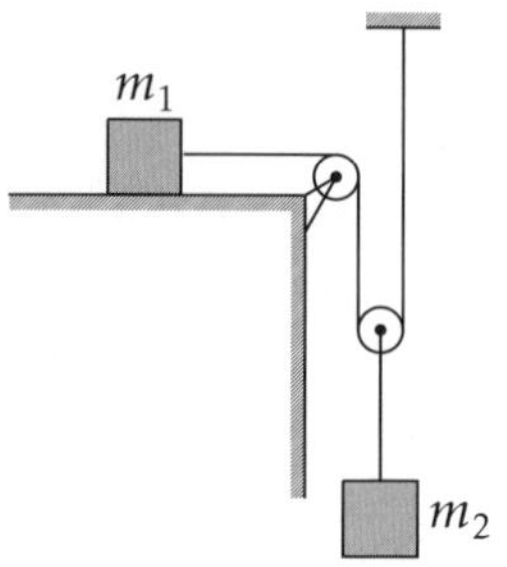

Figura 4.11: *Exercício 17.*

18. O bloco de massa $m_1 = 10$ kg, mostrado na Fig.4.12, está em repouso em $t = 0$ sobre uma superfície cujo coeficiente de atrito é μ=0,3. Determine as massas m_2 e m_3 para que as acelerações dos blocos 2 e 3 sejam constantes e iguais a 2 m/s^2 e o deslocamento do bloco de massa m_1 no instante t=2 segundos.

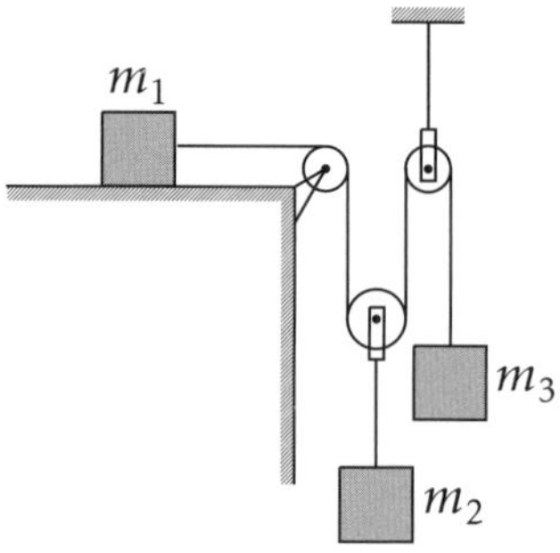

Figura 4.12: *Exercício 18.*

19. O bloco A mostrado na Fig.4.13 tem massa igual a 15 kg e outro bloco B tem massa 8 kg. Sabendo-se que o coeficiente de atrito entre o bloco A e o plano é μ=0,2 e que $\theta = 60^o$, determine a velocidade do bloco A inicialmente em repouso, depois que ele for solto e sofrer um deslocamento de 2 metros plano abaixo e a tração na corda.

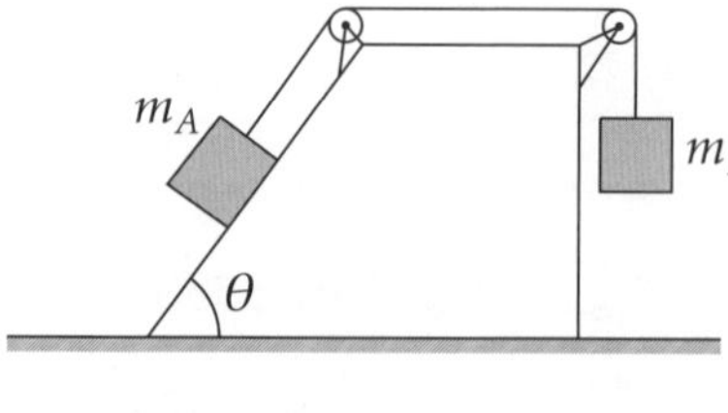

Figura 4.13: *Exercício 19.*

20. Na Fig.4.14 os blocos A e B têm massas $m_A = 25$ kg e $m_B = 5$ kg, respectivamente. Após o bloco A descer uma distância d, ele atinge uma velocidade de 3 m/s. Determine a distância d e a tração na corda que conecta o bloco A à polia móvel de massa desprezível.

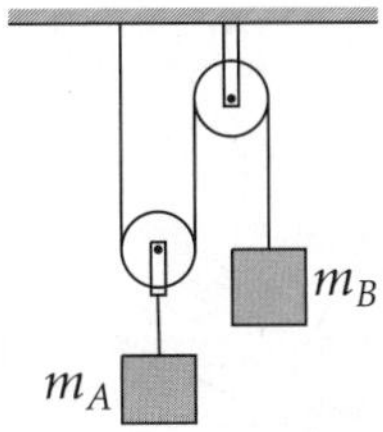

Figura 4.14: *Exercício 20.*

21. A Fig.4.15 mostra um sistema de polias, sendo que duas delas são fixas e as outras podem se mover. Esse sistema é utilizado para mover os blocos A, B e C mostrados na figura. No instante $t = 0$ o bloco A parte do repouso e move-se para cima com aceleração constante de 0.32 m/s^2. Sabendo que o bloco C move-se para baixo com velocidade constante de 0.8 m/s, determine para o bloco B o instante no qual sua velocidade é nula e o seu deslocamento até esse instante.

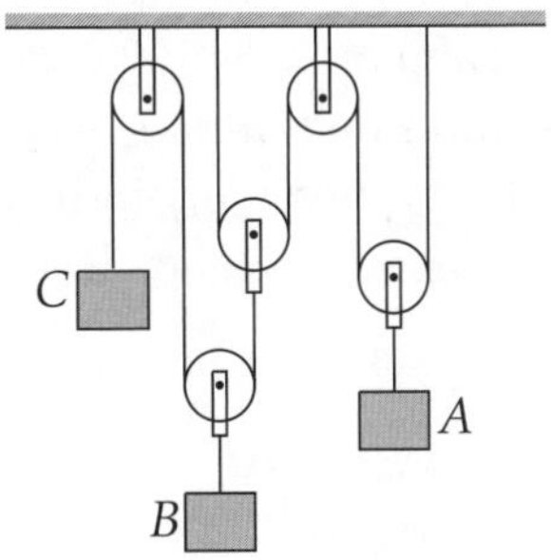

Figura 4.15: *Exercício 21.*

22. Os blocos mostrados na Fig.4.16 estão em repouso. Considerando que as polias e o cabo são ideais e que $m_A = 80$ kg e m_B=160 kg, determine a aceleração de cada bloco e a tração no cabo.

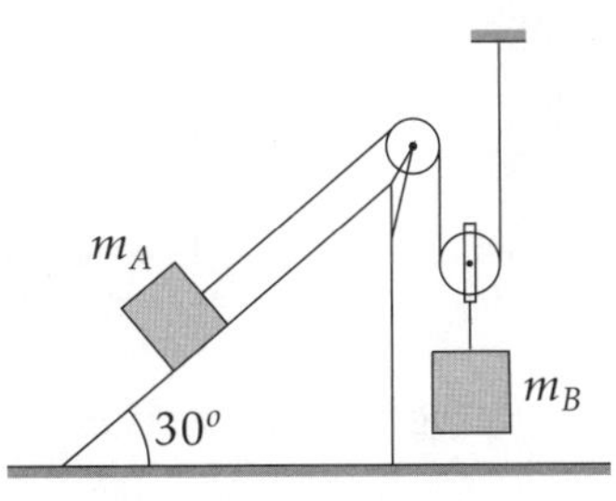

Figura 4.16: *Exercício 22.*

23. Os blocos A e B mostrados na Fig.4.17 possuem massas iguais a $m_A = 4m_B$. O bloco A desliza sobre um plano inclinado de $\theta = 60^o$ em relação à horizontal. Sabendo-se que o coeficiente de atrito entre o bloco A e a superfície é igual a $\mu = 0,2$, encontre a velocidade do bloco A após este deslocar-se 1,5 m plano abaixo.

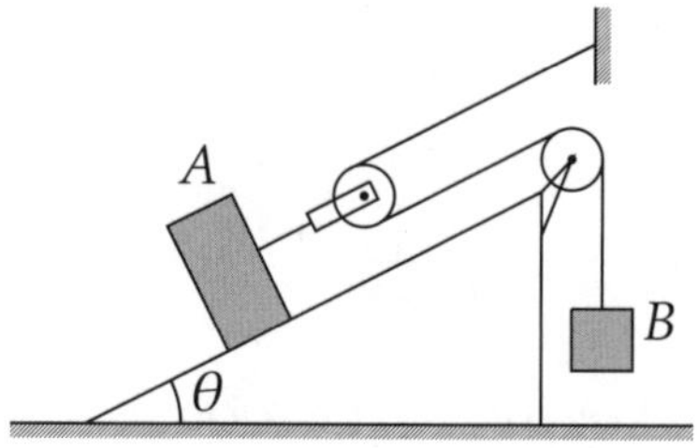

Figura 4.17: *Exercício 23.*

4.3 Análise gráfica do movimento

O movimento pode ser descrito por funções como as Eqs.(4.8) e (4.12) ou através de um gráfico da velocidade ***versus*** tempo ou posição ***versus*** tempo. Para uma análise do movimento a partir dos gráficos da velocidade ***versus*** tempo vamos considerar a Fig.4.18, onde temos representada a velocidade em função do tempo. Para essa análise vamos primeiramente dividir a área abaixo da curva que determina a velocidade entre os instantes de tempo t_1 e t_2 em retângulos como indicado na figura. Para os intervalos de tempos (Δt_i) indicados podemos considerar que a velocidade é constante e, dessa maneira, o deslocamento nesse intervalo fica sendo

$$\Delta x_i = v_i \Delta t_i \tag{4.18}$$

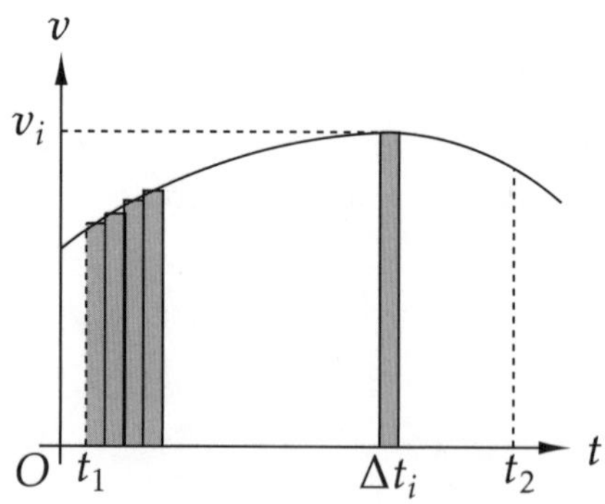

Figura 4.18: *Velocidade versus tempo.*

É fácil perceber que o deslocamento total, Δx, entre os instantes de tempo t_1 e t_2 pode ser determinado por

$$\Delta x = \sum_{i=1}^{n} \Delta x_i \qquad \Delta x = \sum_{i=1}^{n} v_i \Delta t_i \tag{4.19}$$

Tomando o limite da Eq.(4.19) quando $\Delta t_i \to 0$, temos

$$\Delta x = \lim_{\Delta t_i \to 0} \sum_i v_i \Delta t_i \tag{4.20}$$

Analisando a Eq.(4.20) podemos identificar que o lado direito corresponde à definição de integral definida. Levando isso em consideração podemos então escrever que o deslocamento entre os instantes t_1 e t_2 é dado por

$$\Delta x = \int_{t_1}^{t_2} v dt \tag{4.21}$$

Uma interpretação imediata da Eq.(4.21) é que a área abaixo da curva que determina a velocidade em função do tempo corresponde ao deslocamento entre os instantes t_1 e t_2. Além da propriedade dada pela Eq.(4.21), o gráfico da velocidade com relação ao tempo também nos fornece informações sobre a aceleração ao longo do movimento. Consideremos a Fig.4.19, onde traçamos diferentes retas tangentes à curva. Podemos notar pela figura que no instante t_1 o coeficiente angular da reta é positivo; já para o instante de tempo t_3 o coeficiente angular da reta tangente é negativo. Entretanto para o instante t_2 a reta é paralela ao eixo t, ou seja, inclinação nula. Diante disso, e como consequência direta da Eq.(1.20) (ver cap.1), podemos dizer que o coeficiente angular da reta tangente, em um gráfico velocidade *versus* tempo, nos instantes correspondentes representa as acelerações.

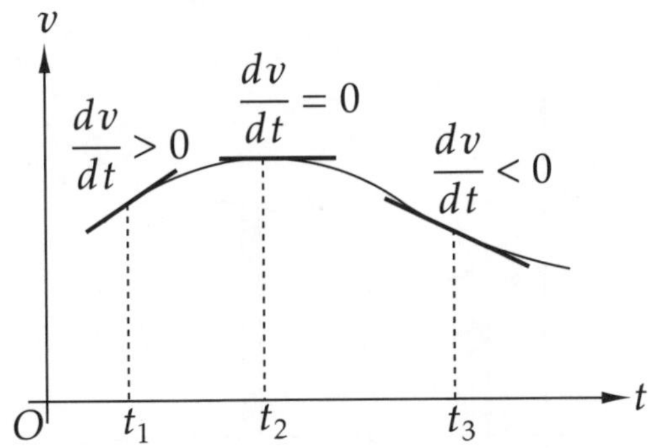

Figura 4.19: *Velocidade versus tempo com dv/dt sendo a aceleração nos respectivos instantes de tempo.*

No gráfico da velocidade *versus* tempo mostramos que podemos obter informações do deslocamento em um intervalo de tempo (área abaixo da curva) assim como da aceleração através da inclinação da reta tangente à curva. Já do gráfico da posição em função do tempo, como mostrado na Fig.4.20, analisando a inclinação da reta tangente à curva, podemos obter informações da velocidade ao longo do movimento. Nessa figura vemos que no instante t_1 a velocidade é negativa e no instante t_3 a velocidade é positiva. Para o instante t_2 a velocidade é nula. Além disso, podemos dizer que no instante t_2 ocorre a inversão do movimento uma vez que a partir desse instante a velocidade muda de sinal.

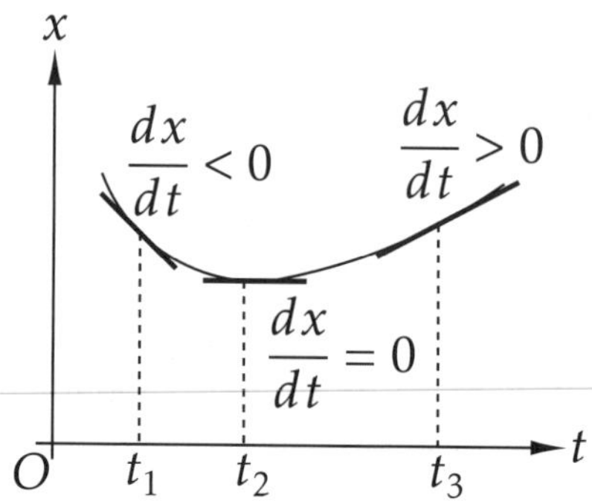

Figura 4.20: *Posição versus tempo com dx/dt sendo a velocidade nos respectivos instantes de tempo.*

Podemos também obter informações do movimento a partir do gráfico da aceleração em função do tempo. A análise nesse caso é similar àquela que fizemos para o gráfico da velocidade em função do tempo. Consideremos a Fig.4.21, que mostra a aceleração em função do tempo.

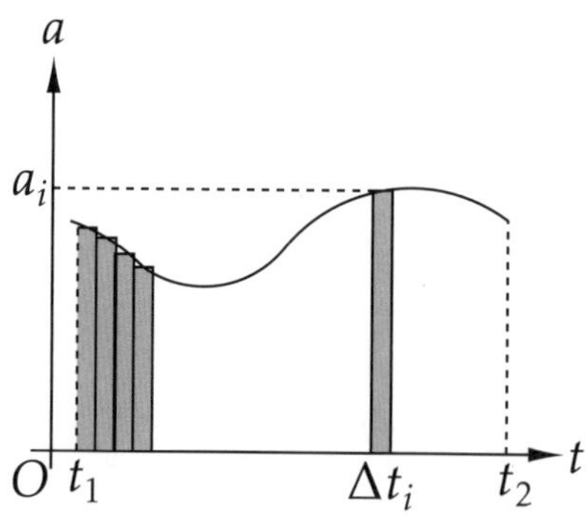

Figura 4.21: *Aceleração versus tempo.*

Da mesma forma que antes, podemos escrever que no intervalo de tempo Δt_i a aceleração é constante e, sendo assim, temos que

$$\Delta v_i = a_i \Delta t_i \tag{4.22}$$

Da equação acima é fácil perceber que no intervalo entre t_1 e t_2 a variação da velocidade (Δv) é dada por

$$\Delta v = \sum_{i=1}^{n} a_i \Delta t_i \tag{4.23}$$

Considerando $\Delta t_i \to 0$ na equação acima temos

$$\Delta v = \lim_{\Delta t_i \to 0} \sum_{i=1}^{n} a_i \Delta t_i \tag{4.24}$$

ou seja,

$$\Delta v = \int_{t_1}^{t_2} a dt \tag{4.25}$$

Assim como no gráfico velocidade ***versus*** tempo, onde a área abaixo da curva representa o deslocamento no intervalo de tempo correspondente, a área abaixo da curva do gráfico da aceleração ***versus*** tempo representa a variação da velocidade.

Exemplo 4.3.1

Uma partícula se movimenta em uma trajetória retilínea. A posição em função do tempo é mostrada na Fig.4.22. Faça o gráfico da velocidade em função do tempo e determine a velocidade média da partícula entre os instantes $t = 0$ e $t = 10$ segundos.

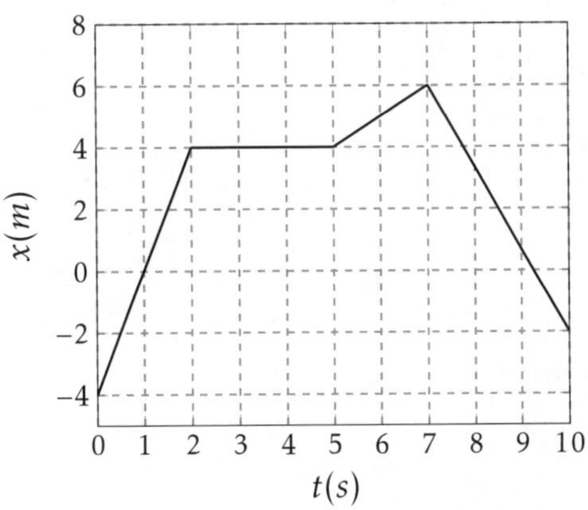

Figura 4.22: *Exemplo 4.3.1 - Posição em função do tempo.*

SOLUÇÃO: *Para traçarmos o gráfico da velocidade em função do tempo vamos primeiro encontrar, para os diferentes intervalos de tempo, a função que descreve a posição em função do tempo. Da figura temos que*

$$\begin{array}{rl} 0 \leq t \leq 2\ s & x = 4t - 4 \\ 2 \leq t \leq 5\ s & x = 4 \\ 5 \leq t \leq 7\ s & x = t - 1 \\ 7 \leq t \leq 10\ s & x = -2,67t + 24.7 \end{array}$$

Utilizando a definição de velocidade podemos determinar a velocidade nos respectivos intervalos de tempo da seguinte forma:

$$v = \frac{dx}{dt}$$

e com isso conseguimos

$$\begin{array}{rl} 0 \leq t \leq 2\ s & v = 4\ m/s \\ 2 \leq t \leq 5\ s & v = 0 \\ 5 \leq t \leq 7\ s & v = 1\ m/s \\ 7 \leq t \leq 10\ s & v = -2,67\ m/s \end{array}$$

Com os resultados acima o gráfico da velocidade em função do tempo fica sendo o mostrado na Fig.4.23.

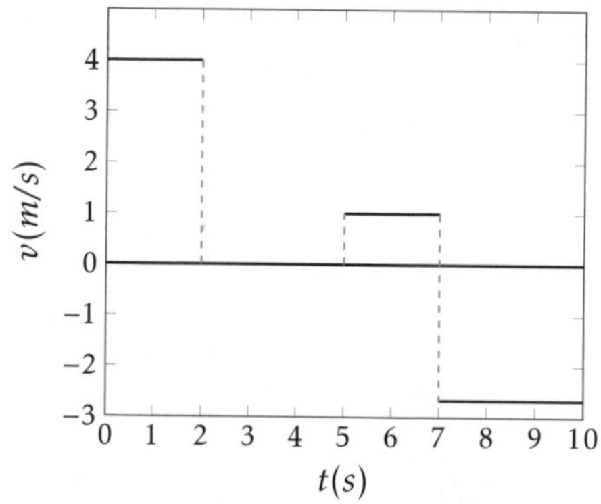

Figura 4.23: *Exemplo 4.3.1 - Velocidade em função do tempo.*

Já a velocidade média no intervalo $t = 0$ a $t = 10$ s é determinada por

$$v_m = \frac{\Delta x}{\Delta t}$$

com $\Delta x = x_{10} - x_0$ sendo o deslocamento da partícula no intervalo de tempo $\Delta t = 10$ s. Para o presente caso é fácil ver pelo gráfico, x versus t, que Δx=-2-(-4)=2 m e com isso a velocidade média fica sendo igual a $v_m = 0,2\ m/s$. ■

Exemplo 4.3.2

Um ponto material move-se em uma trajetória retilínea cuja posição é definida por

$$x = \frac{t^3}{3} - 4t$$

com x medido em metros e t em segundos. Faça o gráfico da velocidade e da aceleração em função do tempo e determine a distância total percorrida pelo ponto material entre os instantes $t = 0$ e $t = 3$ s.

SOLUÇÃO: *Para traçarmos os gráficos da velocidade e da aceleração, precisamos conhecer a velocidade e aceleração como função do tempo, e isso é possível utilizando*

$$v = \frac{dx}{dt} \qquad e \qquad a = \frac{dv}{dt}$$

com

$$x = \frac{t^3}{3} - 4t$$

conseguimos, respectivamente,

$$v = t^2 - 4 \qquad e \qquad a = 2t$$

Do resultado obtido acima é fácil perceber que a velocidade em função do tempo é uma parábola, que no instante $t = 0$ a velocidade do ponto material é -4 m/s, ou seja, o ponto material se movimenta no sentido contrário da orientação da trajetória, e que no instante $t = 2$ segundos a sua velocidade é nula, indicando que nesse instante o ponto material inverte o sentido do movimento. Já a aceleração é linear com o tempo. Os gráficos da velocidade e da aceleração são mostrados na Fig.4.24.

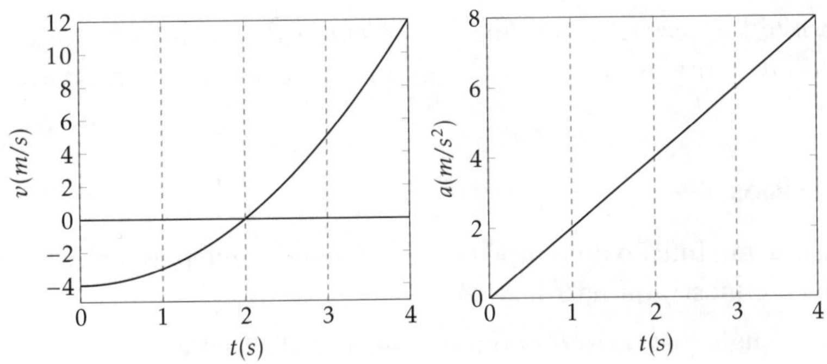

Figura 4.24: *Exemplo 4.3.2 - Velocidade e aceleração em função do tempo.*

Para determinarmos a distância total percorrida entre os instantes $t = 0$ e $t = 3$ segundos devemos notar pela Fig.4.24 que a velocidade no intervalo $0 \leq t \leq 2$ s é negativa e para $t > 2$ s a velocidade é positiva. Dessa maneira a distância total percorrida no intervalo de tempo $0 \leq t \leq 3$ s é dada por

$$d_T = d_1 + d_2$$

onde d_1 e d_2 correspondem aos valores absolutos das áreas mostradas na Fig.4.25.

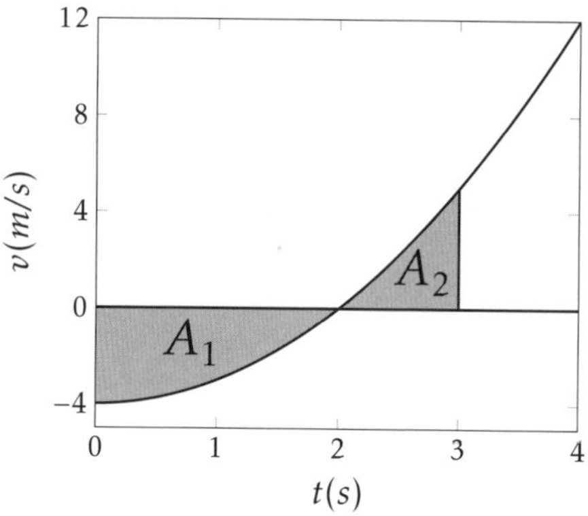

Figura 4.25: *Exemplo 4.3.2 – Velocidade em função do tempo.*

Dessa maneira temos que

$$\begin{aligned} d_1 &= |A_1| \\ A_1 = \int_0^2 v dt = \int_0^2 (t^2 - 4) dt &= -\frac{16}{3} \\ d_2 &= |A_2| \\ A_2 = \int_2^3 v dt = \int_2^3 (t^2 - 4) dt &= \frac{7}{3}. \end{aligned}$$

Com os resultados acima temos finalmente que a distância total percorrida pelo ponto material entre os instantes $t = 0$ e $t = 3$ segundos é $d_T = d_1 + d_2 = 7,7$ metros. ■

4.3.1 Exercícios

1. A posição em função do tempo de uma partícula que percorre uma trajetória retilínea é mostrada na Fig.4.26.

   a) Para quais instantes de tempo a velocidade é nula?
   b) Para quais intervalos de tempo a velocidade é positiva?
   c) Para quais intervalos de tempo a velocidade é negativa?

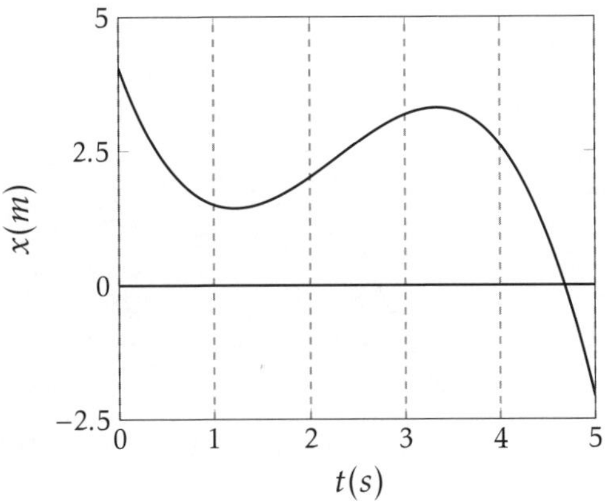

Figura 4.26: *Exercício 1.*

2. Uma partícula move-se em uma linha reta e o gráfico de sua velocidade ao longo do tempo é mostrado na Fig.4.27. Construa o gráfico da aceleração da partícula em função do tempo. Determine a distância percorrida pela partícula entre os instantes $t = 0$ e $t = 12$ s. Quais são as equações que descrevem a posição, $x(t)$, da partícula entre os instantes $t = 0$ e $t = 12$ s?

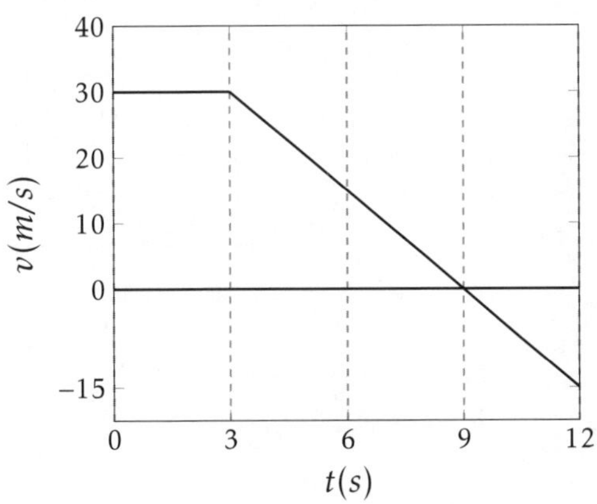

Figura 4.27: *Exercício 2.*

3. A aceleração em função do tempo de um ponto material que parte do repouso é mostrada na Fig.4.28. Faça o gráfico da velocidade em função do tempo e determine a distância percorrida entre os instantes $t = 0$ e $t = 10$ segundos.

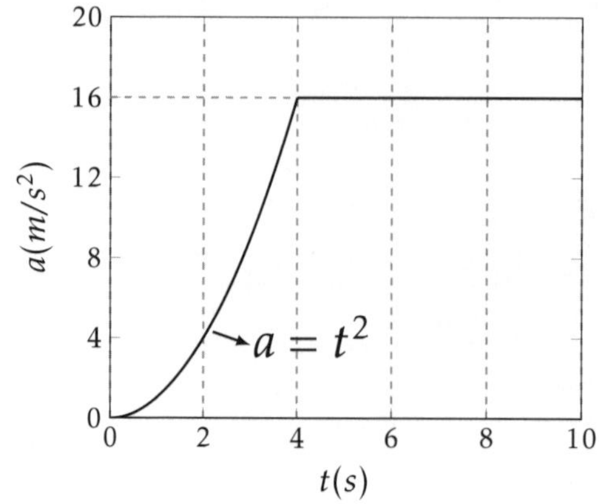

Figura 4.28: *Exercício 3.*

4. A aceleração de um carro movendo-se em uma linha reta que partiu do repouso e da origem no instante $t = 0$ é mostrada na Fig.4.29. Determine:
a) A velocidade e a posição do carro como função do tempo.
b) A distância percorrida entre os instantes $t = 0$ e $t = 12$ s.

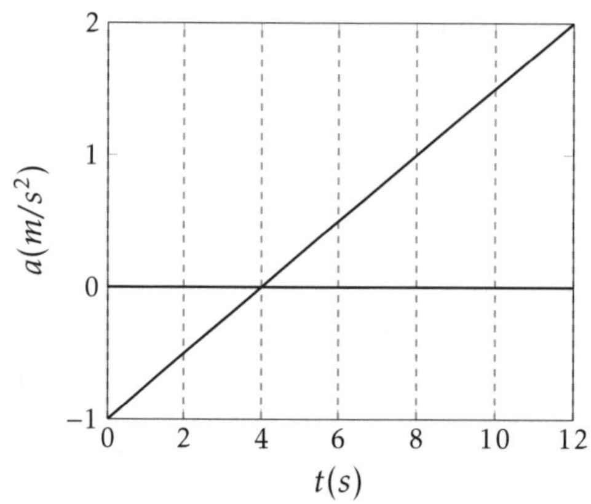

Figura 4.29: *Exercício 4.*

5. Um funcionário de uma empresa ***express*** faz suas entregas entre duas empresas utilizando uma moto. A aceleração da moto varia com o tempo de acordo com o gráfico mostrado na Fig.4.30. Determine a distância entre as duas empresas e o intervalo de tempo Δt no qual o entregador diminui a velocidade da moto a uma taxa igual a 2 m/s^2.

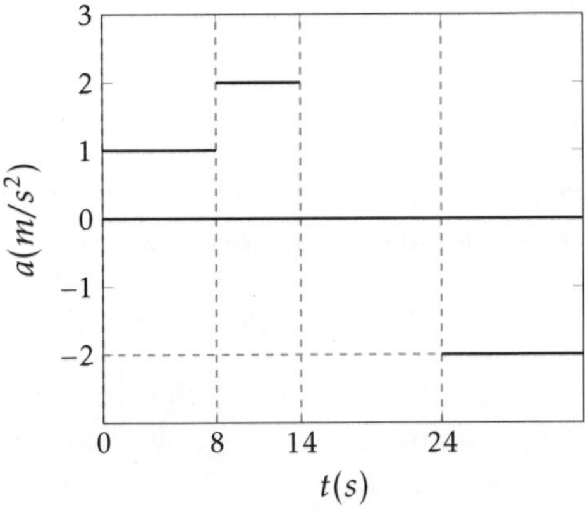

Figura 4.30: *Exercício 5.*

4.4 Movimento próximo à superfície da Terra

Movimentos próximos à superfície da Terra são aqueles que ocorrem em uma região onde o campo gravitacional devido à Terra não varia, ou seja, é constante. Nesta seção descreveremos alguns movimentos próximos a superfície e em diferentes condições. Primeiramente vamos considerar o movimento na direção vertical, ou seja, ao longo do eixo y, e, além disso, vamos levar em consideração que a presença do atrito pode ser desprezada. Nesse caso podemos escrever a Eq.(2.1) da seguinte forma:

$$\vec{F}_R = m\frac{d\vec{v}}{dt} \tag{4.26}$$

$$-mg\hat{j} = m\frac{dv_y}{dt}\hat{j} \tag{4.27}$$

uma vez que a única força que atua no corpo de massa m é a força gravitacional e com o referencial indicado na Fig.4.31.

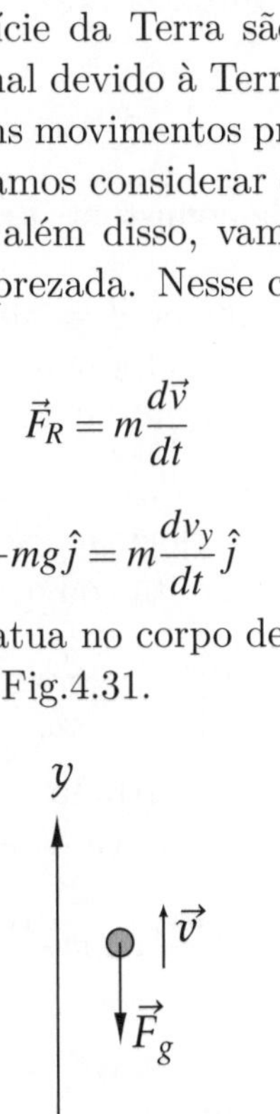

Figura 4.31: *Movimento próximo à superfície da Terra ao longo da direção y.*

A Eq.(4.27) pode ainda ser escrita da seguinte maneira:

$$-g\int dt = \int dv_y \qquad \Rightarrow \qquad -gt = v_y + C \tag{4.28}$$

uma vez que o campo gravitacional (aqui representado por g) é constante. Sabendo-se que no instante $t = 0$ a velocidade é v_0, temos que

$$v_y = v_0 - gt \tag{4.29}$$

Como podemos notar, a Eq.(4.29) que determina a velocidade ao longo da vertical é a mesma que a Eq.(4.8), porém com $a = -g$, ou seja, o movimento ao longo da vertical próximo à superfície da Terra e na ausência de qualquer tipo de resistência ocorre com aceleração constante. Diante disso, as equações que descrevem esse movimento são aquelas encontradas na seção 4.2, com a substituição de a por $-g$, ou seja,

$$y = y_0 + v_0 t - \frac{1}{2}gt^2 \tag{4.30}$$

$$v_y^2 = v_0^2 - 2g\Delta y \tag{4.31}$$

sendo y_0, v_0 a posição e velocidade no instante $t = 0$ e Δy o deslocamento ao longo da vertical.

Vamos agora considerar que, diferente da situação descrita anteriormente, o movimento ocorre no plano xy de maneira que a velocidade seja igual a

$$\vec{v} = v_x\hat{i} + v_y\hat{j} \tag{4.32}$$

onde v_x e v_y são as componentes da velocidade ao longo de x e y, respectivamente, e sendo assim a Eq.(2.1) pode ser escrita como

$$\vec{F}_R = m\frac{dv_x}{dt}\hat{i} + m\frac{dv_y}{dt}\hat{j} \tag{4.33}$$

Consideremos o referencial como o mostrado na Fig.4.31 e, ainda, que o movimento ocorre na ausência de qualquer força de atrito. Temos

$$-mg\hat{j} = m\frac{dv_x}{dt}\hat{i} + m\frac{dv_y}{dt}\hat{j} \tag{4.34}$$

que resulta em

$$\frac{dv_x}{dt} = 0 \tag{4.35}$$

$$\frac{dv_y}{dt} = -g \tag{4.36}$$

É interessante analisarmos com um pouco mais de cuidado as Eqs.(4.35) e (4.36). Por meio dessas equações podemos perceber que o movimento no plano xy é uma composição de dois movimentos, um que ocorre ao longo do eixo x com velocidade constante e outro ao longo do eixo y com aceleração constante. Assumindo que no instante $t=0$, v_x=v_{0x}, $x=0$ e v_y=v_{0y}, temos

$$x = v_{0x}t \tag{4.37}$$

$$v_y = v_{0y} - gt \tag{4.38}$$

$$y = y_0 + v_{0y}t - \frac{1}{2}gt^2 \tag{4.39}$$

com y_0 sendo a posição para $t=0$ ao longo do eixo y. Embora as Eqs.(4.37)-(4.39) mostrem uma independência dos movimentos ao longo das direções, o movimento real é a composição desses movimentos. Uma pergunta importante que podemos fazer nesse momento é a seguinte: qual será a trajetória de um ponto material quando o movimento ocorre no plano xy próximo à superfície da Terra e na ausência de forças de atrito? Para respondermos essa questão vamos combinar as Eqs.(4.37) e (4.39) para obter

$$y = y_0 + \frac{v_{0y}}{v_{0x}}x - \frac{g}{2v_{0x}^2}x^2 \tag{4.40}$$

que é a equação de uma parábola, ou seja, a trajetória de um ponto material no plano xy é parabólica, como mostrado na Fig.4.32. Nessa figura mostramos, além da trajetória do ponto material, o vetor velocidade e suas componentes durante o movimento.

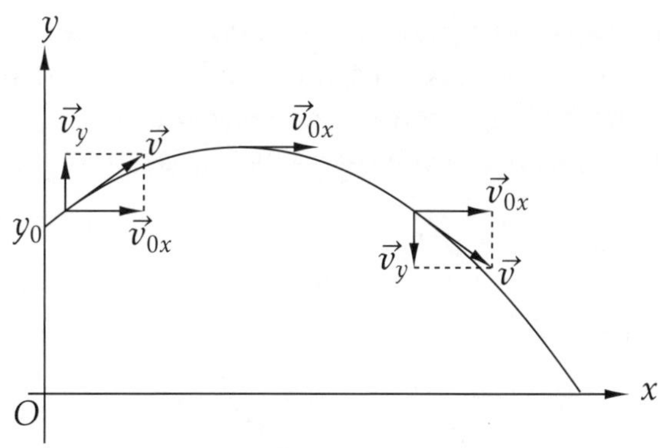

Figura 4.32: *Trajetória (arco de parábola) de um ponto material em movimento no plano xy próximo à superfície da Terra e na ausência de atrito.*

Nas discussões feitas anteriormente a força de atrito não foi considerada na descrição do movimento próximo à superfície da Terra. Vamos agora considerar o efeito do atrito na descrição do movimento, porém vamos supor que o atrito se deve a uma força que chamamos de força de atrito de arrasto, ou seja, aquela que atua em um corpo que se movimenta imerso em um fluido, como o ar, por exemplo. Para isso vamos levar em conta que o movimento se dá no plano xy e na presença de uma força de atrito dada pela Eq.(2.27) com n=1 e atuando somente ao longo do eixo x, ou seja,

$$\vec{f}_{at} = -bv_x\hat{i} \tag{4.41}$$

com o sinal (-) indicando que a força de atrito está no sentido contrário à velocidade ao longo do eixo x. Com isso a Eq.(2.1) fica sendo

$$\vec{F}_R = \vec{f}_{at} + \vec{F}_g \tag{4.42}$$

$$m\frac{dv_x}{dt}\hat{i} + m\frac{dv_y}{dt}\hat{j} = -bv_x\hat{i} - mg\hat{j} \tag{4.43}$$

Da equação acima é fácil identificar que

$$m\frac{dv_x}{dt} = -bv_x \tag{4.44}$$

e

$$\frac{dv_y}{dt} = -g \tag{4.45}$$

Das Eqs.(4.44) e (4.45) fica claro que o movimento no plano xy e na presença da uma força de atrito atuando ao longo do eixo x é uma composição de um movimento com aceleração constante ao longo do eixo y com um movimento cuja aceleração ao longo do eixo x varia com a velocidade. Diante disso as equações que descrevem o movimento ao longo de y são aquelas (Eqs.(4.38 e 4.39)) encontradas anteriormente. Já na direção x devemos resolver a seguinte equação:

$$\frac{dv_x}{dt} = -\frac{b}{m}v_x \tag{4.46}$$

que pode ser escrita como

$$\int\frac{dv_x}{v_x} = -\int\frac{b}{m}dt \tag{4.47}$$

Assumindo que v_x=v_{0x} para $t = 0$, temos que a solução para a Eq.(4.47) é

$$v_x = v_{0x}e^{-bt/m} \tag{4.48}$$

É importante notar pela equação acima que, devido à força de atrito, a velocidade ao longo do eixo x diminui com o decorrer do tempo. Podemos ainda encontrar a equação para a posição ao longo do eixo x a partir da Eq.(4.48) considerando que $x = 0$ para $t = 0$. Deixaremos como exercício mostrar que equação para a posição x é dada por

$$x = \frac{mv_{0x}}{b}\left(1 - e^{-bt/m}\right) \tag{4.49}$$

Uma questão importante aqui é: qual é a importância que a força de atrito tem sobre a trajetória do corpo? Para analisarmos esse ponto vamos combinar as Eqs.(4.39) e (4.49) a fim de encontrarmos a equação da trajetória. Lembrando que para isso devemos encontrar uma função que depende apenas das coordenadas espaciais. Para isso devemos substituir a variável tempo da Eq.(4.49) na Eq.(4.39). Após a substituição e o rearranjo dos termos, conseguimos

$$y = y_0 - \frac{mv_{0y}}{b}\ln\left(1 - \frac{b}{mv_{0x}}x\right) - \frac{gm^2}{2b^2}\left[\ln\left(1 - \frac{b}{mv_{0x}}x\right)\right]^2 \tag{4.50}$$

É evidente que a trajetória dada pela Eq.(4.50) não é uma parábola como aquela mostrada na Fig.4.32. É interessante ainda analisarmos a Eq.(4.50) quando o efeito do arrasto é pequeno, porém diferente de zero, ou seja, na condição $b/m \lll 1$. Para $b/m \lll 1$ a Eq.(4.50) pode ser escrita como[1]

$$y = y_0 + \frac{v_{0y}}{v_{0x}}x - \frac{g}{2v_{0x}^2}\left(1 - \frac{bv_{0y}}{mg}\right)x^2 - \frac{gb}{2mv_{0x}^3}\left(1 - \frac{2bv_{0y}}{3mg}\right)x^3 + \cdots \tag{4.51}$$

sendo que na ausência de atrito ($b = 0$) a equação acima torna-se a equação de uma parábola. Na Fig.4.33 mostramos a trajetória descrita pela Eq.(4.50), ou seja, na presença de uma força de atrito, assim como a trajetória na ausência de atrito.

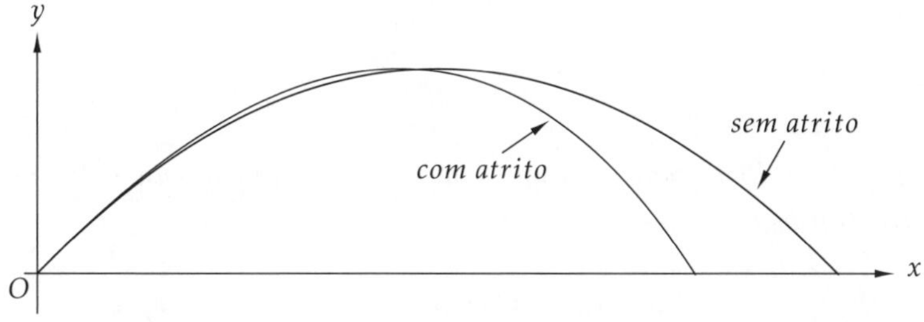

Figura 4.33: *Trajetória de um ponto material em movimento no plano xy próximo à superfície da Terra. Na presença de atrito a curva corresponde a Eq.(4.50) com os seguintes parâmetros: y_0=0, b/m=0,2 s^{-1} e $v_{0x} = v_{0y}$=10 m/s.*

[1] $\ln(1 + ax) = ax - \frac{a^2x^2}{2} + \frac{a^3x^3}{3} - \frac{a^4x^4}{4} + \cdots$

É evidente que a forma da trajetória irá depender de como atua a força de atrito de arrasto sobre o corpo. Além disso, a geometria do corpo e as características do meio também terão importância na forma da trajetória.

Exemplo 4.4.1

Uma pedra é lançada verticalmente para cima com uma velocidade inicial de 20 m/s em uma região livre de qualquer atrito e onde $g = 9,8$ m/s^2. Determine a altura máxima que a pedra atinge e o tempo que ela demora para tocar o solo, sabendo-se que ela foi lançada de uma altura de 5 metros.

SOLUÇÃO: *Para determinarmos a altura máxima assim como o tempo que a pedra leva para voltar à posição de lançamento, vamos considerar o referencial mostrado na Fig.4.34, onde y_0 é a altura inicial da pedra.*

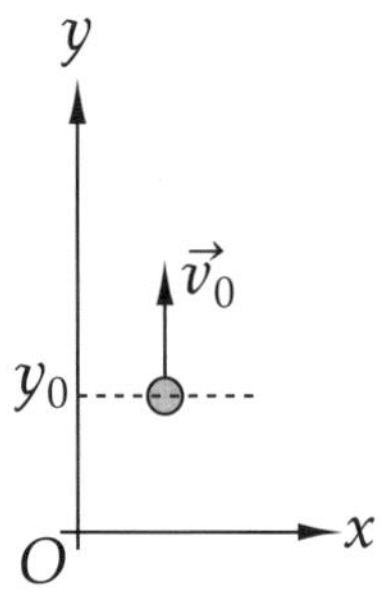

Figura 4.34: *Exemplo 4.4.1 – Pedra lançada verticalmente para cima com velocidade $\vec{v}_0$.*

Como o movimento ocorre com aceleração constante, podemos determinar a altura máxima com

$$v_y^2 = v_0^2 - 2g\Delta y$$

e, sabendo que quando a pedra atinge a altura máxima a sua velocidade é nula, dessa maneira temos

$$0 = v_0^2 - 2g(H_{max} - y_0)$$

$$H_{max} = y_0 + \frac{v_0^2}{2g}$$

e, substituindo os valores de $v_0 = 20$ m/s, $y_0 = 5$ m e $g = 9,8$ m/s^2, encontramos que $H_{max} = 25,4$ metros. O tempo que a pedra demora para voltar à posição de *lançamento pode ser determinado por*

$$y = y_0 + v_{0y}t - \frac{1}{2}gt^2$$

Substituindo $v_0 = 20\ m/s$, $y_0 = 5\ m$ *e* $g = 9,8\ m/s^2$ *na equação acima e levando em consideração que no instante em que a pedra toca o solo* $y = 0$, *temos*

$$0 = 5 + 20t - \frac{1}{2}9,8t^2$$

Resolvendo a equação do segundo grau, encontramos que no instante $t = 4,32$ *segundos após o lançamento a pedra tocará o solo.* ■

Exemplo 4.4.2

Um corpo de massa m é abandonado de uma grande altura. Determine a velocidade desse corpo em função do tempo sabendo-se que ele foi abandonado em uma região onde a força de atrito devido ao ar é $f_{at} = bv_y$, onde b é uma constante positiva. Determine também a velocidade limite para esse corpo em queda.

SOLUÇÃO: *Consideremos a Fig.4.35 onde mostramos o referencial adotado e o diagrama do corpo livre para o corpo de massa* m. *Na figura* $\vec{f}_{at}$ *é a força de atrito devido ao ar e* $\vec{F}_g$ *a força gravitacional.*

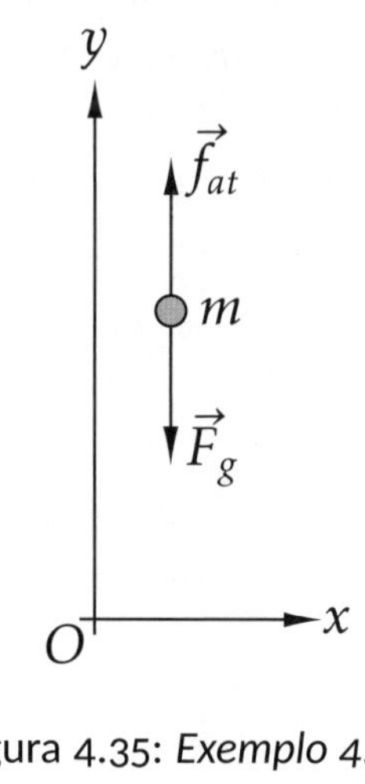

Figura 4.35: *Exemplo 4.4.2.*

Como o movimento é ao longo do eixo y *e no sentido contrário à orientação, podemos escrever que a força resultante sobre o corpo de massa* m *é dada por*

$$\vec{F}_R = \vec{F}_g + \vec{f}_{at}$$

$$-m\frac{dv_y}{dt}\hat{j} = -mg\hat{j} + bv_y\hat{j}$$

A equação acima é uma equação diferencial de primeira ordem com coeficientes constantes. Essa equação pode ser resolvida utilizando os métodos de resolução de equações diferenciais.[2] *Entretanto essa equação pode ser facilmente resolvida reescrevendo-a da seguinte maneira:*

$$\frac{dv_y}{v_y - (mg/b)} = -\frac{b}{m}dt$$

$$\int_0^v \frac{dv_y}{v_y - (mg/b)} = -\int_0^t \frac{b}{m}dt$$

Considerando que no instante $t = 0$ o corpo é abandonado e por isso $v_{0y} = 0$ e que no instante t posterior a velocidade é v. As integrais podem ser facilmente calculadas e por isso deixaremos como exercício. Após a resolução das integrais e rearranjando os termos, conseguimos encontrar que a velocidade em função do tempo é dada por

$$v = \frac{mg}{b}\left(1 - e^{-bt/m}\right)$$

Uma vez que a força de atrito de arrasto depende da velocidade, com o passar do tempo ela vai aumentando até se igualar à força gravitacional. A partir desse instante a força resultante se anula e o corpo passa a se movimentar com velocidade constante. A essa velocidade damos o nome de velocidade limite e, nesse caso, podemos encontrá-la da seguinte forma:

$$\vec{F}_R = \vec{F}_g + \vec{f}_{at} = 0$$

ou seja,

$$f_{at} = F_g$$

e, substituindo $f_{at} = bv_L$ e $F_g = mg$, encontramos que a velocidade limite é dada por

$$v_L = \frac{mg}{b}$$

É interessante notar que a velocidade limite pode ser determinada analisando o gráfico da velocidade em função do tempo mostrado na Fig.4.36. Pelo gráfico é fácil perceber que a velocidade limite é aquela em que a partir de um determinado

[2] Ver o Apêndice A.8 para maiores detalhes.

instante de tempo a velocidade não varia, e pelo gráfico fica fácil identificar que $v_L = mg/b$.

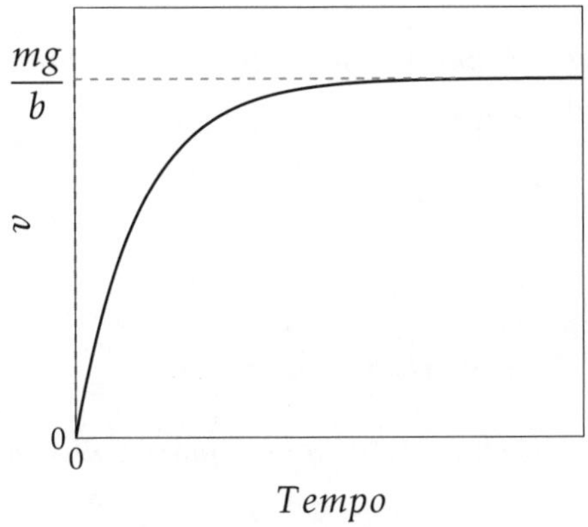

Figura 4.36: *Exemplo 4.4.2 - Velocidade versus tempo.*

■

Exemplo 4.4.3

Uma pedra foi lançada de uma plataforma cuja altura h é igual a 10 m. A velocidade inicial da pedra é $\vec{v}_0$, que faz um ângulo θ=60^0 com a horizontal como mostra a Fig.4.37. Sabendo-se que não há qualquer tipo de atrito e que a pedra toca o solo a uma distância de 90 metros da base da plataforma, determine as componentes da velocidade imediatamente antes de tocar o solo.

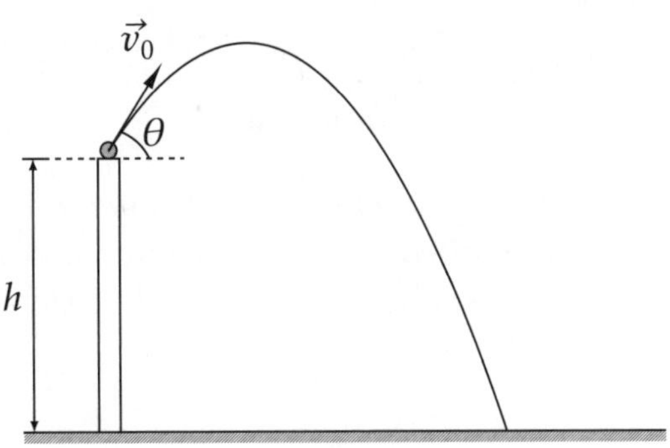

Figura 4.37: *Exemplo 4.4.3.*

SOLUÇÃO: *Uma vez que ao longo da horizontal o movimento ocorre com veloci-*

dade constante, a componente x da velocidade é dada por

$$v_{0x} = v_0 \cos\theta$$

Já a componente y da velocidade no instante imediatamente antes de tocar o solo pode ser determinada utilizando

$$v_y = v_{0y} - gt$$

com

$$v_{0y} = v_0 \sin\theta$$

Para determinarmos v_{0x} podemos utilizar a equação da trajetória, que é dada por

$$y = y_0 + \frac{v_{0y}}{v_{0x}}x - \frac{1}{2}\frac{g}{v_{0x}^2}x^2$$

que pode ser escrita como

$$y = y_0 + \tan\theta x - \frac{1}{2}\frac{g}{v_{0x}^2}x^2$$

Sabendo que a pedra toca o solo ($y = 0$) na posição $x = d = 90$ metros em relação à base da plataforma, temos, utilizando a equação anterior, que

$$0 = h + \tan\theta d - \frac{1}{2}\frac{g}{v_{0x}^2}d^2$$

Rearranjando os termos da equação acima podemos encontrar que a componente x da velocidade (v_{0x}) é dada por

$$v_{0x} = \sqrt{\frac{gd^2}{2(h + d\tan\theta)}}$$

Utilizando os valores de h=10 m, $d = 90$ m e $\theta = 60^o$, determinamos que $v_{0x} = 15,5$ m/s. Sabendo que ao longo da direção x o movimento da pedra é com velocidade constante, o instante de tempo em que ela toca o solo pode ser determinado por

$$x = v_{0x}t$$

Substituindo $x = d = 90$ m e v_{0x} =15,5 m/s na equação acima, encontramos que no instante de tempo $t = 5,8$ s a pedra tocará o solo. Com os resultados anteriores podemos determinar a componente y da velocidade utilizando

$$v_y = v_{0y} - gt$$

com

$$v_{0y} = v_{0x} \tan\theta$$

ou seja,

$$v_{0y} = 26,8\ m/s \qquad e \qquad v_y = -30,0\ m/s$$

Disso tudo encontramos que a velocidade imediatamente antes de tocar o solo é dada por

$$\vec{v} = v_x\hat{\imath} + v_y\hat{\jmath}$$
$$\vec{v} = 15,5\hat{\imath} - 30,0\hat{\jmath} \quad m/s$$

■

4.4.1 Exercícios

1. Um projétil é lançado com uma velocidade de 30 m/s fazendo um ângulo de 60° com a horizontal. Sabendo que o projétil atinge o mesmo plano de lançamento, determine:
   a) A altura máxima atingido pelo projétil.
   b) O instante de tempo em que o projétil atinge a altura máxima.
   c) O tempo que o projétil demora para atingir o mesmo plano, o tempo de voo.
   d) A velocidade no instante $t = 3$ segundos.

2. Uma esfera pequena é lançada a partir do solo com uma velocidade $\vec{v}_0$ fazendo um ângulo θ com a horizontal.
   a) Mostre que o alcance horizontal máximo ocorre quando $\theta = 45^o$.
   b) Mostre que a altura máxima é atingida quando a coordenada x do movimento da pedra é metade do alcance horizontal máximo.

3. Com objetivo de alcançar seu companheiro que está a uma distância d, um jogador faz um lançamento chutando uma bola com velocidade inicial $\vec{v}_0$ que faz um ângulo θ com o solo. Mostre que há dois ângulos de lançamento que permitem que o objetivo seja alcançado e que a soma desses dois ângulos é igual a 90°.

4. Duas bolas são lançadas com velocidades iguais a v_0 de uma altura H. Uma delas é lançada para cima fazendo um ângulo α com a horizontal e a outra é arremessada para baixo fazendo um ângulo β com a horizontal. Determine a velocidade de cada uma das bolas ao tocar o solo.

5. Um projétil é disparado com velocidade v_0 fazendo uma ângulo θ com a horizontal em uma região onde não há atrito. Sabendo-se que o projétil atinge uma altura máxima h e toca o solo a uma distância d do ponto de disparo, mostre que a velocidade inicial do projétil e o ângulo θ podem ser determinados por

$$v_0 = \sqrt{\frac{g(d^2 + 16h^2)}{8h}} \qquad \text{e} \qquad \sin\theta = \frac{4h}{\sqrt{d^2 + 16h^2}}$$

6. Uma pedra é lançada de uma altura h, como mostra a Fig.4.38, em uma região onde o atrito pode ser desprezado. Sabendo-se que a pedra atinge o solo a uma distância d da base da plataforma de onde foi lançada, mostre que a altura máxima atingida pela pedra é

$$H_{max} = h + \frac{d^2 \tan^2\theta}{4(h + d\tan\theta)}$$

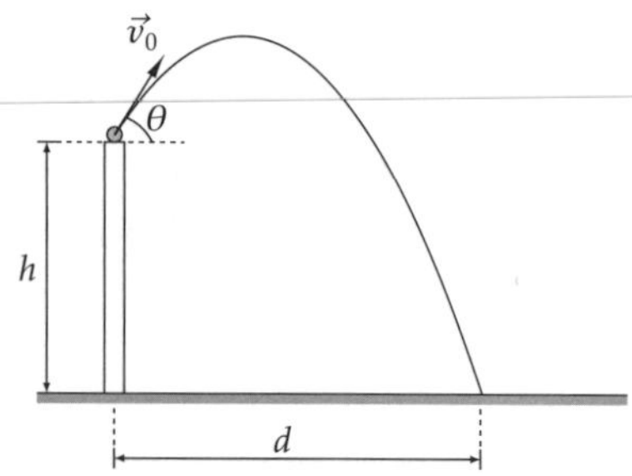

Figura 4.38: *Exercício 6.*

7. Um jogador de basquete lança uma bola de um ponto atrás da linha dos três pontos com velocidade $v_0 = 10$ m/s a fim de acertar a cesta que está a uma altura $H = 3$ metros do solo. Sabendo-se que a bola é lançada de uma altura $h = 1{,}9$ m e que a bola no instante do lançamento está a uma distância $d = 8$ metros do seu objetivo, como mostra a Fig.4.39, determine o ângulo de lançamento θ para que o jogador consiga acertar a cesta e marcar os pontos.

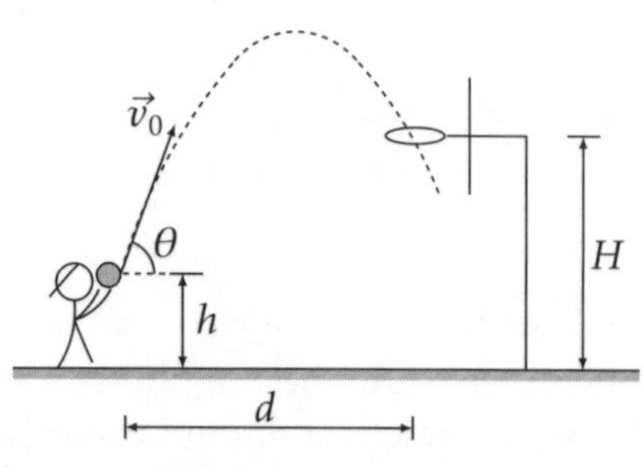

Figura 4.39: *Exercício 7.*

8. Uma esfera de diâmetro d é lançada horizontalmente com velocidade $\vec{v}_0$ como mostra a Fig.4.40. Determine o intervalo de $\vec{v}_0$ para que a esfera passe por uma abertura cuja largura é igual a $\ell = 3,5d$.

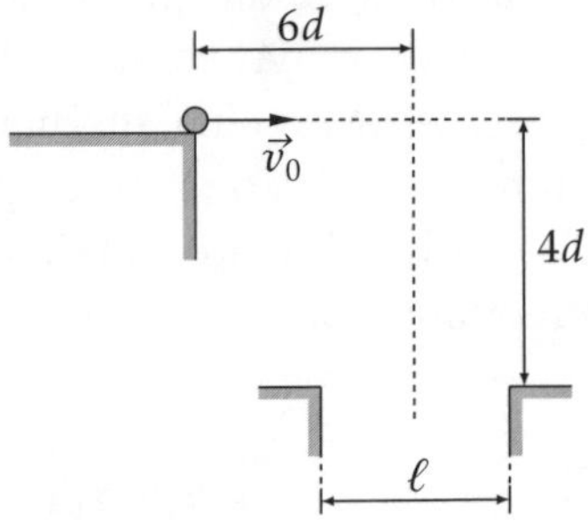

Figura 4.40: *Exercício 8.*

9. Uma pedra de dimensões desprezíveis é lançada com velocidade $v_0 = 1$ m/s fazendo um ângulo $\theta = 15^o$ com a horizontal de uma altura h igual a 3 metros, como mostra a Fig.4.41. Encontre o maior valor para a distância d para o qual a esfera cairá dentro de uma caixa de largura $\ell = 50$ cm e altura 25 cm colocada no solo.

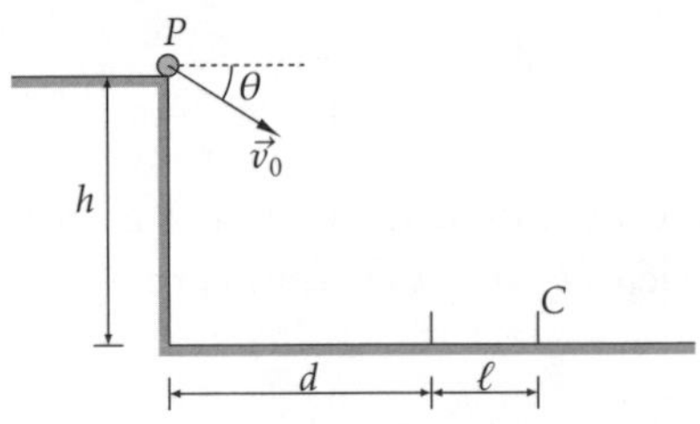

Figura 4.41: *Exercício 9.*

10. Uma bola é lançada com velocidade $\vec{v}_0$ fazendo um ângulo $\theta = 20^o$ com a horizontal como mostra a Fig.4.42. Sabendo-se que a bola atinge o ponto B e que $h = 5$ m, $D = 125$ m e $\beta = 35^o$ determine a velocidade $\vec{v}_0$ e tempo que ela demora para atingir o ponto B.

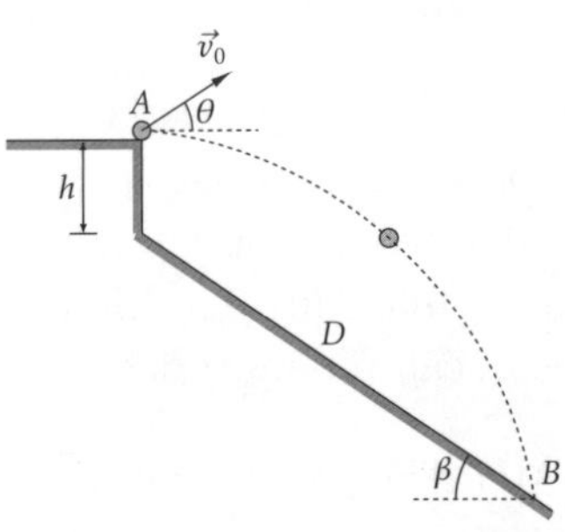

Figura 4.42: *Exercício 10.*

4.5 Movimentos oscilatórios

Consideremos o bloco de massa m preso a uma mola de constante elástica k como mostrado na Fig.4.43 (a). Considere ainda que o bloco é deslocado da posição de equilíbrio ($x_0 = 0$) para a posição $x = A$, como na Fig.4.43 (b), e abandonado. Devido às características da força elástica e na ausência de qualquer tipo de força de atrito, o bloco realizará um movimento entre os pontos $x = A$ e $x = -A$ que chamamos de oscilatório. A distância A é o máximo deslocamento do bloco e chamamos de amplitude do movimento.

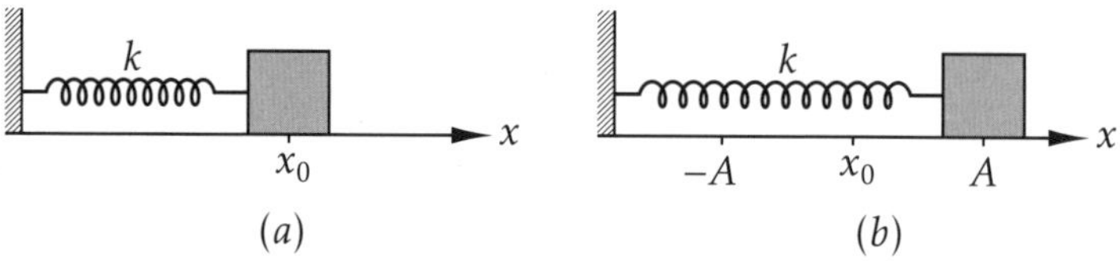

Figura 4.43: Movimento oscilatório.

A equação que descreve o movimento oscilatório mostrado na Fig.4.43 pode ser determinado a partir da Eq.(2.1) escrita da seguinte forma:

$$F_R = m\frac{d^2x}{dt^2} \tag{4.52}$$

Como o movimento ocorre ao longo do eixo x e a força que é responsável pelo movimento é a força elástica ($F_e = -kx$), temos que

$$F_R = -kx \tag{4.53}$$

logo,

$$-kx = m\frac{d^2x}{dt^2} \tag{4.54}$$

$$\frac{d^2x}{dt^2} + \omega_0^2 x = 0 \tag{4.55}$$

com $\omega_0 = \sqrt{k/m}$ sendo a frequência angular dada em rad/s, que está associada ao período (intervalo de tempo para uma oscilação completa) por $\omega_0 = 2\pi/T$, onde T é o período. A Eq.(4.55) é conhecida como a equação do ***movimento harmônico simples (MHS)***. Essa equação é uma equação diferencial de segunda ordem com coeficientes constantes cuja solução é dada por[3]

$$x(t) = A\cos(\omega_0 t + \phi) \tag{4.56}$$

[3] Ver o Apêndice A.8 para maiores detalhes.

onde A é a amplitude e ϕ a constante de fase. A partir da Eq.(4.56) podemos facilmente, e por isso deixaremos como exercício, mostrar que a equação da velocidade e da aceleração no MHS são dadas por

$$v(t) = -\omega_0 A \sin(\omega_0 t + \phi) \tag{4.57}$$

$$a(t) = -\omega_0^2 A \cos(\omega_0 t + \phi) \tag{4.58}$$

A fim de entendermos melhor o significado da constante de fase (ϕ) e da frequência angular ω_0, vamos analisar as Figs.4.44 e 4.45. Na Fig.4.44 mostramos a evolução da posição da velocidade e da aceleração para diferentes valores da constante de fase (ϕ), porém mantendo constante a frequência angular ω_0. Pela Fig.4.45 podemos notar que, quanto maior for a frequência angular, menor será o período de oscilação.

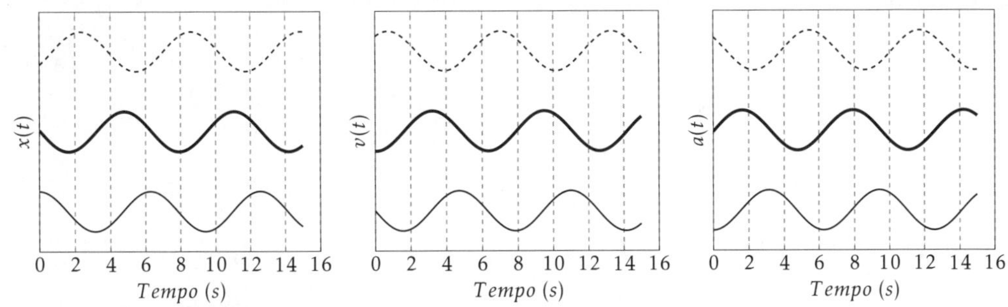

Figura 4.44: *Posição, velocidade e aceleração, Eqs.(4.56-4.58), com A=0,1 m, ϕ=0 rad (linha fina), ϕ=1,5 rad (linha grossa), ϕ=-2,3 rad (linha tracejada) e ω_0=1 rad/s.*

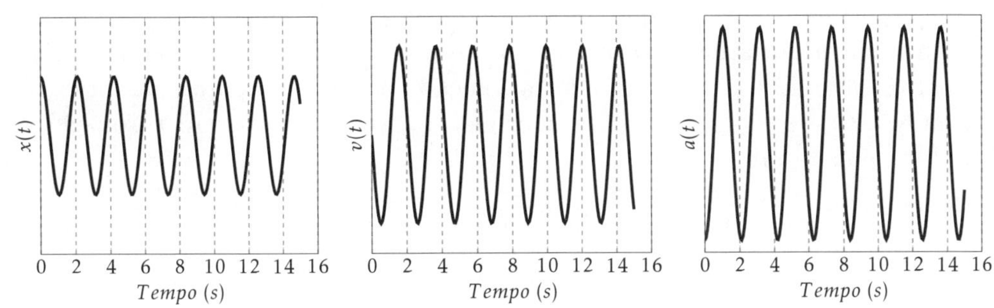

Figura 4.45: *Posição, velocidade e aceleração, Eqs.(4.56-4.58), com A=0,1 m, ϕ=0 rad e ω_0=3 rad/s.*

Vamos agora considerar que o bloco de massa m está preso a uma mola, porém submetido a uma força de atrito proporcional à velocidade, ou seja,

$$\vec{f}_{at} = -bv\hat{i} \tag{4.59}$$

onde b é uma constante positiva. A força de atrito pode ser representada por um sistema como mostrado na Fig.4.46. Na figura a força de atrito é devido ao movimento de uma "pá" imersa em um fluido, presa a uma haste, que, por sua vez, está conectada ao bloco de massa m.

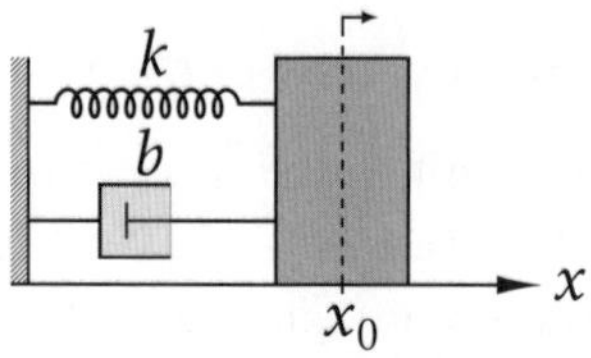

Figura 4.46: Movimento oscilatório com amortecimento.

Para o sistema mostrado na Fig.4.46 podemos escrever que

$$\vec{F}_R = -kx\hat{i} - bv\hat{i} \tag{4.60}$$

$$m\frac{d^2x}{dt^2} = -kx - bv \tag{4.61}$$

ou ainda

$$\frac{d^2x}{dt^2} + 2\gamma\frac{dx}{dt} + \omega_0^2 x = 0 \tag{4.62}$$

com $\omega_0 = \sqrt{k/m}$ e $2\gamma = b/m$. A Eq.(4.62) é uma equação diferencial de segunda ordem homogênea e com coeficientes constantes.[4]

É importante perceber que, dependendo da relação entre o amortecimento (γ) e a frequência natural, (ω_0) o sistema responderá de forma diferente. Para melhor entendimento, vamos estudar a solução da Eq.(4.62) para duas situações distintas: $\gamma < \omega_0$ e $\gamma > \omega_0$. Para o primeiro caso, onde $\gamma < \omega_0$, a solução da Eq.(4.62) é dada por

$$x(t) = Ae^{-\gamma t}\cos(\omega_1 t + \phi) \tag{4.63}$$

com

$$\omega_1 = \sqrt{\omega_0^2 - \gamma^2} \qquad \text{e} \qquad \gamma = \frac{b}{2m} \tag{4.64}$$

e ϕ sendo a constante de fase. Pode-se perceber pela Eq.(4.63) que o bloco oscila ao redor da posição de equilíbrio (x_0), porém com a amplitude diminuindo com o passar do tempo. Na Fig.4.47 mostramos como varia a posição em função do

[4] Ver o Apêndice A.8 para maiores detalhes.

tempo para o caso $\gamma < \omega_0$, onde a linha tracejada é o termo $Ae^{-\gamma t}$ que representa a amplitude ao longo do tempo.

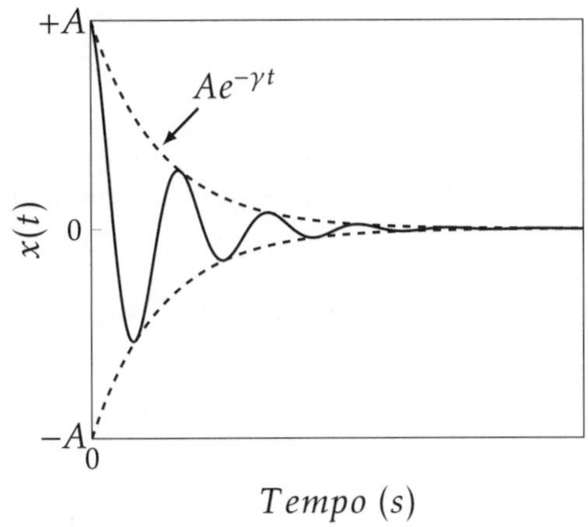

Figura 4.47: *Posição x(t), Eq.(4.63), com A=0,1 m, ϕ=0 rad, γ=1 s^{-1} e ω_0=5 rad/s.*

Já para o segundo caso, onde $\gamma > \omega_0$, a solução da Eq.(4.62) é dada por

$$x(t) = C_1 e^{-(\gamma-\omega_2)t} + C_2 e^{-(\gamma+\omega_2)t} \tag{4.65}$$

onde C_1 e C_2 são constantes determinadas pelas condições iniciais e com ω_2 dada por

$$\omega_2 = \sqrt{\gamma^2 - \omega_0^2} \tag{4.66}$$

Analisando a Eq.(4.65) podemos perceber que, diferentemente do caso anterior (onde $\gamma < \omega_0$), o bloco não oscilará ao redor da posição de equilíbrio. Consideremos que no instante $t = 0$ o bloco está em repouso ($v_0 = 0$) na posição x_0. Utilizando essas condições iniciais na Eq.(4.65) é fácil mostrar, e por isso deixaremos como exercício, que

$$x(t) = \frac{x_0 e^{-\gamma t}}{2\omega_2}\left[(\omega_2+\gamma)e^{\omega_2 t} + (\omega_2-\gamma)e^{-\omega_2 t}\right] \tag{4.67}$$

Na Fig.4.48 mostramos uma comparação entre os dois casos ($\gamma < \omega_0$ e $\gamma > \omega_0$) aqui apresentados. O movimento representado na Fig.4.48 pela curva (a) é chamado de ***movimento subamortecido***, ou seja, o sistema (massa-mola) oscila ao redor do ponto de equilíbrio, porém com uma amplitude cada vez menor, e isso ocorre em decorrência da força de atrito. Por outro lado, a curva (b) na Fig.4.48 mostra que o sistema (massa-mola) diminui lentamente sua amplitude, porém sem qualquer tipo de oscilação. A esse tipo de movimento chamamos de ***movimento superamortecido***.

Podemos ainda discutir o caso quando $\gamma = \omega_0$. Nessa situação o movimento do sistema é conhecido como ***movimento criticamente amortecido***. Para esse caso a solução da Eq.(4.62) é dada por

$$x(t) = (C_1 + C_2 t)e^{-\gamma t} \tag{4.68}$$

onde C_1 e C_2 são constantes determinadas pelas condições iniciais. Considerando que em $t = 0$ o bloco está em repouso na posição x_0, temos que a solução particular para a Eq.(4.68) é

$$x(t) = x_0(1 + \gamma t)e^{-\gamma t} \tag{4.69}$$

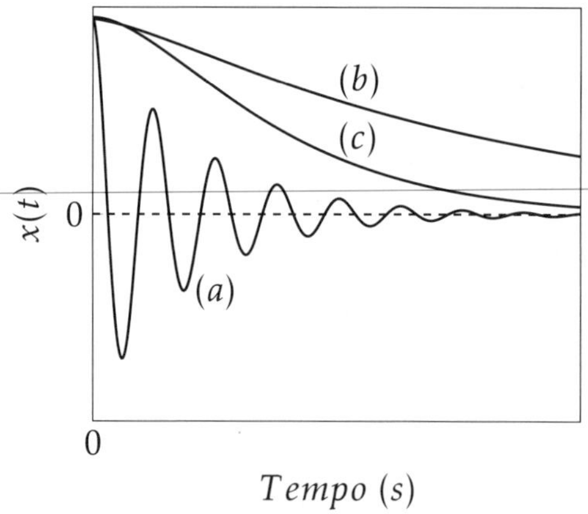

Figura 4.48: *Posição x(t) para os movimentos descritos pelas Eqs.(4.63) e Eqs.(4.67). A curva (a) corresponde ao movimento subamortecido ($\gamma < \omega_0$), a curva (b) ao movimento superamortecido ($\gamma > \omega_0$) e a curva (c) ao movimento criticamente amortecido ($\gamma = \omega_0$).*

É importante notar que no caso criticamente amortecido onde $\gamma = \omega_0$ o sistema (massa-mola) tem a amplitude diminuída mais rapidamente em comparação ao movimento superamortecido, como mostrado na curva (c) da Fig.4.48.

Nos movimentos oscilatórios discutidos até o momento foi levado em conta apenas uma força restauradora (devido a uma mola) e a força de atrito de arrasto que depende da velocidade e das características do meio. Pela Fig.4.48 notamos que, dependendo da relação entre o coeficiente γ, que descreve o amortecimento, e a frequência de oscilação ω_0, o sistema apresenta diferentes características de oscilação.

Outro caso interessante dos movimentos oscilatórios é o caso em que uma força externa é aplicada ao sistema. Para esse caso vamos considerar que essa força é dependente do tempo. Levando isso em consideração podemos escrever a

Eq.(4.62) da seguinte forma:

$$\frac{d^2x}{dt^2} + 2\gamma\frac{dx}{dt} + \omega_0^2 x = \frac{F(t)}{m} \tag{4.70}$$

Os diferentes tipos de oscilação causados pela aplicação de uma força externa do tipo $F(t)$ são chamados vibrações forçadas ou simplesmente oscilações forçadas, e na engenharia há diferentes situações que são caracterizadas como oscilações forçadas. Além disso esse tipo de problema dinâmico apresenta grande similaridade com vários circuitos elétricos oscilantes.

Vamos considerar um caso bem interessante de oscilação forçada, que é o caso em que $F(t)$ é igual a

$$F(t) = F_0 \cos \omega_e t \tag{4.71}$$

onde F_0 é amplitude da força e ω_e a frequência angular na qual a força é aplicada, e com isso a Eq.(4.70) fica sendo

$$\frac{d^2x}{dt^2} + 2\gamma\frac{dx}{dt} + \omega_0^2 x = \frac{F_0}{m}\cos \omega_e t \tag{4.72}$$

É importante perceber que, diferentemente de antes, a Eq.(4.72) é uma equação diferencial de segunda ordem com coeficientes constantes, porém não homogênea. A solução desse tipo de equação requer um pouco mais de cuidado.[5] A solução geral da Eq.(4.72), para $\omega_0 > \gamma$, é dada por

$$x(t) = Ce^{-\gamma t}\cos(\omega_1 t + \phi_1) + \frac{F_0}{m}\frac{1}{\sqrt{4\gamma^2\omega_e^2 + (\omega_e^2 - \omega_0^2)^2}}\cos(\omega_e t - \phi) \tag{4.73}$$

com a constante de fase ϕ determinada por

$$\tan\phi = \frac{2\gamma\omega_e}{\omega_0^2 - \omega_e^2} \tag{4.74}$$

O primeiro termo da Eq.(4.73) corresponde à solução homogênea e o segundo à solução particular da Eq.(4.72). O primeiro termo depende exponencialmente do tempo e o chamamos de transiente; já o segundo termo representa o estado estacionário, que não depende das condições iniciais, diferentemente do termo transiente. Uma vez atingido o estado estacionário, o transiente logo desaparece e o sistema oscila com frequência ω_e e amplitude dada por

$$A = \frac{F_0}{m}\frac{1}{\sqrt{4\gamma^2\omega_e^2 + (\omega_e^2 - \omega_0^2)^2}} \tag{4.75}$$

[5] Ver o Apêndice A.8 para maiores detalhes.

Analisando a Eq.(4.75) podemos perceber que a amplitude de oscilação apresenta um máximo quando a frequência externa ω_e se aproxima da frequência ω_0, que chamamos de frequência natural do sistema. Nas Figs.4.49 (a) e (b) mostramos a amplitude em função da razão ω_e/ω_0 para diferentes constantes de amortecimento γ assim como para diferentes frequências naturais.

Pelas Fig.4.49 (a) e (b) podemos notar que, embora a máxima amplitude ocorra quando ω_e se aproxima de ω_0 tanto para ω_0 pequeno (Fig.4.49 (a)) quanto para ω_0 grande (Fig.4.49 (b)), a posição de máxima amplitude é fortemente dependente do amortecimento. Além disso, o amortecimento tem o papel de diminuir a amplitude de oscilação causada pela força externa aplicada ao sistema. Para o caso em que o amortecimento é desprezível, a máxima amplitude de oscilação ocorre exatamente quando $\omega_e = \omega_0$.

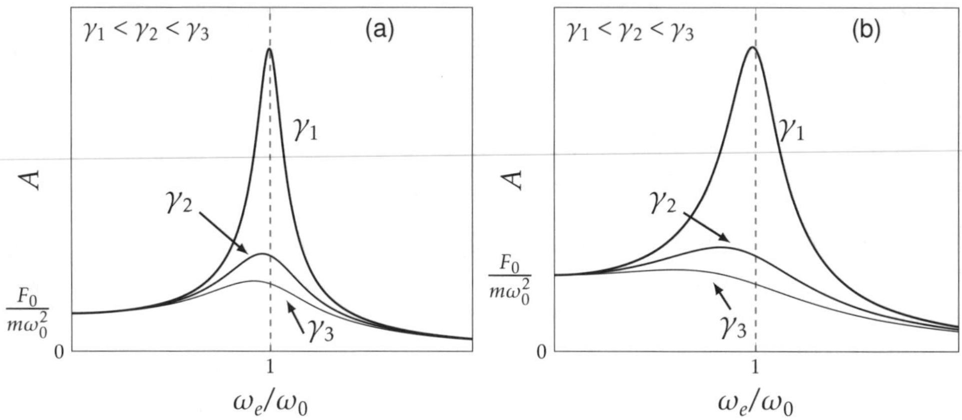

Figura 4.49: *Amplitude em função da razão ω_e/ω_0 para diferentes constantes de amortecimento γ e diferentes ω_0. Na figura (b) a frequência natural é maior que a da figura (a).*

Para melhor entendermos em quais condições o sistema oscilará com a máxima amplitude, devemos determinar o valor de ω_e que maximiza a amplitude dada pela Eq.(4.75). É simples determinar a frequência ω_e que maximiza a amplitude, e por isso deixaremos como exercício encontrar que

$$\omega_{eR} = \omega_0 \sqrt{1 - \frac{2\gamma^2}{\omega_0^2}} \tag{4.76}$$

Pela equação acima fica claro que apenas na ausência de amortecimento a frequência que maximiza a amplitude é aquela igual a frequência natural do sistema. A frequência determinada pela Eq.(4.76) é chamada de frequência de ressonância e, nesse caso, o sistema está em ressonância de amplitude, ou seja, está oscilando com a máxima amplitude possível.

Exemplo 4.5.1

Um sistema massa-mola realiza movimento harmônico simples. Considerando que o bloco ligado à mola tem massa 1 kg e que a constante elástica mola é igual a 100 N/m, determine a amplitude de oscilação, a posição e a velocidade do bloco no instante $t = 0$, sabendo-se que no instante t=1 s a posição e a velocidade do bloco são, respectivamente, iguais a $x = 0,2$ m e v =3,5 m/s.

SOLUÇÃO: *Como o sistema realiza movimento harmônico simples, a posição e a velocidades são determinadas por*

$$x(t) = A\cos(\omega_0 t + \phi)$$

$$v(t) = -A\omega_0 \sin(\omega_0 t + \phi)$$

onde A é a amplitude, ω_0 a frequência angular e ϕ a constate de fase. Utilizando as equações para $x(t)$ e $v(t)$ mostradas acima, podemos escrever que

$$x(t)^2 = A^2\cos^2(\omega_0 t + \phi)$$

$$\left[\frac{v(t)}{\omega_0}\right]^2 = A^2\sin^2(\omega_0 t + \phi)$$

É fácil de perceber que das equações acima[6] *encontramos que a amplitude de oscilação para o sistema massa-mola é dada por*

$$A = \sqrt{x(t)^2 + \frac{v(t)^2}{\omega_0^2}}$$

com $\omega_0 = \sqrt{k/m}$. Substituindo os valores de $x = 0.2$ m e $v = 3.5$ m/s que correspondem ao instante $t = 1$ s determinamos que a amplitude de oscilação é $A = 0.4$ m. Já a posição e a velocidade no instante $t = 0$ são iguais a

$$x(t) = A\cos\phi$$

$$v(t) = -A\omega_0 \sin\phi$$

Sabendo-se que no instante $t = 1$ s, $x = 0.2$ m e v =3,5 m/s e determinando a frequência angular $\omega_0 = \sqrt{k/m}$=10 rad/s, encontramos a constante de fase ϕ, da seguinte forma:

$$\tan(\omega_0 t + \phi) = -\frac{v(t)}{x(t)\omega_0}$$

[6] Lembre-se que: $\cos^2\theta + \sin^2\theta = 1$.

$$\tan(10+\phi) = -\frac{3,5}{0,2\times 10} \qquad \Rightarrow \qquad \phi = -11,05\ rad$$

Com os valores da constante $\phi = -11,05\ rad$, da amplitude $A = 0,4\ m$ e da frequência angular $\omega_0 = 10\ rad/s$ encontramos facilmente que no instante $t = 0$ a posição e a velocidade são, respectivamente, $x = 0,02\ m$ e $v = -4\ m/s$. ■

Exemplo 4.5.2

Um corpo de massa m é preso à extremidade de um fio de comprimento ℓ. Considere que esse corpo seja deslocado de um ângulo θ como mostra a Fig.4.50 e depois abandonado do repouso. Mostre que o movimento desse pêndulo para pequenas amplitudes de oscilação é do tipo *MHS* e que o período de oscilação não depende da massa do corpo.

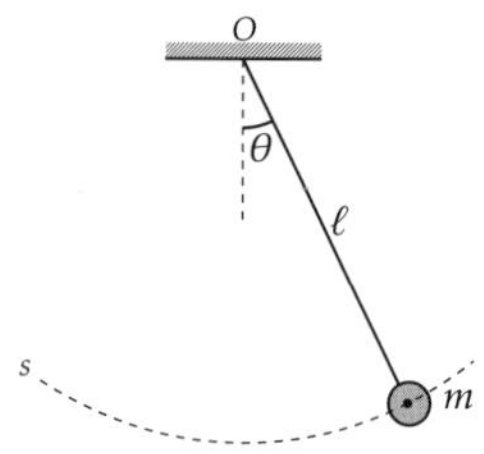

Figura 4.50: *Exemplo 4.5.2 – Pêndulo.*

SOLUÇÃO: *Para determinarmos o movimento que o corpo de massa m preso ao fio realiza, vamos analisar a Fig.4.51, onde mostramos o diagrama do corpo livre. Nessa figura $\vec{T}$ é a tração no fio e $\vec{F}_g$ a força gravitacional.*

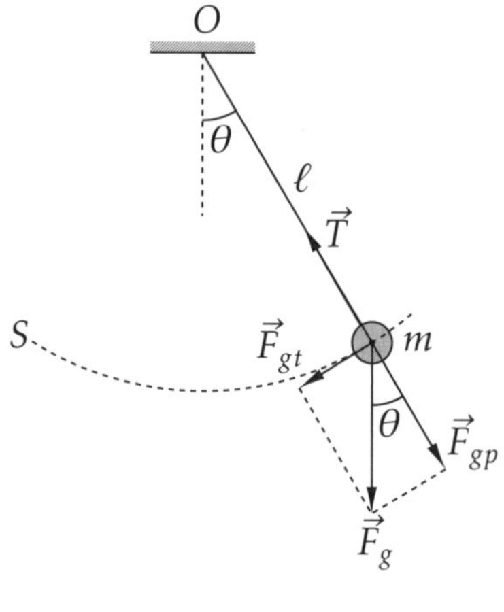

Figura 4.51: *Exemplo 4.5.2 – Diagrama do corpo livre.*

É importante perceber que, quando o corpo de massa m se movimenta no sentido anti-horário ao longo do arco S, a componente tangencial da força gravitacional, $\vec{F}_{gt}$, está no sentido contrário ao movimento ao longo do arco. Já quando o movimento é no sentido horário ao longo do arco S, a componente tangencial da força gravitacional, $\vec{F}_{gt}$, também está no sentido contrário ao movimento. Dessa maneira a componente $\vec{F}_{gt}$ desempenha o papel de uma força restauradora, ou seja, uma força que tende a trazer o sistema a sua posição de equilíbrio. Disso tudo podemos escrever que

$$F_R = -F_{gt}$$

$$m\frac{d^2s}{dt^2} = -mg\sin\theta$$

$$\frac{d^2s}{dt^2} + g\sin\theta = 0$$

O comprimento do arco S está relacionado ao ângulo θ por $S = \ell\theta$. Para pequenas oscilações[7] $\sin\theta \approx \theta$ *(para qual valor de θ a igualdade é verdadeira?) e com isso a equação acima fica dada por*

$$\frac{d^2\theta}{dt^2} + \frac{g}{\ell}\theta = 0$$

Podemos notar que a equação acima é do mesmo tipo da Eq.(4.55), que descreve o movimento harmônico simples (MHS), e, dessa forma, para pequenas oscilações o pêndulo realizará um movimento harmônico ao redor do eixo que passa pelo ponto O mostrado na Fig.4.50 com a frequência angular (ω_0) dada por

$$\omega_0 = \sqrt{\frac{g}{\ell}}$$

e que está relacionada ao período de oscilação (T) por

$$\omega_0 = \frac{2\pi}{T}$$

Sendo assim, o período das oscilações do pêndulo simples fica dado por

$$T = 2\pi\sqrt{\frac{\ell}{g}}$$

que independe da massa m e da amplitude de oscilação. ■

[7] $\sin\theta = \theta - \frac{\theta^3}{3!} + \frac{\theta^5}{5!} + \cdots$

4.5.1 Exercícios

1. Um bloco de massa $m = 10$ kg está conectado à extremidade de uma mola que está conectada ao teto. O bloco é então abandonado e atinge a posição de equilíbrio após deformar a mola em 15 cm. Uma vez nessa posição o bloco é puxado por uma distância de 30 cm e então é solto, determine a amplitude, o período e a frequência de oscilação do bloco.

2. Uma partícula executa movimento harmônico simples ao longo da direção x. Sabendo-se que a velocidade máxima dessa partícula é 8 m/s e que a aceleração máxima é 32 m/s^2, determine a frequência angular e o período de oscilação dessa partícula.

3. Um bloco de massa m, mostrado na Fig.4.52, está conectados a duas molas de constantes elásticas iguais a k_1 e k_2.

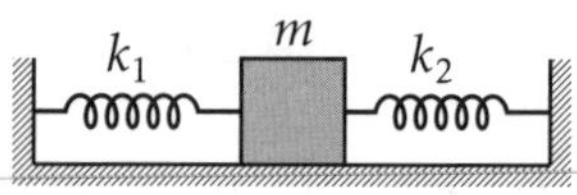

Figura 4.52: *Exercício 3.*

Mostre que a frequência angular do bloco pode ser escrita como sendo

$$\omega_0 = \sqrt{\omega_{01}^2 + \omega_{02}^2}$$

onde ω_{01} e ω_{02} são as frequências angulares que o bloco teria se conectado à mola de constante k_1 ou à de constante k_2.

4. O sistema massa-mola mostrado na Fig.4.53 oscila apoiado em uma superfície sem atrito,

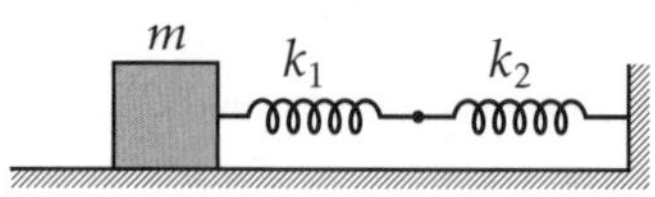

Figura 4.53: *Exercício 4.*

Mostre que o período de oscilação desse sistema é igual a

$$T = 2\pi\sqrt{\frac{m(k_1 + k_2)}{k_1 k_2}}$$

5. No sistema mostrado na Fig.4.54 os blocos de massa m_1 e m_2 estão conectados por uma barra rígida de massa desprezível. O sistema oscila sobre

uma superfície sem atrito com uma frequência igual a f_1. Uma medida da frequência de oscilação desse sistema sem a presença do bloco de massa m_1 indicou que o sistema oscila com uma frequência $f_2 = 2f_1$. Determine o valor da constante elástica da mola e o da massa m_2.

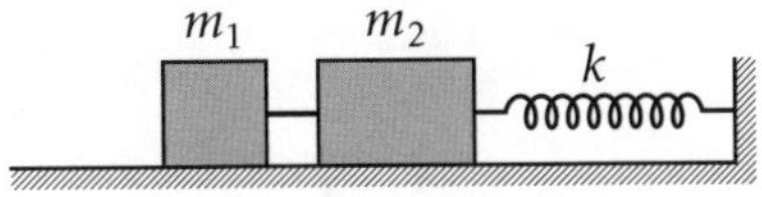

Figura 4.54: *Exercício 5*

6. Uma corda de comprimento ℓ está fixa nos pontos A e B. Um corpo de massa m está preso no ponto médio da corda. A corda é deslocada ao longo da direção y como mostra a Fig.4.55. Sabendo-se que, devido ao deslocamento, a corda fica tensionada com uma força F_0:

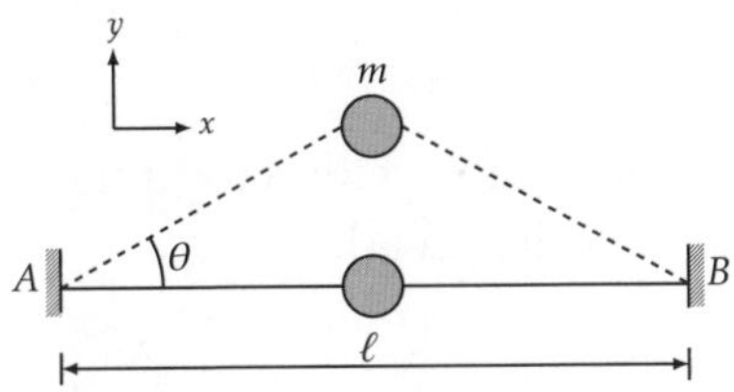

Figura 4.55: *Exercício 6.*

a) Mostre que o corpo de massa m realiza um movimento oscilatório cuja equação é dada por

$$\frac{d^2y}{dt^2} + \frac{4F_0}{m\ell}y = 0$$

b) Sabendo-se que o período de oscilação do corpo de massa m é igual ao período de um pêndulo simples de comprimento $\ell/2$, mostre que a força F_0 neste caso é igual a

$$F_0 = \frac{mg}{2}$$

7. Um bloco de massa M está conectado a uma mola na vertical. O período de oscilação desse bloco é T_0. Se um corpo de massa m for adicionado a esse sistema e colocado a oscilar, mostre que o período de oscilação passa a ser

$$T = T_0\sqrt{1 + \frac{m}{M}}$$

8. Um bloco de m é ligado a uma mola de constante elástica k e pode oscilar sem atrito entre duas superfícies como mostrado na Fig.4.56. No instante

$t = 0$ o bloco está na sua posição de equilíbrio com velocidade v_0. Mostre que equação do movimento e a aceleração máxima são iguais a

$$y = -\frac{v_0}{\omega}\sin\omega t + \frac{mg}{k} \qquad \text{e} \qquad a_{max} = v_0\omega$$

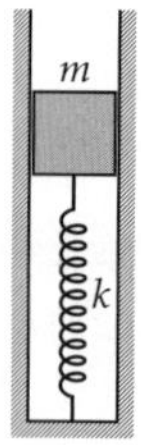

Figura 4.56: *Exercício 8.*

9. A posição de um oscilador amortecido vibrando ao longo do eixo x é descrito pela solução da equação diferencial,

$$\frac{d^2x}{dt^2} + 2\frac{dx}{dt} + 5x = 0$$

Sabendo-se que x é medido em metros e t em segundos, determine a frequência angular ω_0 e a razão b/m para esse oscilador. Mostre ainda que

$$x(t) = \frac{1}{2}e^{-t}(10\cos 2t - 5\sin 2t)$$

é solução da equação diferencial.

10. A Fig.4.57 mostra a posição de um bloco de massa m preso a uma mola de constante elástica k oscilando ao longo do eixo x. Sabendo-se que o sistema é amortecido por uma força de atrito proporcional à velocidade e que a constante de amortecimento desse sistema é b, mostre que o intervalo de tempo Δt entre os máximos consecutivos é constante e igual a

$$\Delta t = \frac{4m\pi}{\sqrt{4km - b^2}}$$

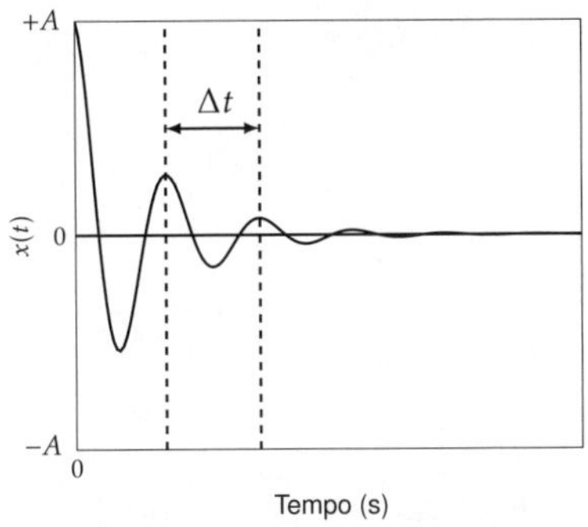

Figura 4.57: *Exercício 10.*

Problemas

1. Um bloco é lançado com velocidade inicial de 1,5 m/s sobre um plano inclinado de 30° com a horizontal. Sabendo-se que o coeficiente de atrito entre o plano e o bloco é $\mu = 1,5$, determine a distância em que o bloco vai estar da posição original após $1/2$ segundo.

2. Para o sistema mostrado na Fig.4.58, determine a força $\vec{F}$ horizontal necessária para que os blocos de massas m_1 e m_2 não apresentem movimento relativo entre eles. Considere que não há atrito entre os blocos e as superfícies de contato.

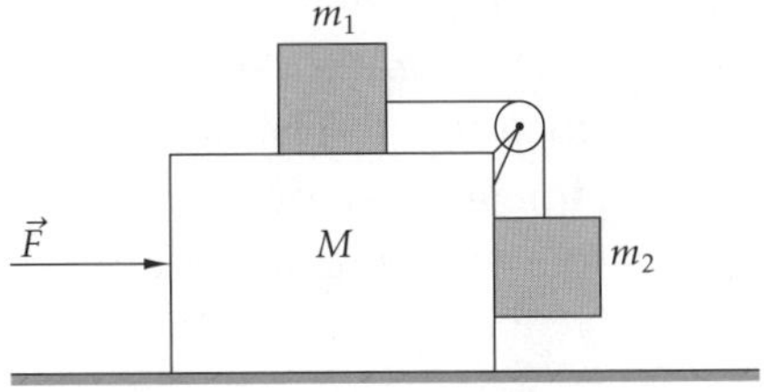

Figura 4.58: *Problema 2.*

3. Na Fig.4.59, o bloco de massa $m_1 = 1$ kg está sobre uma superfície inclinada e sem atrito e é conectado a outro bloco de massa $m_2 = 2$ kg. Uma força vertical para cima de módulo $F = 6$ N atua sobre o bloco de massa m_2, que tem uma aceleração para baixo de 6 m/s^2. Determine:
a) A tração na corda.
b) O ângulo β.

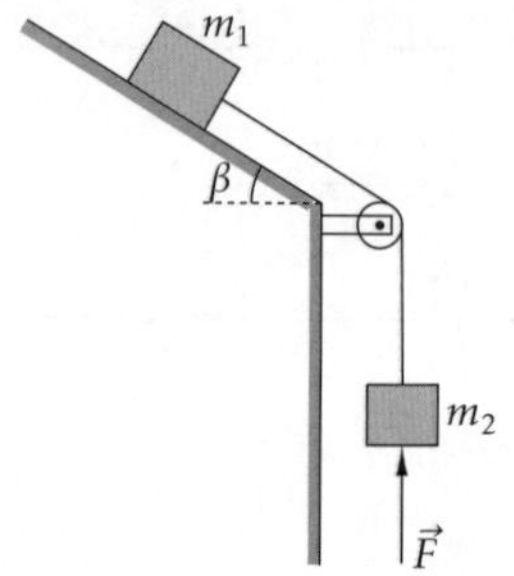

Figura 4.59: *Problema 3.*

4. Os blocos de massas $m_1 = 3m$ e $m_2 = m$ mostrados na Fig.4.60 estão conectados por uma corda de massa desprezível. Sobre o bloco de massa m_1 atua uma força horizontal $\vec{F}$. Determine o maior valor para a força $\vec{F}$ de modo que a corda não fique frouxa.

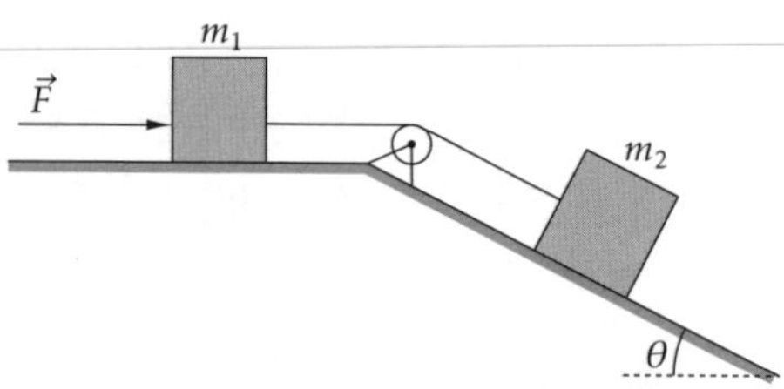

Figura 4.60: *Problema 4.*

5. Dois blocos de massas m_1 e m_2 estão sobre um plano inclinado de θ com a horizontal como mostra a Fig.4.61. Sabendo-se que os coeficientes de atrito entre os blocos de massa m_1 e de massa m_2 com a superfície são, respectivamente, iguais a μ_1 e μ_2, determine:
a) O menor ângulo θ que iniciará o movimento dos blocos.
b) Uma vez em movimento, determine a força de contato entre os blocos.

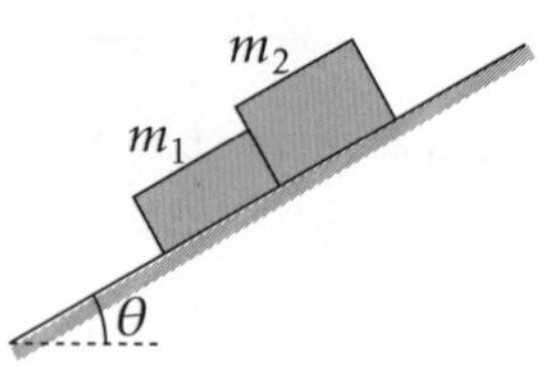

Figura 4.61: *Problema 5.*

6. Um bloco A de massa $m_A = 3m_0$ desliza com velocidade constante sobre um plano inclinado S com inclinação $\theta = 37^o$ em relação a horizontal, enquanto

a prancha P com massa $m_P = m_0$ está em repouso sobre A. A prancha, como mostra a Fig.4.62, está ligada por uma corda no topo do plano.

a) Se o coeficiente de atrito cinético entre A e P for igual ao coeficiente de atrito entre S e A, determine o seu valor.

b) Determine a tração na corda que liga a prancha P à parede.

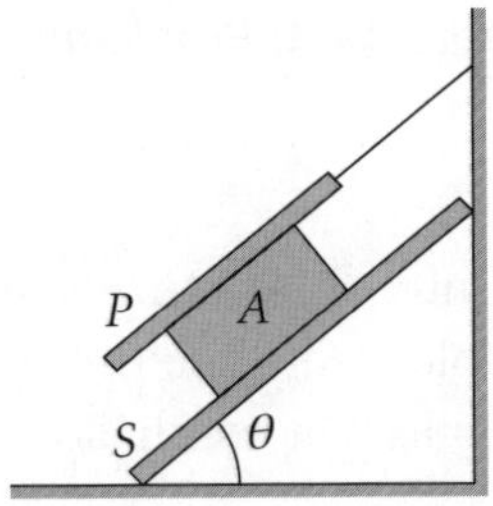

Figura 4.62: *Problema 6*

7. No sistema mostrado na Fig.4.63, os blocos possuem massas m_1 e m_2 e obedecem à relação $m_1/m_2 = \beta$ com $\beta > 1$. Considerando que não há atrito e que as massas das polias são desprezíveis, determine a altura máxima que bloco de massa m_2 atinge quando o bloco de massa m_1 é abandonado de uma altura h.

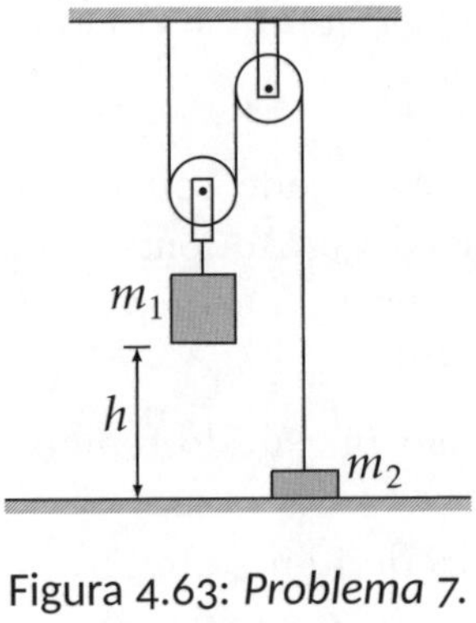

Figura 4.63: *Problema 7.*

8. Uma força constante $\vec{F}$ é aplicada ao bloco de massa m_1 fazendo um ângulo θ com a horizontal como mostra a Fig.4.64. Esse bloco está sobre um bloco de massa m_2, que, por sua vez, está sobre uma superfície plana.

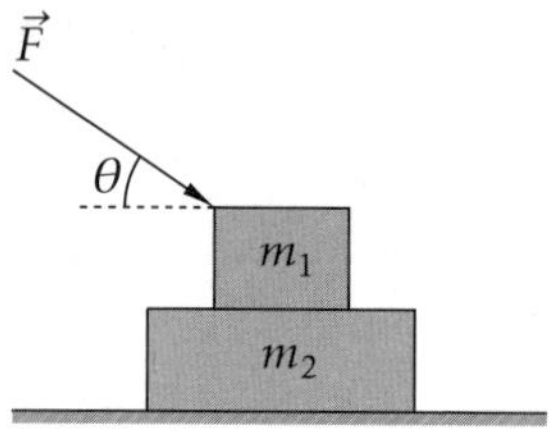

Figura 4.64: *Problema 8.*

Sabendo-se que o coeficiente de atrito entre o bloco de massa m_1 e o de massa m_2 é μ_1 e entre o bloco de baixo e a superfície é μ_2, mostre que o módulo da força deve satisfazer a condição

$$\frac{\mu_2 g(m_1+m_2)}{\cos\theta-\mu_2\sin\theta} < F \leq \frac{\mu_1 m_1 g}{\cos\theta-\mu_1\sin\theta}$$

para que o bloco de massa m_2 mova-se em relação ao solo e que o bloco de massa m_1 permaneça em repouso em relação ao bloco de massa m_2.

9. Em um espetáculo circense, um homem é disparado de um canhão (o popular bala-humana) com a ajuda de elásticos ou ar comprimido. Nesse número um homem de massa m foi lançado por um canhão de 5,2 metros de comprimento e inclinado de um ângulo $\theta = 53^o$. O homem foi disparado e aterrissou em uma rede, na mesma altura que a boca do canhão, a 69 metros de distância. Determine o módulo da força responsável pelo lançamento.

10. Um objeto de massa m é lançado sob um ângulo θ com a horizontal e com uma velocidade inicial $\vec{v_0}$. Ao longo do eixo x há a resistência do ar. Considere que essa resistência do ar possa ser representada por uma força constante dada por $\vec{F}_{ar}$=-F$_0\hat{i}$.

a) Escreva as equações em função do tempo que descrevem o movimento nas direções x e y.
b) Utilizando as equações do item anterior, mostre que a diferença entre o alcance sem atrito e com atrito é dada por

$$\Delta x = \frac{2v_0^2}{g}\frac{F_0}{mg}\sin^2\theta$$

c) A Fig.4.65 mostra o alcance em função do ângulo de lançamento θ na presença do atrito (curva tracejada) e na ausência do atrito (curva contínua). Considere que foi lançado com um ângulo de 70° em relação à horizontal e que a força do vento seja igual a 0,4mg. Nessas condições, qual foi o módulo da velocidade inicial ($\vec{v}_0$) de lançamento do objeto?

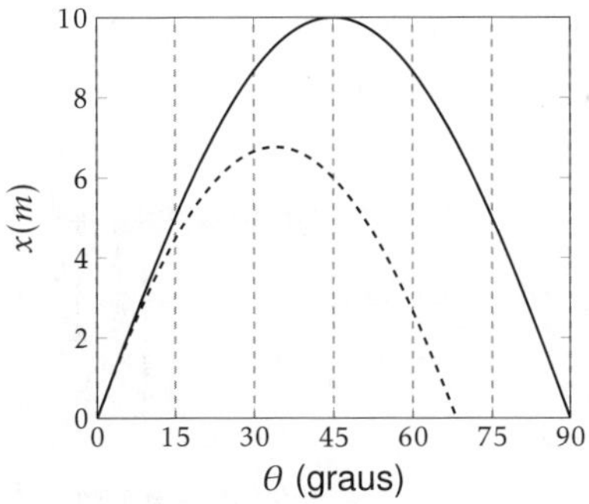

Figura 4.65: *Problema 10.*

11. Um projétil é lançado com velocidade $\vec{v}_0$, fazendo um ângulo β com um plano inclinado que faz um ângulo θ com a horizontal, como mostra a Fig.4.66. Determine para que ângulo β o alcance ao longo do plano é máximo e o valor desse alcance.

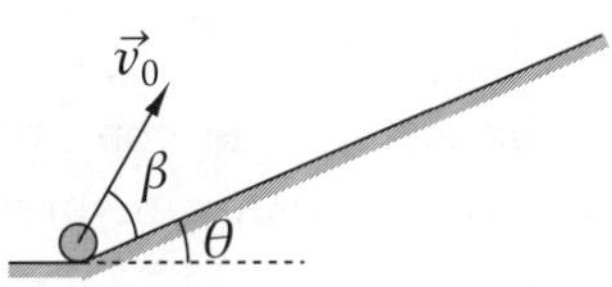

Figura 4.66: *Problema 11.*

12. Um projétil é lançado com velocidade $\vec{v}_0$ fazendo uma ângulo β com um plano inclinado que faz um ângulo θ com a horizontal, como mostra a Fig.4.67. Desprezando qualquer tipo de atrito, mostre que o projétil atingirá o plano com velocidade $\vec{v} = v_x\hat{i}$ se for lançado com o ângulo β, cuja tangente é dada por

$$\tan\beta = \left(\frac{\sin 2\theta}{3 - \cos 2\theta}\right)$$

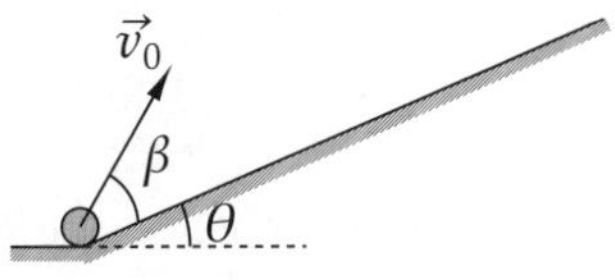

Figura 4.67: *Problema 12.*

13. Uma corda uniforme de massa m e de comprimento ℓ repousa sobre uma mesa sem atrito. Parte do seu comprimento está na vertical, como mostra a Fig.4.68. Sabendo-se que a parte na vertical tem comprimento b, determine o tempo que a corda leva para deslizar por completo ao longo da vertical sendo que ela parte do repouso.

Figura 4.68: *Problema 13.*

14. Considere a Fig.4.68 e, levando em conta que o coeficiente de atrito estático é μ_e e o dinâmico μ, determine:
a) O máximo comprimento da parte pendurada da corda de maneira que a corda permaneça em repouso.
b) A velocidade da corda quando ela deixa a mesa sabendo-se que ela partiu do repouso.

15. Um corda uniforme de massa m e de comprimento ℓ repousa sobre uma mesa sem atrito. Parte do seu comprimento está apoiada em um plano inclinado sem atrito, como mostra a Fig.4.69. Sabendo-se que a parte que está no plano inclinado tem comprimento $BC = b$, determine a velocidade da corda quando a extremidade A atingir o ponto B.

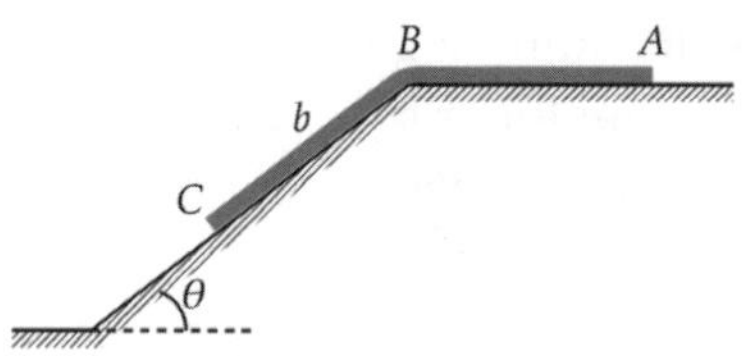

Figura 4.69: *Problema 15.*

16. A Fig.4.70 mostra um carrinho de massa m_0 que é utilizado para transportar areia que cai sobre ele a uma taxa constante e igual a β. Sabendo-se que o atrito é desprezível e que o carrinho é puxado com uma força F_0 constante e paralela à superfície, determine a velocidade e a aceleração do carrinho como função do tempo.

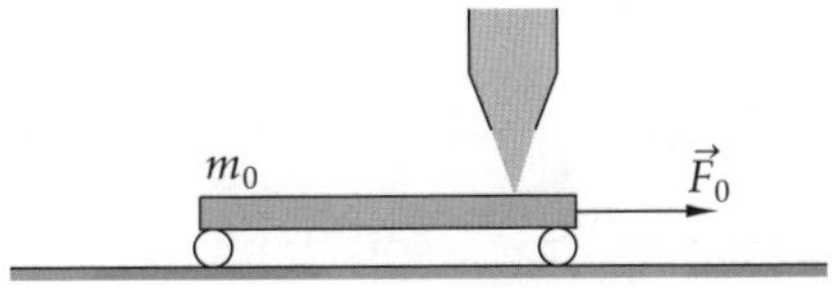

Figura 4.70: *Problema 16.*

17. Um corpo de massa m é lançado verticalmente para cima com velocidade v_0. Considerando que o corpo sofre ação de uma força de atrito do tipo $\vec{f}_{at} = -bv\hat{j}$, onde b é uma constante positiva e v a velocidade, determine:
    a) O tempo para que o corpo alcance a altura máxima.
    b) A altura máxima atingida pelo corpo.

18. Um partícula de massa m movimenta-se em uma trajetória retilínea sob ação de uma força, $\vec{F}_0 = F_0\hat{i}$, constante. Sabendo-se que ao longo do movimento a força de atrito é dada por $\vec{f}_{at} = -bv^2\hat{i}$, onde b é uma constante positiva e v a velocidade, determine a distância percorrida pela partícula entre os instantes nos quais sua velocidade muda de v_1 para v_2.

19. Um projétil é lançado com velocidade $\vec{v}_0$ e fazendo um ângulo θ com a horizontal. Sabendo-se que o projétil está submetido a uma força de atrito igual a $\vec{F}_{at} = -m\beta\vec{v}$, onde β é uma constante, mostre que a posição em função do tempo ao longo do eixo y é dada por

$$y(t) = \frac{1}{\beta}\left(v_0 \sin\theta + \frac{g}{\beta}\right)\left(1 - e^{-\beta t}\right) - \frac{gt}{\beta}$$

    Mostre ainda que, se $\beta \ll 1$, $y(t)$ se reduz à Eq.(4.30).

20. Uma pequena bola de aço de massa m é lançada ao longo da direção horizontal com uma velocidade inicial v_0. Determine as componentes normal e tangencial da aceleração da esfera após transcorrido um tempo τ. Mostre que a aceleração resultante é igual a g.

21. Uma partícula de massa m desliza sem qualquer tipo de atrito sobre a superfície inclinada mostrada na Fig.4.71 realizando movimento de vaivém. Sabendo-se que a partícula é abandonada de uma altura h, determine:

    a) O período do movimento.
    b) Se o movimento é harmônico simples.

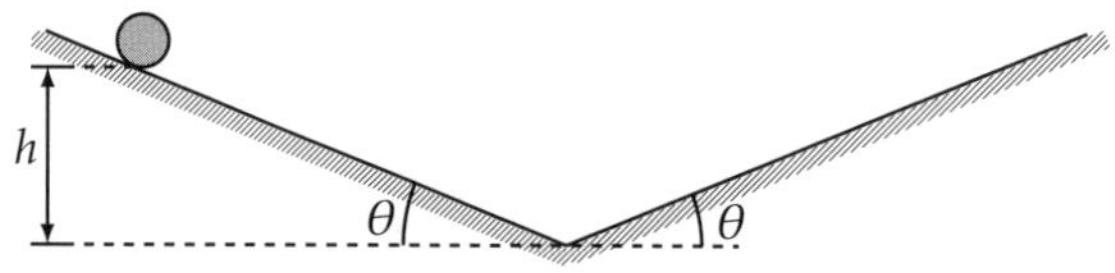

Figura 4.71: *Problema 21.*

22. Uma partícula de massa m está presa a uma corda elástica de massa desprezível. O comprimento dessa corda quando não deformada é ℓ_0 e sua tração aumenta proporcionalmente a sua deformação. Sabendo-se que a partícula é colocada a girar ao redor de um ponto fixo com uma frequência angular ω, mostre que a tração na corda em movimento circular uniforme é dada por

$$T = \frac{\omega^2}{\omega_0 - \omega^2} k\ell_0$$

onde $\omega_0 = \sqrt{k/m}$.

23. A Fig.4.72 mostra uma barra presa no ponto A por um pino. A barra pode, porém, girar no plano ao redor desse ponto. Sobre a barra repousa um corpo de massa m. Considerando que a barra tenha uma velocidade angular constante $\omega = 3$ rad/s e que o bloco está a uma distância $\ell = 60$ cm do ponto A, determine o coeficiente de atrito estático entre o bloco e a barra quando $\theta = 50^o$.

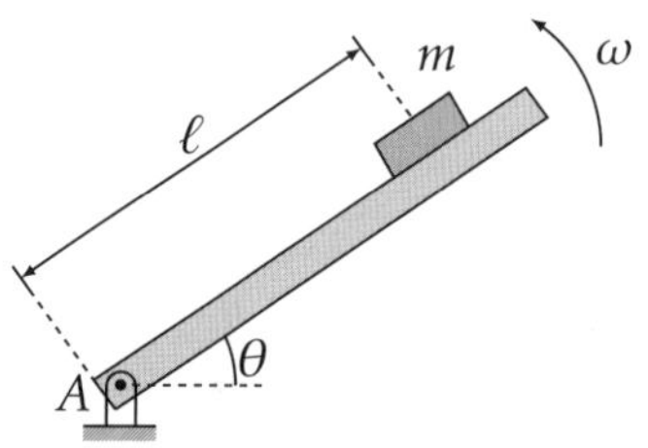

Figura 4.72: *Problema 23.*

24. Uma partícula de massa m está no interior de um cone invertido como mostra a Fig.4.73. Sabendo-se que o coeficiente de atrito estático entre a partícula e o cone é μ, encontre a máxima e miníma velocidade angular ω que o cone pode ter de modo que a partícula permaneça sempre na mesma altura H.

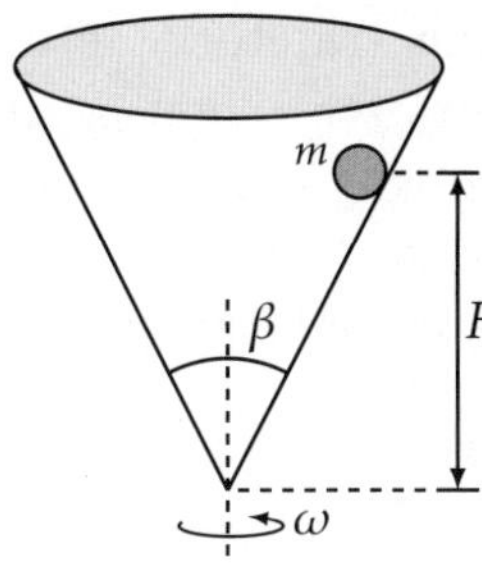

Figura 4.73: *Problema 24.*

25. Considere o sistema de blocos mostrados na Fig.4.74, onde as polias têm tamanhos desprezíveis e não há qualquer tipo de atrito. Determine a aceleração do bloco de massa m_1 e a tração no cabo que conecta esse bloco à polia p.

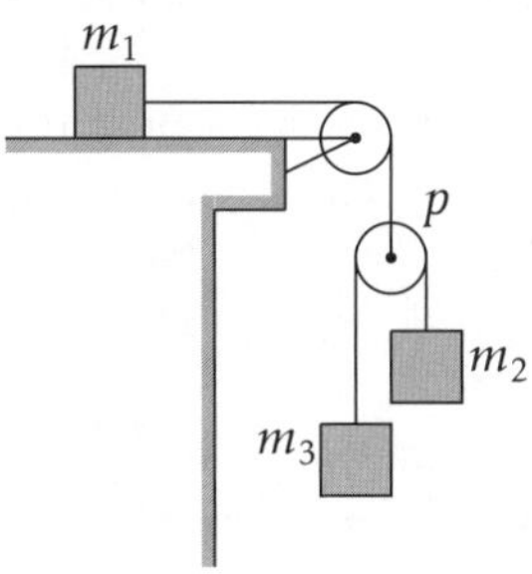

Figura 4.74: *Problema 25.*

26. Um corpo de massa m se movimenta sobre uma superfície horizontal sob ação de uma força $\vec{F}_0$, como mostra a Fig.4.75. Sabendo-se que o coeficiente de atrito entre o corpo e a superfície é μ, determine a aceleração do bloco e as reações nos pontos A e B.

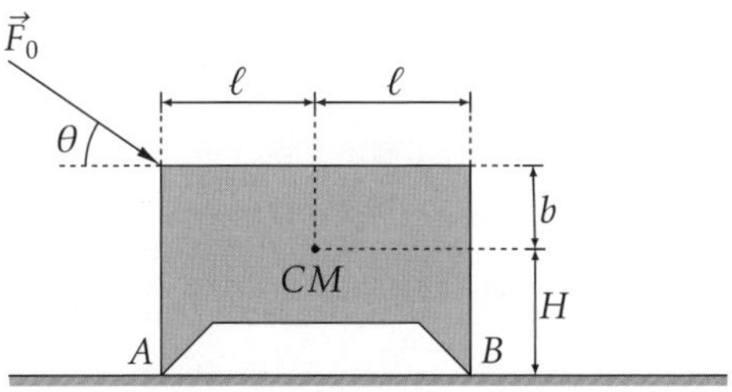

Figura 4.75: *Problema 26.*

27. Um corpo de massa m está preso a uma corda de comprimento ℓ e massa desprezível. Esse pêndulo está preso a um colar C que pode se movimentar

sem atrito ao longo de uma trajetória retilínea, como indica a Fig.4.76. Quando $\theta = 0$, o sistema está em repouso. O colar é posto em movimento com aceleração constante a, como indicado na figura.
a) Encontre a tração na corda.
b) Determine o ângulo para o qual a tração na corda é máxima, assim como o valor da tração máxima.

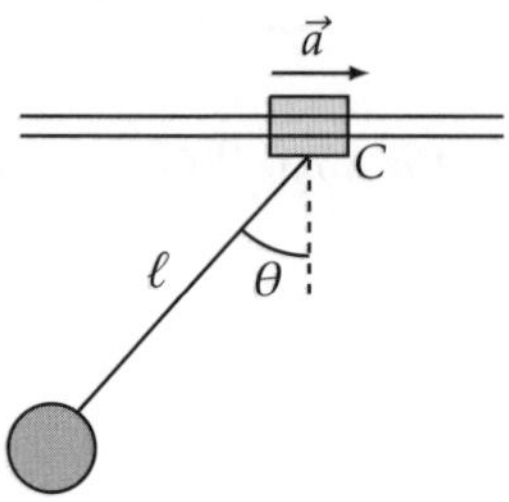

Figura 4.76: *Problema 27.*

28. Dois blocos de massas m_1 e m_2 estão conectados por uma mola de constante elástica k, como mostra a Fig.4.77, e se movimentam sobre uma superfície sem atrito.

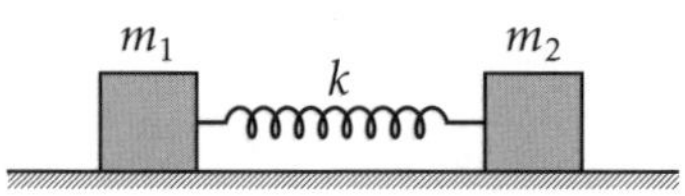

Figura 4.77: *Problema 28.*

Mostre que o sistema oscilatório obedece a uma equação do tipo

$$\frac{d^2x}{dt^2} + \omega^2 x = 0$$

com

$$\omega = \sqrt{\frac{k}{m_r}}$$

sendo m_r a massa reduzida do sistema que é dada por

$$m_r = \frac{m_1 m_2}{m_1 + m_2}$$

29. Considere as partículas cujas massas são $m_1 = m_2 = m$ mostradas na Fig.4.78. A partícula de massa m_1 pode se movimentar ao longo do eixo y, já a

partícula de massa m_2 se movimenta no plano xy. Mostre que as equações para o movimento r e θ são dadas por

$$\frac{d^2r}{dt^2} = \frac{r}{2}\left(\frac{d\theta}{dt}\right)^2 + \frac{g}{2}(1-\cos\theta)$$

$$\frac{d^2\theta}{dt^2} = -\frac{2}{r}\frac{dr}{dt}\frac{d\theta}{dt} - \frac{g}{r}\sin\theta$$

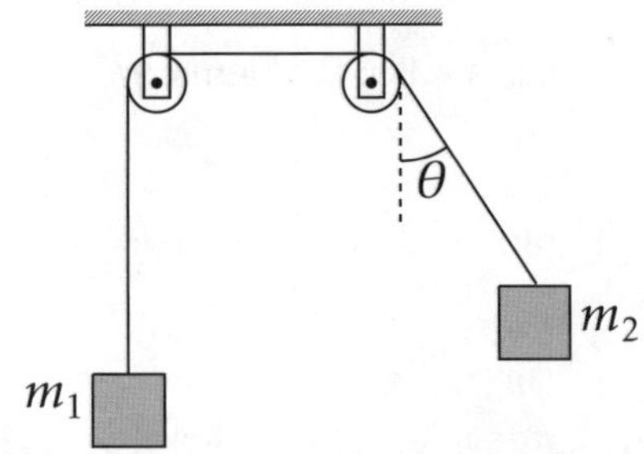

Figura 4.78: *Problema 29.*

30. Na Fig.4.79 os blocos têm massas $m_1 = m_2 = m$ e estão conectados a molas de constantes elásticas k_1 e k_2.

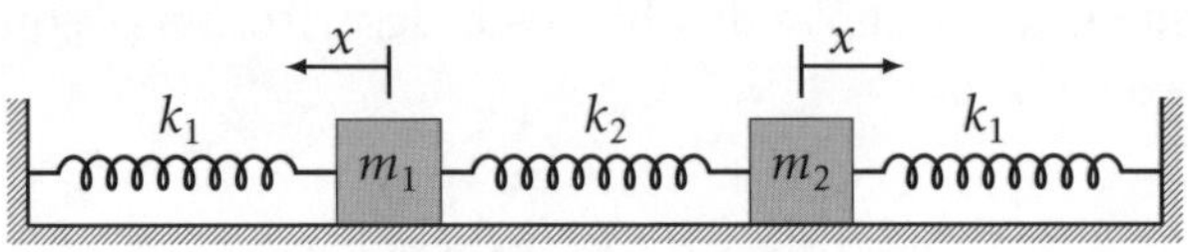

Figura 4.79: *Problema 30.*

As massas são deslocadas como mostra a figura e depois abandonadas. Mostre que o período de oscilação do sistema é dado por

$$T = 2\pi\sqrt{\frac{m}{k_1 + 2k_2}}$$

31. Considere o sistema mostrado na Fig.4.80, onde os blocos de massas m_1 e m_2 estão conectados a molas de constantes elásticas k_1 e k_2, respectivamente. Os blocos estão conectados ainda a um braço que pode se mover ao redor do ponto O sem qualquer atrito. O conjunto é deslocado para a direita e abandonado. Mostre que a frequência de oscilação do sistema é dada por

$$\omega = \sqrt{\frac{a^2k_1 + b^2k_2}{a^2m_1 + b^2m_2}}$$

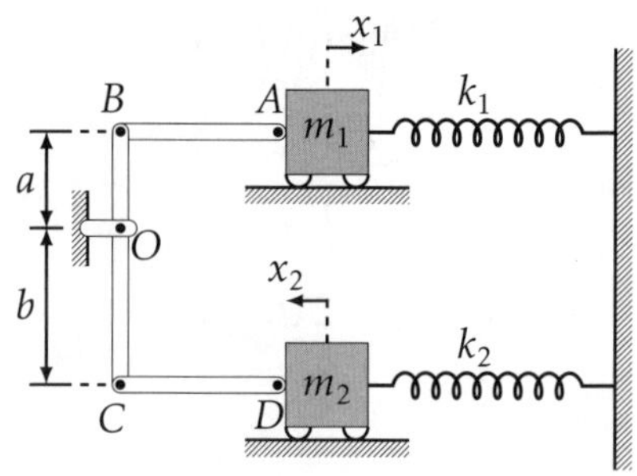

Figura 4.80: *Problema 31.*

32. A Fig.4.81 mostra dois blocos de massas $m_A = m_B = m$ conectados a molas.

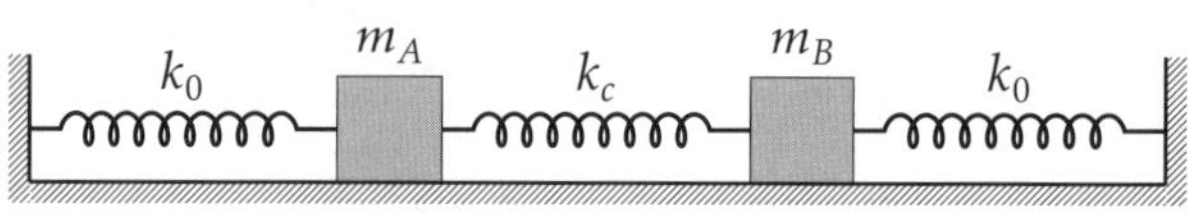

Figura 4.81: *Problema 32.*

a) Mostre que o movimento dos blocos é descrito pelas equações

$$m\frac{d^2x_A}{dt^2} = -k_0x_A - k_c(x_A - x_B)$$
$$m\frac{d^2x_B}{dt^2} = -k_0x_B - k_c(x_B - x_A)$$

b) Mostre que o sistema pode oscilar com as seguintes frequências:

$$\omega_1 = \sqrt{\frac{k_0}{m}} \qquad \text{e} \qquad \omega_1 = \sqrt{\frac{k_0}{m} + \frac{2k_c}{m}}$$

33. Na Fig.4.82, o bloco de massa $m_1 = 2m$ está preso a uma mola de constante elástica k. Sobre o bloco de massa $m_2 = m$ atua uma força externa dependente do tempo igual a $F = F_0 \sin \omega_e t$. O Considerando que não há qualquer tipo de atrito, determine a frequência de ressonância para o sistema.

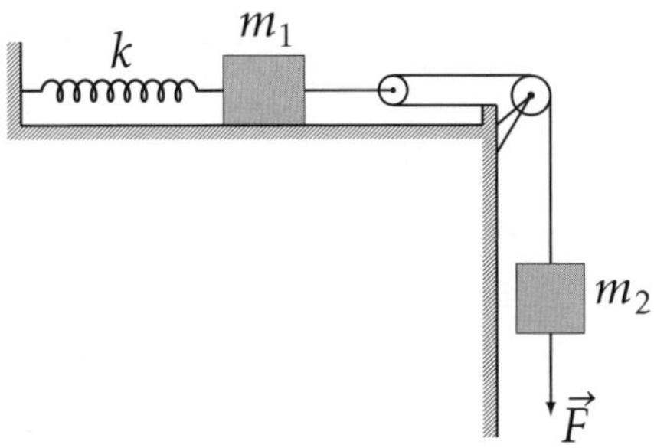

Figura 4.82: *Problema 33.*

34. Um oscilador com amortecimento como mostra a Fig.4.83 é composto por um bloco de massa m conectado a uma mola de constante elástica k_1 e a um sistema de amortecimento que provoca uma força de atrito dada por $-bv$, onde v é a velocidade e b uma constante. Esse sistema está conectado a uma mola de constante elástica k_2, que, por sua vez, está conectada a um oscilador externo que se movimenta de acordo com $x_{osc} = x_0 \cos \omega_e t$. Sabendo-se que não há atrito entre o bloco de massa m e a superfície, determine a equação que descreve o movimento do bloco de massa m, a frequência natural do sistema e a frequência de ressonância.

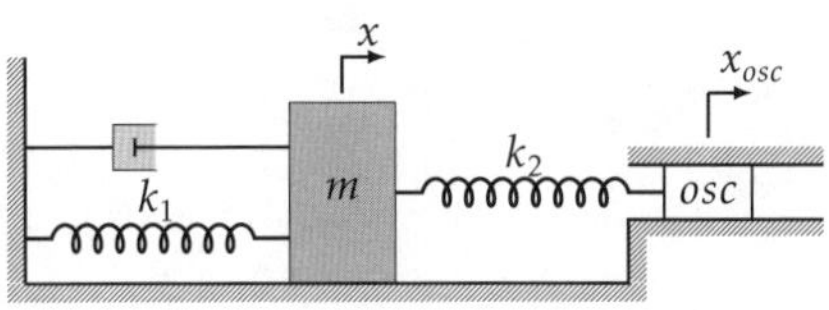

Figura 4.83: *Problema 34.*

35. Um circuito elétrico chamado **circuito-RLC**[8] é mostrado na Fig.4.84, onde ε é a fonte fem ideal, R é o resistor, C o capacitor e L o indutor. Mostre que a equação diferencial para a corrente I nesse circuito obedece à equação diferencial,

$$L\frac{d^2I}{dt^2} + R\frac{dI}{dt} + \frac{1}{C}I = 0$$

que é a mesma de um sistema massa-mola com amortecimento, Eq.(4.62) da Seção 4.5. Por analogia com o sistema massa-mola, mostre que no circuito

[8] Para melhor entendimento do circuito-RLC, ver, por exemplo, Oliveira, I. (2021). *Introdução ao eletromagnetismo*. São Paulo: Editora Blucher; e Halliday, R., Resnick, D., & Walker, J. (2009). *Fundamentos de Física* (v. 3, Eletromagnetismo). Rio de Janeiro: Livros Técnicos e Científicos.

RLC a corrente possui uma frequência natural de oscilação igual a

$$\omega_0 = \frac{1}{\sqrt{LC}}$$

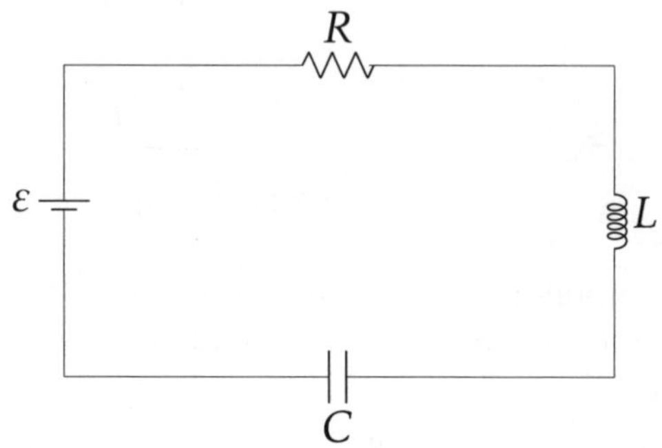

Figura 4.84: *Problema 35.*

Capítulo 5

Leis de conservação

Muitos dos problemas que são resolvidos utilizando a segunda lei de Newton, Eq.(2.1), pressupõem o conhecimento da força, seja ela como função do tempo $\vec{F}(t)$ ou da posição $\vec{F}(x,y,z)$. Entretanto, no caso de problemas em que não se conhece a força, ainda é possível resolvê-los. A resolução desse tipo de problema é possível conhecendo algumas propriedades da força que atua no sistema. Os conceitos de trabalho e energia são ferramentas que permitem conhecer tais características e dessa forma a resolução desses problemas.

5.1 Trabalho de uma força

Considere a Fig.5.1, onde uma força $\vec{F}$ é aplicada a um ponto material. Consideremos ainda que, devido à ação da força, o ponto material desloca-se do ponto a ao ponto b ao longo da trajetória C.

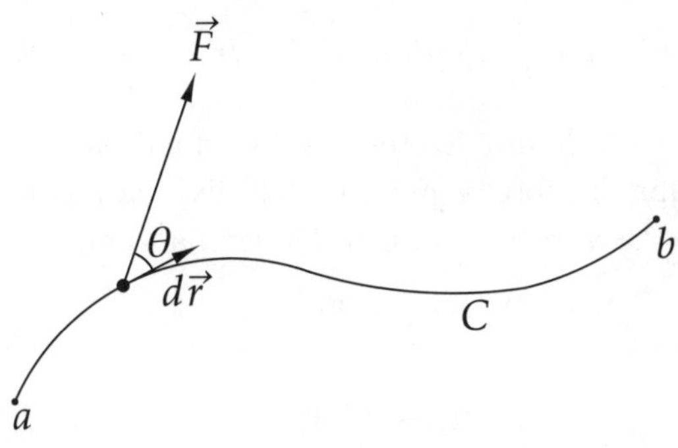

Figura 5.1: *Força aplicada ao longo de uma trajetória C sobre uma ponto material.*

Definimos o trabalho de uma força ao longo de uma trajetória C como sendo

$$W = \int_a^b \vec{F} \cdot d\vec{r} \tag{5.1}$$

onde $\vec{F}$ é a força aplicada e $d\vec{r}$ o deslocamento ao longo da trajetória. No sistema internacional de unidades (SI) a unidade para a grandeza trabalho é o Nm (Newton×metro), que tem como equivalência o Joule (J), ou seja, 1Nm=1J. O trabalho de uma força é uma grandeza escalar e, por isso, pode ser positivo, negativo ou nulo. Para $0 \leq \theta < 90^o$, o trabalho da força será positivo, porém, quando $90^o < \theta \leq 180^o$, o trabalho será negativo. Já para forças perpendiculares ($\theta = 90^o$) à trajetória o trabalho será nulo. O trabalho realizado pela força pode ser interpretado como sendo a medida da variação da energia do ponto material, ou seja, quando $W > 0$ a força provocou um aumento na energia do ponto material; quando $W < 0$ a força foi responsável pela diminuição da energia do ponto material; já quando $W = 0$ a força não provoca variação da energia do ponto material. Sendo assim o trabalho determina a transferência de energia.

A Eq.(5.1) determina o trabalho de uma única força, entretanto para um sistema de forças o trabalho da força resultante fica sendo

$$W_R = \int_a^b \vec{F}_R \cdot d\vec{r} \tag{5.2}$$

Levando-se em consideração que a força resultante $\vec{F}_R$ pode ser escrita como a Eq.(2.2), ou seja,

$$\vec{F}_R = \vec{F}_1 + \vec{F}_2 + \vec{F}_3 + \cdots + \vec{F}_n$$

onde $\vec{F}_i$, com $i = 1, 2, 3, \cdots, n$ são as forças que atuam no sistema, o trabalho da força resultante fica

$$W_R = \int_a^b (\vec{F}_1 + \vec{F}_2 + \vec{F}_3 + \cdots + \vec{F}_n) \cdot d\vec{r} \tag{5.3}$$

$$W_R = \int_a^b \vec{F}_1 \cdot d\vec{r} + \int_a^b \vec{F}_2 \cdot d\vec{r} + \int_a^b \vec{F}_3 \cdot d\vec{r} + \cdots + \int_a^b \vec{F}_n \cdot d\vec{r} \tag{5.4}$$

É importante notar que cada um dos termos do lado direito da Eq.(5.4) representa o trabalho de cada uma das forças que atuam individualmente no sistema e, dessa forma, o trabalho da força resultada fica determinado por

$$W_R = W_1 + W_2 + W_3 + \cdots + W_n \tag{5.5}$$

$$W_R = \sum_{i=1}^{n} W_i \tag{5.6}$$

onde W_i, com $i = 1, 2, 3, \cdots, n$, são os trabalhos realizados por cada uma das forças.

Exemplo 5.1.1

Uma força $\vec{F} = (20\hat{i} - 30\hat{j} + 15\hat{k})$ N atua em uma partícula deslocando-a da posição $\vec{r}_1 = 2\hat{i} + 6\hat{j} - 4\hat{k}$ para a posição $\vec{r}_2 = 7\hat{i} - 2\hat{j} - 8\hat{k}$. Sendo as posições medidas em metros, determine o trabalho realizado pela força $\vec{F}$ ao longo do deslocamento.

SOLUÇÃO: *Como a força que atua sobre a partícula é constante, o trabalho pode ser determinado por*

$$W = \vec{F} \cdot \Delta\vec{r}$$

com o vetor deslocamento $\Delta\vec{r}$ *sendo*

$$\Delta\vec{r} = \vec{r}_2 - \vec{r}_1$$

$$\Delta\vec{r} = (7\hat{i} - 2\hat{j} - 8\hat{k}) - (2\hat{i} + 6\hat{j} - 4\hat{k})$$

$$\Delta\vec{r} = 5\hat{i} - 8\hat{j} - 4\hat{k}$$

e, com isso, temos que o trabalho realizado pela força $\vec{F}$ *é igual a*

$$W = \vec{F} \cdot \Delta\vec{r}$$

$$W = (20\hat{i} - 30\hat{j} + 15\hat{k}) \cdot (5\hat{i} - 8\hat{j} - 4\hat{k})$$

$$W = 280\ J$$

■

Exemplo 5.1.2

Considere a força $\vec{F} = ky\hat{i}$, com k sendo uma constante positiva, e determine o trabalho realizado por essa força para ir do ponto O para o ponto A ao longo dos caminhos C_1 e C_2 mostrados na Fig.5.2.

SOLUÇÃO: *O trabalho realizado pela força ao longo de um caminho C é determinado por*

$$W = \int_C \vec{F} \cdot d\vec{r}$$

Caminho C_1

$$W = \int_{C_1} \vec{F} \cdot d\vec{r}$$

$$W = \int_{C_1} ky\hat{i} \cdot (dx\hat{i} + dy\hat{j}) = \int_{C_1} kydx$$

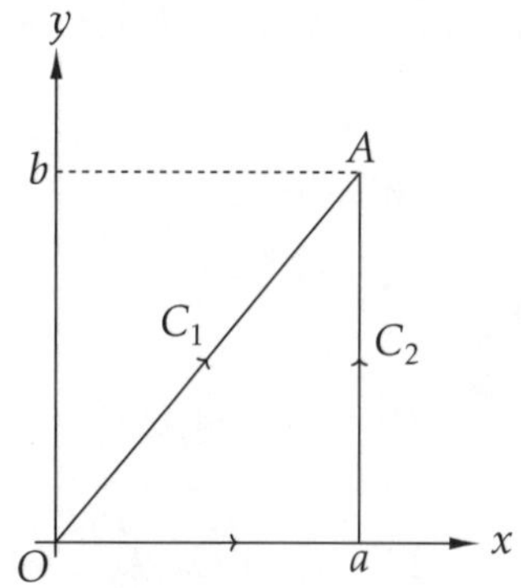

Figura 5.2: *Exemplo 5.1.2.*

Como o caminho C_1 *é uma reta, temos que*

$$C_1: \qquad y = \frac{b}{a}x$$

que, substituindo na equação anterior, resulta em

$$W = \int_{C_1} kydx$$

$$W = k\int_0^a \frac{b}{a}xdx$$

e, resolvendo a integral, encontramos que o trabalho realizado pela força $\vec{F}$ *ao longo do caminho* C_1 *é igual a*

$$W = k\frac{ab}{2}$$

Caminho C_2

O trabalho ao longo caminho C_2 *é igual a*

$$W = \int_{C_2} \vec{F}\cdot d\vec{r} = \int_{Oa} \vec{F}\cdot d\vec{r} + \int_{aA} \vec{F}\cdot d\vec{r}$$

$$W = \int_{Oa} \vec{F}\cdot d\vec{r} + \int_{aA} \vec{F}\cdot d\vec{r}$$

Ao longo do trecho Oa *a força é zero, então a primeira integral é nula. Já para o trecho* aA*, como a força é perpendicular ao deslocamento, a integral também é* *nula e, dessa maneira, o trabalho realizado pela força ao longo do caminho* C_2 *é nulo, ou seja,*

$$W = 0$$

■

Exemplo 5.1.3

Um bloco de massa m é puxado por uma corda por uma força $\vec{F}_0$ da posição $x = 0$ à posição $x = a$, como mostra a Fig.5.3. Sabendo-se que o coeficiente de atrito é μ e que a força $\vec{F}_0$ é constante ao longo do deslocamento, encontre o trabalho realizado pela força resultante ao longo do deslocamento.

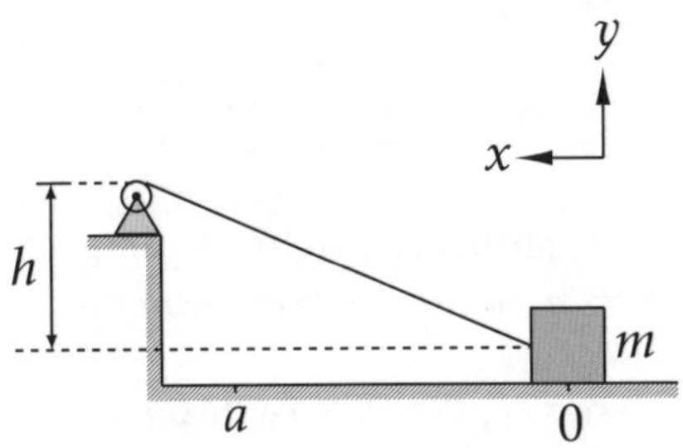

Figura 5.3: *Exemplo 5.1.3.*

SOLUÇÃO: *Para determinarmos o trabalho da força resultante, vamos analisar primeiro o diagrama do corpo livre mostrado na Fig.5.4, onde* $\vec{F}_g$ *é a força gravitacional,* $\vec{F}_N$ *a força normal,* $\vec{F}_0$ *a força na corda,* $\vec{f}_{at}$ *a força de atrito e* θ *o ângulo entre a força* $\vec{F}_0$ *e o deslocamento.*

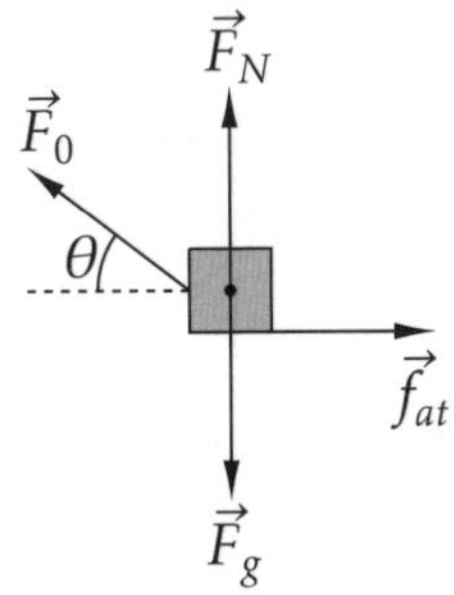

Figura 5.4: *Exemplo 5.1.3.*

O trabalho da força resultante ao longo do deslocamento do ponto $x = 0$ ao ponto $x = a$ é dado por

$$W_R = W_{F_0} + W_{F_N} + W_{F_g} + W_{f_{at}}$$

Como o deslocamento é ao longo do eixo x e as forças $\vec{F}_N$ e $\vec{F}_g$ são perpendiculares ao deslocamento, o trabalho de ambas é nulo, logo o trabalho da força resultante fica sendo

$$W_R = W_{F_0} + W_{f_{at}}$$

com

$$W_{F_0} = \int_0^a \vec{F}_0 \cdot dx\hat{i}$$

$$W_{f_{at}} = \int_0^a \vec{f}_{at} \cdot dx\hat{i}$$

Utilizando o diagrama do corpo livre, podemos escrever que a força $\vec{F}_0$ e a força de atrito $\vec{f}_{at}$ podem ser escrita como, respectivamente,

$$\vec{F}_0 = F_0 \cos\theta \hat{i} + F_0 \sin\theta \hat{j}$$

com

$$\cos\theta = \frac{x}{\sqrt{x^2 + h^2}} \qquad e \qquad \sin\theta = \frac{h}{\sqrt{x^2 + h^2}}$$

e

$$\vec{f}_{at} = -\mu F_N \hat{i}$$

$$\vec{f}_{at} = -\mu m g \hat{i}$$

Com isso tudo podemos escrever que o trabalha da força resultante é dado por

$$W_R = \int_0^a F_0 \frac{x}{\sqrt{x^2 + h^2}} dx - \int_0^a \mu m g dx$$

Após a resolução das integrais, que são elementares, e por isso deixaremos como exercícios resolvê-las, o trabalho da força resultante é finalmente igual a

$$W_R = F_0 \left(\sqrt{a^2 + h^2} - h \right) - \mu m g a$$

■

Com o objetivo de demonstrar uma propriedade importante acerca do conceito de trabalho, vamos determinar o trabalho correspondente à força $\vec{F} = k(x^2\hat{\imath} + y^2\hat{\jmath})$, com k sendo uma constante positiva, partindo do ponto A e indo até o ponto B, porém por dois caminhos diferentes, C_1 (diretamente do ponto A ao ponto B) e C_2 (do ponto A passando pelo ponto C e depois ao ponto B), como mostrados na Fig.5.5.

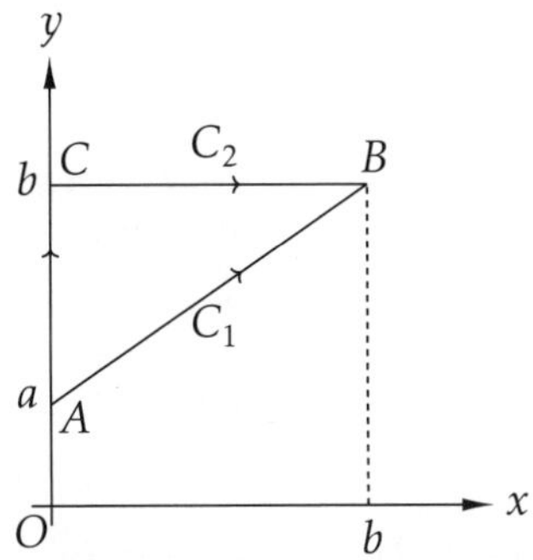

Figura 5.5: *Caminhos C_1 (diretamente do ponto A ao Ponto B) e C_2 (do ponto A passando pelo ponto C e depois indo direto ao ponto B) para o cálculo do trabalho realizado pela força $\vec{F} = k(x^2\hat{\imath} + y^2\hat{\jmath})$.*

Caminho C_1

$$W_1 = \int_{C_1} \vec{F} \cdot d\vec{r} \tag{5.7}$$

$$W_1 = \int_{C_1} k(x^2\hat{\imath} + y^2\hat{\jmath}) \cdot (dx\hat{\imath} + dy\hat{\jmath}) \tag{5.8}$$

com

$$C_1: \qquad y = a + \left(\frac{b-a}{b}\right)x \qquad \text{e} \qquad dy = \frac{b-a}{b}dx \tag{5.9}$$

que, substituindo na Eq.(5.8), resulta em

$$W_1 = \int_0^b kx^2 dx + \int_0^b k\left[a + \left(\frac{b-a}{b}\right)x\right]^2 \left(\frac{b-a}{b}\right) dx \tag{5.10}$$

Após resolver as integrais é fácil mostrar, e por isso deixaremos como exercício, que o trabalho no caminho C_1 é dado por

$$W_1 = \frac{k}{3}(2b^3 - a^3) \tag{5.11}$$

Caminho C_2

$$W_2 = \int_{C_2} \vec{F} \cdot d\vec{r} \tag{5.12}$$

$$W_2 = \int_{AC} \vec{F} \cdot d\vec{r} + \int_{CB} \vec{F} \cdot d\vec{r} \tag{5.13}$$

com C_2 correspondendo a

$$\text{Trecho } \textbf{AC}: x = 0 \quad \text{e} \quad \vec{F} = ky^2\hat{j} \tag{5.14}$$

$$\text{Trecho } \textbf{CB}: y = b \quad \text{e} \quad \vec{F} = k(x^2\hat{i} + b^2\hat{j}) \tag{5.15}$$

que, substituindo na Eq.(5.13), resulta em

$$W_2 = \int_a^b ky^2 dy + \int_0^b kx^2 dx \tag{5.16}$$

e, após resolver as integrais, é fácil mostrar, e por isso deixaremos como exercício, que o trabalho no caminho C_2 é dado por

$$W_2 = \frac{k}{3}(2b^3 - a^3) \tag{5.17}$$

É importante perceber que para qualquer caminho (C_1 ou C_2) o trabalho da força $\vec{F}$ é o mesmo. Esse resultado é uma característica daquilo que chamamos de ***força conservativa***. Dessa forma podemos afirmar que, quando o trabalho independe da trajetória, a força envolvida é uma força conservativa, ou seja, para qualquer caminho como os representados pela Fig.5.6 o trabalho para ir de um ponto a a outro b (W_{ab}) será sempre o mesmo.

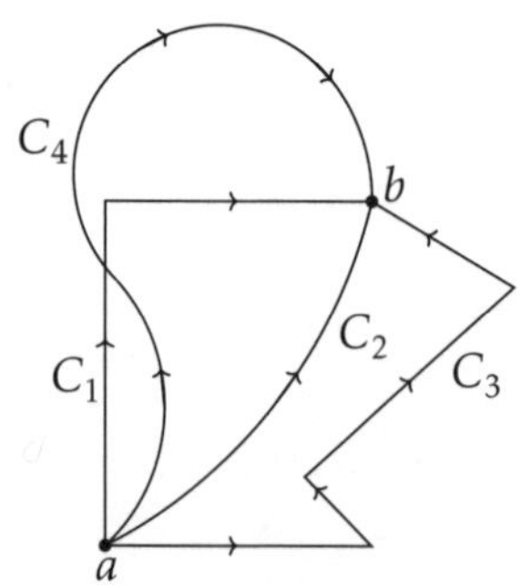

Figura 5.6: *Diferentes caminhos que partem do ponto a ao ponto b que resultam em um mesmo valor do trabalho para uma força conservativa.*

Além do desenvolvimento que fizemos, podemos ainda determinar o trabalho da força $\vec{F}$ (conservativa) para um caminho fechado, ou seja, no caminho $ACBA$. Para isso podemos ainda utilizar os resultados obtidos anteriormente, e dessa forma temos

$$W_{ACBA} = \int_{AC} \vec{F} \cdot d\vec{r} + \int_{CB} \vec{F} \cdot d\vec{r} + \int_{BA} \vec{F} \cdot d\vec{r} \tag{5.18}$$

$$W_{ACBA} = \frac{k}{3}(2b^3 - a^3) - \frac{k}{3}(2b^3 - a^3) \tag{5.19}$$

logo,

$$W_{ACBA} = 0 \tag{5.20}$$

Diante disso, vemos ainda que, quando a força for conservativa, o trabalho realizado em um caminho fechado é nulo. Porém uma pergunta que nos cabe responder é a seguinte: como identificar se uma força é conservativa? Para respondermos a essa pergunta, vamos considerar que o trabalho realizado pela força $\vec{F}$ em um caminho fechado é dado por

$$W = \oint_C \vec{F} \cdot d\vec{r} \tag{5.21}$$

Utilizando o teorema de Stokes[1] podemos escrever que

$$\oint_C \vec{F} \cdot d\vec{r} = \int_S (\nabla \times \vec{F}) \cdot \hat{n} dA \tag{5.22}$$

se a força for conservativa o trabalho realizado por essa força em um caminho fechado será nulo e, como consequência, a Eq.(5.22) fica sendo igual zero, e por isso temos

$$\int_S (\nabla \times \vec{F}) \cdot \hat{n} dA = 0 \qquad \Rightarrow \qquad \nabla \times \vec{F} = 0 \tag{5.23}$$

logo, se o rotacional da força $(\nabla \times \vec{F})$ for nulo, a força $\vec{F}$ é conservativa e o trabalho independe da trajetória. Caso o rotacional da força $(\nabla \times \vec{F})$ seja diferente de zero, ou seja, $\nabla \times \vec{F} \neq 0$, a força é não conservativa (força dissipativa) e dessa forma o trabalho depende da trajetória. Deixamos como exercício mostrar que a força gravitacional $(\vec{F}_g = -mg\hat{j})$ e a força elástica $(\vec{F}_e = -kx\hat{i})$ são forças conservativas.

Exemplo 5.1.4

Considere a função vetorial $\vec{A}(x,y,z) = xz\hat{i} + 2x^2y\hat{k}$ e determine $\nabla \times \vec{A}(x,y,z)$.

[1] Ver o Apêndice A.9.

SOLUÇÃO: *O rotacional de vetor $\vec{A}$ em coordenadas cartesianas pode ser determinado por*

$$\nabla\times\vec{A}=\begin{vmatrix}\hat{i} & \hat{j} & \hat{k}\\ \frac{\partial}{\partial x} & \frac{\partial}{\partial y} & \frac{\partial}{\partial z}\\ A_x & A_y & A_z\end{vmatrix}$$

Resolvendo o determinante, conseguimos

$$\nabla\times\vec{A}=\left(\frac{\partial A_z}{\partial y}-\frac{\partial A_y}{\partial z}\right)\hat{i}+\left(\frac{\partial A_x}{\partial z}-\frac{\partial A_z}{\partial x}\right)\hat{j}+\left(\frac{\partial A_y}{\partial x}-\frac{\partial A_x}{\partial y}\right)\hat{k}$$

Sendo $\vec{A}(x,y,z)=xz\hat{i}+2x^2y\hat{k}$, e, identificando que $A_x=xz$, $A_y=0$ e $A_z=2x^2y$, temos

$$\nabla\times\vec{A}=\left(\frac{\partial(2x^2y)}{\partial y}-\frac{\partial(0)}{\partial z}\right)\hat{i}+\left(\frac{\partial(xz)}{\partial z}-\frac{\partial(2x^2y)}{\partial x}\right)\hat{j}+\left(\frac{\partial(0)}{\partial x}-\frac{\partial(xz)}{\partial y}\right)\hat{k}$$

Fazendo as respectivas derivadas, conseguimos que o rotacional da função vetorial $\vec{A}$ é dado por

$$\nabla\times\vec{A}=2x^2\hat{i}+(x-4xy)\hat{j}$$

■

Exemplo 5.1.5

Uma partícula é movida de um ponto a até um ponto b pela força,

$$\vec{F}=(y^2z^3-6xz^2)\hat{i}+2xyz^3\hat{j}+(3xy^2z^2-6x^2z)\hat{k}$$

O trabalho realizado por essa força depende da trajetória?

SOLUÇÃO: *O trabalho realizado for forças conservativas independe da trajetória; já para forças não conservativas o trabalho irá depender da trajetória. Dessa maneira, se $\nabla\times\vec{F}=0$, a força é conservativa e o trabalho independe da trajetória; caso contrário a força é não conservativa e o trabalho depende da trajetória. Sendo assim, vamos determinar o rotacional da força $\vec{F}$ da seguinte forma:*

$$\nabla\times\vec{F}=\left(\frac{\partial F_z}{\partial y}-\frac{\partial F_y}{\partial z}\right)\hat{i}+\left(\frac{\partial F_x}{\partial z}-\frac{\partial F_z}{\partial x}\right)\hat{j}+\left(\frac{\partial F_y}{\partial x}-\frac{\partial F_x}{\partial y}\right)\hat{k}$$

Identificando que $F_x=y^2z^3-6xz^2$, $F_y=2xyz^3$ e $F_z=3xy^2z^2-6x^2z$, temos

$$\begin{aligned}\frac{\partial F_z}{\partial y}&=6xyz^2 & \frac{\partial F_y}{\partial z}&=6xyz^2\\ \frac{\partial F_x}{\partial z}&=3y^2z^2-12xz & \frac{\partial F_z}{\partial x}&=3y^2z^2-12xz\\ \frac{\partial F_y}{\partial x}&=2yz^3 & \frac{\partial F_x}{\partial y}&=2yz^3\end{aligned}$$

Dos resultados acima podemos perceber que $\nabla \times \vec{F} = 0$ *e, como consequência disso, podemos afirmar que o trabalho realizado pela força* $\vec{F}$ *não depende da trajetória, pois* $\vec{F}$ *é uma força conservativa.* ■

5.1.1 Exercícios

1. Em uma partícula atua a força $\vec{F} = 10\hat{\imath} - 28\hat{\jmath} + 5\hat{k}$. Qual o trabalho realizado por essa força para deslocar a partícula da posição $\vec{r}_1 = 2\hat{\imath} + 7\hat{\jmath} - 3\hat{k}$ para a posição $\vec{r}_2 = -4\hat{\imath} + 5\hat{\jmath} - 7\hat{k}$? Considere as unidades do sistema internacional.

2. Uma força $\vec{F} = (2x - y)\hat{\imath} + (x + y)\hat{\jmath} + (3x - 2y)\hat{k}$ movimenta uma partícula no plano xy ao longo de um círculo de raio R. Determine o trabalho realizado por essa força. Considere as unidades do sistema internacional.

3. Determine se a força $\vec{F} = (x^2y - z^3)\hat{\imath} + (3xyz + xz^2)\hat{\jmath} + (2x^2yz + yz^4)\hat{k}$ é conservativa ou não conservativa.

4. Considere a força $\vec{F} = (x + 2y + az)\hat{\imath} + (bx - 3y - z)\hat{\jmath} + (4x + cy + 2z)\hat{k}$ com a, b e c constantes. Encontre os valores dessas constantes para que a força $\vec{F}$ seja conservativa. Considere as unidades do sistema internacional.

5. Uma partícula de massa m move-se no plano xy cujo vetor posição em função do tempo é dado por

$$\vec{r} = a\cos\omega t\hat{\imath} + b\sin\omega t\hat{\jmath}$$

com a e b e ω constantes.
a) Mostre que a trajetória da partícula é uma elipse.
b) Determine o trabalho feito pela força para mover a partícula ao longo do primeiro quadrante da elipse.

6. Um bloco de massa m é lançado com velocidade inicial v_0 sobre um plano inclinado de α em relação à horizontal. Sabendo-se que o coeficiente de atrito entre o bloco e a superfície do plano é μ, mostre que o trabalho feito pela força de atrito até momento em que o bloco para é dado por

$$W_{fat} = -\frac{mv_0^2}{2}\frac{\mu}{\mu + \tan\alpha}$$

7. Um bloco de massa m é puxado, ao longo da superfície mostrada na Fig.5.7, com velocidade constante, por uma força F constante. Considerando que o coeficiente de atrito entre a superfície e bloco é μ e que a força F é sempre tangente à superfície, determine o trabalho da força F.

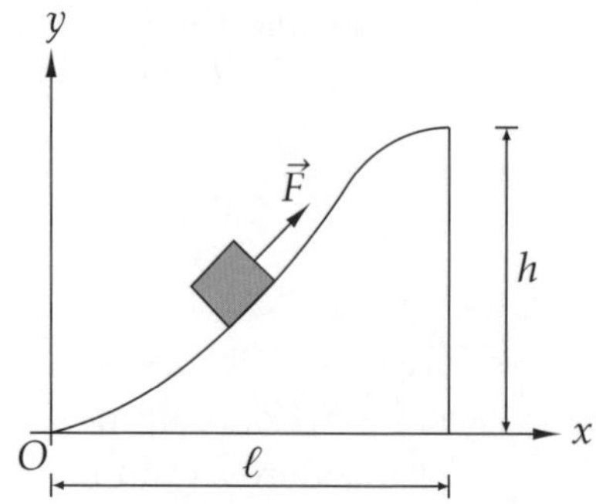

Figura 5.7: *Exercício 7.*

8. Na Fig.5.8 os corpos de massa m_1 e m_2 estão conectados a uma corda que passa por uma polia sem atrito. O coeficiente de atrito entre a superfície e o bloco de massa m_1 é μ. Encontre o trabalho da força de tração durante o deslocamento do bloco de massa m_1 de uma distância d.

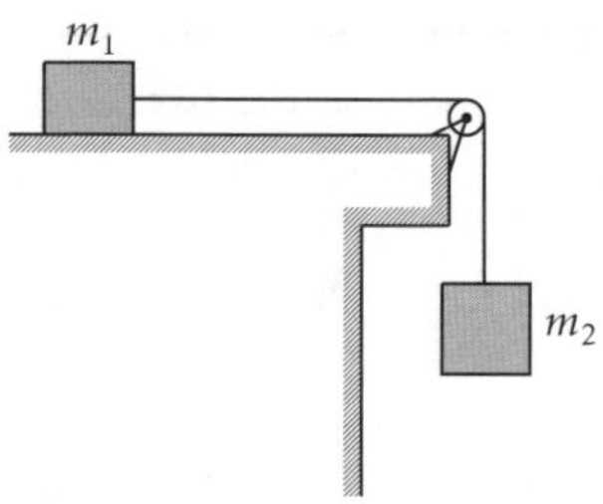

Figura 5.8: *Exercício 8.*

9. Na Fig.5.9, a partícula de massa m está presa a duas molas iguais. Uma força $\vec{F}$ desloca a partícula ao longo da direção x da posição onde as molas estão relaxadas até a posição $x = A$. Sabendo-se que o movimento ocorre na horizontal e com velocidade constante, determine o trabalho feito pela força $\vec{F}$ ao longo desse deslocamento.

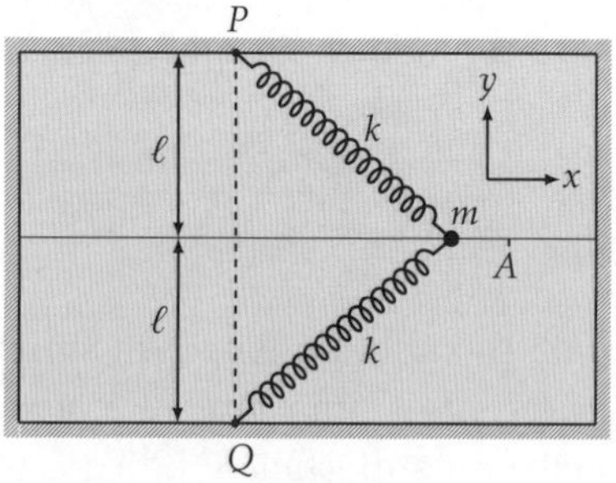

Figura 5.9: *Exercício 9.*

10. Na Fig.5.10 o bloco de massa m repousa sobre uma prancha que pode se movimentar. O bloco está preso a uma mola de comprimento ℓ_0 e de constante elástica desconhecida. O coeficiente de atrito entre o bloco e a prancha é igual a μ. Em um determinado momento a prancha passa a se movimentar lentamente com uma velocidade $\vec{v}$, porém constante. Mostre que o trabalho da força elástica quando o eixo da mola faz um ângulo θ com a vertical é dado por

$$W = \frac{\mu m g \ell_0}{2} \frac{1-\cos\theta}{\cos\theta(\sin\theta + \mu\cos\theta)}$$

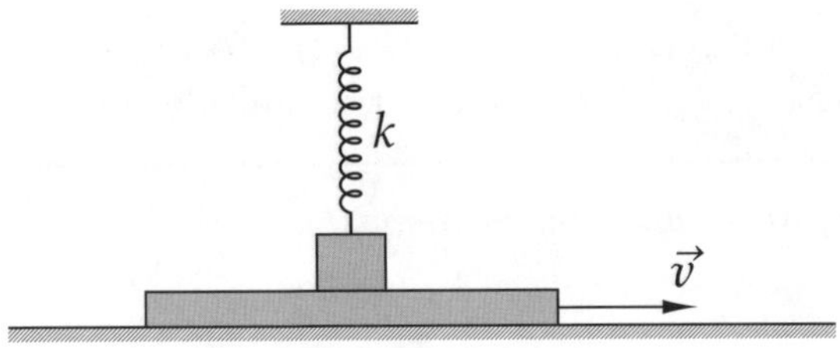

Figura 5.10: *Exercício 10.*

5.2 Potência

A rapidez na qual o trabalho é realizado é um fator importante em situações práticas, sobretudo naquelas envolvendo máquinas. A grandeza que determina essa rapidez é chamada de ***potência*** e definida como

$$P = \frac{dW}{dt} \tag{5.24}$$

onde dW é o trabalho realizado no intervalo de tempo dt. No SI a unidade de potência é o J/s (Joule/segundo), que tem como correspondência o Watt (W), ou seja, 1 W corresponde à realização de 1 Joule de trabalho em um intervalo de tempo igual a 1 segundo. Considerando a potência dada pela Eq.(5.24) e com auxílio da definição de trabalho dada por

$$dW = \vec{F} \cdot d\vec{r} \tag{5.25}$$

podemos escrever a potência como sendo

$$P = \vec{F} \cdot \vec{v} \tag{5.26}$$

onde $\vec{F}$ é a força e $\vec{v}$ a velocidade. Um parâmetro importante que mede eficiência com que o trabalho é realizado é o que chamamos de rendimento ou eficiência e representamos por η. O rendimento é definido como sendo

$$\eta = \frac{P_u}{P_f} \tag{5.27}$$

onde P_u é a potência útil e P_f a potência fornecida ao sistema. O rendimento é um número que é sempre menor que um. Isso se deve ao fato que nem toda energia fornecida será transformada em energia útil.

Exemplo 5.2.1

Uma partícula com velocidade $\vec{v} = 5\hat{\imath} - 2\hat{\jmath} + 7\hat{k}$ m/s está sujeita à força $\vec{F} = 20\hat{\imath} + 15\hat{\jmath} - 5\hat{k}$ N. Qual a potência transmitida à partícula?

SOLUÇÃO: *Da definição de potência temos*

$$P = \vec{F} \cdot \vec{v}$$

$$P = (20\hat{\imath} + 15\hat{\jmath} - 5\hat{k}) \cdot (5\hat{\imath} - 2\hat{\jmath} + 7\hat{k})$$

Fazendo o produto escalar, conseguimos que a potência transmitida a partícula é igual a

$$P = 35\ W$$

■

Exemplo 5.2.2

Uma partícula de massa $m = 1$ kg movimenta-se ao longo de uma trajetória cujo vetor posição varia como tempo da seguinte forma:

$$\vec{r} = (t^2 - 3t)\hat{\imath} + t^3\hat{\jmath} - t^4\hat{k}$$

com t medido em segundos. Determine o trabalho da força para mover a partícula entre os instantes $t = 0$ s e $t = 2$ segundos.

SOLUÇÃO: *Para determinarmos o trabalho entre os instantes de tempo t=0 e t=2 segundos, devemos primeiro encontrar a potência como função do tempo e, para isso, vamos utilizar a definição de potência dada por*

$$P = \vec{F} \cdot \vec{v}$$

com

$$\vec{v} = \frac{d\vec{r}}{dt} \qquad e \qquad \vec{F} = m\frac{d\vec{v}}{dt}$$

dessa forma, e com $\vec{r} = (t^2 - 3t)\hat{i} + t^3\hat{j} - t^4\hat{k}$, *conseguimos que*

$$\vec{v} = (2t-3)\hat{i} + 3t^2\hat{j} - 4t^3\hat{k} \qquad e \qquad \vec{F} = 2\hat{i} + 6t\hat{j} - 12t^2\hat{k}$$

logo a potência fica sendo dada por

$$P = \vec{F} \cdot \vec{v}$$

$$P = 2(2t-3) + 18t^3 + 48t^5$$

Sabendo-se que a potência está relacionada com o trabalho por

$$P = \frac{dW}{dt}$$

temos

$$W = \int_{t_1}^{t_2} P dt$$

e, com isso, podemos determinar o trabalho entre os instantes $t_1 = 0$ *e* $t_2 = 2$ *segundos da seguinte maneira:*

$$W = \int_0^2 (-6 + 4t + 18t^3 + 48t^5)dt$$

Após a resolução das integrais, que são de fácil resolução e por isso deixaremos como exercício, encontramos que o trabalho realizado pela força é igual a

$$W = 580\ J$$

■

5.2.1 Exercícios

1. Uma força $\vec{F} = 3\hat{i} + 7\hat{j} + 8\hat{k}$, medida em N, atua sobre um corpo de massa 3 kg que se movimenta da posição inicial $\vec{r}_0 = 3\hat{i} - 2\hat{j} + 5\hat{k}$ metros para a posição $\vec{r}_1 = -4\hat{i} + 3\hat{j} + 5\hat{k}$ metros, em um intervalo de tempo igual a 4 segundos. Encontre a potência média desenvolvida pela força.

2. Um elevador de massa 1000 kg tem capacidade de carregar 800 kg. Sabendo-se que o elevador sobe até uma altura de 80 m em 4 mi, determine a potência do motor do elevador.

3. Uma força constante F_0 atua sobre uma partícula de massa m. Sabendo-se que a partícula parte do repouso em $t = 0$, determine a potência transmitida pela força.

4. Um corpo de massa $m = 1$ kg está localizado na origem em $t = 0$. Nesse instante o corpo passa a ter uma velocidade $v_0 = 1{,}5$ m/s. Sabendo-se que o corpo se movimenta sobre uma superfície cujo coeficiente de atrito é $\mu = 0,3$, determine a potência média devido à força de atrito ao longo de todo o movimento.

5. A potência em função do tempo aplicada a um corpo é dada por

$$P(t) = 2t^2 - 4t + 1$$

Determine o trabalho realizado pela força entre os instantes $t = 1$ e $t = 3$ segundos.

6. Para mover uma partícula de massa m ao longo da curva definida por

$$\vec{r} = a\cos\omega t\hat{i} + b\sin\omega t\hat{j}$$

qual a potência necessária?

7. A um motor elétrico estão conectados por um cabo os corpos de massas $m_1 = 250$ kg e $m_2 = 500$ kg, como mostra a Fig.5.11. Sabendo-se que o corpo de massa m_2 sobe com velocidade constante igual a 3 m/s, determine a potência do motor.

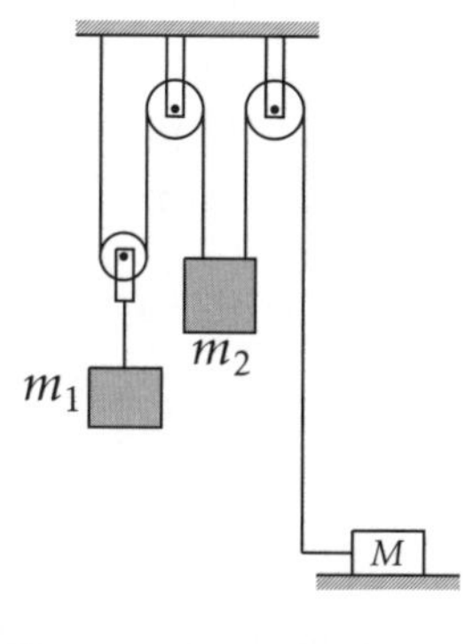

Figura 5.11: *Exercício 7.*

8. Um carro de massa $1{,}5\times10^3$ kg sobe uma rampa inclinada 10° em relação ao horizontal com velocidade constante igual a 30 m/s. Desprezando os efeitos do atrito e considerando que o motor tem um rendimento igual a 70%, determine a potência desenvolvida pelo motor.

9. Uma partícula de massa m se movimenta sob ação de uma força dada por

$$\vec{F} = a\sin\omega t\hat{i} + a\cos\omega t\hat{j}$$

Sabendo-se que no instante $t = 0$ a velocidade da partícula é nula, determine o trabalho, em função do tempo, feito pela força.

5.3 Energia cinética

Energia cinética é a energia associada ao movimento de um corpo. Podemos definir a energia cinética como

$$E_c = \frac{1}{2}mv^2 \tag{5.28}$$

onde m é a massa do corpo e v a velocidade. No SI, a energia a cinética tem como unidade o Joule. É importante salientar que a Eq.(5.28) é válida somente para casos onde os efeitos relativísticos não são levados em consideração, ou seja, quando $v \ll c$, com c sendo a velocidade da luz.

5.3.1 Trabalho e energia cinética

Consideremos um movimento ao longo de uma trajetória C como a mostrada na Fig.5.1, onde a força $\vec{F}$ desloca o corpo do ponto a ao ponto b. Utilizando a Eq.(2.1), podemos escrever que

$$\vec{F} = m\frac{d\vec{v}}{dt} \tag{5.29}$$

$$\vec{F}\cdot d\vec{r} = m\frac{d\vec{v}}{dt}\cdot d\vec{r} \tag{5.30}$$

ou ainda

$$\vec{F}\cdot d\vec{r} = md\vec{v}\cdot\vec{v} \tag{5.31}$$

Utilizando o fato de que

$$d(\vec{v}\cdot\vec{v}) = \vec{v}\cdot d\vec{v} + d\vec{v}\cdot\vec{v} = 2\vec{v}\cdot d\vec{v} \tag{5.32}$$

temos

$$\vec{v}\cdot d\vec{v} = \frac{1}{2}d(\vec{v}\cdot\vec{v}) \tag{5.33}$$

Utilizando a Eq.(5.33), podemos escrever o lado direito da Eq.(5.31) da seguinte forma:

$$\vec{F}\cdot d\vec{r} = \frac{1}{2}md(v^2) \tag{5.34}$$

Pela Eq.(5.34) é fácil identificar que o lado esquerdo é o trabalho realizado pela força $\vec{F}$ ao longo do deslocamento $d\vec{r}$, ou seja, $dW = \vec{F}\cdot d\vec{r}$, e que integrando ambos os lados conseguimos

$$W = \frac{1}{2}mv_2^2 - \frac{1}{2}mv_1^2 \tag{5.35}$$

onde v_1 e v_2 são as velocidades nos pontos a e b pertencentes ao caminho C. O lado direito da Eq.(5.35) é a variação da energia cinética e, sendo assim, podemos dizer que o trabalho representa a variação da energia cinética ao longo do caminho C. Dessa maneira podemos escrever a Eq.(5.35) como sendo

$$W = E_{c2} - E_{c1} \tag{5.36}$$

com

$$E_{c2} = \frac{1}{2}mv_2^2 \qquad \text{e} \qquad E_{c1} = \frac{1}{2}mv_1^2 \tag{5.37}$$

sendo E_{c1} e E_{c2} as energias cinéticas nos pontos a e b. Da equação acima podemos ainda escrever que

$$W = \Delta E_c \tag{5.38}$$

que mostra que o trabalho pode ser nulo (quando v for constante), positivo ($v_2 > v_1$) e negativo quando $v_2 < v_1$, indicando nesse caso que forças dissipativas estão atuando.

Exemplo 5.3.1

Uma partícula de massa 2 kg que se move no plano xy tem uma velocidade inicial igual a $\vec{v}_0 = 6\hat{\imath} - 2\hat{\jmath}$ m/s. Em um instante posterior verificou-se que a velocidade da partícula passou a ser $\vec{v}_1 = 8\hat{\imath} - 4\hat{\jmath}$ m/s. Determine o trabalho realizado sobre partícula.

SOLUÇÃO: *O trabalho realizado sobre a partícula pode ser determinado encontrando a variação da energia cinética da partícula por*

$$W = \Delta E_c$$

$$W = E_{c2} - E_{c1}$$

onde E_{c1} *e* E_{c2} *são as energias cinéticas no instante inicial e em um instante posterior. Sabendo-se que a energia cinética é dada por*

$$E_c = \frac{1}{2}mv^2$$

e lembrando que $v^2 = \vec{v}\cdot\vec{v}$, *temos*

$$v_0^2 = \vec{v}_0 \cdot \vec{v}_0 = 40\ m^2/s^2$$

$$v_1^2 = \vec{v}_1 \cdot \vec{v}_1 = 80\ m^2/s^2$$

com isso conseguimos que o trabalho realizado é

$$W = E_{c2} - E_{c1} = \frac{1}{2}2 \times 80 - \frac{1}{2}2 \times 40$$

$$W = 40\ J$$

■

Exemplo 5.3.2

Sobre uma partícula de massa $m = 2$ kg atua uma força $F(x) = 4x - 3x^2$ N, enquanto ela se desloca ao longo do eixo x. Quando $x = 0$, a energia cinética da partícula é 20 J. Determine a velocidade da partícula em $x = 3$ m.

SOLUÇÃO: *Para determinarmos a velocidade quando* $x = 3$ *m, devemos primeiramente encontrar a energia cinética da partícula nesse ponto. Para isso vamos relacionar o trabalho feito pela força* $F(x)$ *com a energia cinética da seguinte forma:*

$$W = E_{c2} - E_{c1}$$

onde E_{c2} *é a energia cinética em* $x = 3$ *m e* E_{c1} *em* $x = 0$. *Já o trabalho* W *é determinado por*

$$W = \int \vec{F} \cdot d\vec{r}$$

sendo $\vec{F} = (4x - 3x^2)\hat{\imath}$ *e* $d\vec{r} = dx\hat{\imath}$, *temos*

$$W = \int_0^3 (4x - 3x^2)dx = \left(\frac{4x^2}{2} - \frac{3x^3}{3}\right)\Big|_0^3$$

$$W = -9\ J$$

Com o resultado para o trabalho e sabendo-se que $E_{c1} = 20\ J$, temos que

$$W = E_{c2} - E_{c1}$$

$$-9 = \frac{1}{2}2v_2^2 - 20$$

Resolvendo a equação acima encontramos finalmente que a velocidade quando $x = 3\ m$ é $v_2 = 3,32\ m/s$. ■

5.4 Energia potencial

Nas seções anteriores descrevemos a energia cinética e a definimos como sendo a energia associada ao movimento. Além disso verificamos que a variação da energia cinética está relacionada ao trabalho devido a uma força ao longo de um determinado caminho. Agora vamos definir outra forma de energia que chamaremos de energia potencial. Descreveremos aqui duas dessas formas de energia potencial: a gravitacional e a elástica. Verificaremos que tanto a energia potencial gravitacional quanto a energia potencial elástica estão relacionadas à posição.

5.4.1 Energia potencial gravitacional

Consideremos a Fig.5.12, onde o corpo de massa m que está sujeito à força gravitacional é deslocado, da posição y_1 para a posição y_2, no plano xy e ao longo do caminho C.

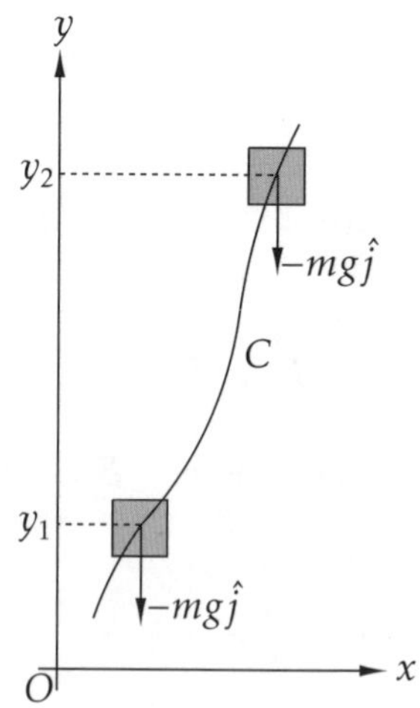

Figura 5.12: *Deslocamento de um corpo de massa m da posição y_1 à posição y_2 ao longo da trajetória C.*

O trabalho da força gravitacional ao longo da trajetória é determinado por

$$dW = \vec{F}_g \cdot d\vec{r} \tag{5.39}$$

$$dW = -mg\hat{j} \cdot (dx\hat{i} + dy\hat{j}) \tag{5.40}$$

Após as devidas manipulações, a equação acima resulta em

$$dW = -mgdy \tag{5.41}$$

e, após integrarmos ambos os lados, conseguimos,

$$W = -mgy_2 + mgy_1 \tag{5.42}$$

A Eq.(5.42) pode ainda ser escrita como

$$W = -(U_2 - U_1) \tag{5.43}$$

com

$$U_2 = mgy_2 \qquad \text{e} \qquad U_1 = mgy_1 \tag{5.44}$$

sendo U o que chamamos de energia potencial gravitacional. Da Eq.(5.43) é possível perceber que à medida que a variação da energia potencial gravitacional aumenta ($\Delta U > 0$), o trabalho é negativo, e que, por outro lado, se a variação diminui ($\Delta U < 0$), o trabalho é positivo. Dessa maneira podemos escrever que

$$W = -\Delta U \tag{5.45}$$

com $\Delta U = U_2 - U_1$ sendo a variação da energia potencial gravitacional. Assim como a energia cinética, a energia potencial gravitacional tem o J (Joule) como unidade no Sistema Internacional. É importante salientar que a energia potencial gravitacional pode ser positiva ou negativa, uma vez que ela depende do referencial adotado.

Exemplo 5.4.1

Um bloco de massa $m = 3$ kg desliza sobre uma superfície rugosa partindo do ponto A, como indica a Fig.5.13. O bloco parte do repouso de uma altura $H_1 = 6$ m e desliza pela superfície até parar no ponto B a uma altura $H_2 = 3,5$ m. Encontre o trabalho realizado pela força de atrito.

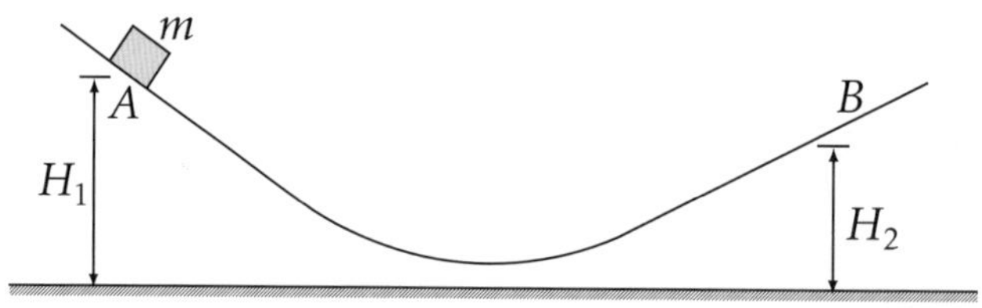

Figura 5.13: *Exemplo 5.4.1.*

SOLUÇÃO: *Sabendo que as forças gravitacional e a de atrito são as responsáveis pela variação da energia cinética do corpo de massa m, podemos escrever que*

$$W_T = \Delta E_c \qquad \Rightarrow \qquad W_{fat} + W_{F_g} = \Delta E_c$$

Como o bloco parte do repouso do ponto A e para no ponto B, temos que $\Delta E_c = 0$ e, sendo assim, temos que

$$W_{fat} + W_{F_g} = 0 \qquad \Rightarrow \qquad W_{fat} = -W_{F_g}$$

Substituindo $W_{F_g} = -\Delta U$ na equação acima conseguimos

$$W_{fat} = \Delta U$$

com $\Delta U = U_B - U_A$ sendo a variação da energia potencial gravitacional entre os pontos A e B. Sabendo que $U = mgy$, com y sendo a altura em relação ao solo, temos que o trabalho da força de atrito fica sendo dado por

$$W_{fat} = (mgH_2 - mgH_1)$$

Considerando os valores $H_1 = 6$ m, $H_2 = 3,5$ m e $m = 3$ kg, conseguimos

$$W_{fat} = -73,5\ J$$

■

5.4.2 Energia potencial elástica

No Capítulo 2 estudamos que um corpo, quando submetido a forças, pode sofrer deformações. Vimos que no regime linear de deformações (deformações elásticas), o corpo após ausência da força aplicada volta a ter suas dimensões originais. Nessas condições, a força responsável pelas deformações é a força elástica, que é dada por

$$\vec{F}_e = -kx\hat{e} \tag{5.46}$$

onde k é a constante elástica e o vetor unitário $\hat{e}$ indica a direção da deformação. O sinal negativo mostra que a força é sempre no sentido contrário à deformação x. Consideremos o sistema mostrado na Fig.5.14, onde o bloco é deslocado da posição x_1 para a posição x_2.

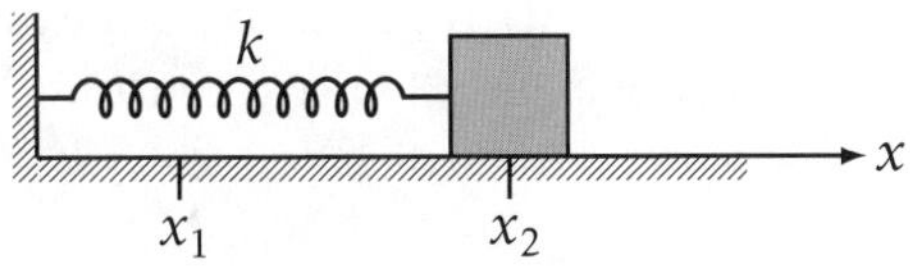

Figura 5.14: *Sistema massa-mola deslocado da posição* x_1 *para a posição* x_2.

Para a situação mostrada na Fig.5.14, o trabalho devido à força elástica é determinado por

$$dW = \vec{F}_e \cdot d\vec{r} \tag{5.47}$$

$$dW = -kx\hat{i} \cdot dx\hat{i} \tag{5.48}$$

e, integrando de x_1 a x_2, conseguimos

$$W = -\frac{1}{2}kx_2^2 + \frac{1}{2}kx_1^2 \tag{5.49}$$

A Eq.(5.49) pode ainda ser escrita como sendo

$$W = -(U_2 - U_1) \tag{5.50}$$

com

$$U_2 = \frac{1}{2}kx_2^2 \qquad \text{e} \qquad U_1 = \frac{1}{2}kx_1^2 \tag{5.51}$$

sendo as energias potenciais elásticas nos ponto x_2 e x_1, respectivamente, e dessa forma o trabalho da força elástica fica determinado por

$$W = -\Delta U \tag{5.52}$$

Como U_2 e U_1 são sempre positivas, o trabalho devido à força elástica será sempre negativo, e isso está de acordo com o fato de a força elástica ser uma força restauradora.

Exemplo 5.4.2

Um bloco de massa $m = 5$ kg está preso, como mostra a Fig.5.15, a uma mola de constante elástica $k = 100$ N/m. O bloco é lentamente deslocado 30 cm da posição de equilíbrio $x = 0$ e depois é solto com velocidade inicial nula. Sabendo-se que, devido ao atrito, o bloco para exatamente na posição de equilíbrio, determine o coeficiente de atrito entre o bloco e a superfície.

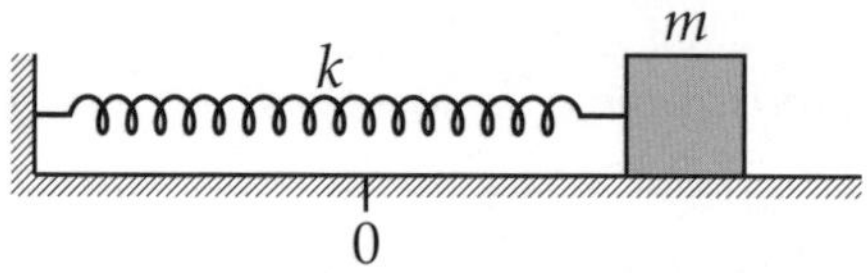

Figura 5.15: *Exemplo 5.4.2.*

SOLUÇÃO: *Como a força de atrito e a força elástica são as responsáveis pela variação da energia cinética, podemos escrever que*

$$W_T = \Delta E_c \qquad \Rightarrow \qquad W_{fat} + W_{F_e} = \Delta E_c$$

Sabendo-se que o bloco parte do repouso da posição x_1 e para na posição de equilíbrio $x_2 = 0$, temos que $\Delta E_c = 0$, logo,

$$W_{fat} = -W_{F_e}$$

Sendo o trabalho da força elástica dado por $W_{F_e} = -\Delta U$ com $\Delta U = U_2 - U_1$ e U a energia potencial elástica associada à mola, temos

$$W_{fat} = (U_2 - U_1)$$

Já o trabalho da força de atrito é dado por

$$W_{fat} = -f_{at}\Delta x$$

onde Δx é o módulo do deslocamento do bloco. Sabendo-se que o deslocamento ocorre ao longo da superfície, temos que a força de atrito é $f_{at} = \mu F_N$, com $F_N = mg$ sendo a força normal. Como o bloco parte da posição $x_1 = x$ e para exatamente na posição de equilíbrio ($x_2 = 0$) após ser solto, temos

$$-f_{at}\Delta x = (U_2 - U_1)$$

$$-\mu mg|0 - x| = -\frac{1}{2}kx^2$$

Rearranjando os termos e substituindo os valores para $k = 100$ N/m, $x = 30$ cm que corresponde a $x = 0,3$ m e $m = 5$ kg encontramos que o coeficiente de atrito é,

$$\mu = \frac{kx}{2mg} = 0,31$$

■

5.4.3 Exercícios

1. Um bloco é lançado sobre uma superfície inclinada de 20° em relação à horizontal e com velocidade de 8 m/s. Sabendo que o coeficiente de atrito entre o bloco e a superfície é $\mu = 0,2$, encontre:
   a) A máxima distância que o bloco se moverá ao longo da superfície.
   b) A velocidade do bloco quando este retornar a sua posição original.

2. Um corpo de massa $m = 10$ kg está preso a uma mola de constante elástica $k = 500$ N/m, como mostra a Fig.5.16. Considerando que não há qualquer tipo de atrito, determine o trabalho total sobre o bloco quando ele se movimenta 20 cm deslizando ao longo do plano inclinado de $\theta = 25^o$ em relação à horizontal.

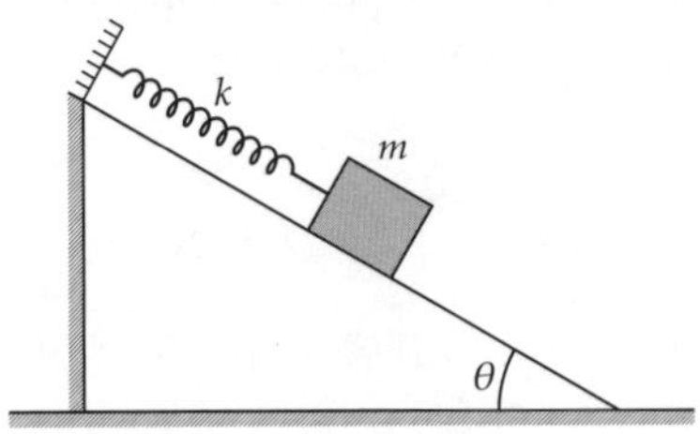

Figura 5.16: *Exercício 2.*

3. Os blocos A e B têm massas iguais a $m_A = 10$ kg e $m_B = 5$ kg, respectivamente, e estão a uma altura $h = 3$ m acima do solo, como indica a Fig.5.17, quando o sistema é abandonado.

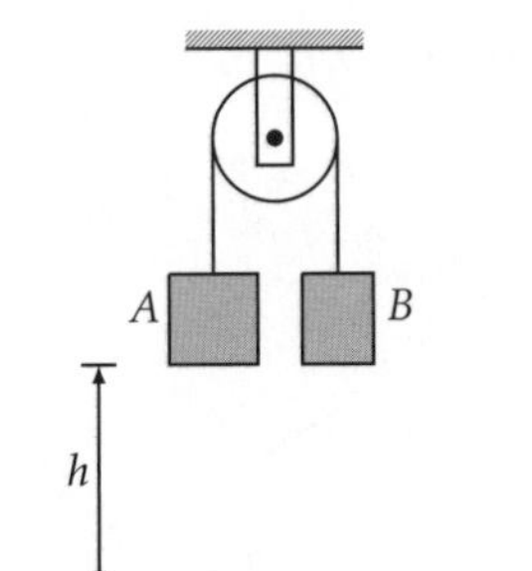

Figura 5.17: *Exercício 3.*

Devido ao atrito entre o eixo e a roldana, o bloco A tem velocidade de 3 m/s imediatamente antes de tocar o solo. Determine:
a) A tração em cada corda durante o movimento.
b) O trabalho realizado pela força de atrito.

4. Um bloco de massa 25 kg se movimenta para a direita quando uma força de módulo 120 N atua sobre ele como indica a Fig.5.18. Quando passou pela posição $x = 20$ metros sua velocidade era igual 8 m/s. Sabendo-se que o coeficiente de atrito entre o bloco e a superfície é igual a $\mu = 0,3$ e que $\theta = 40^o$, determine a velocidade do bloco quando ele passa pela posição $x = 35$.

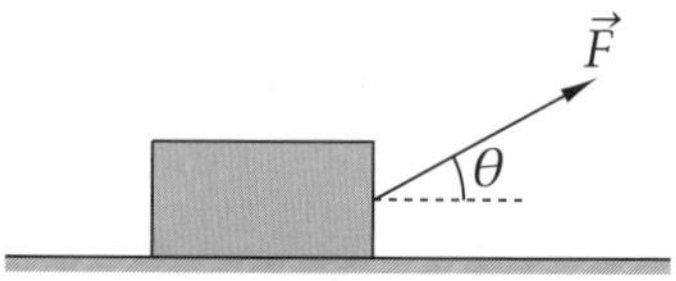

Figura 5.18: *Exercício 4.*

5. Em um bloco de massa $m = 3$ kg atua uma força horizontal, medida em N, que depende da posição da seguinte forma:

$$F(x) = \frac{400}{1+2x}$$

Sabe-se que, quando $x = 4$ m, a velocidade do bloco é 7 m/s para a direita e que o coeficiente de atrito entre o bloco e a superfície é $\mu = 0,2$. Determine a velocidade do bloco quando $x = 12$ m.

6. Um bloco de massa $m = 20$ kg desliza sobre uma encosta como mostra a Fig.5.19. A altura da encosta em relação ao solo é $h = 8$ metros. Considerando que as velocidades do bloco nos pontos A e B são, respectivamente, iguais a 2 m/s e 8 m/s, determine o trabalho da força de atrito durante o movimento de descida do bloco.

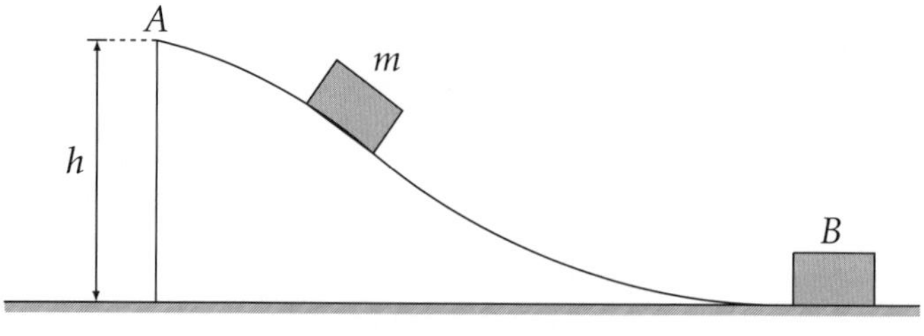

Figura 5.19: *Exercício 6.*

7. Uma partícula de massa 2 kg move-se sob a ação de uma força, medida em N, dada por

$$\vec{F} = 8xy\hat{\imath} + (4x^2 - 8z)\hat{\jmath} - 8y\hat{k}$$

Determine a energia cinética da partícula no ponto $P_2(1,-1,1)$m, sabendo-se que no ponto $P_1(-1,2,-1)$m sua velocidade é 6 m/s.

8. Um bloco de massa m está preso a uma mola de constante elástica k e se movimenta em uma superfície sem atrito. Sabendo-se que no instante $t = 0$ o bloco se encontra na origem com velocidade v_0, mostre, a partir da relação entre trabalho e energia cinética, que a posição do bloco em função do tempo é dada por

$$x(t) = \frac{v_0}{\omega_0} \sin \omega_0 t$$

onde $\omega_0 = \sqrt{k/m}$ é a frequência angular do sistema.

9. Um colar de massa $m = 5$ kg está conectado a uma mola de comprimento natural igual a $l_0 = 1$ m e constante elástica $k = 800$ N/m. O colar pode se movimentar ao longo de uma haste como mostra a Fig.5.20. O colar é posto em movimento e, quando ele passa pelo ponto B, a sua velocidade é $v_B = 10$ m/s e no ponto C a velocidade é $v_C = 4$ m/s. Sabendo-se que $a = 4$ m, $b = 3$ m e que a mola tem um comprimento igual a 4,5 m quando o colar passa pelo ponto C, determine o trabalho feito pela força de atrito.

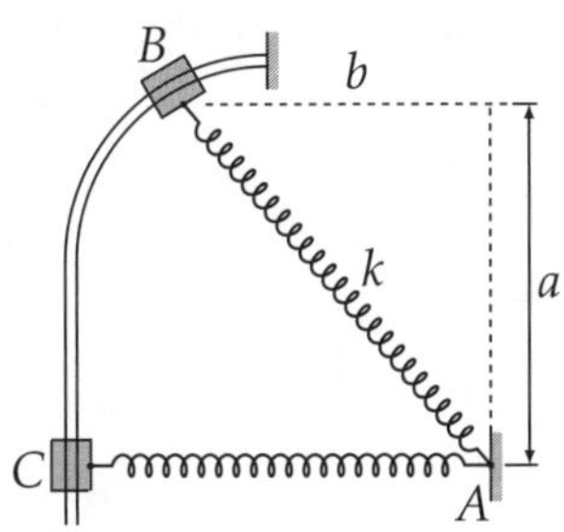

Figura 5.20: *Exercício 9.*

10. Uma partícula de massa m é arremessada por uma corda elástica fixa nos pontos A e B como mostra a Fig.5.21.

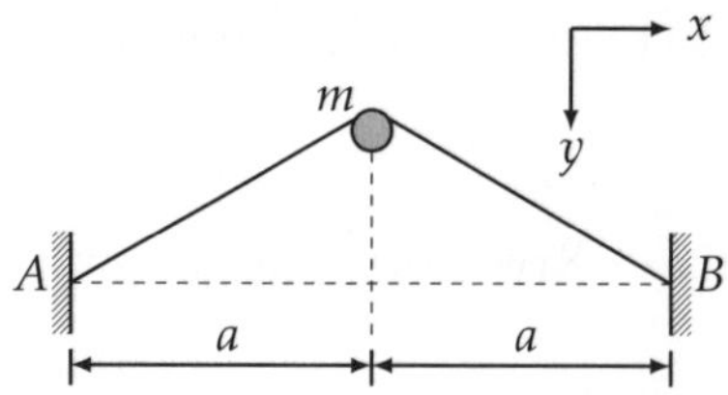

Figura 5.21: *Exercício 10.*

Considere que a corda tem uma constante elástica k e que a partícula parte do repouso e da origem. Use a relação entre trabalho e energia cinética para mostrar que a velocidade da partícula em função da posição do longo da direção y é dada por

$$v = \sqrt{\frac{2k}{m}}\left(\sqrt{a^2+y^2}-a\right)$$

11. Uma partícula com velocidade v_0 penetra em uma região quc impõe a ela uma força de atrito que é proporcional à distância x que ela percorre. Sabendo-se que, após percorrer uma distância ℓ, a partícula atinge o repouso, mostre que o trabalho da força de atrito e a velocidade da partícula ao longo da distância x são dados por

$$W_{fat} = -\frac{mv_0^2}{2\ell^2}x^2 \qquad \text{e} \qquad v = v_0\sqrt{1-\frac{x^2}{\ell^2}}$$

12. Os blocos mostrados na Fig.5.22 têm massas respectivamente iguais a $m_A = m$ e $m_B = m/5$ e repousam sobre a superfície sem atrito de um plano inclinado de $\theta = 30^o$. No instante $t = 0$ o sistema está em repouso com a corda esticada e a mola de constante elástica k na iminência de se deformar. Mostre que a distância, d, que o bloco A percorre até parar é dada por

$$d = \frac{3mg}{5k}$$

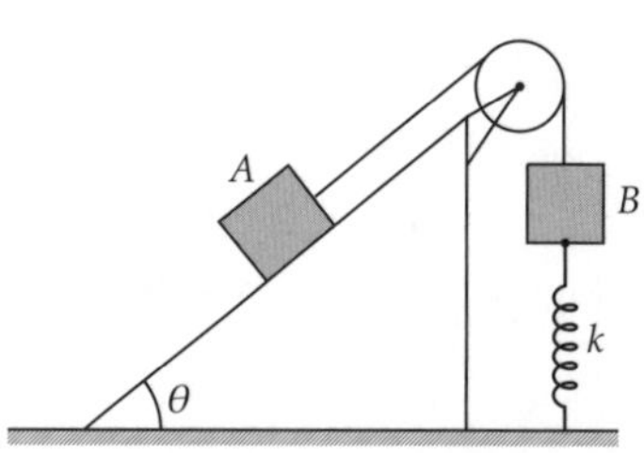

Figura 5.22: *Exercício 12.*

13. Uma partícula de massa m se move sob ação de uma força, medida em N, dada por

$$F(x) = -2ax + 3bx^2$$

onde a e b são constantes positivas. Sabendo-se que em $x = 0$ a partícula tem velocidade v_0, mostre que a velocidade quando a força for miníma é

$$v_{max} = v_0\sqrt{1 - \frac{4a^3}{27mb^2v_0^2}}$$

14. Um bloco de massa $m = 15$ kg está conectado entre duas molas de constantes elásticas $k_1 = 75$ N/m e $k_2 = 125$ N/m como mostra a Fig.5.23. Quando o bloco está na posição de equilíbrio a velocidade é igual a 2,5 m/s. Considere que não há atrito entre o bloco e a superfície e determine a máxima deformação das molas.

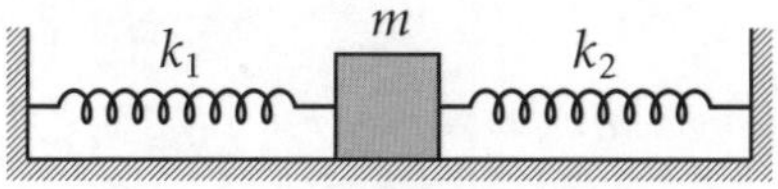

Figura 5.23: *Exercício 14.*

15. Um bloco de massa $m = 1$ kg move-se entre duas paredes verticais cujo atrito entre o bloco e as paredes pode ser desprezado. O bloco está preso, como mostra a Fig.5.24, a uma mola de constante elástica $k = 180$ N/m e a um cabo. O bloco parte do repouso do ponto A no instante em que a mola não está deformada e passa pelo ponto B, a 25 cm do ponto A, com velocidade $v_B = 3$ m/s. Considerando desprezível a massa da corda e a da mola e que $a = 80$ cm, $b = 25$ cm e $c = 60$ cm, determine o valor da força constante F.

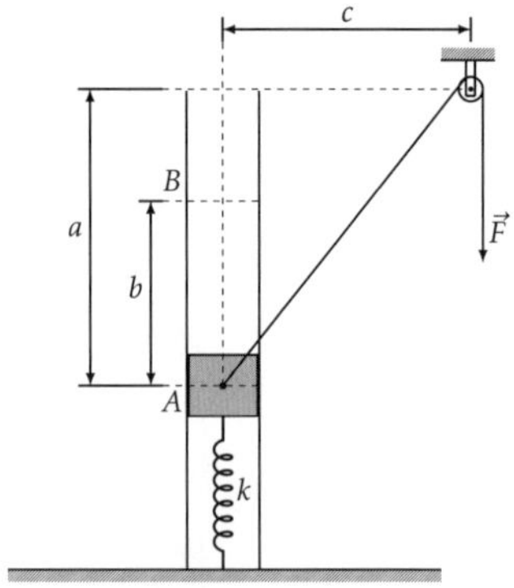

Figura 5.24: *Exercício 15.*

5.4.4 Força a partir da energia potencial

A energia potencial gravitacional assim como a energia potencial elástica para um deslocamento infinitesimal estão relacionadas ao trabalho da seguinte forma:

$$dW = \vec{F} \cdot d\vec{r} \tag{5.53}$$

e das Eqs.(5.45) e (5.52) temos

$$dW = -dU \tag{5.54}$$

logo,

$$dU = -\vec{F} \cdot d\vec{r} \tag{5.55}$$

Uma vez que a energia potencial gravitacional assim como a energia potencial elástica são funções da posição, podemos escrever o lado esquerdo da Eq.(5.55) da seguinte forma:

$$dU = \frac{\partial U}{\partial x}dx + \frac{\partial U}{\partial y}dy + \frac{\partial U}{\partial z}dz \tag{5.56}$$

ou ainda

$$dU = \left(\frac{\partial U}{\partial x}\hat{\imath} + \frac{\partial U}{\partial y}\hat{\jmath} + \frac{\partial U}{\partial z}\hat{z}\right) \cdot (dx\hat{\imath} + dy\hat{\jmath} + dz\hat{k}) \tag{5.57}$$

$$dU = \left(\frac{\partial U}{\partial x}\hat{\imath} + \frac{\partial U}{\partial y}\hat{\jmath} + \frac{\partial U}{\partial z}\hat{z}\right) \cdot d\vec{r} \tag{5.58}$$

Analisando as Eqs.(5.55) e (5.58), podemos notar que a força $\vec{F}$ pode ser determinada por

$$\vec{F} = -\left(\frac{\partial U}{\partial x}\hat{i} + \frac{\partial U}{\partial y}\hat{j} + \frac{\partial U}{\partial z}\hat{z}\right) \tag{5.59}$$

O lado direito da Eq.(5.59) é o gradiente da função energia potencial U e, sendo assim, a força fica então determinada por

$$\vec{F} = -\nabla U \tag{5.60}$$

É importante perceber que a Eq.(5.60) é uma consequência direta da Eq.(5.23). Deixamos como exercício mostrar que $\nabla \times (\nabla U) = 0$.

Exemplo 5.4.3

A energia potencial de uma partícula de massa m em função da coordenada x é dada por

$$U(x) = \alpha x^2 - \beta x^3$$

com α e β sendo constantes positivas. Encontre a força associada a essa energia potencial.

SOLUÇÃO: *A força pode ser determinada a partir da energia potencial utilizando*

$$\vec{F} = -\nabla U$$

com

$$\nabla U = \left(\frac{\partial U}{\partial x}\hat{i} + \frac{\partial U}{\partial y}\hat{j} + \frac{\partial U}{\partial z}\hat{z}\right)$$

Como a anergia potencial depende apenas da coordenada x, é imediato perceber que

$$\frac{\partial U}{\partial x} = 2\alpha x - 3\beta x^2 \qquad \frac{\partial U}{\partial y} = 0 \quad e \quad \frac{\partial U}{\partial z} = 0$$

e com isso conseguimos que a força é dada por

$$\vec{F}(x) = -(2\alpha x - 3\beta x^2)\hat{i}$$

■

Exemplo 5.4.4

Um corpo de massa 2 kg move-se no plano xy, onde a energia potencial é dada por

$$U(x,y) = 6xy - 8x^2$$

Determine a aceleração da partícula no ponto $P(1,2)$ m.

SOLUÇÃO: *A aceleração no ponto $P(1,2)$ m pode ser determinada utilizando a segunda lei de Newton, ou seja,*

$$\vec{F} = m\frac{d^2\vec{r}}{dt^2}$$

ou

$$\vec{a} = \frac{\vec{F}}{m}$$

com a força sendo dada por

$$\vec{F} = -\left(\frac{\partial U}{\partial x}\hat{i} + \frac{\partial U}{\partial y}\hat{j} + \frac{\partial U}{\partial z}\hat{z}\right)$$

Considerando que $U(x,y) = 6xy - 8x^2$ e fazendo as respectivas derivadas, conseguimos que a força é dada por

$$\vec{F} = -(6y - 16x)\hat{i} - 6x\hat{j}$$

com isso a aceleração é

$$\vec{a} = \frac{-(6y - 16x)\hat{i} - 6x\hat{j}}{2}$$

e no ponto $P(1,2)$ temos

$$\vec{a} = 2\hat{i} - 3\hat{j} \quad m/s^2$$

■

5.4.5 Exercícios

1. Um corpo de massa m a uma distância r da Terra tem associada nesse ponto uma energia potencial gravitacional dada por

$$U(r) = -\frac{GMm}{r}$$

onde G é a constante de gravitação universal, M a massa da Terra e r a distância entre o corpo de massa m e a Terra. Encontre a partir de $U(r)$ a força devida ao campo gravitacional.

2. A energia potencial de interação entre duas moléculas de gás foi proposta por Lennard Jones e pode ser escrita como sendo

$$U(r) = -U_0\left(\frac{\alpha}{r^6} - \frac{\beta}{r^{12}}\right)$$

onde U_0, α e β são constantes positivas. Determine a força associada a essa energia potencial e a posição onde a energia potencial é a menor.

3. As interações entre os prótons e nêutrons podem ser descritas utilizando a energia potencial de Yukawa, que é dada por

$$U(r) = -\frac{\alpha}{r}e^{-r_0/r}$$

onde α e r_0 são constantes. Encontre o valor de r para o qual a energia potencial é miníma e determine o seu valor. Além disso, faça um gráfico da força em função de r.

5.5 Sistemas conservativos

Um sistema é dito conservativo quando apenas forças conservativas estão atuando no sistema. Como já demonstramos, uma força conservativa é aquela em que o trabalho entre dois pontos independe da trajetória e, além disso, para um caminho fechado o trabalho é nulo. Para um sistema conservativo onde as forças envolvidas dependem da posição, temos

$$W_{ab} = \Delta E_c \tag{5.61}$$

$$W_{ab} = -\Delta U \tag{5.62}$$

e, combinando as duas equações acima, conseguimos

$$\Delta E_c = -\Delta U \tag{5.63}$$

Uma consequência imediata da Eq.(5.63) é a seguinte: ocorrendo uma aumento da energia potencial ($\Delta U > 0$), haverá uma diminuição da energia cinética sem que ocorra qualquer outro tipo de transformação de energia, ou seja, as trocas de energia são apenas entre as formas de energias cinética e potencial.

5.5.1 Conservação da energia mecânica

Consideremos agora a Eq.(5.63), que determina a relação entre variação da energia cinética e a variação da energia potencial para sistemas conservativos, escrita da seguinte maneira:

$$\Delta E_c + \Delta U = 0 \tag{5.64}$$

com

$$\Delta E_c = E_{c2} - E_{c1} \qquad \text{e} \qquad \Delta U = U_2 - U_1 \tag{5.65}$$

Substituindo as Eqs.(5.65) na Eq.(5.64) e rearranjando os termos, conseguimos

$$E_{c1} + U_1 = E_{c2} + U_2 \tag{5.66}$$

A Eq.(5.66) é o que chamamos de ***princípio da conservação da energia mecânica***, uma vez que

$$E_M = E_c + U \tag{5.67}$$

é definida como sendo a energia mecânica ou energia total. Combinando as Eqs.(5.66) e (5.67), temos que para sistemas conservativos

$$E_{M2} - E_{M1} = 0 \tag{5.68}$$

ou seja,

$$\Delta E_M = 0 \tag{5.69}$$

A Eq.(5.69) mostra que para sistemas conservativos a energia mecânica do sistema não varia. Além disso, as trocas de energias ocorrem apenas entre as diferentes formas de energias potenciais e cinética. A Eq.(5.69) pode ainda ser escrita como

$$E_{M1} = E_{M2} \tag{5.70}$$

$$E_{c1} + U_1 = E_{c2} + U_2 \tag{5.71}$$

Exemplo 5.5.1

Um bloco de massa $m = 1,8$ kg desliza a partir do ponto A de uma altura $H = 3$ m metros com velocidade $v_A = 1$ m/s, como mostra a Fig.5.25. Sabendo-se que não há qualquer tipo de atrito e $h = 1,5$ m, determine a máxima deformação que sofrerá a mola de constante elástica $k = 2000$ N/m.

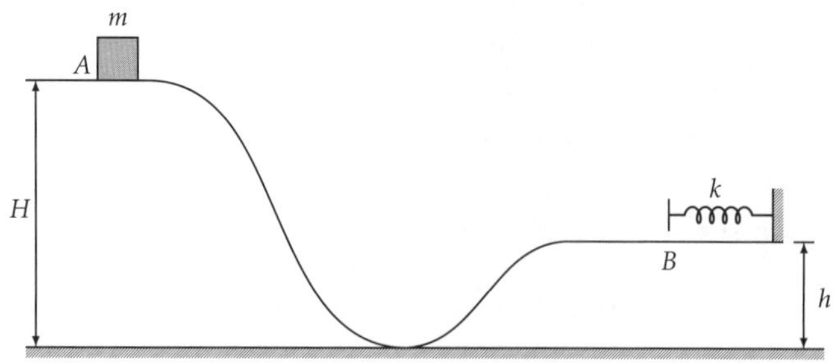

Figura 5.25: *Exemplo 5.5.1.*

SOLUÇÃO: *Sendo que as forças envolvidas são conservativas e como não há qualquer tipo de atrito, podemos escrever que*

$$E_{cA} + U_A = E_{cB} + U_B$$

onde E_{cA} *e* U_A *são as energias cinética e potencial no ponto A assim como* E_{cB} *e* U_B *são as energias cinética e potencial no ponto B. A máxima deformação na mola ocorre quando a mola é totalmente comprimida pelo bloco; nesse instante o bloco para e, devido a isso,* $E_{cB} = 0$*, logo,*

$$\frac{1}{2}mv_A^2 + mgH = mgh + \frac{1}{2}kx_{max}^2$$

Da equação acima podemos determinar x_{max} *da seguinte forma:*

$$x_{max} = \sqrt{\frac{m}{k}\left[v_A^2 + 2g(H-h)\right]}$$

Substituindo os valores de $v_A = 1$ *m/s,* $H = 3$ *m,* $h = 1,5$ *m,* $k = 2000$ *N/m e* $m = 1,8$ *kg, determinamos que a a máxima deformação da mola será* $x_{max} = 16,5$ *centímetros.* ■

Exemplo 5.5.2

Um bloco de massa m desliza a partir do topo de um semicírculo de raio R com velocidade v_0 como mostra a Fig.5.26. Sabendo-se que não há qualquer tipo de atrito, determine a altura h em que bloco é projetado para fora da superfície.

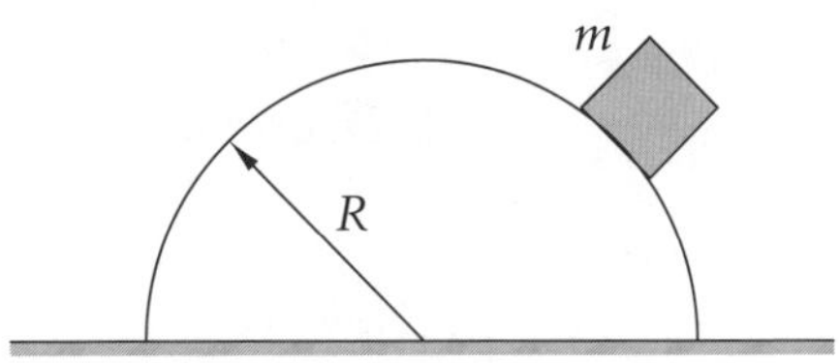

Figura 5.26: *Exemplo 5.5.2.*

SOLUÇÃO: *Considerando que o sistema é conservativo, podemos escrever, tomando os pontos A e B mostrados na Fig.5.27 como referência, que*

$$E_{cA} + U_A = E_{cB} + U_B$$

onde E_{cA} *e* E_{cB} *são as energias cinéticas e* U_A *e* U_B *as energias potenciais nos respectivos pontos A e B. Dessa forma temos*

$$\frac{1}{2}mv_A^2 + mgy_A = \frac{1}{2}mv_B^2 + mgy_B$$

sendo $v_A = v_0$, $y_A = R$. *No ponto onde o bloco é projetado para fora a sua velocidade é* v_B, *e isso ocorre quando* $y_B = h$, *e com isso temos*

$$\frac{1}{2}mv_0^2 + mgR = \frac{1}{2}mv_B^2 + mgh$$

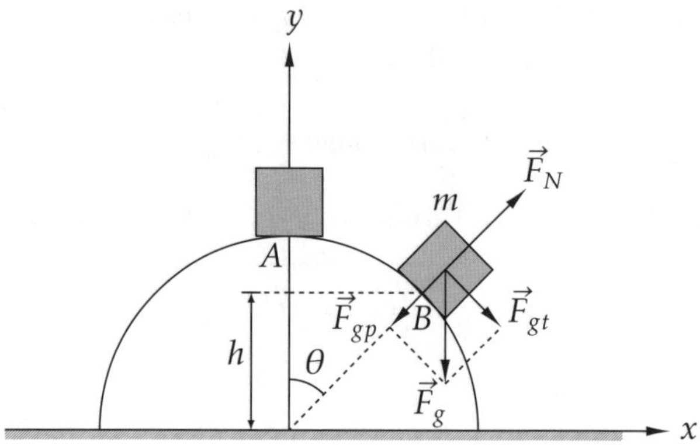

Figura 5.27: *Exemplo 5.5.2 - Diagrama do corpo livre.*

Para encontrarmos a altura h devemos determinar a velocidade do bloco no ponto B, e, para isso, vamos analisar o diagrama do corpo livre mostrado na Fig.5.27. Uma vez que o movimento é ao longo da superfície, podemos escrever que

$$mg\cos\theta - F_N = ma_n$$

onde $a_n = v_B^2/R$ *é a componente normal da aceleração do bloco e* θ *o ângulo que está representado na figura. No instante em que o bloco é projetado, ele perde contato com a superfície e, nesse caso,* $F_N = 0$. *Levando em consideração esse fato, conseguimos determinar a velocidade no ponto B e escrevê-la da seguinte forma:*

$$v_B^2 = Rg\cos\theta$$

com $\cos\theta = h/R$ *obtido da figura. Diante disso tudo podemos escrever que*

$$\frac{1}{2}mv_0^2 + mgR = \frac{1}{2}mh + mgh$$

Resolvendo a equação acima encontramos finalmente que a altura em que o bloco é projetado da superfície é igual a

$$h = \frac{2}{3}R\left(1 + \frac{v_0^2}{2Rg}\right)$$

■

5.5.2 Exercícios

1. Um avião que voa horizontalmente com velocidade igual a 300 km/h abandona um pacote de massa igual a 10 kg de uma altura igual a 150 m. Determine a velocidade do pacote quando ele estiver a 50 metros do solo.

2. Um bloco de massa $m = 3$ kg é empurrado contra uma mola de constante elástica $k = 600$ N/m de modo que a mola sofra uma deformação igual a 25 cm. Após isso o bloco é liberado e move-se ao longo de uma superfície inclinada de um ângulo $\theta = 50^o$ e sem atrito, como mostra a Fig.5.28. Determine a altura máxima que o bloco atinge e a distância percorrida ao longo do plano até esse ponto.

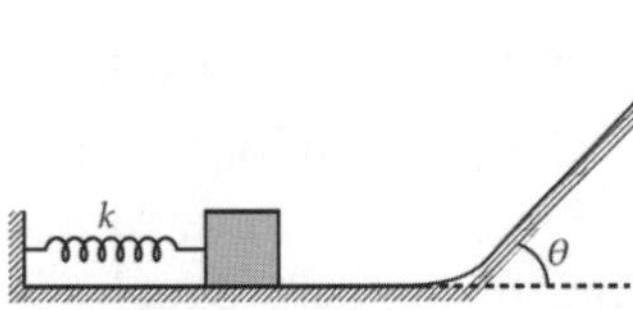

Figura 5.28: *Exercício 2.*

3. Um bloco de massa m desliza ao longo de uma superfície sem atrito como mostra a Fig.5.29. Determine a altura miníma H que permitirá ao bloco percorrer todo o círculo de raio R.

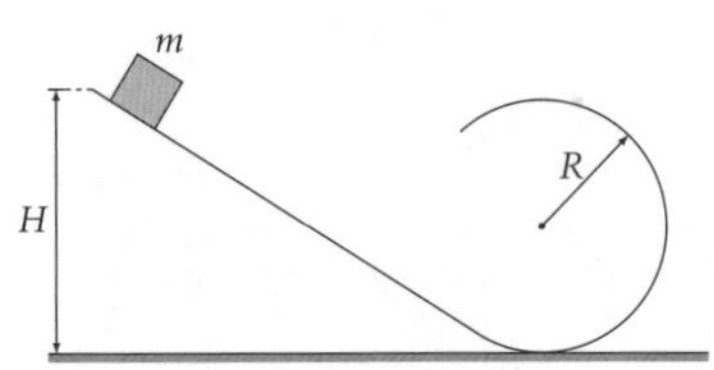

Figura 5.29: *Exercício 3.*

4. Um bloco de massa $m = 3$ kg é abandonado de uma altura $h = 0,8$ m, como indica a Fig.5.30, e cai sobre duas molas de mesmo comprimento, porém de constantes elásticas, k_1 e k_2, diferentes. Sabendo-se que as molas sofrem uma deformação máxima igual a 30 cm e que $k_1 = 500$ N/m, determine a constante elástica k_2.

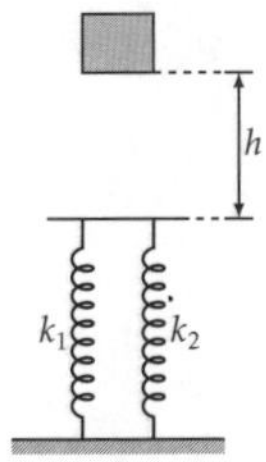

Figura 5.30: *Exercício 4.*

5. Um corpo de massa m está preso a uma haste fina de comprimento ℓ e de massa desprezível. O corpo é posto em movimento a partir do ponto A, como mostra a Fig.5.31, com velocidade inicial v_0. Sabendo que a haste pode girar ao redor do ponto O sem qualquer atrito, determine a velocidade e a tração na haste no ponto mais baixo da trajetória.

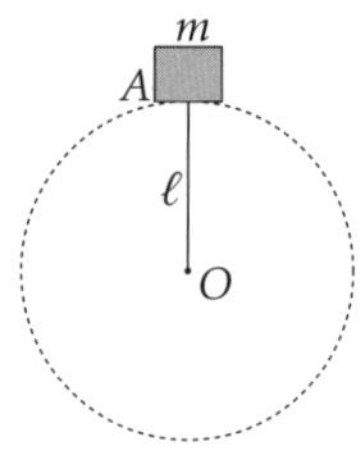

Figura 5.31: *Exercício 5.*

6. Um corpo de massa $m = 12$ kg é abandonado do topo de um plano inclinado de 35° em relação à horizontal como mostra a Fig.5.32. Na base do plano há uma mola cuja constante elástica é igual a $k = 150$ N/m. Determine a distância percorrida pelo bloco até o momento em que ele para e comprime a mola em 1,8 metro e a velocidade do bloco imediatamente antes de atingir a mola.

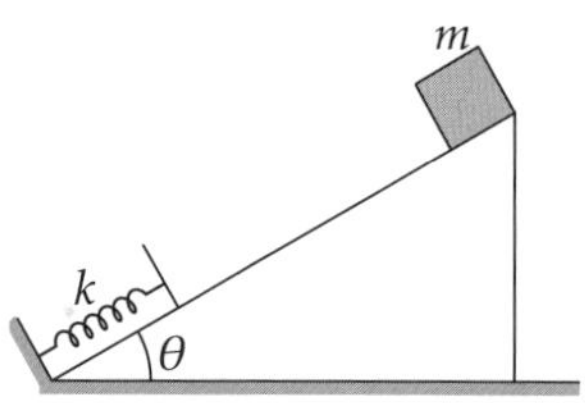

Figura 5.32: *Exercício 6.*

7. Uma esfera está presa a um fio de massa desprezível e de comprimento $\ell = 1,2$ metros. A esfera é abandonada do ponto A com velocidade igual a $v_A = 3$ m/s. Quando a esfera chega ao ponto mais baixo da trajetória o fio encontra uma haste fina, de comprimento $2\ell/3$, que está fixa e que modifica a trajetória da esfera como mostra a Fig.5.33. Sabendo-se que $\theta = 60^o$, determine a velocidade com que a esfera passa pelo ponto B.

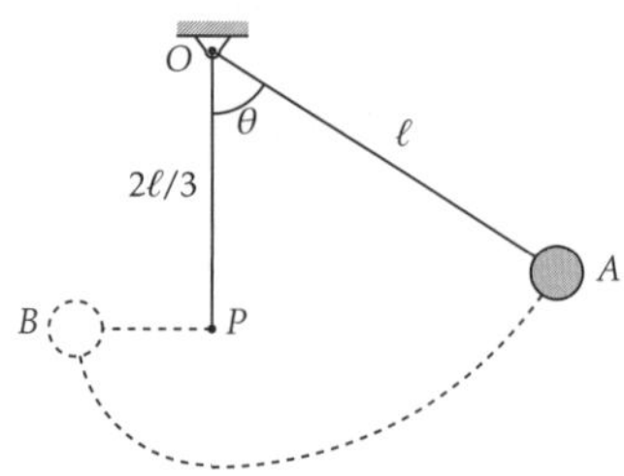

Figura 5.33: *Exercício 7.*

8. Uma esfera de massa m está presa a uma mola de comprimento natural ℓ_0 e constante elástica k. A esfera está em repouso apoiada no ponto A, mostrado na Fig.5.34, porém a mola está deformada.

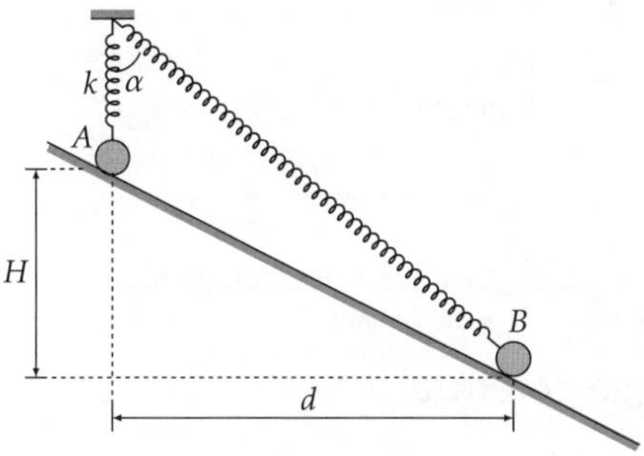

Figura 5.34: *Exercício 8.*

A esfera é então abandonada e desliza ao longo da superfície sem atrito até parar no ponto B. Sabendo-se que $d = 2H$ e que $\alpha = 45^o$, determine a velocidade da esfera quando ela passa pelo ponto B.

9. Um bloco de massa m partindo de uma altura H com velocidade nula desliza por uma superfície sem atrito como indica a Fig.5.35. Sabendo-se que a parte final da superfície tem um perfil circular de raio R, determine o ângulo, em relação à vertical, no qual o bloco perde contato com a superfície.

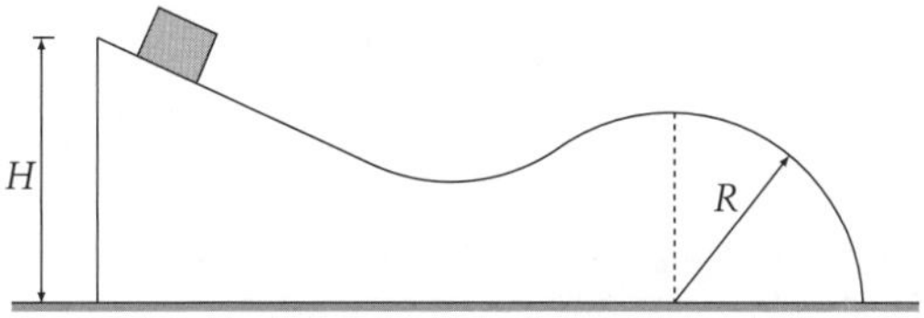

Figura 5.35: *Exercício 9.*

10. Uma esfera de massa $m = 8$ kg está presa a uma mola de comprimento natural $\ell_0 = 4$ m e constante elástica k. A esfera pode deslizar entre duas hastes finas como mostra a Fig.5.36 sem sofrer a ação do atrito. A esfera é então abandonada no ponto A e atinge o ponto B com velocidade igual a $v_B = 3{,}5$ m/s. Sabendo-se que $H = 8$ m, $d = 10$ m e que a separação entre as hastes é desprezível, determine a velocidade da esfera quando a mola estiver perpendicular às hastes e a força de reação das hastes nesse ponto.

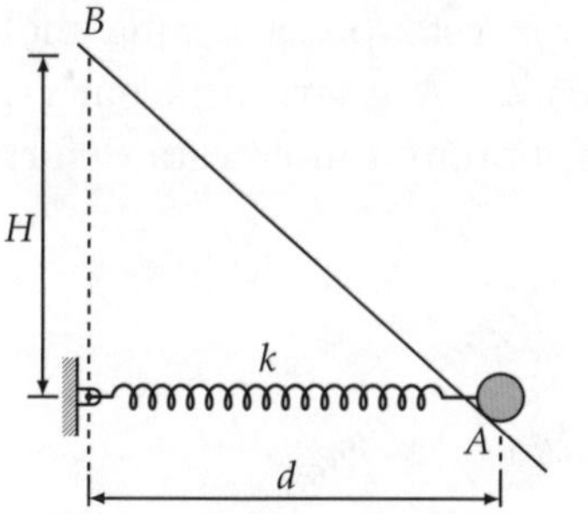

Figura 5.36: *Exercício 10.*

5.5.3 Gráfico da energia potencial

O gráfico da energia potencial em função da posição é um instrumento interessante para obtermos informações sobre o movimento. Nesse sentido vamos utilizar a Fig.5.37 para fazermos algumas análises do movimento, por exemplo, de um ponto material. Na mesma figura as linhas paralelas ao eixo x correspondem à energia mecânica dada pela Eq.(5.67), e dessa equação podemos escrever que a velocidade é

$$v = \pm\sqrt{\frac{2}{m}\left[E_M - U(x)\right]} \tag{5.72}$$

onde o sinal $(+)$ indica o sentido do movimento ao longo do eixo Ox e $(-)$ indica o sentido contrário, respectivamente. A Eq.(5.72) permite duas soluções, uma real (se $E_M \geq U(x)$) e outra imaginária (se $E_M < U(x)$). A solução imaginária não impõe qualquer interesse em utilizá-la para a descrição do movimento.

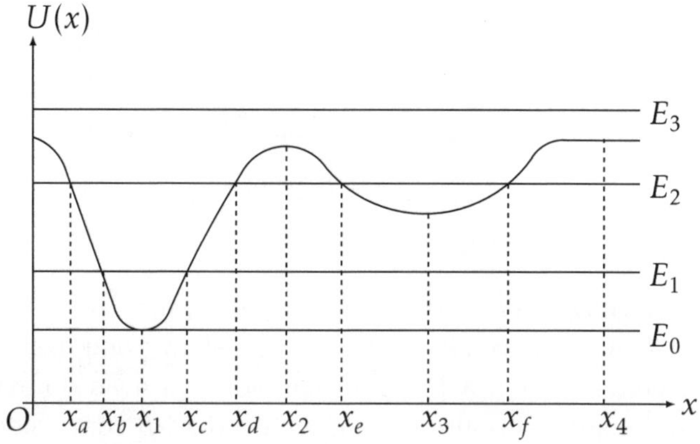

Figura 5.37: *Energia potencial (U) em função da posição.*

Na Fig.5.37 o ponto x_1 indica que a velocidade é nula, uma vez que $E_0 = U(x)$. Já nos pontos x_b e x_c as velocidades também são nulas. Porém nesses pontos temos que $\left.\frac{dU}{dx}\right|_{x=x_b} < 0$, e $\left.\frac{dU}{dx}\right|_{x=x_c} > 0$, indicando que nesses pontos age uma força, dada pela Eq.(5.60), que faz com que o ponto material fique oscilando entre eles, uma vez que no ponto x_b a força é no sentido do eixo Ox e no ponto x_c a força é contrária ao sentido Ox. Nesses pontos ocorrem a inversão do movimento e, por isso, eles são chamados de pontos de retorno. Esse comportamento também ocorre para os pontos x_a e x_d assim como para os respectivos pontos x_e e x_f. É importante notar que a quantidade de pontos de retorno está associada ao perfil da energia potencial ($U(x)$) e ao valor da energia mecânica. Isso fica claro pela Fig.5.37, que mostra que para $E_M = E_2$ há quatro pontos, para $E_M = E_1$ dois pontos e para $E_M = E_3$ não há nenhum ponto de retorno. Além dos pontos de retorno é interessante analisarmos os pontos x_1, x_2, x_3 e x_4. Nesses pontos temos que $\frac{dU}{dx} = 0$, que mostra que a força nesses pontos é nula, ou seja, são pontos de equilíbrio. Para um pequeno deslocamento ao redor dos pontos x_1 ou x_3 a força sempre agirá de modo a fazer com que o ponto material retorne à posição de equilíbrio. Devido a isso, esses pontos são chamados de ***pontos de equilíbrio estável***. Por outro lado, no ponto x_2 a força agirá de modo a afastar o ponto material da posição de equilíbrio, e, por isso, o ponto x_2 é um ***ponto de equilíbrio instável***. Já no ponto x_4 a energia potencial é constante e, por isso, a força nesse ponto é nula. O ponto x_4 é então chamado de ***ponto de equilíbrio indiferente***.

5.5.4 Exercícios

1. A energia potencial em função da posição x associada a uma partícula de massa $m = 3$ kg é dada por

$$U(x) = \begin{cases} 3x^2 - x^3 & x \leq 3\ m \\ 0 & x \geq 3\ m \end{cases}$$

   a) Faça o gráfico de $U(x)$ e discuta os diferentes tipos de equilíbrio.
   b) Sabendo-se que a energia total é igual a 19 J, determine a velocidade da partícula quando a força é nula.

2. Uma barra de massa desprezível suporta, como mostra a Fig.5.38, dois blocos de massas m_1 e m_2. Escreva uma expressão para a energia potencial gravitacional em função do ângulo α e determine o ângulo que minimiza a energia potencial do sistema. Mostre também que quando $m_1 d_1 = m_2 d_2$ a energia potencial é miníma e independe do ângulo α.

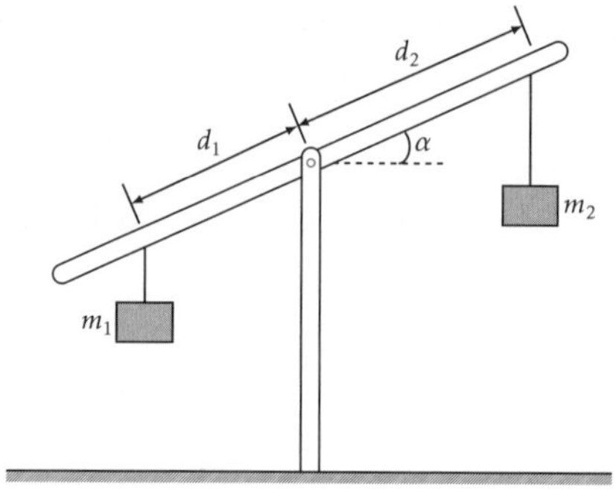

Figura 5.38: *Exercício 2.*

3. Para o sistema mostrado na Fig.5.39 determine a posição para o qual a energia potencial é miníma.

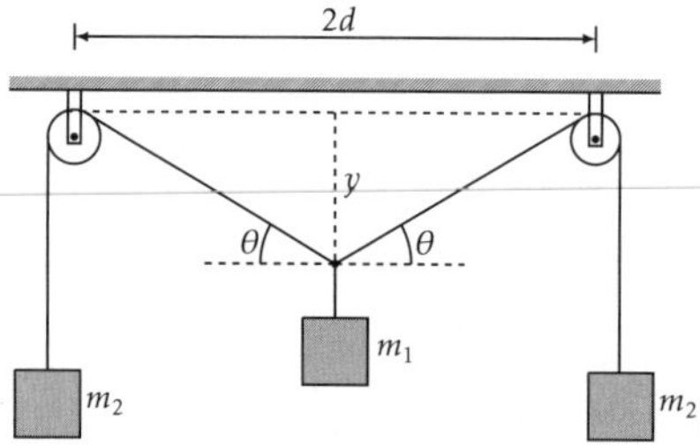

Figura 5.39: *Exercício 3.*

4. A energia potencial $U(x)$ associada a uma partícula é mostrada na Fig.5.40. Determine a função energia potencial $U(x)$ e a força correspondente. Além disso, descreva os tipos possíveis de movimento para a partícula.

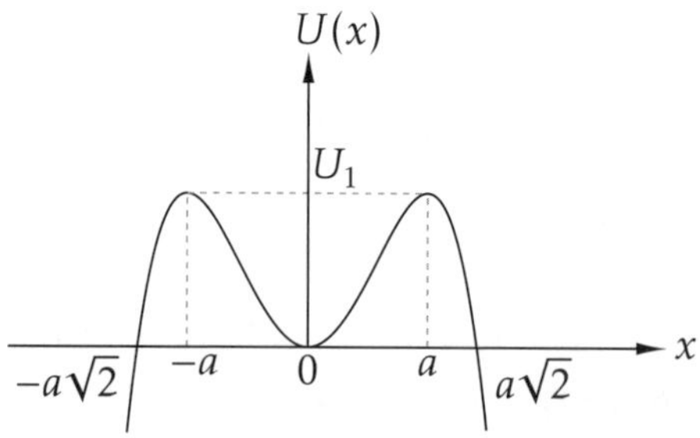

Figura 5.40: *Exercício 4.*

5. Uma partícula de massa m tem associada uma energia potencial dada por

$$U(x) = \frac{1}{2}kx^2$$

Mostre que a frequência ao redor do ponto de equilíbrio (frequência para pequenas oscilações) é dada por

$$\omega_p^2 = \frac{1}{m}\frac{d^2U}{dx^2}\bigg|_{x=x_{eq}}$$

6. A energia potencial $U(x)$ associada a uma partícula de massa m é dada por

$$U(x) = -\frac{U_0 a^2(a^2+x^2)}{8a^4+x^4}$$

onde U_0 e a são constantes. Faça um esboço do gráfico da energia potencial $U(x)$ e discuta os possíveis movimentos da partícula ao longo do eixo x. Utilize o resultado do Exercício 5 e mostre que a frequência para pequenas oscilações é dada por

$$\omega_p = \sqrt{\frac{U_0}{3ma^2}}$$

5.6 Conservação da energia

Na Seção 5.5.1 mostramos que a energia mecânica, na presença apenas de forças conservativas, se conserva. Uma partícula pode ao mesmo tempo ser submetida a uma força conservativa, como a força gravitacional, e a uma força não conservativa, como a força de atrito cinético. Para uma discussão mais ampla sobre o processo de conservação da energia, vamos considerar agora as forças chamadas não conservativas. O trabalho realizado pela força de atrito cinético depende da trajetória e é sempre negativo. Além disso, mesmo para uma trajetória fechada, o trabalho da força de atrito cinético é diferente de zero. Diante disso, consideremos que o trabalho total sobre uma partícula, para ir de um ponto a para um ponto b, possa ser escrito como sendo

$$W_T = W_{Fc} + W_{fat} \tag{5.73}$$

onde W_{Fc} é o trabalho realizado por forças conservativas e W_{fat} o trabalho devido à força de atrito cinético. Levando-se em conta que o trabalho total produz uma variação da energia potencial do sistema, podemos ainda escrever a Eq.(5.73) da seguinte forma:

$$W_T = -\Delta U \tag{5.74}$$

$$-\Delta U = W_{Fc} + W_{fat} \tag{5.75}$$

Considerando ainda que $W_{Fc} = \Delta E_c$ na Eq.(5.75), temos

$$-\Delta U = \Delta E_c + W_{fat} \tag{5.76}$$

que pode ainda ser escrita como sendo

$$(E_{c2} + U_2) - (E_{c1} + U_1) = +W_{fat} \tag{5.77}$$

$$\Delta E_M = W_{fat} \tag{5.78}$$

A Eq.(5.78) mostra que a energia mecânica só se conserva quando não há força de atrito envolvida no sistema. Nesse caso parte da energia mecânica é transformada em energia interna U_{int} e o resultado dessa transformação de energia é o aumento da temperatura do sistema. Dessa maneira temos que

$$W_{fat} = -U_{int} \tag{5.79}$$

com o sinal (-) indicando que o trabalho da força de atrito é sempre negativo. Substituindo a equação acima na Eq.(5.78), conseguimos

$$\Delta E_M + U_{int} = 0 \tag{5.80}$$

Diante de tudo isso podemos generalizar a Eq.(5.80) levando em conta a variação da energia devido às diferentes forças não conservativas que chamaremos de ΔE_{nc}, e, sendo assim, temos

$$\Delta E_M + U_{int} + \Delta E_{nc} = 0 \tag{5.81}$$

A Eq.(5.81) descreve o que chamamos de ***princípio da conservação de energia***. Esse princípio afirma: ***a energia total do sistema, a soma da energia cinética mais a energia potencial, interna e outras formas, não varia. A energia pode ser transformada de uma forma em outra, mas não pode ser criada nem destruída.***

5.7 Momento linear e impulso de uma força

No Capítulo 2 a segunda lei de Newton foi definida como sendo,

$$\vec{F}_R = \frac{d\vec{p}}{dt} \qquad \text{com} \qquad \vec{p} = m\vec{v}$$

sendo $\vec{F}_R$ a força resultante, m a massa e $\vec{v}$ a velocidade. A grandeza $\vec{p}$ é o que chamamos de momento linear e sua unidade no S.I é kg.m/s. Suponhamos que, devido à força resultante, o momento linear de uma partícula de massa m seja modificado em um intervalo de tempo dt. Dessa maneira, temos

$$\vec{F}_R dt = d\vec{p} \tag{5.82}$$

que pode ainda ser escrita como sendo

$$\int_{t_1}^{t_2} \vec{F}_R dt = \vec{p}_2 - \vec{p}_1 \tag{5.83}$$

com $\vec{p}_1$ sendo o momento linear no instante t_1 e $\vec{p}_2$ o momento linear no instante de tempo t_2. O lado esquerdo da Eq.(5.83) é o que chamamos de impulso da força, ou seja,

$$\vec{J} = \int_{t_1}^{t_2} \vec{F}_R dt \tag{5.84}$$

e sua unidade no S.I é o N.s (Newton×segundo), que corresponde à mesma unidade do momento linear. É importante notar que o impulso é uma grandeza vetorial que possui a mesma direção e sentido da força $\vec{F}$. Uma vez que $\vec{J} = \Delta\vec{p}$ com $\Delta\vec{p} = \vec{p}_2 - \vec{p}_1$, a quantidade $\Delta\vec{p}$ também possui a mesma direção e sentido do impulso. Para melhor entendimento do conceito de impulso, vamos analisar a Fig.5.41. É fácil perceber pela figura que a força responsável pelo impulso atua no intervalo de tempo $\Delta t = t_2 - t_1$.

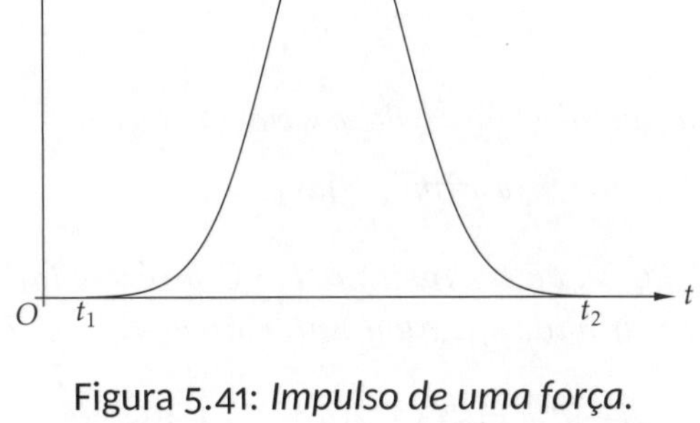

Figura 5.41: *Impulso de uma força.*

Pela Eq.(5.84), podemos ainda perceber que a intensidade do vetor $\vec{J}$, ou seja, o seu módulo, é igual à área do gráfico definido por $F(t)$ e o eixo t no intervalo de tempo Δt.

Exemplo 5.7.1

Uma partícula de massa $m = 2$ kg move-se sob ação de uma força, medida em N, que depende do tempo da seguinte forma:

$$\vec{F} = (3t^2 - 4t)\hat{\imath} + (12t - 6)\hat{\jmath} + (6t - 12t^2)\hat{k}$$

a) Determine o impulso devido à força $\vec{F}$ entre os instantes $t = 0$ e $t = 2$ s.
b) Se no instante $t = 0$ a velocidade é igual a $\vec{v} = 4\hat{\imath} - 5\hat{\jmath} + 10\hat{k}$ m/s, qual a velocidade no instante $t = 2$ s?

SOLUÇÃO:

a) *O impulso da força $\vec{F}$ aplicada pode ser determinado por*

$$\vec{J} = \int_{t_1}^{t_2} \vec{F} dt$$

Considerando que $\vec{F} = (3t^2 - 4t)\hat{\imath} + (12t - 6)\hat{\jmath} + (6t - 12t^2)\hat{k}$, temos que o impulso entre os instantes $t = 0$ e $t = 2$ segundos é

$$\vec{J} = \int_{0}^{2} \left[(3t^2 - 4t)\hat{\imath} + (12t - 6)\hat{\jmath} + (6t - 12t^2)\hat{k}\right] dt$$

Após a resolução das integrais, que deixaremos como exercícios, temos que o impulso é igual a

$$\vec{J} = 12\hat{\jmath} - 20\hat{k} \; Ns$$

■

b) *O impulso provoca a variação do momento linear da seguinte forma:*

$$\vec{J} = \vec{p}_2 - \vec{p}_1$$

com $\vec{p} = m\vec{v}$ sendo o momento linear da partícula, e, com isso, temos

$$\vec{J} = m\vec{v}_2 - m\vec{v}_1$$

Sabendo-se que $m = 2$ kg e que no instante $t = 0$ a velocidade é $\vec{v}_1 = 4\hat{\imath} - 5\hat{\jmath} + 10\hat{k}$ m/s, temos com $\vec{J}$ determinado no item anterior que

$$12\hat{\jmath} - 20\hat{k} = 2\vec{v}_2 - 2(4\hat{\imath} - 5\hat{\jmath} + 10\hat{k})$$

Resolvendo para $\vec{v}_2$ a equação vetorial acima, encontramos que a velocidade no instante $t = 2$ segundos é igual a

$$\vec{v}_2 = 4\hat{\imath} - 1\hat{\jmath} \; m/s$$

■

Consideremos um sistema de partículas cujas massas m_i, com $i = 1, 2 \cdots n$, se movimentam com as velocidades $\vec{v}_i$, com $i = 1, 2 \cdots n$, em relação a um dado sistema de referência. Consideremos ainda que o sistema de partículas está isolado e limitado por uma fronteira, ou seja, que nenhuma partícula possa entrar ou sair do sistema de forma que a massa total do sistema permaneça constante. Da definição de força resultante podemos escrever que

$$\vec{F}_R = \sum_{i=1}^{n} \vec{F}_i^{\text{ext}} + \sum_{i=1}^{n} \vec{F}_i^{\text{int}} \tag{5.85}$$

onde $\vec{F}_i^{\text{ext}}$ é a força externa sobre a partícula i e $\vec{F}_i^{\text{int}}$ a força interna sobre a partícula i devido as interações entre elas. Assumindo que a interação entre as partículas ocorre aos pares, ou seja, que obedecem à terceira lei de Newton, temos que o segundo termo à direita da Eq.(5.85) é zero e, com isso, conseguimos

$$\vec{F}_R = \sum_{i=1}^{n} \vec{F}_i^{\text{ext}} \tag{5.86}$$

$$\vec{F}_R = \vec{F}_R^{\text{ext}} \tag{5.87}$$

sendo

$$\vec{F}_R^{\text{ext}} = \vec{F}_1 + \vec{F}_2 + \vec{F}_3 + \cdots + \vec{F}_n \tag{5.88}$$

como

$$\vec{F}_i = \frac{d\vec{p}_i}{dt} \tag{5.89}$$

temos que

$$\vec{F}_R^{\text{ext}} = \sum_{i=1}^{n} \frac{d\vec{p}_i}{dt} \tag{5.90}$$

$$\vec{F}_R^{\text{ext}} = \frac{d}{dt} \sum_{i=1}^{n} \vec{p}_i \tag{5.91}$$

$$\vec{F}_R^{\text{ext}} = \frac{d\vec{P}}{dt} \tag{5.92}$$

com

$$\vec{P} = \vec{p}_1 + \vec{p}_2 + \vec{p}_3 + \cdots + \vec{p}_n \qquad \vec{P} = \sum_{i=1}^{n} \vec{p}_i \tag{5.93}$$

sendo o momento linear total do sistema. A Eq.(5.93) pode ainda ser escrita como sendo

$$\vec{P} = \sum_{i=1}^{n} m_i \vec{v}_i \tag{5.94}$$

com

$$\vec{v}_i = \frac{dx_i}{dt}\hat{i} + \frac{dy_i}{dt}\hat{j} + \frac{dz_i}{dt}\hat{k} \tag{5.95}$$

ou seja,

$$\vec{P} = \frac{d}{dt}\left(\sum_{i=1}^{n} m_i x_i \hat{i} + \sum_{i=1}^{n} m_i y_i \hat{j} + \sum_{i=1}^{n} m_i z_i \hat{k}\right) \tag{5.96}$$

Na equação acima é fácil identificar as coordenadas do centro de massa. Utilizando as coordenadas do centro de massa, definidas no Capítulo 3, temos que cada um dos termos a direita da Eq.(5.96) é dado por

$$x_{cm} m_T = \sum_{i=1}^{n} m_i x_i, \qquad y_{cm} m_T = \sum_{i=1}^{n} m_i y_i \qquad \text{e} \qquad z_{cm} m_T = \sum_{i=1}^{n} m_i z_i$$

com $m_T = \sum_{i=1}^{n} m_i$ sendo a massa total do sistema. Utilizando as equações anteriores podemos escrever a Eq.(5.96) como

$$\vec{P} = m_T\left(\frac{dx_{cm}}{dt}\hat{i} + \frac{dy_{cm}}{dt}\hat{j} + \frac{dz_{cm}}{dt}\hat{k}\right) \tag{5.97}$$

$$\vec{P} = m_T \frac{d\vec{r}_{cm}}{dt} \tag{5.98}$$

sendo $\vec{r}_{cm} = x_{cm}\hat{i} + y_{cm}\hat{j} + z_{cm}\hat{k}$ o vetor posição que localiza o centro de massa, e, com isso, temos

$$\vec{P} = m_T \vec{v}_{cm} \tag{5.99}$$

com $\vec{v}_{cm}$ sendo a velocidade do centro de massa que é dada por

$$\vec{v}_{cm} = \frac{d\vec{r}_{cm}}{dt} \tag{5.100}$$

$$\vec{v}_{cm} = \frac{m_1\vec{v}_1 + m_2\vec{v}_2 + m_3\vec{v}_3 + \cdots + m_n\vec{v}_n}{m_1 + m_2 + m_3 + \cdots + m_n} \tag{5.101}$$

e, como consequência da definição de aceleração, podemos definir a aceleração do centro de massa como sendo

$$\vec{a}_{cm} = \frac{d\vec{v}_{cm}}{dt} \tag{5.102}$$

$$\vec{a}_{cm} = \frac{m_1\vec{a}_1 + m_2\vec{a}_2 + m_3\vec{a}_3 + \cdots + m_n\vec{a}_n}{m_1 + m_2 + m_3 + \cdots + m_n} \tag{5.103}$$

Utilizando a Eq.(5.98) podemos agora escrever a Eq.(5.92) da seguinte maneira:

$$\vec{F}_R^{ext} = m_T \frac{d^2\vec{r}_{cm}}{dt^2} \tag{5.104}$$

A Eq.(5.104) nos diz que o centro de massa de um sistema de partículas se movimenta como uma única partícula, cuja massa é igual à massa total do sistema, e submetido a uma força igual à força resultante externa. Como exemplo dessa afirmação, mostramos na Fig.5.42 a trajetória do centro de massa de uma corrente formada por vários elos que representam as massas m_i do sistema formado pela corrente.

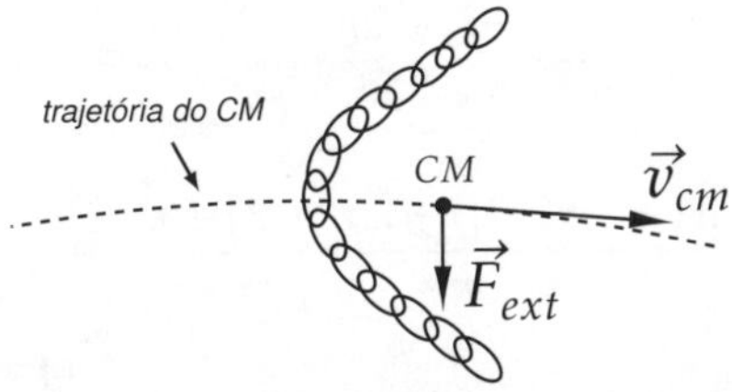

Figura 5.42: *Movimento do centro de massa de um sistema de partículas.*

Exemplo 5.7.2

Para o sistema de partículas mostrado na Fig.5.43, considere que as massas e as respectivas coordenadas, em metros, são: $m_1 = m$ em (-3,3), $m_2 = 2m$ em (-3,-2), $m_3 = 2m$ em (-2,-2) e $m_4 = m$ em (2,2). Sabendo-se ainda que nas posições indicadas as partículas possuem velocidades iguais a v_1=3 m/s, v_2=5 m/s, v_3=4 m/s, v_4=8 m/s e que $\theta_1 = \theta_2 = 45^o$, determine a posição do centro de massa, a velocidade do centro de massa, assim como a direção do movimento do centro de massa para o instante mostrado, considerando que não há força externa atuando em cada uma das partículas.

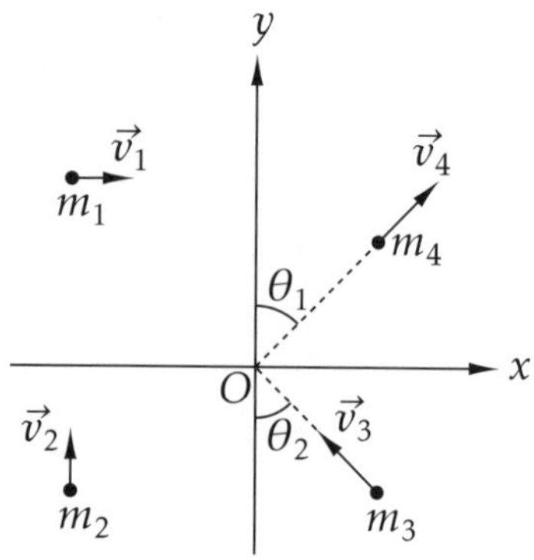

Figura 5.43: *Exemplo 5.7.2.*

SOLUÇÃO: *As coordenadas do centro de massa são determinadas por*

$$x_{cm} = \frac{m_1x_1 + m_2x_2 + m_3x_3 + m_4x_4}{m_1 + m_2 + m_3 + m_4}$$

$$y_{cm} = \frac{m_1y_1 + m_2y_2 + m_3y_3 + m_4y_4}{m_1 + m_2 + m_3 + m_4}$$

Utilizando as coordenadas de cada uma das partículas com os respectivos valores de cada uma das massas, temos

$$x_{cm} = \frac{m(-3) + 2m(-3) + 2m(-2) + m(2)}{m + 2m + 2m + m} = -\frac{11}{6}$$

$$y_{cm} = \frac{m(3) + 2m(-2) + 2m(-2) + m(2)}{m + 2m + 2m + m} = -\frac{1}{2}$$

Logo o centro de massa está localizado no ponto $\left(-\frac{11}{6}, -\frac{1}{2}\right)m$. *Já a velocidade do centro de massa é determinada por*

$$\vec{v}_{cm} = \frac{m_1\vec{v}_1 + m_2\vec{v}_2 + m_3\vec{v}_3 + m_4\vec{v}_4}{m_1 + m_2 + m_3 + m_4}$$

Analisando a Fig.5.43 conseguimos

$$\vec{v}_1 = 3\hat{i} \qquad \vec{v}_2 = 5\hat{j}$$

$$\vec{v}_3 = -v_3 \sin\theta_2 \hat{i} + v_3 \cos\theta_2 \hat{j}$$

$$\vec{v}_3 = -2\sqrt{2}\hat{i} + 2\sqrt{2}\hat{j}$$

e

$$\vec{v}_4 = v_4 \sin\theta_1 \hat{i} + v_4 \cos\theta_1 \hat{j}$$

$$\vec{v}_4 = 4\sqrt{2}\hat{i} + 4\sqrt{2}\hat{j}$$

Substituindo as velocidades na definição de velocidade do centro de massa e levando em conta os valores das massas, temos

$$\vec{v}_{cm} = \frac{m(3\hat{\imath}) + 2m(5\hat{\jmath}) + 2m(-2\sqrt{2}\hat{\imath} + 2\sqrt{2}\hat{\jmath}) + m(4\sqrt{2}\hat{\imath} + 4\sqrt{2}\hat{\jmath})}{m + 2m + 2m + m}$$

e, após rearranjarmos os termos, conseguimos que a velocidade do centro de massa em m/s é dada por

$$\vec{v}_{cm} = \frac{1}{2}\hat{\imath} + \frac{5 + 4\sqrt{2}}{3}\hat{\jmath}$$

Na Fig.5.44 mostramos a localização do centro de massa assim como a velocidade do centro de massa.

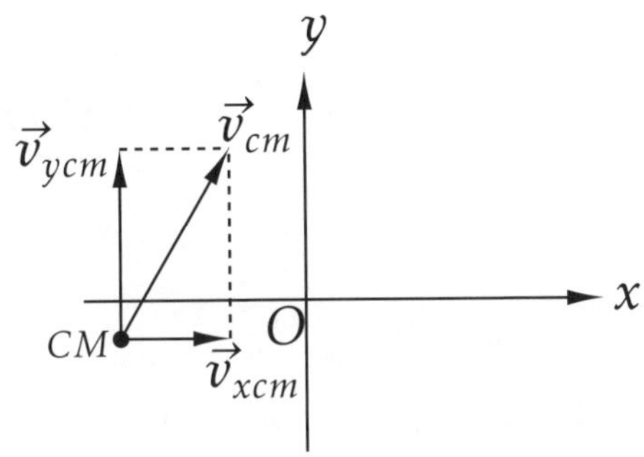

Figura 5.44: *Exemplo 5.7.2.*

■

Exemplo 5.7.3

A Fig.5.45 mostra duas partículas, de massas $m_1 = 5$ kg e $m_2 = 7$ kg, ligadas por uma haste fina e de massa desprezível. Na massa m_1 atua uma força externa de módulo F_1=7 N e na de massa m_2 atua a força F_2=12 N. Considere que para $t = 0$ as partículas estão em repouso nas posições indicadas na figura. Levando em conta que o movimento ocorre na horizontal e na ausência de qualquer força dissipativa, encontre a posição do centro de massa como função do tempo.

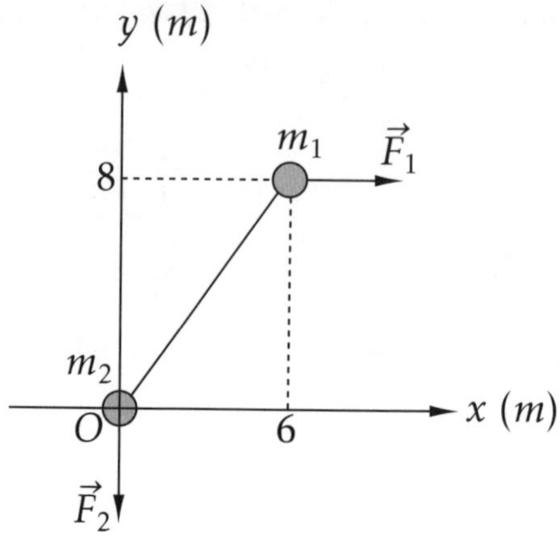

Figura 5.45: *Exemplo 5.7.3.*

SOLUÇÃO: *A evolução temporal do centro de massa pode ser determinada por*

$$\vec{F}_R^{ext} = m_T \frac{d^2\vec{r}_{cm}}{dt^2}$$

com $m_t = m_1 + m_2$ *sendo a massa total do sistema. Analisando a figura temos que*

$$\vec{F}_R^{ext} = \vec{F}_1 + \vec{F}_2$$

$$\vec{F}_R^{ext} = 7\hat{i} - 12\hat{j}\ N$$

e que $m_T = 12\ kg$. *Substituindo a força resultante e a massa total na equação acima, encontramos após rearranjar os termos que*

$$\frac{d^2\vec{r}_{cm}}{dt^2} = \frac{7}{12}\hat{i} - 1\hat{j}$$

Levando-se em consideração que para t=0 as partículas estão em repouso na posição mostrada na figura, temos que a velocidade do centro de massa é

$$\frac{d\vec{r}_{cm}}{dt} = \frac{7t}{12}\hat{i} - t\hat{j}$$

e com isso a posição do centro de massa fica determinada por

$$\vec{r}_{cm} = \int \vec{v}_{cm} dt$$

$$\vec{r}_{cm} = \int \left(\frac{7t}{12}\hat{i} - t\hat{j}\right) dt$$

Resolvendo as integrais e considerando que para t=0 a posição do centro de massa é $\vec{r}_{cm}(0) = \frac{5}{2}\hat{\imath} + \frac{10}{3}\hat{\jmath}$, *temos finalmente que a evolução temporal do centro de massa é dada por*

$$\vec{r}_{cm} = \left(\frac{5}{2} + \frac{7t^2}{24}\right)\hat{\imath} + \left(\frac{10}{3} - \frac{t^2}{2}\right)\hat{\jmath}$$

■

5.7.1 Exercícios

1. Uma partícula de massa $m = 3$ kg move-se ao longo da trajetória definida pelo vetor posição em função do tempo e dado por

$$\vec{r} = (2t^3 + t)\hat{\imath} + (3t^4 - t^2 + 8)\hat{\jmath} - 12t^2\hat{k}$$

com t medido em segundos.
a) Encontre a variação do momento linear entre os instantes $t = 1$ e $t = 3$ segundos.
b) O ângulo que o impulso faz com eixo x no instante $t = 2$ segundos.

2. Uma partícula de massa m está submetida a uma força $\vec{F}$ constante. Sabendo-se que no instante $t = 0$ sua velocidade é zero determine a anergia cinética da partícula em função do tempo.

3. Um próton em alta velocidade se movimenta com velocidade v_0, porém menor que a da luz c, e passa próximo de um elétron em repouso. Devido ao campo eletromagnético, a força de interação entre o próton e o elétron pode ser escrita como

$$F = \frac{kq^2}{d^2}\frac{1}{\left[1 + \left(\frac{v_0 t}{d}\right)^2\right]^{3/2}}$$

onde d é a distância entre as partículas e k uma constante. Determine o impulso provocado por essa força.

4. Um corpo de massa $m = 8$ kg se movimenta sob ação da força

$$\vec{F} = 5t\hat{\imath} + (3t^2 - 1)\hat{\jmath}$$

medida em N. Sabendo-se que no instante $t = 0$ a velocidade é nula, encontre o momento linear e a energia cinética no instante $t = 8$ s.

5. Uma partícula de massa $m_1 = m$ está localizada na origem do sistema de coordenadas, e outra de massa $m_2 = 3m$ está localizada no ponto $P(a,b)$. Sabendo-se que na partícula m_1 atua a força $\vec{F}_1 = F_0\hat{i}$ e na m_2 atua a força $\vec{F}_2 = -2F_0\hat{j}$ e que no instante $t = 0$ a partículas estão em repouso, determine a trajetória do centro de massa.

6. Duas partículas de massas m_1 e m_2 movem-se em linha reta, livres de qualquer força dissipativa, com velocidades $\vec{v}_1$ e $\vec{v}_2$, respectivamente. Mostre que o momento linear e a energia cinética do sistema são iguais a

$$\vec{P} = (m_1 + m_2)\vec{v}_{cm}$$

$$E_c = \frac{1}{2}(m_1 + m_2)v_{cm}^2 + \frac{1}{2}m_r v_r^2$$

onde $m_r = m_1 m_2/(m_1 + m_2)$ é a massa reduzida do sistema e v_r é a velocidade relativa entre as partículas.

7. Duas esferas de massas m_1 e m_2 estão conectadas por uma mola de massa desprezível. As esferas estão em repouso em um plano horizontal livre de atrito. As esferas são colocadas em movimento com velocidades $\vec{v}_1$ e $\vec{v}_2$ e de maneira que a direção do movimento da esfera de massa m_1 seja perpendicular à direção do movimento da esfera de massa m_2. Determine a energia cinética do sistema em relação ao centro de massa.

8. Dois blocos de massas m_1 e m_2 estão conectados por uma mola de constante elástica k e de massa desprezível, como mostra a Fig.5.46. Os blocos estão em repouso em uma superfície sem atrito.

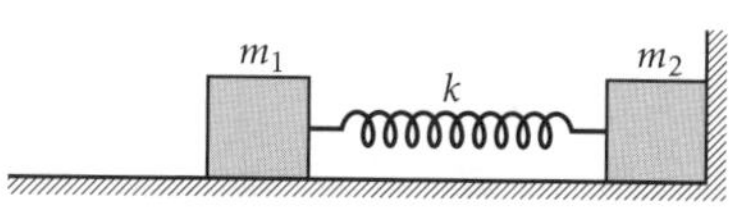

Figura 5.46: *Exercício 8.*

O bloco de massa m_1 é deslocado de uma distância d_0 para a direita. Após isso o bloco é abandonado. Mostre que a velocidade do centro de massa após o bloco ser abandonado e antes do bloco de massa m_2 se movimentar é dada por

$$v_{cm} = \frac{d_0\sqrt{km_1}}{m_1 + m_2}$$

9. Dois blocos de massas m_1 e m_2 estão conectados por uma mola de constante elástica k e de massa desprezível, como mostra a Fig.5.47. Considerando que o sistema se movimenta ao longo de uma superfície sem atrito, mostre que o centro de massa se movimenta com velocidade constante.

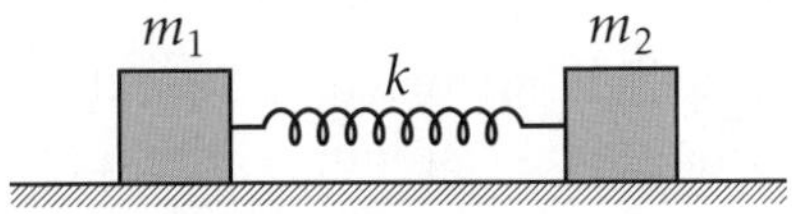

Figura 5.47: *Exercício 9.*

10. Certa quantidade de água, cuja densidade é ρ, é lançada sob forte pressão sobre uma superfície plana, como mostra a Fig.5.48. Considerando que a água é lançada fazendo um ângulo β com a vertical e que ela é espalhada por toda a superfície, determine a pressão sobre a superfície.

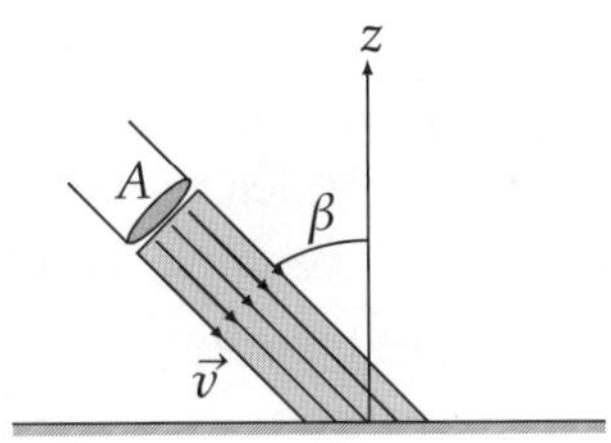

Figura 5.48: *Exercício 10.*

11. O momento linear relativístico de uma partícula de massa de repouso m_0 e velocidade v é determinado por

$$p = \frac{m_0 v}{\sqrt{1 - v^2/c^2}}$$

com c sendo a velocidade da luz no vácuo. Mostre que, quando a partícula é submetida a uma força F_0 constante, a posição x em função do tempo é dada por

$$x = \frac{m_0 c^2}{F_0}\left[\sqrt{1 + \left(\frac{F}{m_0 c}\right)^2 t^2} - 1\right]$$

Mostre ainda que o resultado acima se reduz a

$$x = \frac{1}{2}\frac{F_0}{m_0}t^2$$

quando $F_0/m_0 c \ll 1$.

5.7.2 Conservação do momento linear

Na seção anterior mostramos que

$$\vec{F}_R^{ext} = \frac{d\vec{P}}{dt}$$

ou seja, que taxa de variação do momento linear total do sistema é igual à soma de todas as forças externas atuando no sistema. Entretanto, na ausência de qualquer força externa, temos

$$\frac{d\vec{P}}{dt} = 0 \qquad \Rightarrow \qquad \vec{P} = \text{constante} \tag{5.105}$$

A Eq.(5.105) afirma que na ausência de qualquer força externa o vetor momento linear do sistema se conserva. Esse é o que chamamos de ***princípio da conservação do momento linear***. A conservação do momento linear garante que o momento linear individual de cada partícula do sistema pode ser modificado, porém o momento total do sistema, na ausência de forças externas, permanece o mesmo. A lei de conservação do momento linear é um princípio fundamental da física, tendo validade inclusive para partículas atômicas e subatômicas. É importante ainda dizermos que em condições atômicas e subatômicas a mecânica clássica perde a sua validade, como descrito na Seção 2.2 do Capítulo 2, porém o princípio da conservação do momento linear ainda continua válido.

5.7.2.1 Colisões

Colisão é uma interação mútua entre duas (ou mais) partículas que tem como resultado a mudança no movimento dessas partículas. Em uma colisão parte da energia cinética pode ser transformada em outras formas de energias, como em energia térmica, por exemplo. Uma vez que as forças envolvidas em uma colisão são as chamadas forças internas, aparecendo aos pares, a conservação do momento linear é preservada, assim como a energia total do sistema, ou seja,

$$\vec{p}_{1i} + \vec{p}_{2i} = \vec{p}_{1f} + \vec{p}_{2f} \tag{5.106}$$

$$m_1\vec{v}_{1i} + m_2\vec{v}_{2i} = m_1\vec{v}_{1f} + m_2\vec{v}_{2f} \tag{5.107}$$

A variação da energia cinética no processo de colisão pode ser utilizado para caracterizar a colisão em ***colisão elástica ou inelástica***. No caso onde a energia cinética se conserva, ou seja, quando não há perda de energia cinética, a colisão é dita ***elástica***. Já quando a energia cinética depois do processo de colisão for menor que aquela inicial, a colisão é chamada de ***colisão inelástica***. Essa caracterização por ser quantificada pelo fator Q definido como

$$Q = E_{cf} - E_{ci} \tag{5.108}$$

onde E_{cf} e E_{ci} são as energias cinéticas do sistema depois e antes da colisão, respectivamente. Dessa forma, se $Q = 0$, a colisão é elástica e, se $Q < 0$, a colisão é inelástica. Além disso, o tipo de colisão também pode ser determinado pelo chamado ***coeficiente de restituição***, que é definido como sendo

$$e = \frac{|\vec{J}_r|}{|\vec{J}_d|} \tag{5.109}$$

onde $\vec{J}_d$ é o impulso transmitido durante a deformação e $\vec{J}_r$ o impulso transmitido durante a restauração do corpo. Para melhor entendimento, vamos utilizar as situações a) e b) mostradas na Fig.5.49.

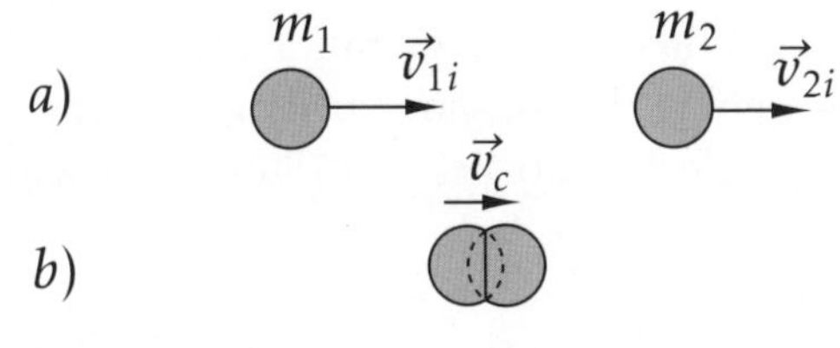

Figura 5.49: *Processo de deformação e restauração durante a colisão.*

Na Fig.5.49 (a) as partículas de massas m_1 e m_2 movem-se antes das colisão com velocidades iguais a $\vec{v}_{1i}$ e $\vec{v}_{2i}$. Já a Fig.5.49 (b) representa o momento da colisão. No intervalo de tempo, Δt_{col}, em que ocorre a colisão, os corpos se deformam e retomam suas dimensões originais. Os impulsos transmitidos durante o processo de deformação e restauração para o corpo de massa m_1 no intervalo de tempo Δt_{col} podem ser escritos como

$$J_d = m_1 v_c - m_1 v_{1i} \tag{5.110}$$

$$J_r = m_1 v_{if} - m_1 v_c \tag{5.111}$$

onde v_c é a velocidade comum aos dois corpos durante o intervalo de tempo Δt_{col}, uma vez que nesse intervalo de tempo os dois corpos se movem com a mesma velocidade. Dessa forma o coeficiente de restituição para a corpo de massa m_1 é dado por

$$e = \frac{J_d}{J_r} = \frac{m_1 v_c - m_1 v_{1i}}{m_1 v_{if} - m_1 v_c} \tag{5.112}$$

$$e = \frac{v_c - v_{1i}}{v_{1f} - v_c} \tag{5.113}$$

Utilizando a mesma ideia, podemos encontrar uma equação para o coeficiente de restituição equivalente para o corpo de massa m_2, ou seja,

$$e = \frac{v_c - v_{2i}}{v_{2f} - v_c} \tag{5.114}$$

Combinando as Eqs.(5.113) e (5.114), encontramos finalmente que o coeficiente de restituição é dado por

$$e = \frac{|\vec{v}_{1f} - \vec{v}_{2f}|}{|\vec{v}_{1i} - \vec{v}_{2i}|} \tag{5.115}$$

É importante perceber ainda que o numerador da Eq.(5.115) é a velocidade relativa entre os corpos depois da colisão e o denominador a velocidade relativa antes da colisão. O tipo de colisão fica então caracterizado pelo coeficiente de restituição da seguinte forma:

$$e = 1 \quad \text{colisão perfeitamente elástica} \tag{5.116}$$

$$0 < e < 1 \quad \text{colisão inelástica} \tag{5.117}$$

$$e = 0 \quad \text{colisão perfeitamente inelástica} \tag{5.118}$$

Na colisão perfeitamente inelástica ($e = 0$) os corpos possuem as mesmas velocidades após a colisão, ou seja, $\vec{v}_{1f} = \vec{v}_2 f$, e nesse caso a perda de energia cinética é máxima, diferentemente do caso onde a colisão é simplesmente inelástica. Nesse caso ($0 < e < 1$) há transformação de energia cinética em outra forma energia, porém essa transformação não é máxima. É importante salientar que o coeficiente de restituição depende, entre outros fatores, dos materiais e também da geometria e forma dos corpos.[2]

Exemplo 5.7.4

Considere duas partículas de massas m_1 e m_2 com velocidades $\vec{v}_1$ e $\vec{v}_2$ movendo-se livremente, como mostra a Fig.5.50, ao longo do eixo x. Para uma colisão perfeitamente elástica e frontal, determine as velocidades após a colisão. Com o resultado obtido estude os seguintes casos: $m_1 = m_2$, $m_1 = m_2$ com a partícula de massa m_2 em repouso e $m_2 \ggg m_1$ e com a partícula de massa m_2 em repouso.

[2]Uma discussão interessante sobre colisões pode ser encontrada em: Impulse, Energy, and Collision: Old Conceptions, New Viewpoints. *Physics Education*, v. 35, n. 3, July-September 2019. Disponível em: www.physedu.in.

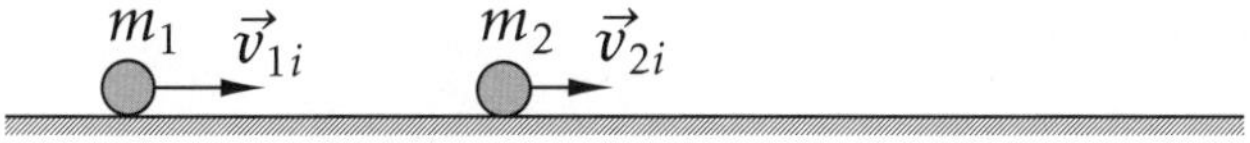

Figura 5.50: *Exemplo 5.7.4.*

SOLUÇÃO: *Como as partículas estão se movendo livre de qualquer força ao longo do eixo x, podemos escrever que*

$$m_1 v_{1i} + m_2 v_{2i} = m_1 v_{1f} + m_2 v_{2f}$$

onde v_{1f} *e* v_{2f} *são as velocidades após a colisão. Considerando ainda que a colisão é perfeitamente elástica, temos que*

$$\frac{1}{2} m_1 v_{1i}^2 + \frac{1}{2} m_2 v_{2i}^2 = \frac{1}{2} m_1 v_{1f}^2 + \frac{1}{2} m_2 v_{2f}^2$$

Utilizando as equações da conservação do momento e da conservação da energia cinética mostradas acima, podemos escrever que

$$m_1 (v_{1i} - v_{1f}) = m_2 (v_{2f} - v_{2i})$$

$$m_1 (v_{1i} - v_{1f})(v_{1i} + v_{1f}) = m_2 (v_{2f} - v_{2i})(v_{2f} + v_{2i})$$

Combinando as duas equações anteriores, conseguimos

$$v_{1i} + v_{1f} = v_{2i} + v_{2f}$$

A equação acima e aquela correspondente à conservação do momento linear formam um sistema que permite encontrar as velocidades v_{1f} *e* v_{2f}*. É fácil mostrar, e por isso deixaremos como exercício, que*

$$v_{1f} = \left(\frac{m_1 - m_2}{m_1 + m_2} \right) v_{1i} + \left(\frac{2m_2}{m_1 + m_2} \right) v_{2i}$$

$$v_{2f} = \left(\frac{2m_1}{m_1 + m_2} \right) v_{1i} + \left(\frac{m_1 - m_2}{m_1 + m_2} \right) v_{2i}$$

Substituindo $m_1 = m_2$ *nas expressões para* v_{1f} *e* v_{2f} *encontradas, temos*

$$v_{1f} = \left(\frac{2m_1}{m_1 + m_1} \right) v_{2i}$$

$$v_{2f} = \left(\frac{2m_1}{m_1 + m_1} \right) v_{1i}$$

que permite encontrar que

$$v_{1f} = v_{2i} \qquad e \qquad v_{2f} = v_{1i}$$

ou seja, que as velocidades das partículas após a colisão são invertidas. Para o caso $m_2 = m_1$ *e que a partícula de massa* m_2 *está em repouso, temos*

$$v_{1f} = \left(\frac{m_1 - m_2}{m_1 + m_2}\right) v_{2i}$$

$$v_{2f} = \left(\frac{2m_1}{m_1 + m_2}\right) v_{1i}$$

e nesse caso é fácil mostrar que $v_{1f} = 0$ *e* $v_{2f} = v_{1i}$*. Levando-se em conta agora que* $m_2 \ggg m_1$ *nas equações acima, conseguimos* $v_{1f} = -v_{1i}$*, ou seja, a partícula* m_1 *tem seu movimento invertido e com a mesma velocidade inicial. Já a velocidade da partícula* m_2 *é igual a zero, indicando que nesse caso ela permanecerá em repouso.* ■

Exemplo 5.7.5

Uma esfera de massa m_1 se movimenta sobre uma mesa, livre de qualquer força de atrito, com velocidade $\vec{v}_1$ em direção a outra de massa m_2 que está em repouso, como mostra a Fig.5.7.5. Considerando que as esferas são idênticas, que a velocidade da primeira esfera é 8 m/s e que o coeficiente de restituição é e=0,5, determine as velocidades das esferas após a colisão.

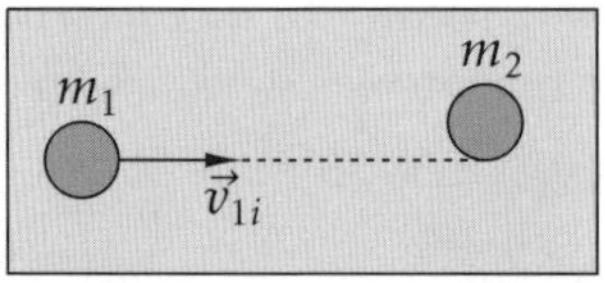

Figura 5.51: *Exemplo 5.7.5.*

SOLUÇÃO: *Nesse exemplo é preciso perceber que a colisão não é frontal, uma vez que, pela Fig.5.7.5, o centro de massa da primeira esfera não está alinhado com o da segunda. Para encontrarmos as velocidades das esferas depois da colisão vamos analisar a Fig.5.52. É importante notar que a primeira esfera muda sua direção após a colisão de um ângulo* θ_1 *em relação ao eixo y, que é a direção ao longo da qual se move a segunda esfera com velocidade* $\vec{v}_{2f}$*. Da conservação do momento linear temos que*

$$\vec{p}_{1i} + \vec{p}_{2i} = \vec{p}_{1f} + \vec{p}_{2f}$$

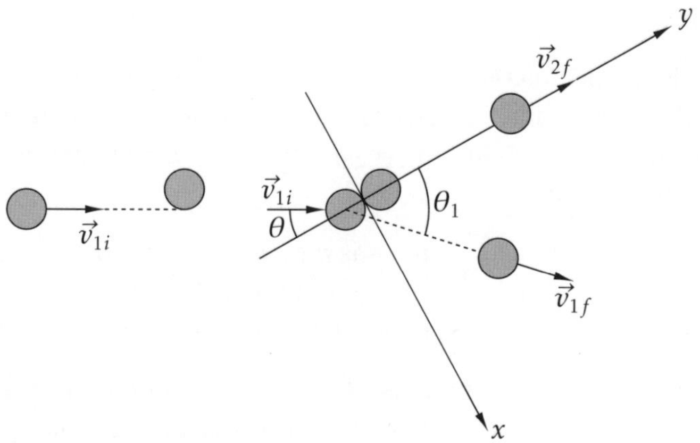

Figura 5.52: *Exemplo 5.7.5.*

$$m_1\vec{v}_{1i} + m_2\vec{v}_{2i} = m_1\vec{v}_{1f} + m_2\vec{v}_{2f}$$

Utilizando o referencial mostrado na Fig.5.52 e $v_{2i} = 0$, *temos, respectivamente, para as direções* x *e* y *que*

$$m_1 v_{1i} \sin\theta = m_1 v_{1f} \sin\theta_1$$

$$m_1 v_{1i} \cos\theta = m_1 v_{1f} \cos\theta_1 + m_2 v_{2f}$$

O conjunto de equações acima não é suficiente para resolvermos o problema, pois temos duas equações e três incógnitas, v_{1f}, v_{2f} *e o ângulo* θ_1. *A terceira equação está exatamente no fato de conhecermos o coeficiente de restituição que é dado pela Eq.(5.115) e que nesse caso fica sendo*

$$e = \frac{v_{1f}\cos\theta_1 - v_{2f}}{v_{1i}\cos\theta} \tag{5.119}$$

Sabendo-se que $m_1 = m_2$, v_{1i} *=8 m/s,* $e = 0,5$ *e que, por questões de geometria das esferas,* $\theta = 30^o$, *temos o seguinte conjunto de equações:*

$$8\sin 30^o = v_{if}\sin\theta_1$$

$$8\cos 30^o = v_{if}\cos\theta_1 + v_{2f}$$

$$0,5 = \frac{v_{1f}\cos\theta_1 - v_{2f}}{8\cos 30^o}$$

Resolvendo o sistema de equações, conseguimos finalmente que

$v_{1f} = 6,56\ m/s$ $\qquad v_{2f} = 1,73\ m/s \qquad$ *e* $\qquad \theta_1 = 37,60^o$

■

5.7.3 Exercícios

1. Uma partícula de massa $m_1 = 0,1$ kg que se movimenta com velocidade $\vec{v}_1 = 3\hat{i} - 2\hat{j}$ m/s colide inelasticamente com outra de massa $m_2 = 0,2$ kg que se move com velocidade $\vec{v}_2 = 4\hat{j} - 6\hat{k}$ m/s. Determine a velocidade do conjunto após a colisão.

2. Considere duas partículas de massas m_1 e m_2 que se movem com velocidades v_{1i} e v_{2i} em uma linha reta livre de qualquer força dissipativa. Encontre a velocidade do centro de massa das partículas após a colisão frontal e elástica.

3. Uma esfera A se move com velocidade v_0 e colide com outra esfera B que está em repouso. Após a colisão a esfera A passa a ter uma velocidade igual a $v_0/2$ e se desloca fazendo um ângulo de 90 graus com a direção do seu movimento antes da colisão. Determine a direção da esfera B após a colisão em relação à direção do movimento da esfera A após a colisão.

4. Um homem de massa m está em pé sobre um tronco de madeira de massa m_T que repousa sobre um lago. O homem está a uma distância D_0 da margem do lago e caminha uma distância d ao longo do barco em direção à margem e para. Considere que não há qualquer tipo de força de atrito e mostre que a distância entre o homem e a margem é dada por

$$D = \frac{(D_0 - d)m_T + D_0 m}{m_T + m}$$

5. Uma bola colide com uma velocidade v_0 =16 m/s contra uma superfície como mostra a Fig.5.53 com $\theta = 30^o$. Sabendo-se que o coeficiente de restituição é igual a 0,7, determine a velocidade da bola após o choque com a superfície e a direção do movimento da bola em relação à superfície.

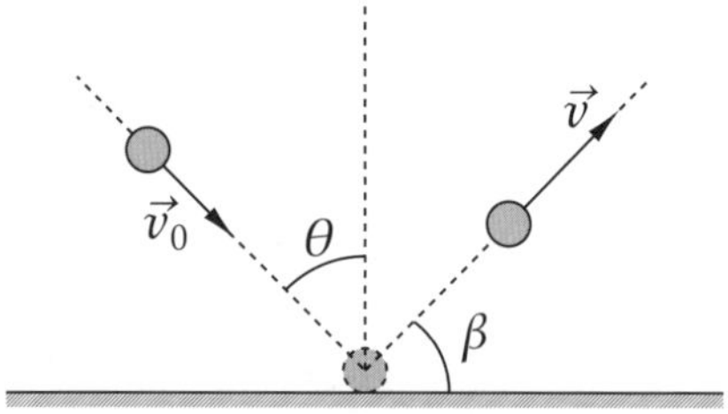

Figura 5.53: *Exercício 5.*

6. Uma espera de massa $m_1 = m$ colide frontalmente com outra esfera de massa $m_2 = 2m$ que está em repouso. Para um determinado coeficiente de restituição a perda de energia cinética entre as esfera é máxima. Encontre para

essa situação as velocidades das esferas de massas m_1 e m_2 após a colisão sabendo-se que a velocidade da esfera de massa m_1 antes da colisão é v_0.

7. Na Fig.5.54 considere que todas as esferas são idênticas e que não há qualquer tipo de atrito. A esfera 1, com velocidade $\vec{v}_1 = \vec{v}_0$, colide simultaneamente com outras duas esferas que estão em repouso. Sabendo-se que a colisão da primeira esfera ocorre perpendicularmente à reta que une os centros das outras duas esferas, determine a velocidade de cada uma das esfera após a colisão.

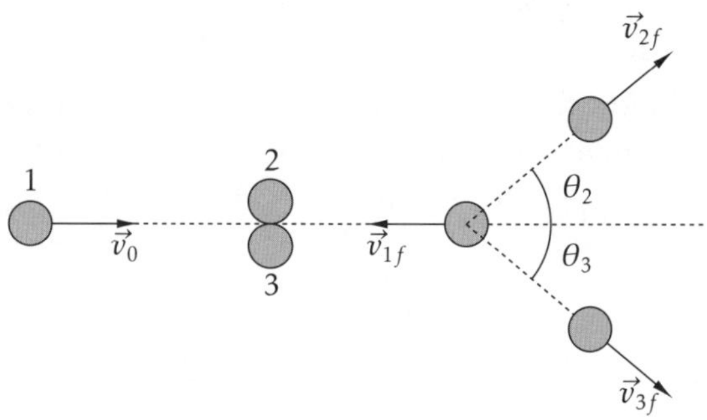

Figura 5.54: *Exercício 7.*

8. Duas esferas de massas $m_1 = m$ e $m_2 = 2m$ estão presas a cabos ideais como mostra a Fig.5.55. A esfera de massa m_1 é abandonada de uma altura h_0 em relação ao centro da esfera de massa m_2. Determine a altura, após a colisão, de cada uma das esferas se a colisão for elástica e se a colisão for perfeitamente inelástica.

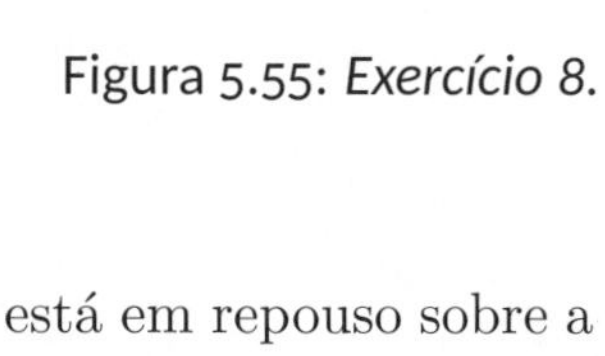

Figura 5.55: *Exercício 8.*

9. Um gato de massa m está em repouso sobre a extremidade de uma prancha de massa M_p e de comprimento ℓ. A prancha está em repouso sobre um lago. O gato salta em direção à outra extremidade da prancha com uma velocidade $\vec{v}_0$ que faz um ângulo θ com a horizontal. Determine a velocidade

que o gato deve ter para que ele consiga atingir a outra extremidade da prancha.

10. Uma partícula de massa m em movimento com velocidade v colide com outra partícula de massa M em repouso. Após a colisão, a partícula de massa m tem direção perpendicular à direção do movimento antes da colisão. Se a direção da partícula de massa M é θ em relação à direção inicial do movimento da primeira partícula, encontre $\Delta E_c/E_{c1}$, onde ΔE_c é a variação da energia cinética.

11. Considere o inclinado de um ângulo θ e massa M em repouso sobre uma superfície plana e sem atrito como mostra a Fig.5.56. Uma esfera de massa m e com velocidade $\vec{v}_0$ colide com o plano. Após a colisão a bola tem sua direção fazendo um ângulo θ com a horizontal. Sabendo-se que a bola colide elasticamente com o plano, encontre a velocidade do plano inclinado.

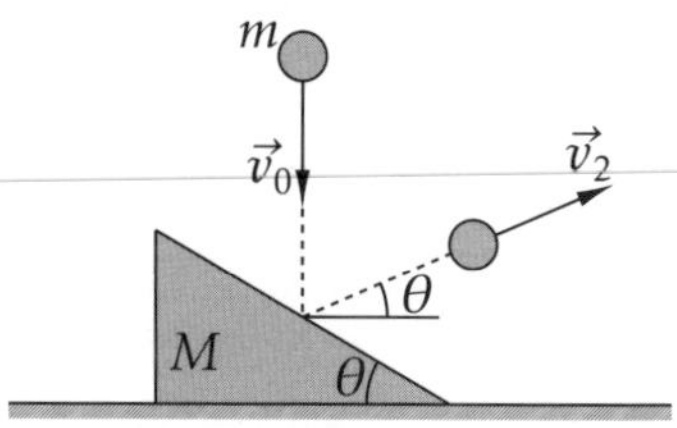

Figura 5.56: *Exercício 11.*

12. Duas bolas A e B idênticas colidem uma com a outra de acordo com a Fig.12, onde $\beta = 30^o$. As velocidades das bolas A e B antes da colisão são, respectivamente, iguais a 7 m/s e 4 m/s com as direções indicadas na Fig.5.57. Sabendo-se que o coeficiente de restituição é igual a 0,7, determine as velocidades das bolas e a variação percentual da energia cinética após o choque.

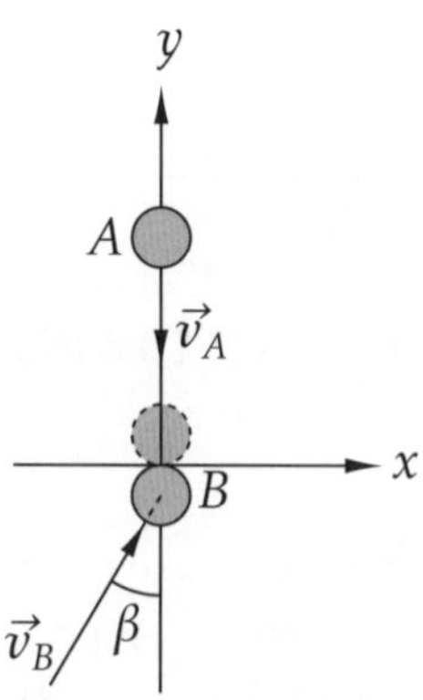

Figura 5.57: *Exercício 12.*

13. Considere os dois planos inclinados de um ângulo $\theta = 45^o$ e massa M que estão em repouso em uma superfície plana e sem atrito como mostra a Fig.5.58. Uma esfera de massa m e com velocidade $\vec{v}_1$ colide com o primeiro plano e depois com o segundo plano seguindo a trajetória mostrada na figura. Sabendo-se que as colisões são elásticas, mostre que

$$\frac{v_2}{v_1} = \sqrt{\frac{M-m}{M+m}}$$

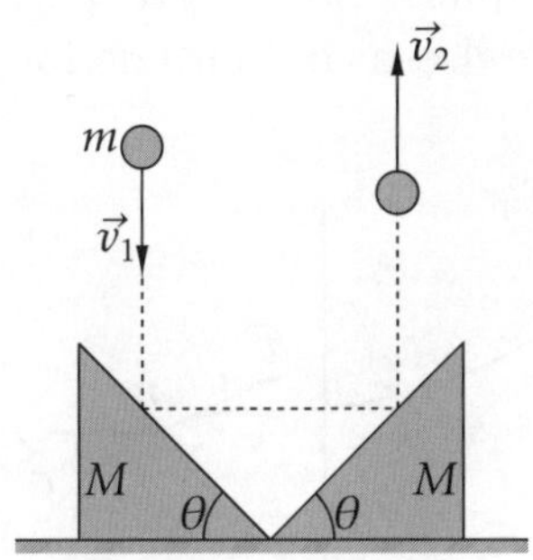

Figura 5.58: *Exercício 13.*

14. Uma partícula de massa m_1 colide elasticamente com outra partícula de massa m_2 em repouso com $m_1 > m_2$. Determine o máximo ângulo em que a partícula de massa m_1 pode ser desviada da direção original devido à colisão.

15. Considere duas esferas de massas $m_1 = m_2 = m$ movendo-se em sentidos opostos com velocidades v_{1i} e v_{2i}, respectivamente. Sabendo-se que as esferas colidem frontalmente e que o coeficiente de restituição é e, mostre que a perda de energia devido à colisão é dada por

$$\Delta E = -\frac{1-e^2}{4}(v_{1i} + v_{2i})^2$$

16. Um projétil de massa m atinge um pêndulo de massa M como mostra a Fig.5.59. O pêndulo está suspenso por dois cabos idênticos e de comprimento ℓ. Após o choque o pêndulo desloca-se de um ângulo θ com a vertical. Encontre a velocidade do projétil antes do choque e mostre que

$$-\frac{\Delta E_c}{E_{ci}} = 1 - \frac{m}{M+m}$$

onde ΔE_c é a variação da energia cinética do projétil e E_{ci} a energia cinética inicial do projétil.

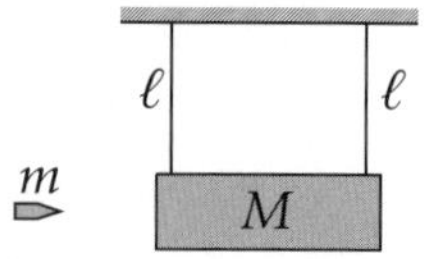

Figura 5.59: *Exercício 16.*

5.8 Momento angular

Consideremos a Fig.5.60, onde uma partícula de massa m se move no espaço ao longo de uma trajetória qualquer. Sobre essa partícula atua um conjunto de forças externas cuja resultante desse conjunto de forças será representada por $\vec{F}$.

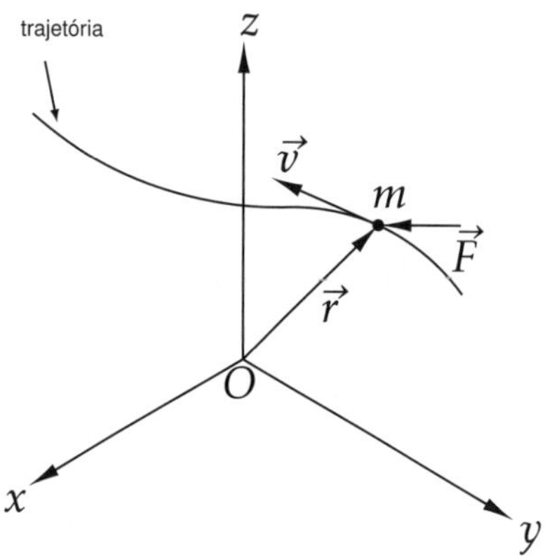

Figura 5.60: *Partícula de massa m em movimento no espaço devido às forças externas.*

Para a partícula de massa m podemos escrever que

$$\vec{F} = \frac{d\vec{p}}{dt} \tag{5.120}$$

onde $\vec{p} = m\vec{v}$ é o momento linear associado à partícula. Vamos agora determinar o momento em relação ao ponto O da força $\vec{F}$ que atua sobre a partícula, ou seja,

$$\vec{M}_O = \vec{r} \times \vec{F} \tag{5.121}$$

Substituindo a Eq.(5.120) na Eq.(5.121), conseguimos

$$\vec{M}_O = \vec{r} \times \frac{d\vec{p}}{dt} \tag{5.122}$$

E, com o auxílio de

$$\frac{d}{dt}\left(\vec{A} \times \vec{B}\right) = \frac{d\vec{A}}{dt} \times \vec{B} + \vec{A} \times \frac{d\vec{B}}{dt}$$

com $\vec{A} = \vec{r}$ e $\vec{B} = \vec{p}$ podemos escrever o lado direito da Eq.(5.122) da seguinte forma:

$$\vec{r} \times \frac{d\vec{p}}{dt} = \frac{d}{dt}(\vec{r} \times \vec{p}) - \frac{d\vec{r}}{dt} \times \vec{p} \tag{5.123}$$

que, substituindo na Eq.(5.122), resulta em

$$\vec{M}_O = \frac{d}{dt}(\vec{r} \times m\vec{v}) - \frac{d\vec{r}}{dt} \times m\vec{v} \tag{5.124}$$

Na equação acima é fácil perceber que o segundo termo à direita é nulo; já o termo entre parenteses definimos como sendo o momento angular da partícula de massa m em relação ao ponto O, ou seja,

$$\vec{L}_O = \vec{r} \times m\vec{v} \tag{5.125}$$

Logo temos que a taxa de variação do momento angular é igual ao momento em relação ao ponto O da força externa, e, com isso, temos

$$\vec{M}_O = \frac{d\vec{L}_O}{dt} \tag{5.126}$$

A Eq.(5.125), assim como a Eq.(5.126), pode ser generalizada para um sistema de partículas, porém a fim de simplificarmos e sem perder qualquer tipo de generalização, vamos considerar o caso para apenas duas partículas. Consideremos que sobre uma das partículas atua uma força externa $\vec{F}_1$ e sobre a outra uma força externa $\vec{F}_2$. Além disso vamos considerar que as partículas interagem entre si com as forças $\vec{F}_{12}$ e $\vec{F}_{21}$. Na Fig.5.61 mostramos as partículas e as respectivas interações.

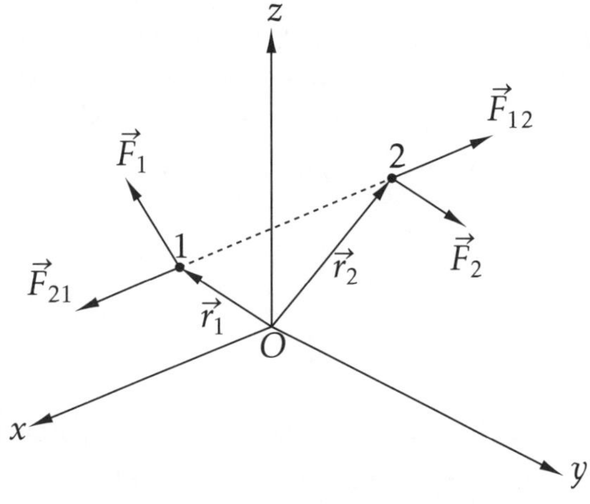

Figura 5.61: *Sistema de duas partículas.*

Para as partículas 1 e 2 podemos escrever, utilizando a Eq.(5.126), que

$$\frac{d\vec{L}_1}{dt} = \vec{r}_1 \times (\vec{F}_1 + \vec{F}_{21}) \tag{5.127}$$

$$\frac{d\vec{L}_2}{dt} = \vec{r}_2 \times (\vec{F}_2 + \vec{F}_{12}) \tag{5.128}$$

Somando as Eqs.(5.127) e (5.128), conseguimos

$$\frac{d\vec{L}_1}{dt} + \frac{d\vec{L}_2}{dt} = \vec{r}_1 \times \vec{F}_1 + \vec{r}_1 \times \vec{F}_{21} + \vec{r}_2 \times \vec{F}_2 + \vec{r}_2 \times \vec{F}_{12} \tag{5.129}$$

Assumindo que $\vec{F}_{21} = -\vec{F}_{12}$ (terceira lei de Newton), a equação acima pode ser escrita como

$$\frac{d\vec{L}_1}{dt} + \frac{d\vec{L}_2}{dt} = \vec{r}_1 \times \vec{F}_1 + \vec{r}_2 \times \vec{F}_2 + (\vec{r}_1 - \vec{r}_2) \times \vec{F}_{12} \tag{5.130}$$

Levando em conta que o vetor $\vec{r}_{12} = (\vec{r}_1 - \vec{r}_2)$ está ao longo da linha de ação da força $\vec{F}_{12}$, temos que o termo $\vec{r}_{12} \times \vec{F}_{12} = 0$ e, sendo assim, podemos escrever a Eq.(5.130) da seguinte forma:

$$\frac{d\vec{L}_1}{dt} + \frac{d\vec{L}_2}{dt} = \vec{r}_1 \times \vec{F}_1 + \vec{r}_2 \times \vec{F}_2 \tag{5.131}$$

ou ainda

$$\frac{d\vec{L}}{dt} = \vec{M}_R \tag{5.132}$$

com $\vec{L} = \vec{L}_1 + \vec{L}_2$ e $\vec{M}_R = \vec{M}_1 + \vec{M}_2$ sendo, respectivamente, o momento angular total e o momento da força resultante. De maneira geral podemos agora escrever que, para um sistema de partículas, o momento angular total é dado por

$$\vec{L}_T = \vec{L}_1 + \vec{L}_2 + \vec{L}_3 + \cdots + \vec{L}_n \tag{5.133}$$

que pode ser ainda escrito como sendo

$$\vec{L}_T = \sum_{i=1}^{n} \vec{L}_i \tag{5.134}$$

ou seja, o momento angular total de um sistema de partículas é a soma dos momentos angulares individuas. Além disso, é importante notar que a taxa de variação do momento angular total é dada pelo momento total devido às forças externas.

Exemplo 5.8.1

Três partículas de massas $m_1 = 2$ kg, $m_2 = 4$ kg e $m_3 = 1$ kg se movem no espaço com seus vetores posição em relação à origem e em função do tempo dados por

$$\vec{r}_1 = 2t\hat{i} - 3\hat{j} + t^2\hat{k}$$
$$\vec{r}_2 = (t+1)\hat{i} + 3t\hat{j} - 4\hat{k}$$
$$\vec{r}_3 = t^2\hat{i} - t\hat{j} + (2t-1)\hat{k}$$

Determine:
a) O momento angular total.
b) O momento em relação à origem que é aplicado ao sistema.

SOLUÇÃO:
a) *O momento angular total de um sistema de partículas é determinado por*

$$\vec{L}_T = \vec{L}_1 + \vec{L}_2 + \vec{L}_3$$

com $\vec{L}_i$, $i = 1,2$ *e* 3 *os momentos angulares de cada uma das partículas e que podem ser encontrados por*

$$\vec{L}_i = \vec{r}_i \times m\vec{v}_i$$

sendo m *a massa da partícula e* $\vec{v}$ *a sua velocidade, que é determinada utilizando*

$$\vec{v} = \frac{d\vec{r}}{dt}$$

Conhecendo os vetores posição de cada uma das partículas, encontramos as respectivas velocidades, que são iguais a

$$\begin{aligned} \vec{v}_1 &= 2\hat{i} + 2t\hat{k} \\ \vec{v}_2 &= 1\hat{i} + 3\hat{j} \\ \vec{v}_3 &= 2t\hat{i} - 1\hat{j} + 2\hat{k} \end{aligned}$$

Uma vez que conhecemos as velocidades, o momento angular, $\vec{L} = \vec{r} \times m\vec{v}$, *pode ser encontrado da seguinte forma:*

$$\vec{L} = \begin{vmatrix} \hat{i} & \hat{j} & \hat{k} \\ x & y & z \\ mv_x & mv_y & mv_z \end{vmatrix}$$

Resolvendo o determinante para cada uma das partículas, conseguimos que os respectivos momentos angulares são

$$\begin{aligned}\vec{L}_1 &= -12t\hat{i} - 4t^2\hat{j} + 12\hat{k}\\ \vec{L}_2 &= 48\hat{i} - 16\hat{j} + 12\hat{k}\\ \vec{L}_3 &= -1\hat{i} - 2t(1-t)\hat{j} + t^2\hat{k}\end{aligned}$$

Com os resultados obtidos acima conseguimos finalmente que o momento angular total é igual a

$$\vec{L}_T = (47 - 12t)\hat{i} + 2(t - 3t^2 - 8)\hat{j} + (24 + t^2)\hat{k}$$

■

b) *O momento em relação à origem está relacionado ao momento angular total da seguinte forma:*

$$\vec{M}_O = \frac{d\vec{L}}{dt}$$

e do item anterior temos que o momento angular total é

$$\vec{L}_T = (47 - 12t)\hat{i} + 2(t - 3t^2 - 8)\hat{j} + (24 + t^2)\hat{k}$$

Disso temos que o momento em relação à origem fica, após a derivação em relação ao tempo, igual a

$$\vec{M}_O = -12t\hat{i} + 2(1 - 6t)\hat{j} + 2t\hat{k}$$

■

5.8.1 Movimento de rotação de um corpo rígido no plano

Na Seção 3.2.3 do Capítulo 3 definimos que um corpo rígido é aquele no qual todas as suas partes giram em torno de um eixo unidas conjuntamente sem mudança de forma. Consideremos um corpo rígido, como o mostrado na Fig.5.62, com movimento de rotação ao redor do eixo z (fixo) e no sentido de $\hat{\theta}_i$.

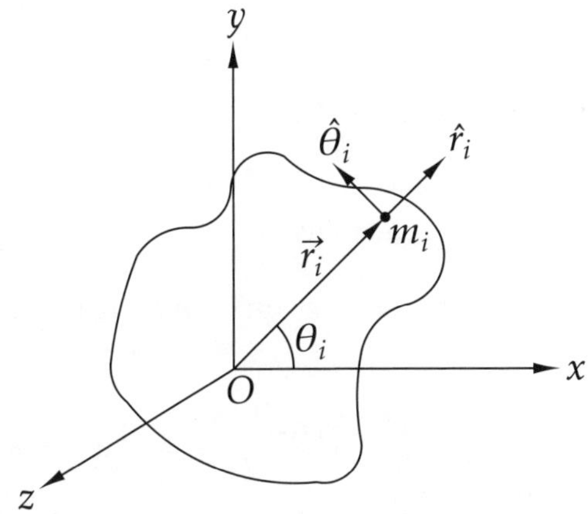

Figura 5.62: *Movimento de rotação de um corpo rígido no plano.*

Levando-se em conta que podemos tratar o corpo rígido como um conjunto de partículas de massa m_i e com velocidade $\vec{v}_i$, temos que o momento angular total do sistema (corpo rígido) é dado por

$$\vec{L} = \sum_{i=1}^{n} \vec{r}_i \times m_i \vec{v}_i \tag{5.135}$$

com a velocidade dada pela Eq.(1.43) (ver a Seção 1.5 do Capítulo 1), ou seja,

$$\vec{v}_i = \frac{dr_i}{dt}\hat{r}_i + r_i \frac{d\theta_i}{dt}\hat{\theta}_i \tag{5.136}$$

Entretanto a definição de corpo rígido impõe que o primeiro termo da Eq.(5.136) deve ser nulo. Levando-se em conta esse fato e substituindo a Eq.(5.136) na Eq.(5.135), conseguimos

$$\vec{L} = \sum_{i=1}^{n} \vec{r}_i \times m_i r_i \frac{d\theta_i}{dt}\hat{\theta}_i \tag{5.137}$$

A equação acima pode ainda ser escrita da seguinte forma:

$$\vec{L} = \sum_{i=1}^{n} m_i r_i^2 \frac{d\theta_i}{dt}(\hat{r}_i \times \hat{\theta}_i) \tag{5.138}$$

Lembrando que todas as partículas do corpo rígido possuem a mesma velocidade angular, ω, e que $\hat{r}_i \times \hat{\theta}_i = \hat{k}$, temos que

$$\vec{L} = \sum_{i=1}^{n} m_i r_i^2 \omega \hat{k} \tag{5.139}$$

Na Eq.(5.139) o termo $\sum_{i=1}^{n} m_i r_i^2$ é definido como sendo o momento de inércia do corpo que é representado por I e que tem no S.I a unidade kg.m^2. Dessa forma o momento angular fica agora sendo dado por

$$\vec{L} = I\omega\hat{k} \tag{5.140}$$

Utilizando a Eq.(5.126) podemos escrever que o momento em relação ao ponto O é dado por

$$\vec{M}_O = I\alpha\hat{k} \tag{5.141}$$

onde α é aceleração angular e ,

$$I = \sum_{i=1}^{n} m_i r_i^2 \tag{5.142}$$

que pode ainda ser dado por

$$I = \int r^2 dm \qquad \text{ou} \qquad I = \int_V \rho r^2 dV \tag{5.143}$$

com $dm = \rho dV$ e ρ sendo a densidade do corpo e r a distância entre cada ponto do corpo e o eixo de rotação que no caso descrito é o eixo z.

Exemplo 5.8.2

Uma roda tem momento de inércia $I = 300$ kgm^2. Em um instante t_0 sua velocidade angular é igual a $\omega_0 = 20$ rad/s. Após girar 120 radianos, sua velocidade angular passa a ser $\omega = 80$ rad/s. Sabendo-se que o movimento ocorre com aceleração constante, determine o momento aplicado à roda nesse intervalo de tempo.

SOLUÇÃO: *O momento, aplicado à roda, em relação ao centro dela é determinado por*

$$M_O = I\alpha$$

onde I é o momento de inércia e α a aceleração angular da roda. Uma vez que a a aceleração angular da roda é constante, podemos determiná-la utilizando

$$\omega^2 = \omega_0^2 + 2\alpha\Delta\theta$$

Com os valores de $\omega = 80$ rad/s, $\omega_0 = 20$ rad/s e $\Delta\theta = 120$ radianos conseguimos que a aceleração angular é

$$\alpha = \frac{\omega^2 - \omega_0^2}{2\Delta\theta} = \frac{80^2 - 20^2}{2 \times 120}$$

$$\alpha = 25 \; rad/s^2$$

Com o resultado obtido para α e com $I = 300 \; kgm^2$, o momento aplicado sobre a roda, $M = I\alpha$, fica sendo igual a $M = 7500 \; Nm$. ■

Exemplo 5.8.3

A polia mostrada na Fig.5.63 tem de raio $R = 40$ cm e pode girar ao redor de um eixo que passa pelo ponto O. Uma corda ideal tendo em sua extremidade um bloco de massa $m = 8$ kg é enrolada à polia. Sabendo-se que a tração na corda é 50 N, determine o momento de inércia da polia, a aceleração do bloco e a aceleração angular da polia.

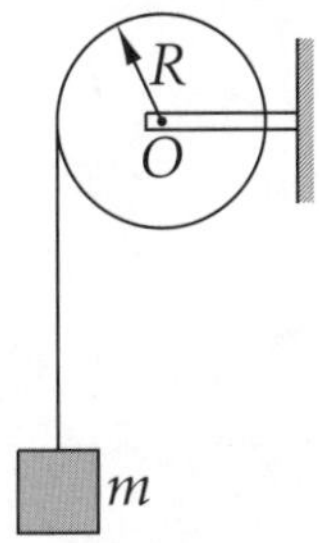

Figura 5.63: *Exemplo 5.8.3.*

SOLUÇÃO: *A fim de auxiliar na resolução, vamos analisar o diagrama de corpo livre mostrado na Fig.5.64, onde $\vec{T}$ é a tração na corda e $\vec{F}_g$ a força gravitacional.*

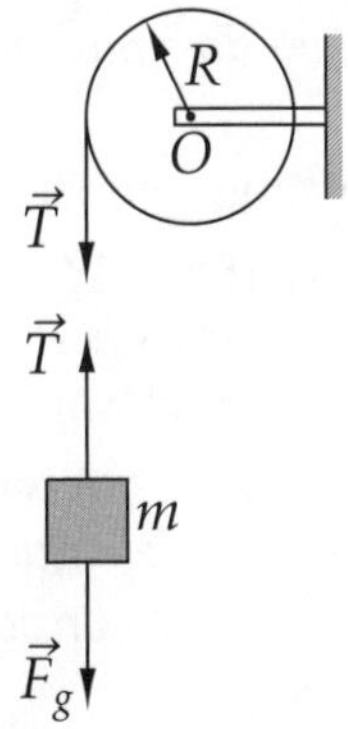

Figura 5.64: *Exemplo 5.8.3 – Diagrama do corpo livre.*

O momento de inércia I e a aceleração angular α da polia estão relacionados por

$$M_O = I\alpha$$

onde M_O é o momento em relação ao centro da polia devido à tração na corda e, dessa forma, podemos escrever que o momento M_O é dado por

$$M_O = TR$$

onde R é o raio da polia. Das relações anteriores conseguimos que, $TR = I\alpha$. Uma vez que a aceleração angular da polia e a aceleração do bloco de massa estão relacionadas por $\alpha = a/R$, temos $TR^2/I = a$ e, com isso, podemos escrever a segunda lei de Newton para o bloco de massa m da seguinte forma:

$$F_g - T = ma$$

$$mg - T = m\frac{TR^2}{I}$$

Rearranjando os termos determinamos que o momento de inércia da polia é dado por

$$I = \frac{mR^2}{\frac{mg}{T} - 1}$$

Substituindo os valores de $T = 50$ N, $m = 8$ kg e $R = 40$ cm, que corresponde a $0,4$ m, temos que o momento de inércia é igual a $I = 2,25$ kgm^2. Conhecendo o momento de inércia podemos agora determinar a aceleração do bloco através de $a = TR^2/I$, e, substituindo os valores conhecidos da tração e do raio da polia, encontramos que $a = 3,6$ m/s^2 e, como consequência, a aceleração angular, α, da polia que é dada por $\alpha = a/R$ fica sendo igual a $\alpha = 8,9$ rad/s^2. ■

Um ponto importante que devemos considerar aqui é o fato de a rotação ocorrer ao redor de um eixo que não passa pelo centro de massa do corpo. Para descrevermos a rotação ao redor de um eixo diferente daquele que passa pelo centro de massa, vamos considerar o que chamamos de ***teorema dos eixos paralelos***, que diz: ***O momento de inércia de um corpo em relação a um eixo qualquer é igual ao momento de inércia em relação ao eixo paralelo que passa pelo centro de massa mais o momento de inércia em relação ao eixo dado, considerando que toda a massa do corpo esteja concentrada no centro de massa.***

Para que possamos demonstrar o teorema dos eixos paralelos, consideremos a Fig.5.65, onde p é um eixo paralelo ao eixo que passa pelo centro de massa e que cruza o ponto $P(a,b)$.

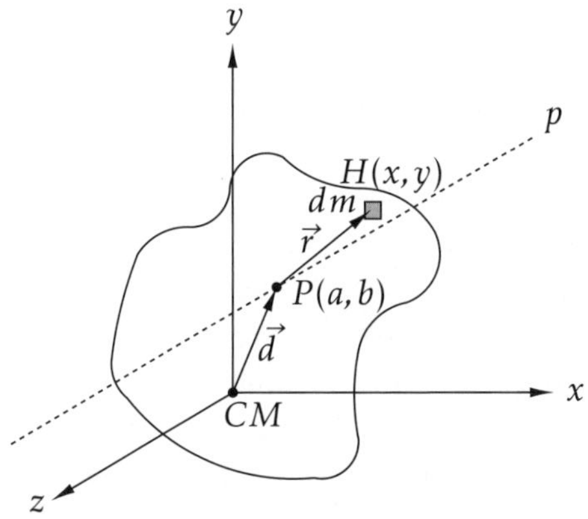

Figura 5.65: *Teorema dos eixos paralelos.*

O momento de inércia do elemento de massa dm em relação ao eixo p é determinado utilizando a Eq.(5.143), ou seja,

$$I_p = \int r^2 dm \tag{5.144}$$

sendo r a distância entre os pontos P e H mostrados na Fig.5.65 e dada por

$$r^2 = (x-a)^2 + (y-b)^2 \tag{5.145}$$

Substituindo a Eq.(5.145) na Eq.(5.144), conseguimos

$$I_p = \int [(x-a)^2 + (y-b)^2] dm \tag{5.146}$$

e, expandindo e rearranjando os termos, obtemos

$$I_p = \int (x^2+y^2)dm - 2a\int xdm - 2b\int ydm + \int (a^2+b^2)dm \tag{5.147}$$

Utilizando a definição de centro de massa em coordenadas cartesianas, a Eq.(5.147) pode ser escrita como sendo

$$I_p = \int (x^2+y^2)dm - 2amx_{cm} - 2bmy_{cm} + \int (a^2+b^2)dm \tag{5.148}$$

com m sendo a massa total. Sendo $x_{cm} = y_{cm} = 0$, podemos escrever que o momento de inércia em relação ao eixo p é dado por

$$I_p = \int (x^2+y^2)dm + md^2 \tag{5.149}$$

onde d é a distância entre o eixo p e o centro de massa. É importante perceber que primeiro termo da Eq.(5.149) é o momento de inércia do corpo em relação ao centro de massa (I_{cm}), assim, o momento de inércia em relação a um eixo qualquer paralelo a um eixo que passa pelo centro de massa é dado por

$$I_p = I_{cm} + md^2 \tag{5.150}$$

5.8.2 Cálculo do momento de inércia

Na seção anterior foi definido o momento de inércia de um sistema de partículas assim como para um corpo rígido. Para um sistema de partículas discretas o momento de inércia é dado pela Eq.(5.142); já para um corpo de densidade ρ o momento de inércia é determinado pela Eq.(5.143). É importante notar que, assim como a massa, que representa a inércia do corpo em um movimento de translação, o momento de inércia representa a dificuldade que um corpo tem em modificar a aceleração angular. Porém, diferentemente da massa, o momento de inércia, para o mesmo corpo, pode modificar dependendo da posição do corpo em relação ao eixo no qual o movimento de rotação acontece. Isso fica claro, por exemplo, pelo teorema dos eixos paralelos descrito anteriormente. Nesta seção mostraremos como determinar o momento de inércia de alguns sistemas simples, porém que são úteis no estudo do movimento de rotação de um corpo rígido.

Exemplo 5.8.4

Encontre o momento de inércia, em relação a um eixo que passa pelo centro de massa, de uma barra fina e homogênea de massa m e comprimento ℓ.

SOLUÇÃO: *Da definição de momento de inércia, Eq.(5.143), temos*

$$I = \int r^2 dm$$

Na Fig.5.66 temos a representação da barra de comprimento ℓ e o respectivo eixo no qual a barra gira.

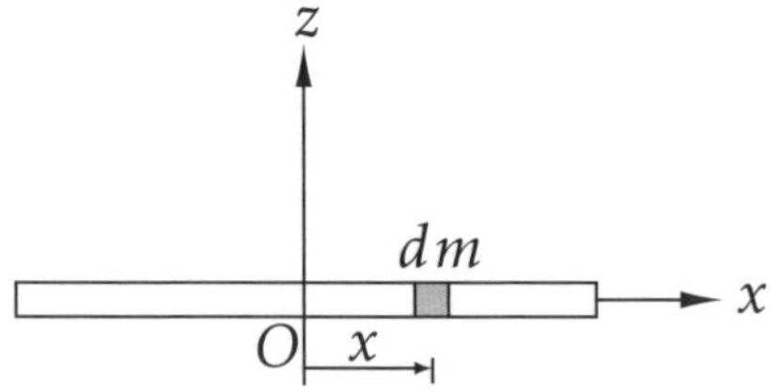

Figura 5.66: *Exemplo 5.8.4.*

Como a barra é uniforme ao longo do comprimento, é possível escrever o elemento dm como sendo $dm = \lambda dx$, onde λ é a densidade linear de massa (constante), e com isso temos que

$$I = \int_{-\ell/2}^{\ell/2} x^2 \lambda dx = \frac{\lambda \ell^3}{12}$$

como $\lambda = m/\ell$ *o momento de inércia da barra, em relação ao eixo* z *que passa pelo centro de massa da barra, fica sendo dado por,*

$$I = \frac{m\ell^2}{12}$$

■

Exemplo 5.8.5

Encontre o momento de inércia de um disco de massa m espessura t e raio R, em relação ao um eixo z que passa pelo centro de massa.

SOLUÇÃO: *Da definição de momento de inércia, Eq.(5.143), temos*

$$I = \int r^2 dm$$

Na Fig.5.67 temos a representação do disco de raio R *e o respectivo eixo (z) que passa pelo centro de massa do disco.*

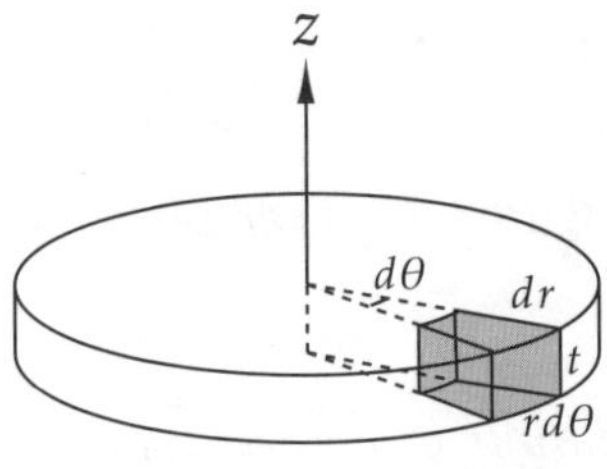

Figura 5.67: *Exemplo 5.8.5.*

Com o elemento de volume mostrado na Fig.5.67, temos que $dm = \rho dV$, *onde* ρ *é a densidade volumétrica de massa (constante) e* $dV = trdrd\theta$ *o elemento de volume. Com isso tudo temos que*

$$I = \int_0^R \int_0^{2\pi} \rho t r d\theta dr = \rho t \pi \frac{R^3}{2}$$

como $\rho = m/\pi R^2 t$, *o momento de inércia do disco, em relação ao eixo* z *que passa pelo centro de massa, fica sendo dado por*

$$I = \frac{mR^2}{2}$$

■

Exemplo 5.8.6

Considere um anel de massa m e raio R. Encontre o momento de inércia desse anel, em relação a um eixo que passa paralelo ao centro de massa e que está a uma distância R deste.

SOLUÇÃO: *O momento de inércia em relação a um eixo que passa paralelo ao eixo que passa pelo centro de massa é determinado pelo teorema dos eixos paralelos, ou seja,*

$$I_p = I_{cm} + md^2$$

onde I_{cm} *é o momento de inércia relativo ao centro de massa e* d *a distância entre os eixos.*

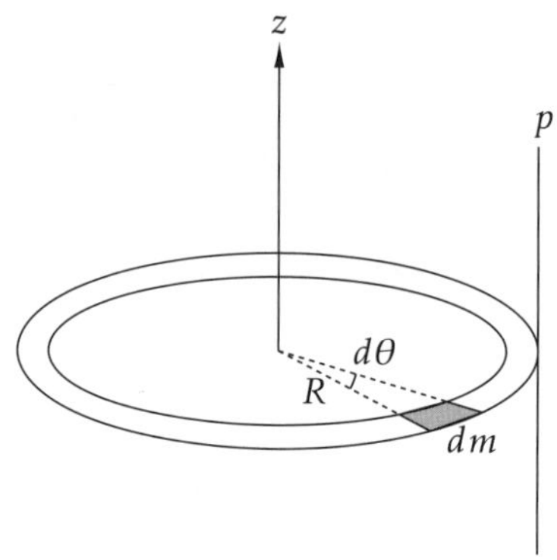

Figura 5.68: *Exemplo 5.8.6.*

Primeiramente vamos determinar o momento de inércia em relação ao centro de massa do anel. Para isso vamos considerar a Fig.5.68, onde mostramos o anel e o respectivo elemento de massa $dm = \lambda d\ell = \lambda R d\theta$. *Da definição de momento de inércia temos que*

$$I_{cm} = \int r^2 dm = \int_0^{2\pi} R^2 \lambda R d\theta$$

resolvendo a integral conseguimos

$$I_{cm} = \lambda R^3 2\pi$$

Substituindo $\lambda = m/2\pi R$ *na relação acima temos que o momento de inércia em relação ao centro de massa fica sendo dado por*

$$I_{cm} = mR^2$$

Disso tudo, o momento de inércia relativo ao eixo p *paralelo ao que passa pelo centro de massa fica finalmente dado por*

$$I_p = mR^2 + mR^2$$

$$I_p = 2mR^2$$

■

Um ponto importante que vale salientar é o fato de que o momento de inércia de um corpo pode ser determinado pela soma dos momentos de inércia de suas partes. Entretanto o momento de inércia das partes deve ser determinado com relação ao mesmo eixo.

Exemplo 5.8.7

Encontre o momento de inércia relativo ao centro de massa de uma esfera uniforme de massa m e raio R.

SOLUÇÃO: *Para determinar o momento de inércia da esfera vamos dividir a esfera em discos, como indicado na Fig.5.69. Assim o momento de inércia da esfera fica sendo*

$$I = \int dI_d \tag{5.151}$$

com

$$dI_d = \frac{1}{2}r^2 dm \qquad e \qquad dm = \rho \pi r^2 dz$$

e da figura conseguimos que

$$r^2 = R^2 - z^2$$

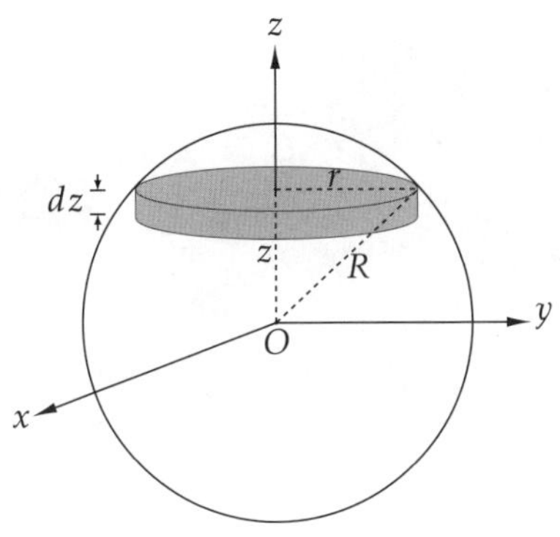

Figura 5.69: *Exemplo 5.8.7.*

Substituindo as relações anteriores na Eq.(5.151), encontramos

$$I = \frac{1}{2}\int_{-R}^{R}(R^2 - z^2)\rho\pi(R^2 - z^2)dz = \frac{\rho\pi}{2}\int_{-R}^{R}(R^2 - z^2)^2 dz$$

A integral a ser resolvida é de simples resolução, e por isso deixaremos como exercício. Resolvendo a integral e levando em consideração que $\rho = 3m/4\pi R^3$, temos que o momento de inércia em relação a um eixo que passa pelo centro de massa de uma esfera é dado por

$$I = \frac{2}{5}mR^2$$

■

Exemplo 5.8.8

Uma placa de massa m e espessura t tem largura a (paralela ao eixo y) e comprimento b (paralelo ao eixo x). Determine o momento de inércia em relação ao eixo z que passa pelo centro de massa da placa.

SOLUÇÃO: *O momento de inércia relativo ao centro de massa é dado por*

$$I = \int r^2 dm$$

com r e dm mostrados na Fig.5.70 e sendo dados por

$$r^2 = x^2 + y^2 \qquad e \qquad dm = \rho dV = \rho t dxdy$$

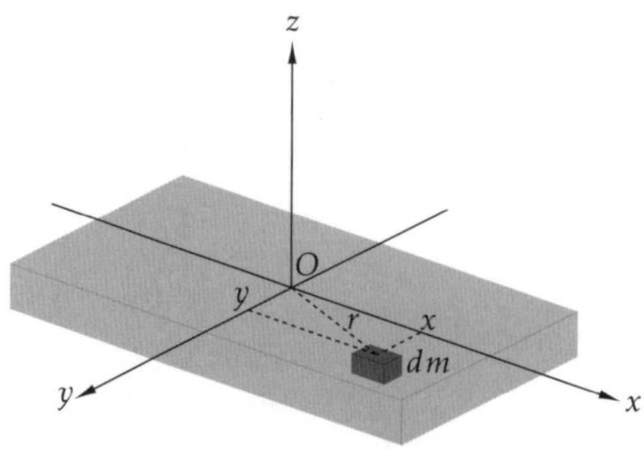

Figura 5.70: *Exemplo 5.8.8.*

Substituindo as relações acima na definição do momento de inércia, conseguimos

$$I = \int_{-a/2}^{a/2}\int_{-b/2}^{b/2} \rho t(x^2 + y^2)dxdy$$

$$I = \rho t \int_{-a/2}^{a/2}\int_{-b/2}^{b/2} x^2 dxdy + \rho t \int_{-a/2}^{a/2}\int_{-b/2}^{b/2} y^2 dxdy$$

Resolvendo as integrais e considerando que $\rho = m/abt$, conseguimos que o momento de inércia da placa em relação ao eixo z, que passa pelo centro de massa, fica determinado por

$$I = \frac{m}{12}(a^2 + b^2)$$

■

Exemplo 5.8.9

Determine o momento de inércia relativo ao eixo z que passa pelo centro de um disco de massa uniforme m e espessura t mostrado na Fig.5.71.

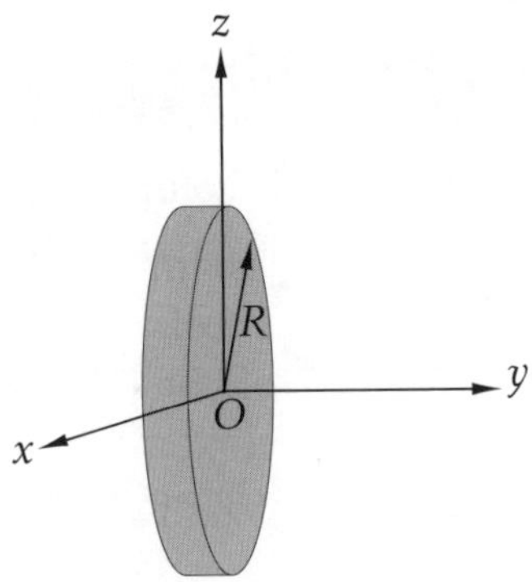

Figura 5.71: *Exemplo 5.8.9.*

SOLUÇÃO: *Utilizando a definição de momento de inércia e com o auxílio da Fig.5.72, temos*

$$I = \int x^2 dm$$

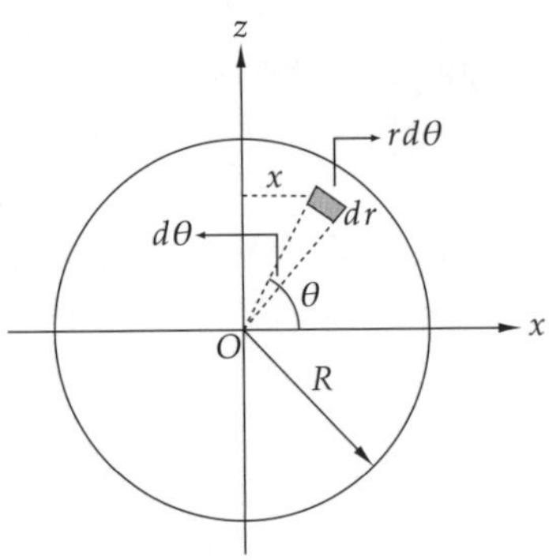

Figura 5.72: *Exemplo 5.8.9.*

com $dm = \rho t dA$, $dA = r dr d\theta$ *e* t *sendo a espessura do disco. Pela figura temos* $x = r\sin\theta$ *que substituindo na equação anterior conseguimos,*

$$I = \rho t \int_0^{2\pi} \int_0^R r^3 \sin^2\theta dr d\theta$$

Resolvendo a integral e considerando que $\rho = m/\pi R^2 t$ *temos finalmente que o momento de inércia fica sendo dado por,*

$$I = \frac{1}{4} m R^2$$

■

Exemplo 5.8.10

Na Fig.5.73 mostramos um cilindro de comprimento ℓ homogêneo de massa m e raio R. Determine o momento de inércia relativo ao eixo x que passa pelo centro de massa do cilindro.

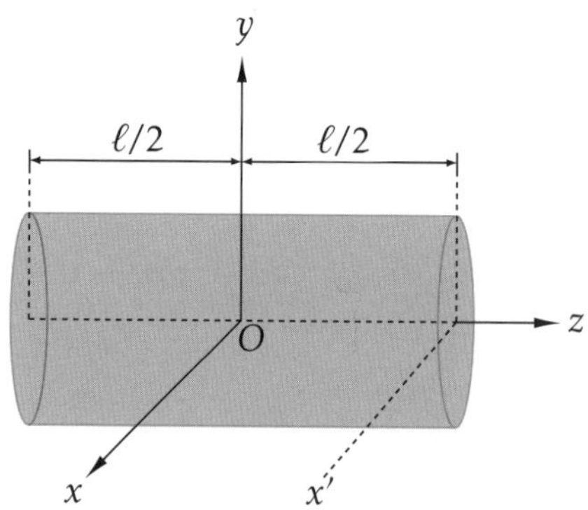

Figura 5.73: *Exemplo 5.8.10.*

SOLUÇÃO: *Utilizando o teorema dos eixos paralelos e o resultado do exemplo 5.8.9, podemos escrever que o momento de inércia do sólido mostrado na Fig.5.74 é dado por*

$$dI = dI_{cm} + z^2 dm$$

$$dI = \frac{1}{4} R^2 dm + z^2 dm$$

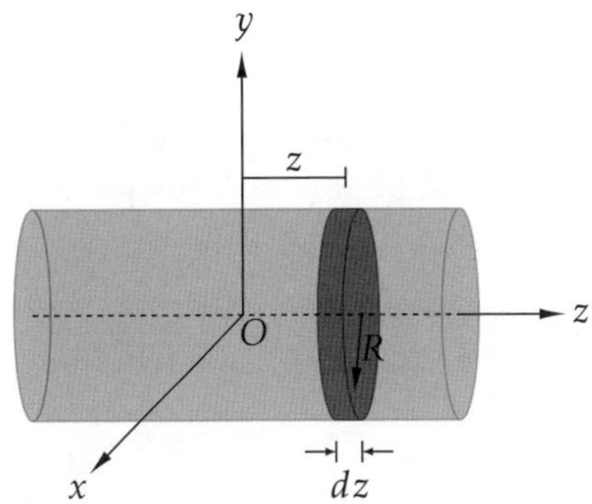

Figura 5.74: *Exemplo 5.8.10.*

onde z é a distância entre o eixo x que passa pelo elemento de massa que é mostrado na Fig.5.74. Da figura podemos escrever que $dm = \rho\pi R^2 dz$, com isso conseguimos que

$$dI = \left(\frac{1}{4}R^2 + z^2\right)\rho\pi R^2 dz$$

$$I = \rho\pi R^2 \int_{-\ell/2}^{\ell/2} \left(\frac{1}{4}R^2 + z^2\right) dz$$

Integrando e levando em consideração que $\rho = m/\ell\pi R^2$, temos que o momento de inércia em relação ao eixo x fica sendo dado por

$$I = \frac{mR^2}{4}\left(1 + \frac{\ell^2}{3R^2}\right)$$

■

Em muitas situações o movimento de um corpo rígido está associado a um movimento de rotação e/ou de translação. Para melhor entendimento do movimento de translação com o movimento de rotação vamos analisar a Fig.5.75, onde temos um disco uniforme de raio R em movimento de rolamento, ou seja, de rotação sem deslizamento.

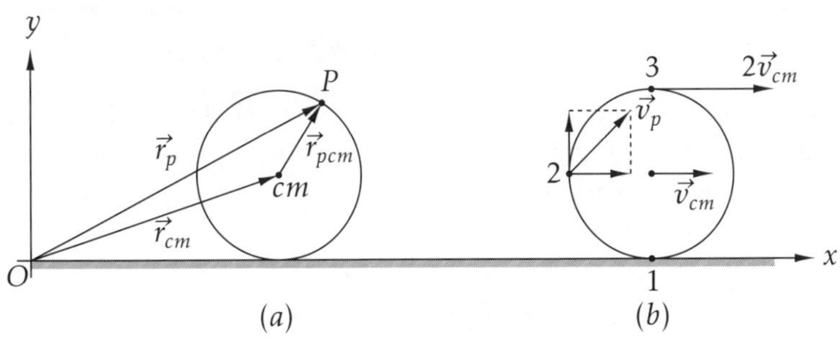

Figura 5.75: *Movimento de rolamento de um disco uniforme de raio R.*

Na Fig.5.75 (a) $\vec{r}_p$ e $\vec{r}_{cm}$ são os vetores que localizam, em relação ao referencial inercial com origem em O, o ponto P em uma extremidade do disco e o centro de massa (CM), respectivamente, e o vetor $\vec{r}_{pcm}$ localiza o ponto P em relação ao centro de massa. Da Fig.5.75 (a) é fácil perceber que a velocidade do ponto P na extremidade do disco é dada por

$$\frac{d\vec{r}_p}{dt} = \frac{d}{dt}\left(\vec{r}_{cm} + \vec{r}_{pcm}\right) \tag{5.152}$$

$$\vec{v}_p = \vec{v}_{cm} + \vec{v}_{pcm} \tag{5.153}$$

Sendo que a velocidade do ponto P em relação ao centro de massa $\vec{v}_{pcm}$ pode ser escrita como sendo $\vec{v}_{pcm} = \vec{\omega} \times \vec{R}$ e, com isso, a Eq.(5.153) fica igual a

$$\vec{v}_p = \vec{v}_{cm} + \vec{\omega} \times \vec{R} \tag{5.154}$$

Para as posições 1, 2 e 3 indicadas na Fig.5.75 (b) e com $\vec{\omega} = -\omega\hat{k}$, vamos analisar a velocidade do ponto P.

$$\text{Posição 1:}\quad \vec{v}_p = \vec{v}_{cm} - \omega R\hat{i} \tag{5.155}$$

$$\vec{v}_p = v_{cm}\hat{i} - \frac{v_{cm}}{R}R\hat{i} \tag{5.156}$$

$$\vec{v}_p = 0 \tag{5.157}$$

$$\text{Posição 2:}\quad \vec{v}_p = \vec{v}_{cm} + \omega R\hat{j} \tag{5.158}$$

$$\vec{v}_p = v_{cm}\hat{i} + \frac{v_{cm}}{R}R\hat{j} \tag{5.159}$$

$$\vec{v}_p = v_{cm}(\hat{i} + \hat{j}) \tag{5.160}$$

$$\text{Posição 3:}\quad \vec{v}_p = \vec{v}_{cm} + \omega R\hat{i} \tag{5.161}$$

$$\vec{v}_p = v_{cm}\hat{i} + \frac{v_{cm}}{R}R\hat{i} \tag{5.162}$$

$$\vec{v}_p = 2v_{cm}\hat{i} \tag{5.163}$$

Os resultados obtidos acima para as respectivas posições 1, 2 e 3 estão representados na Fig.5.75 (b). É importante perceber que o ponto de contato com a superfície sempre terá velocidade nula. Uma pergunta que podemos fazer nesse momento é a seguinte: será que podemos considerar o movimento de rolamento como sendo uma combinação do movimento de translação do centro de massa com o movimento de rotação pura? Para respondermos essa pergunta vamos analisar a Fig.5.76. A Fig.5.76 (a) representa o movimento de translação do disco, ou seja, nessa situação todos os pontos do disco se movimentam com a velocidade do centro de massa $\vec{v}_{cm}$.

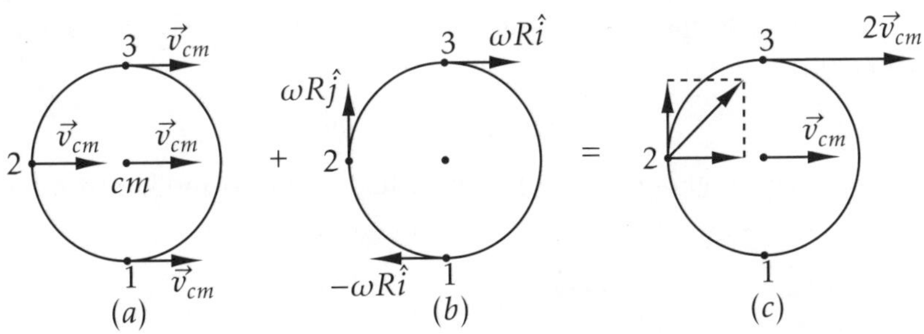

Figura 5.76: *Combinação do movimento de translação do centro de massa de um disco com o de rotação ao redor de um eixo que passa pelo centro de massa do disco de raio R.*

Já na Fig.5.76 (b) o movimento do disco é de rotação pura ao redor de um eixo que passa pelo centro de massa do disco. O disco roda com velocidade angular ω, que é comum a todas as partículas do disco. Tanto na Fig.5.76 (a) quanto na (b) temos indicados nas posições 1, 2 e 3 os correspondentes vetores velocidades. Das figuras (a) e (b) podemos perceber que, combinando os vetores velocidades nas posições 1, 2 e 3, temos como resultado os vetores velocidades que estão representados na Fig.5.76 (c) nas respectivas posições. Disso tudo podemos afirmar que o movimento de rolamento é equivalente à combinação do movimento de translação do centro de massa como o movimento de rotação pura ao redor de um eixo que passa pelo centro de massa. Além disso, é importante perceber que o fato de o ponto de contato ter sempre velocidade nula implica que o rolamento ocorre devido à força de atrito estática.

5.8.3 Exercícios

1. Uma partícula de massa $m = 2$ kg é localizada em $t = 0$ em repouso em relação à origem pelo vetor $\vec{r} = 2\hat{i} - \hat{j} + 3\hat{k}$ cujas coordenadas espaciais são medidas em metro. Nessa partícula atua uma força, medida em Newton, dada por

$$\vec{F} = 12t^2\hat{i} + (18t - 8)\hat{j} - 6t\hat{k}$$

   Determine o momento da força $\vec{F}$ em relação à origem e o momento angular da partícula para $t = 1$ segundo.

2. O momento angular, medido em unidades do S.I, de uma partícula é dada em função do tempo por

$$\vec{L} = 3t^2\hat{i} - (2t - 5)\hat{j} + 4t^2(3t - 1)\hat{k}$$

   Encontre o momento da força no instante $t = 2$ segundos.

3. Uma partícula de massa m move-se ao longo de uma trajetória elíptica de acordo com

$$\vec{r} = a\cos\omega t\hat{i} + b\sin\omega t\hat{j}$$

onde a e b são constantes positivas. Mostre que o momento angular e o momento da força em relação à origem são dados por

$$\vec{L} = mab\omega\hat{k} \qquad \text{e} \qquad \vec{M}_O = 0$$

4. Na Fig.5.77 são mostradas duas configurações (a e b) de partículas de diferentes massas localizadas no plano xy. Para as configurações mostradas encontre o momento de inércia relativo ao eixo x e ao eixo z que é perpendicular ao plano xy e que passa pelo ponto O.

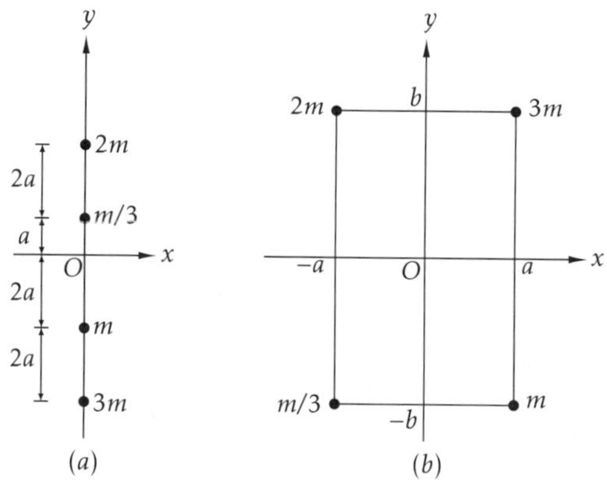

Figura 5.77: *Exercício 4.*

5. A Fig.5.78 mostra duas partículas ligadas por uma barra fina de massa desprezível e de comprimento ℓ. Considere que a partícula de massa M está a uma distância x do eixo y e mostre que o menor momento de inércia em relação ao eixo y é dado por

$$I = \frac{mM}{m+M}\ell^2$$

Mostre ainda que o resultado obtido corresponde ao momento de inércia em relação ao eixo que passa pelo centro de massa que é perpendicular à barra que liga as partículas.

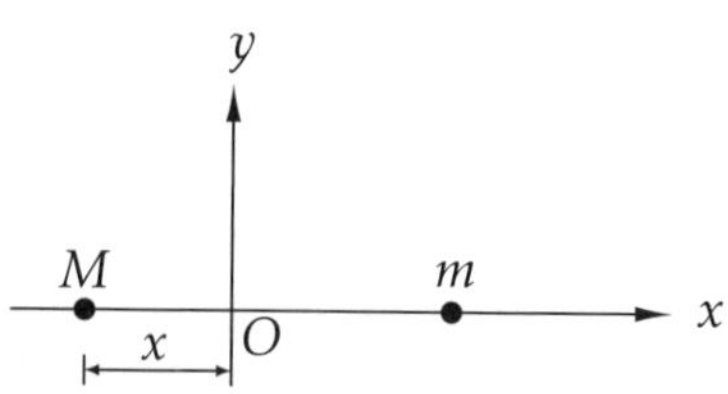

Figura 5.78: *Exercício 5.*

6. Uma esfera de massa m está presa a um fio de comprimento ℓ e move-se ao longo de um círculo horizontal de raio R como mostra a Fig.5.79.

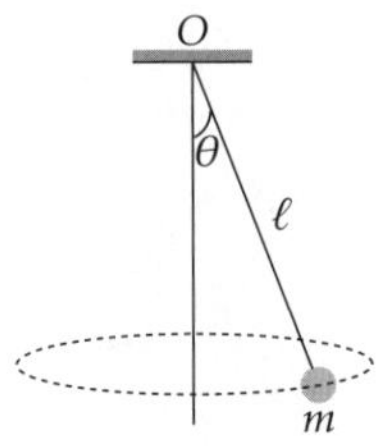

Figura 5.79: *Exercício 6.*

Sabendo-se que o fio faz um ângulo θ com a vertical, mostre que o módulo do momento angular da esfera em relação ao ponto O, mostrado na figura, e que $|d\vec{L}/dt|$ são iguais a

$$L = mvR\sqrt{1+\left(\frac{\ell}{R}\right)^2\cos^2\theta} \qquad \text{e} \qquad \left|\frac{d\vec{L}}{dt}\right| = mg\ell\sin\theta$$

7. Uma partícula de massa m é lançada do ponto O, como indica a Fig.5.80, com velocidade $\vec{v}_0$ no instante $t=0$. Encontre o momento angular da partícula em relação ao ponto O como função do tempo e mostre que

$$\vec{M}_O = \frac{d\vec{L}}{dt}$$

onde $\vec{M}_O$ é o momento da força gravitacional em relação ao ponto O.

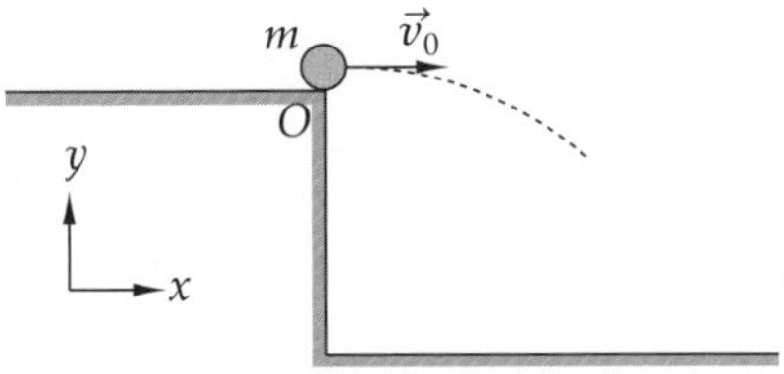

Figura 5.80: *Exercício 7.*

8. Uma partícula de massa m parte do repouso no ponto A, como mostra a Fig.5.81, e desliza pelo plano passando pelos pontos B e C. Determine o módulo do momento angular da partícula em relação aos pontos A e

O quando a partícula passa pelo ponto B e pelo ponto C sabendo-se que $\beta = 30^o$ e que não há qualquer tipo de atrito.

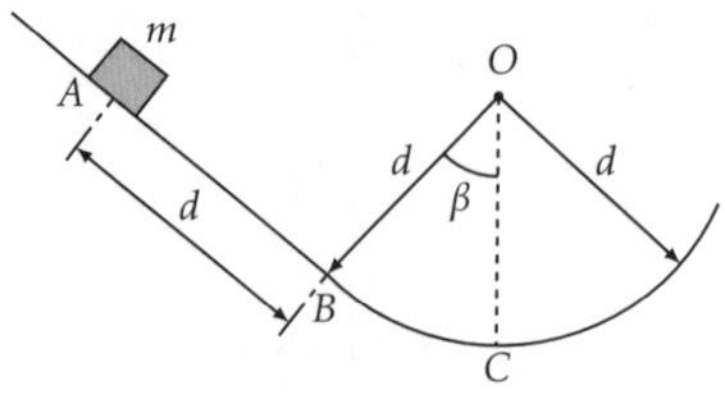

Figura 5.81: *Exercício 8.*

9. Uma corda de massa desprezível é enrolada em um cilindro de massa m e raio R como mostra a Fig.5.82. A força $\vec{F}$ acelera o cilindro. Determine a aceleração do cilindro assim como a força de atrito entre o cilindro e a superfície.

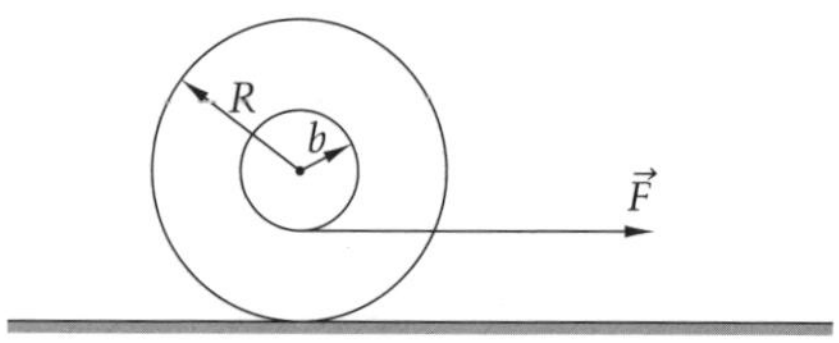

Figura 5.82: *Exercício 9.*

10. Os blocos mostrados na Fig.5.83 possuem massas $m_1 = 4$ kg e $m_2 = 12$ kg e estão conectados por um corda que passa por uma polia (disco) de massa $m = 15$ kg e de raio $R = 20$ cm. Sabendo-se que o coeficiente de atrito entre os blocos e a superfície é igual a 0,3 e que $\theta = 30^o$, encontre a tração na corda que passa pela polia e a aceleração de cada um dos blocos.

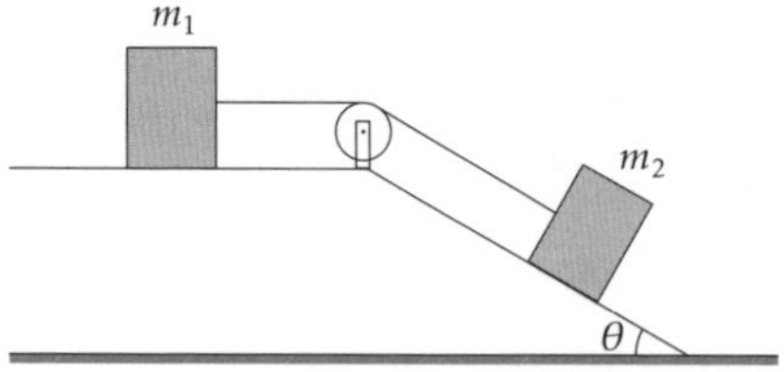

Figura 5.83: *Exercício 10.*

11. Uma partícula de massa m em um determinando instante é localizada no espaço pelas coordenadas mostradas na Fig.5.84. A força resultante sobre a partícula é $\vec{F} = F_0\hat{k}$ vertical para cima. Se a velocidade da partícula é

$\vec{v} = v_0\hat{j}$, determine o momento angular da partícula em relação ao ponto O e mostre que, nesse instante,

$$\frac{d\vec{L}}{dt} = F_0(b\hat{i} - a\hat{j})$$

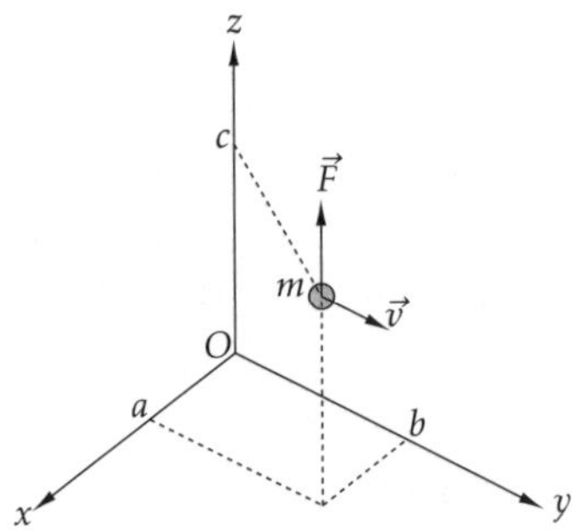

Figura 5.84: *Exercício 11.*

12. Uma corda está enrolada em um disco de massa m e raio R. A extremidade livre da corda está presa a um bloco de massa M como mostra a Fig.5.85. Considerando que o bloco desce por uma superfície cujo coeficiente de atrito é μ, encontre a velocidade do bloco após ele descer uma distância d.

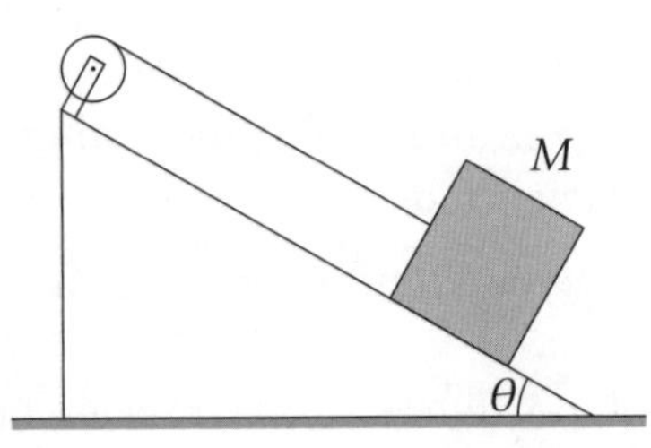

Figura 5.85: *Exercício 12.*

13. A Fig.5.86 mostra um bloco de massa $m_b = 5$ kg preso a uma corda que envolve um disco de massa $m_d = 8$ kg. Em um determinado instante o bloco é abandonado do repouso. Sabendo-se que o disco se movimenta para cima, determine a aceleração do centro de massa do disco.

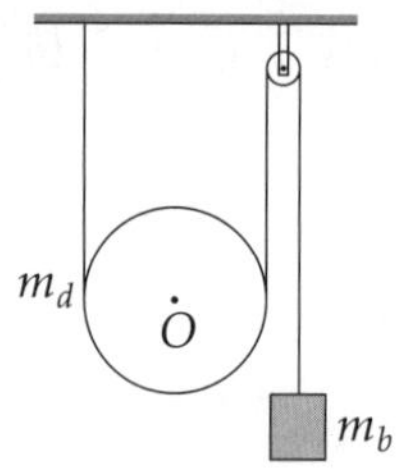

Figura 5.86: *Exercício 13.*

14. Um bloco de massa $m_A = 10$ kg e outro de massa $m_B = 15$ kg estão conectados por uma corda ideal que passa por um disco de raio $R_d = 10$ cm e com massa $m_d = 3$ kg como indica a Fig.5.87. Considere que o coeficiente de atrito entre o bloco A e a superfície vale $\mu = 0,2$ e que a corda não desliza sobre o disco. Encontre a velocidade do bloco B após ele ter percorrido uma distância igual a 2 metros.

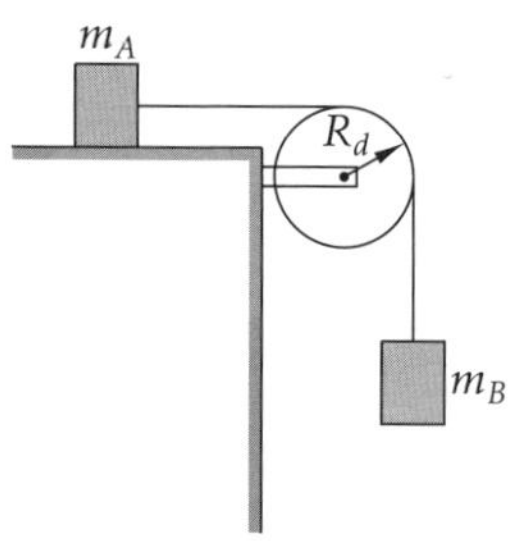

Figura 5.87: *Exercício 14.*

15. Uma esfera de massa m e raio R é lançada sobre uma superfície com uma velocidade inicial $\vec{v}_0$ e com uma velocidade angular $\omega_0 = \beta v_0/R$ com $\beta > 1$. Sabendo-se que o coeficiente de atrito cinético é μ, determine:

   a) A velocidade da esfera quando ela começa rolar sem qualquer deslizamento.

   b) O intervalo de tempo que a esfera rola escorregando, porém antes de começar a deslizar.

   c) A distância que a esfera desliza pela superfície antes de iniciar o rolamento puro.

16. Uma esfera de massa m e raio R parte do repouso sobre um plano inclinado $\theta = 60^o$ como mostra a Fig.5.88. Encontre o menor coeficiente de atrito entre a esfera e o plano de modo que ainda ocorra somente o movimento de rolamento.

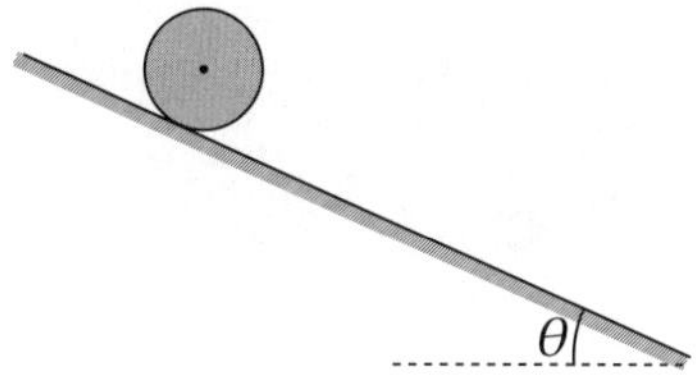

Figura 5.88: *Exercício 16.*

17. Um disco de massa m e raio R está preso a uma haste fina de massa desprezível e gira com velocidade angular ω_0. O disco é então colocado em contato com uma parede como mostra a Fig.5.89. Sabendo-se que o coeficiente de atrito entre a parede e o disco é μ, mostre que o disco para após um intervalo de tempo igual a

$$\Delta t = \frac{R(\mu + \tan\theta)}{2\mu g}\omega_0$$

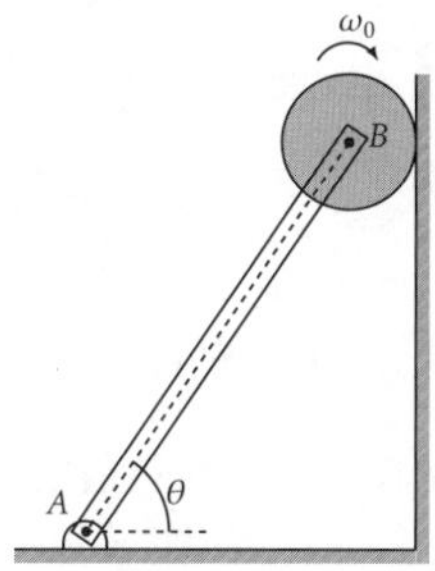

Figura 5.89: *Exercício 17.*

18. Uma partícula de massa m está presa a um fio de massa desprezível que passa por um orifício como indica a Fig.5.90 e se movimenta em um círculo de raio r_0 com velocidade $\vec{v}_0$. Determine a tração no fio e mostre que o trabalho realizado pela tração quando a partícula passa a se movimentar em um círculo de raio $a < r_0$ é dado por

$$W = \frac{L_0^2}{2m}\frac{(r_0^2 - a^2)}{r_0^2 a^2}$$

onde L_0 é o momento angular inicial da partícula.

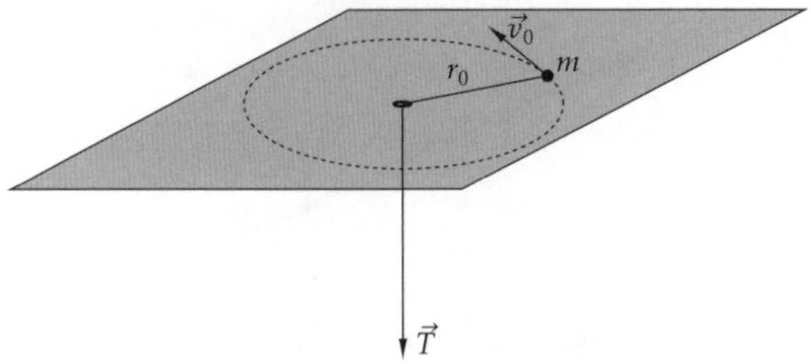

Figura 5.90: *Exercício 18.*

19. Uma barra de comprimento ℓ e massa m está apoiada no ponto A como mostra a Fig.5.91. Em um determinado instante a barra é abandonada do repouso quando $\theta = 0$ e começa a cair.

   a) Determine a força normal e a força de atrito que atuam na barra.

   b) Se o coeficiente de atrito entre a barra e a superfície for μ, encontre o ângulo no qual a barra começa a deslizar.

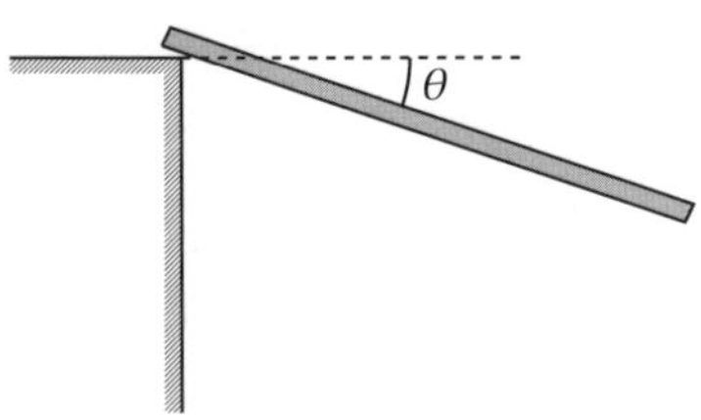

Figura 5.91: *Exercício 19.*

20. Uma barra uniforme de massa m tem comprimento 2ℓ e está em repouso na vertical. Em um determinado instante a barra começa a se movimentar por ação da gravidade. Determine o coeficiente de atrito estático entre a barra e o plano horizontal, como mostra a Fig.5.92, se a barra começa a deslizar quando $\theta = 20^o$.

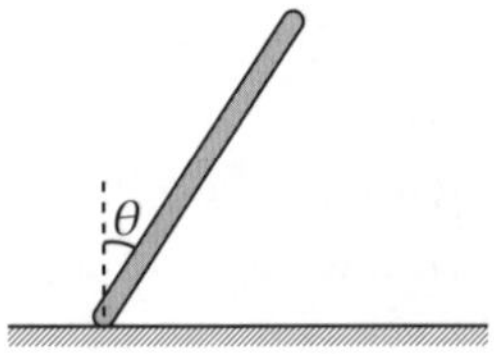

Figura 5.92: *Exercício 20.*

21. Uma barra uniforme de massa m e de comprimento ℓ pode girar, como mostra a Fig.5.93, ao redor do pino P. Sabendo-se que a barra é abandonada da horizontal, encontre a força de reação no pino quando $\theta = 45^o$.

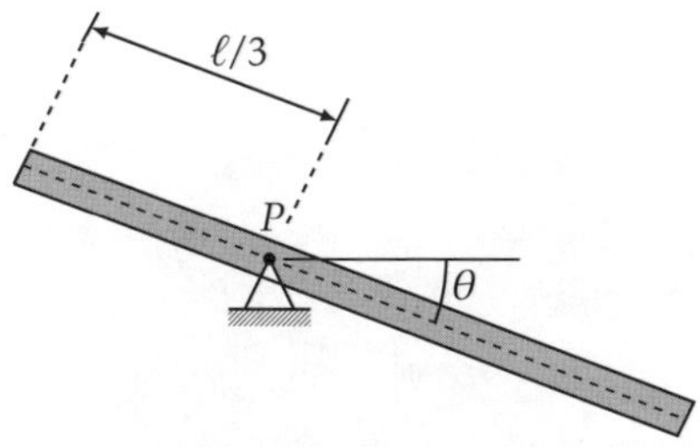

Figura 5.93: *Exercício 21.*

22. Determine o momento de inércia da metade do anel de raio R e massa m mostrado na Fig.5.94 em relação aos eixos x e z', que são paralelos ao eixo z.

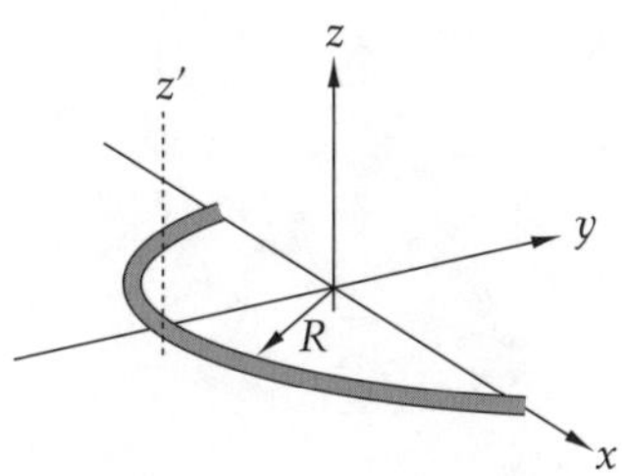

Figura 5.94: *Exercício 22.*

23. Determine o momento de inércia de um anel, de raio R e massa m, em relação ao eixo z mostrado na Fig.5.95.

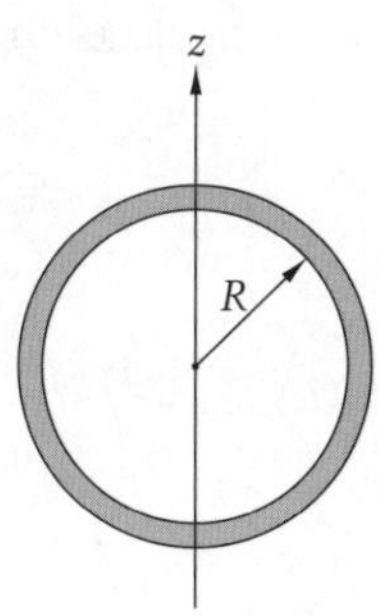

Figura 5.95: *Exercício 23.*

24. A Fig.5.96 mostra um sólido homogêneo de espessura t ao longo do eixo z perpendicular ao plano xy e passando pelo ponto O. Sabendo-se que a superfície do sólido é uma elipse, determine o momento de inércia em relação aos eixos x, y e ao eixo z que passa pelo centro de massa.

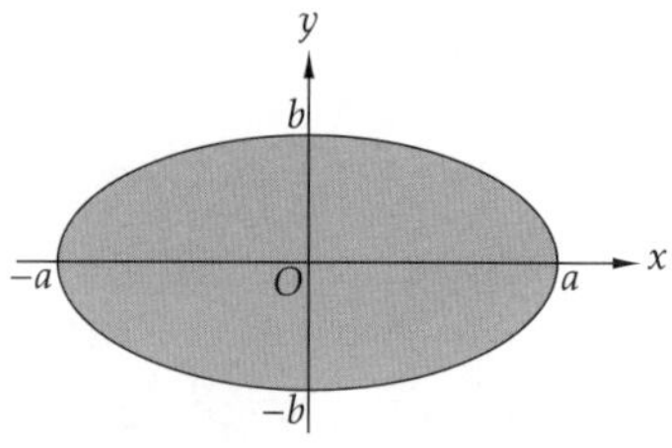

Figura 5.96: *Exercício 30.*

25. Na Fig.5.97 é mostrado um cone uniforme de massa m, altura H e raio da base R. Encontre o momento de inércia desse cone em relação ao eixo z e em relação ao eixo x' que é paralelo ao eixo x.

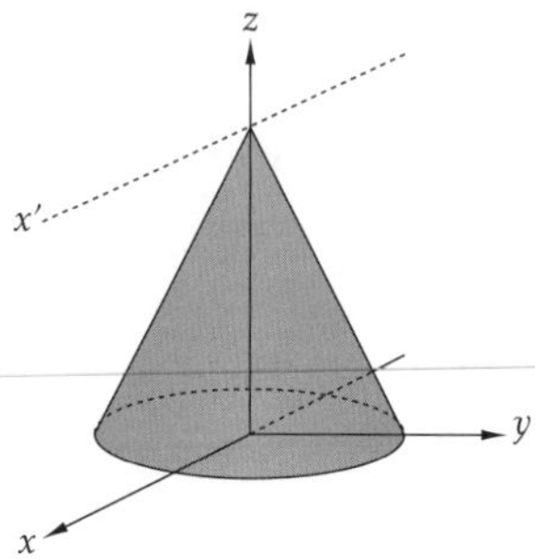

Figura 5.97: *Exercício 25.*

26. Considere a figura do exemplo 5.8.10 e determine o momento de inércia em relação a um eixo paralelo ao eixo z que está a uma distância R deste e o momento de inércia em relação ao eixo x'.

27. Na Fig.5.98 é mostrado um paraboloide uniforme de massa m. Encontre o momento de inércia desse paraboloide com em relação ao eixo z.

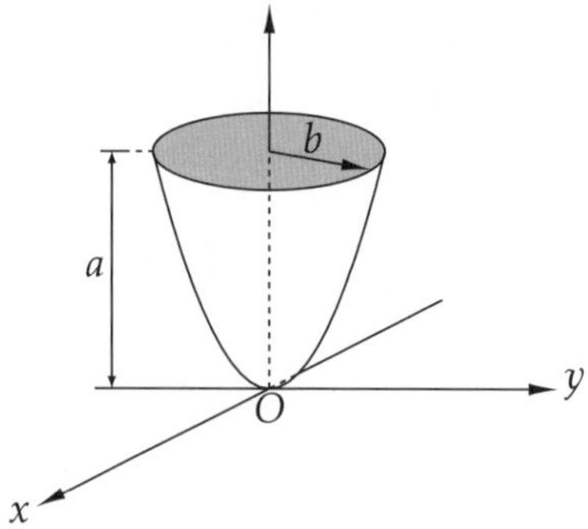

Figura 5.98: *Exercício 27.*

28. Determine o momento de inércia do sólido obtido da rotação ao redor do

eixo x da Fig.5.99 considerando que o sólido obtido é homogêneo de massa m.

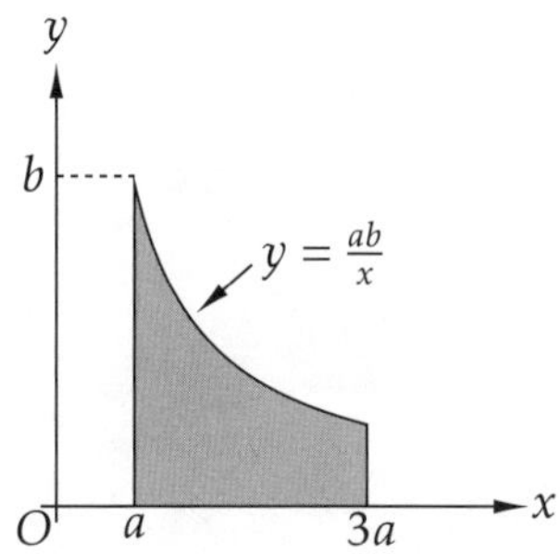

Figura 5.99: *Exercício 28.*

29. Determine o momento de inércia em relação ao eixo x do sólido obtido pela rotação ao redor do eixo x da Fig.5.100 considerando que o sólido obtido tem massa m.

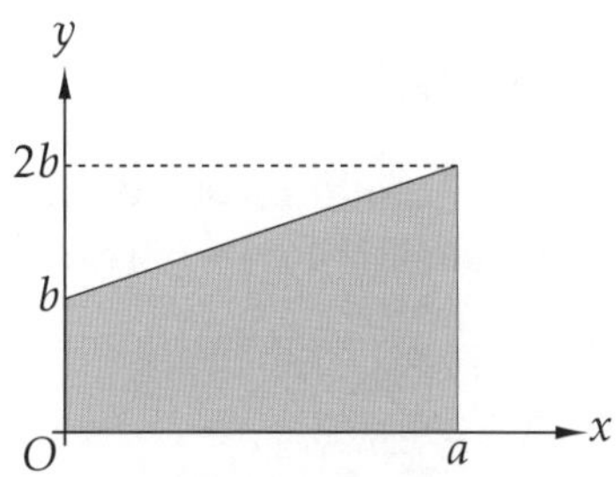

Figura 5.100: *Exercício 29.*

30. Utilizando o resultado obtido no exercício 24, encontre o momento de inércia em relação ao eixo z do anel elíptico, mostrado na Fig.5.101, cuja espessura é t e cuja massa é m.

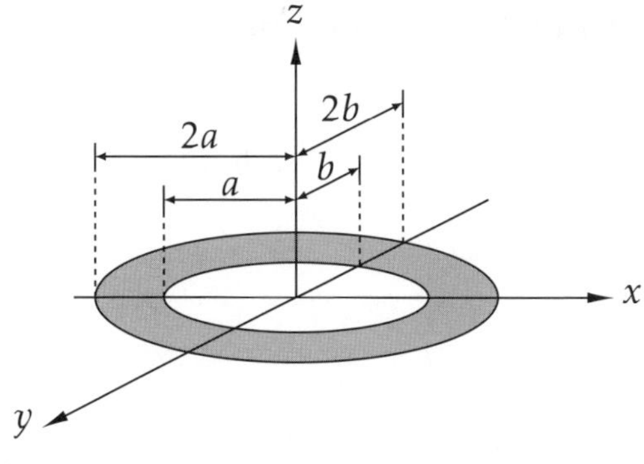

Figura 5.101: *Exercício 30.*

31. A Fig.5.102 mostra uma placa quadrada uniforme de lado 2ℓ e massa m que possui no centro um furo de raio $a = \ell/3$. Encontre o momento de inércia em relação ao eixo x e ao eixo z.

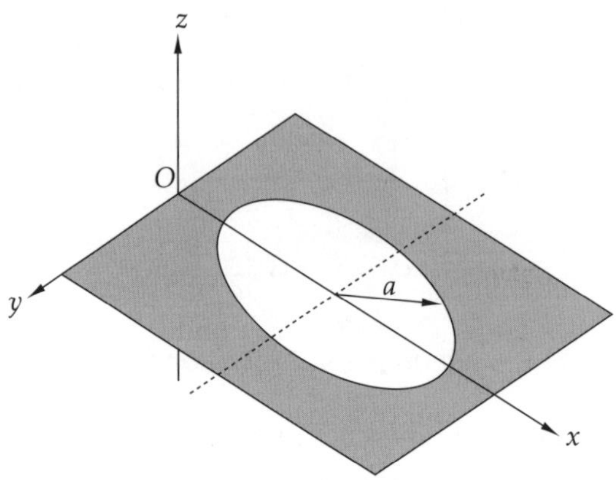

Figura 5.102: *Exercício 31.*

5.8.4 Energia cinética de rotação

Consideremos novamente o corpo rígido mostrado na Fig.5.62 em movimento de rotação ao redor do eixo z. A velocidade da partícula i desse corpo é dada pela Eq.(1.44), ou seja,

$$\vec{v}_i = r_i \frac{d\theta_i}{dt} \hat{\theta}_i \tag{5.164}$$

A energia cinética do sistema de partículas pode ser determinada por

$$E_c = \frac{1}{2} \sum_{i=1}^{n} m_i v_i^2 \tag{5.165}$$

onde m_i e v_i são a massa e a velocidade de cada partícula, respectivamente. Substituindo a Eq.(5.164) na Eq.(5.165), conseguimos

$$E_c = \frac{1}{2} \sum_{i=1}^{n} m_i r_i^2 \left(\frac{d\theta_i}{dt} \right)^2 \tag{5.166}$$

que pode ainda ser escrita como sendo

$$E_c = \frac{1}{2} I \omega^2 \tag{5.167}$$

com I sendo o momento de inércia e ω a velocidade angular que é comum a todas as partículas. É interessante analisarmos agora o movimento de rotação do corpo rígido ao redor de um eixo que é paralelo ao centro de massa do corpo. Nesse caso devemos levar em conta o teorema dos eixos paralelos e, dessa forma, a Eq.(5.165) fica sendo

$$E_c = \frac{1}{2} I_p \omega^2 \tag{5.168}$$

onde I_p é o momento de inércia em relação a um eixo paralelo a um eixo que passa pelo centro de massa. Utilizando I_p definido pela Eq.(5.150) na Eq.(5.168), temos

$$E_c = \frac{1}{2}(I_{cm} + md^2)\omega^2 \tag{5.169}$$

e, rearranjando os termos e levando-se em conta que ωd é a velocidade do corpo em relação ao centro de massa, ou seja, $v_{cm} = \omega d$, temos que a Eq.(5.169) fica sendo dada por

$$E_c = \frac{1}{2} m v_{cm}^2 + \frac{1}{2} I_{cm} \omega^2 \tag{5.170}$$

A Eq.(5.170) nos diz que a energia cinética de um corpo que possui um movimento de rotação e translação tem parte dessa energia associada ao movimento de translação do centro de massa e outra parte associada ao movimento de rotação ao redor de um eixo que passa pelo centro de massa.

Exemplo 5.8.11

Um disco que gira ao redor do seu eixo varia sua energia cinética de 600 J quando sua velocidade angular varia de 60 rad/s para 80 rad/s. Determine o momento de inércia do disco.

SOLUÇÃO: *A energia cinética de rotação de um corpo rígido que gira ao redor de um eixo que passa pelo centro de massa é determinada por*

$$E_c = \frac{1}{2} I \omega^2$$

onde I é o momento de inércia em relação ao centro de massa e ω a frequência angular. Como a energia cinética do disco varia devido à variação da velocidade angular, podemos escrever que nos instantes correspondentes temos

$$E_{c1} = \frac{1}{2} I \omega_1^2 \qquad e \qquad E_{c2} = \frac{1}{2} I \omega_2^2$$

e com isso a variação da energia cinética fica sendo

$$\Delta E_c = \frac{1}{2} I(\omega_2^2 - \omega_1^2)$$

Da relação anterior podemos determinar o momento de inércia da seguinte forma:

$$I = \frac{2\Delta E_c}{\omega_2^2 - \omega_1^2}$$

e, substituindo os valores para $\omega_1 = 60\ rad/s$, $\omega_2 = 80\ rad/s$ *e* $\Delta E_c = 600\ J$, *temos finalmente que o momento de inércia do disco é igual a*

$$I = 0,43\ kgm^2$$

■

Exemplo 5.8.12

Considere três partículas de massas iguais a m que estão fixas a três barras uniformes de comprimento ℓ e massa M cada uma, como mostra a Fig.5.103. O sistema gira ao redor do ponto O com velocidade angular constante e igual a ω_0. Encontre a energia cinética de rotação do sistema.

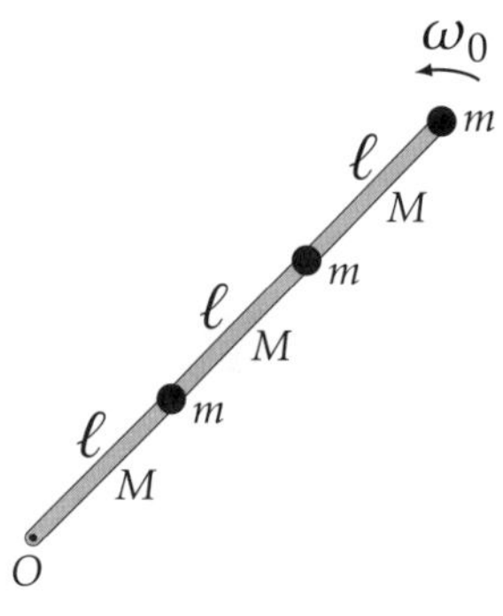

Figura 5.103: *Exemplo 5.8.12.*

SOLUÇÃO: *Como o sistema gira ao redor do ponto O, a energia cinética de rotação do sistema pode ser determinada por*

$$E_c = \frac{1}{2} I \omega^2$$

onde I *é o momento de inércia e* ω *a velocidade angular, que, nesse caso, é igual a* ω_0. *Para encontrarmos a energia cinética de rotação, devemos então determinar o momento de inércia do sistema. Como o sistema é composto por três partículas e pelas barras, o momento de inércia fica sendo dado por*

$$I = I_p + I_b$$

com

$$I_p = \sum_1^3 m_i r_i^2$$

sendo o momento de inércia devido as partículas, e dessa forma temos

$$I_p = m\ell^2 + m(2\ell)^2 + m(3\ell)^2$$

$$I_p = 14m\ell^2$$

Já o momento de inércia devido às barras pode ser tratado como sendo uma única barra de comprimento $L = 3\ell$ *e massa* $m = 3M$*. Como a barra gira ao redor do ponto* O*, o qual não é o centro de massa, devemos levar em contar o teorema dos eixos paralelos para encontrar o momento de inércia da barra, ou seja,*

$$I_b = I_{cm} + md^2$$

como $I_{cm} = mL^2/12$ *e* $d = L/2$*, temos, com* $L = 3\ell$ *e* $m = 3M$*, que*

$$I_b = \frac{3M(3\ell)^2}{12} + 3M\left(\frac{3\ell}{2}\right)^2$$

$$I_b = 9M\ell^2$$

Com os resultados obtidos temos que o momento de inércia do sistema é dado por

$$I = 14m\ell^2 + 9M\ell^2$$

e, por sua vez, a energia cinética de rotação do sistema fica finalmente sendo dada por

$$E_c = (7m + 9M/2)\ell^2\omega_0^2$$

■

5.9 Conservação do momento angular

Na Seção 5.8 mostramos que o momento $\vec{M}$ de uma força (externa) em relação a um dado referencial determina a variação do momento angular $\vec{L}$ da seguinte forma:

$$\vec{M} = \frac{d\vec{L}}{dt} \tag{5.171}$$

Na ausência de força externa, temos que $\vec{M} = 0$ e, com isso,

$$\frac{d\vec{L}}{dt} = 0 \tag{5.172}$$

e isso implica que o momento angular $\vec{L}$ é constante, ou seja, se conserva. A relação dada pela Eq.(5.172) é o que chamamos de princípio da conservação do momento angular , que pode ser expresso como: *o momento angular total de um sistema isolado, ou de um sistema com o momento das forças externas igual a zero, é constante em módulo, direção e sentido.*

Exemplo 5.9.1

Um disco de raio R e massa M gira, em um plano horizontal, com velocidade angular ω_0 ao redor de um eixo vertical que passa pelo centro do disco. Em um determinado instante uma partícula de massa m cai verticalmente sobre o disco a uma distância $R/2$ do centro do disco e permanecendo grudada sobre ele. Sabendo-se que o atrito entre o disco e o eixo de rotação é desprezível, determine a velocidade angular do sistema imediatamente após a colisão inelástica entre o disco e o corpo de massa m.

SOLUÇÃO: *Considerando que o sistema é livre de forças externas, podemos escrever que*

$$\frac{d\vec{L}}{dt} = 0 \qquad \Rightarrow \qquad \vec{L}_i = \vec{L}_f$$

com $\vec{L}_i$ e $\vec{L}_f$ sendo os momentos angulares inicial e o final, respectivamente. Como o disco está girando com velocidade angular ω_0, temos que o momento angular inicial é igual a

$$\vec{L}_i = I_i \omega_0 \hat{k}$$

Sabendo-se que o disco gira ao redor do centro de massa, temos que o momento de inércia do sistema é $I_i = MR^2/2$ e

$$\vec{L}_i = \frac{MR^2}{2} \omega_0 \hat{k}$$

Após a colisão inelástica, o momento angular é dado por

$$\vec{L}_f = I_f \omega \hat{k}$$

onde ω é a velocidade angular do sistema e I_f o momento de inércia do sistema. Pelo fato de a massa ficar grudada no disco, o momento de inércia do sistema após a colisão passa a ser

$$I_f = I_d + I_c$$

com $I_d = MR^2/2$ *sendo o momento de inércia do disco e* $I_c = md^2$ *o momento de inércia do corpo de massa* m *medido em relação ao centro do disco. Sabendo-se que o corpo de massa* m *está a uma distância* $d = R/2$, *temos que o momento de inércia do sistema fica sendo*

$$I_f = \frac{MR^2}{2} + m\left(\frac{R}{2}\right)^2$$

$$I_f = \frac{(2M+m)R^2}{4}$$

Com isso temos que o momento angular final é dado por

$$\vec{L}_f = \frac{(2M+m)R^2}{4}\omega\hat{k}$$

E, com isso, podemos finalmente determinar a velocidade angular final do sistema da seguinte forma:

$$\vec{L}_i = \vec{L}_f$$

$$\frac{MR^2}{2}\omega_0\hat{k} = \frac{(2M+m)R^2}{4}\omega\hat{k}$$

e, rearranjando os termos, encontramos que a velocidade angular é dada por

$$\omega = \frac{2M}{2M+m}\omega_0$$

■

5.9.1 Exercícios

1. As partículas mostradas na Fig.5.104 possuem massas iguais a $m_1 = m$ e $m_2 = 3m$ e se movimentam com velocidades $v_1 = 3v$ e $v_2 = v$, respectivamente. Em um determinado instante elas colidem com uma haste fina de massa desprezível que pode girar ao redor do ponto O. Sabendo-se que a colisão entre as partículas e a haste é inelástica, encontre a velocidade angular ω do sistema após a colisão.

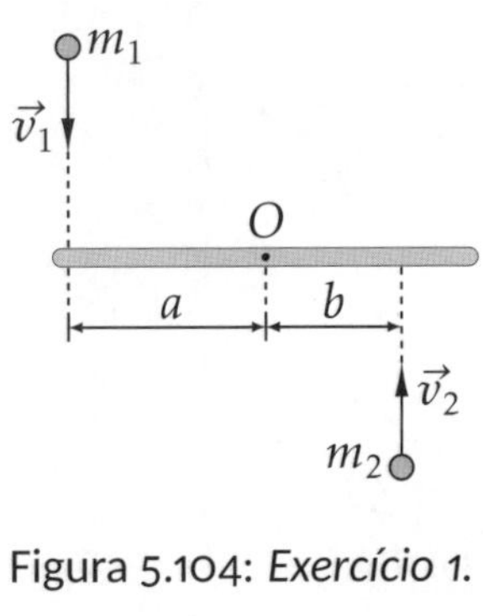

Figura 5.104: *Exercício 1.*

2. Duas partículas idênticas e de massa m podem deslizar sem atrito por um barra fina e de massa desprezível como mostra a Fig.5.105. Inicialmente as partículas estão a uma distância a e $a/2$ do eixo de rotação que passa pela pelo ponto O e giram com velocidade angular ω_0.

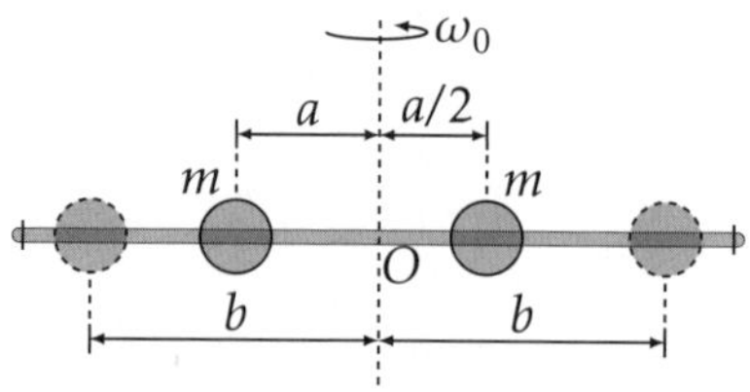

Figura 5.105: *Exercício 2.*

a) Determine a velocidade angular do sistema quando as partículas estiverem a uma distância b do eixo de rotação.
b) Encontre a razão entre as energias cinética inicial e final.

3. No sistema mostrado na Fig.5.106 as duas esferas são iguais e possuem massa igual a $M = 3$ kg e estão conectadas por uma haste fina e de massa desprezível. Em um instante t a haste passa pela vertical no sentido horário com uma velocidade angular $\omega_0 = 8$ rad/s. Nesse momento uma das esferas é atingida por uma partícula de massa $m = 100$ gramas que possui velocidade igual a 250 m/s que faz um ângulo $\beta = 30^o$ com a horizontal. Sabendo-se $\ell = 30$ cm e que a partícula fica presa à esfera, determine a velocidade angular do sistema após a colisão e E_{cf}/E_{ci}.

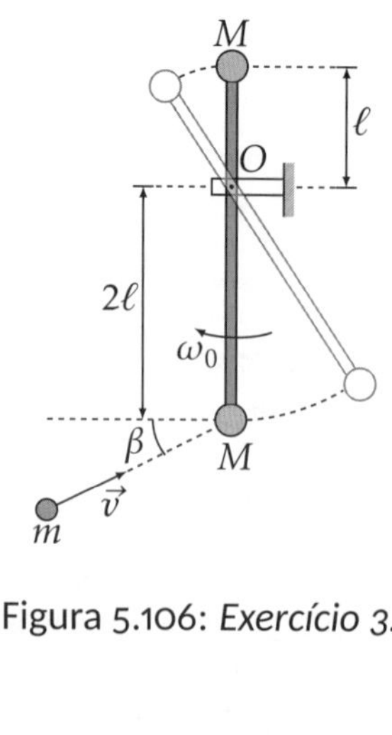

Figura 5.106: *Exercício 3.*

4. Considere uma barra fina e uniforme de massa M kg e de comprimento ℓ que está suspensa como mostra a Fig.5.107.

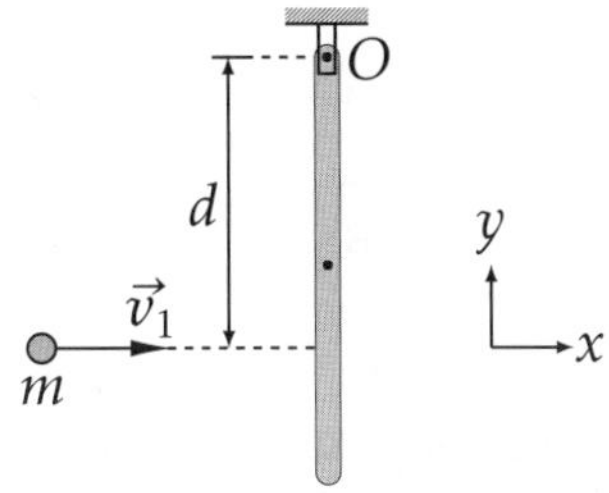

Figura 5.107: *Exercício 4.*

A barra é atingida por uma partícula de massa m em um ponto a uma distância $d = 3\ell/4$ do ponto O com uma velocidade $\vec{v}_1 = v_0\hat{\imath}$. Devido à colisão, a partícula retorna na mesma direção, porém com uma velocidade igual a $\vec{v}_2 = -3v_0\hat{\imath}/5$. Determine a velocidade angular da barra após a colisão.

Problemas

1. Uma partícula de massa m move-se em uma trajetória circular de raio R com a componente normal de sua aceleração variando com o tempo da seguinte forma: $a_n = \alpha t^2$, onde α é uma constante positiva. Determine a potência desenvolvida pela força resultante.

2. Um corpo de massa m kg está localizado na origem em $t = 0$. Nesse instante o corpo passa a ter uma velocidade v_0. Sabendo-se que o corpo se movimenta sobre uma superfície cujo coeficiente de atrito varia com distância x da forma $\mu = \beta x$, onde β é uma constante, determine a potência máxima devido à força de atrito ao longo de todo o movimento.

3. Considere a Fig.5.108, onde as esferas têm massas $m_A = m$ e m_B. A esfera A se movimenta com velocidade $\vec{v}_0$ na direção da esfera B, que está em repouso e colide frontalmente com ela. Após a colisão as esferas A e B tocam o solo a uma distância $2d$ e d, respectivamente. Sabendo-se que não há qualquer tipo de atrito e que as esferas podem ser tradas como partículas, determine:
   a) A massa da esfera B.
   b) As velocidades das esferas após a colisão.

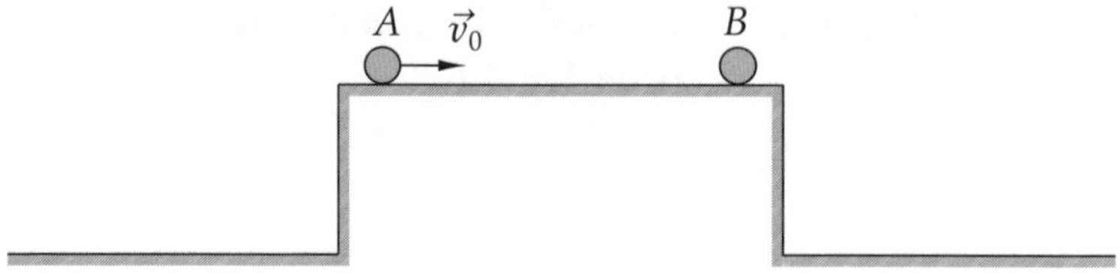

Figura 5.108: *Problema 3.*

4. Na Fig.5.109 o bloco de massa m_1 está preso por um cabo ideal e a uma esfera de massa m_2. O cabo está apoiado em um ponto A que permite que o cabo possa deslizar sem atrito. Em um determinado instante a esfera é abandonada da mesma altura em relação à posição do bloco de massa m_1. Sabendo-se que o coeficiente de atrito entre o bloco e a superfície é igual a μ, determine o máximo ângulo, em relação à horizontal, que deslocará a esfera e ainda permitirá que o bloco permaneça em repouso.

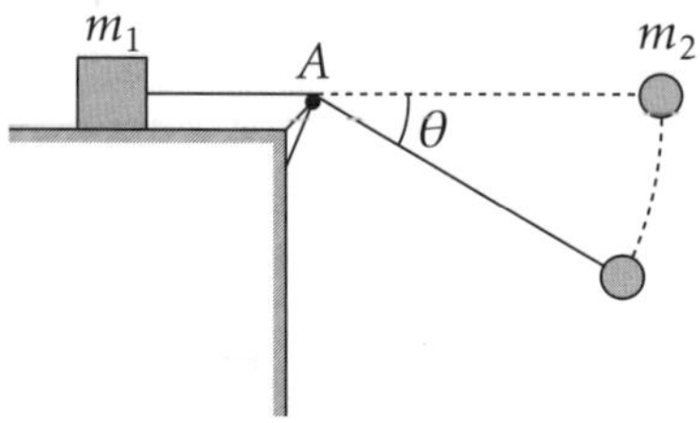

Figura 5.109: *Problema 4.*

5. Um corpo de massa m desliza sobre uma superfície sem atrito como mostra a Fig.5.110. Considerando que o bloco parte do repouso do ponto A, determine a altura h de modo que o corpo seja lançado horizontalmente do ponto B e toque o solo no ponto mais afastado e encontre o valor dessa distância.

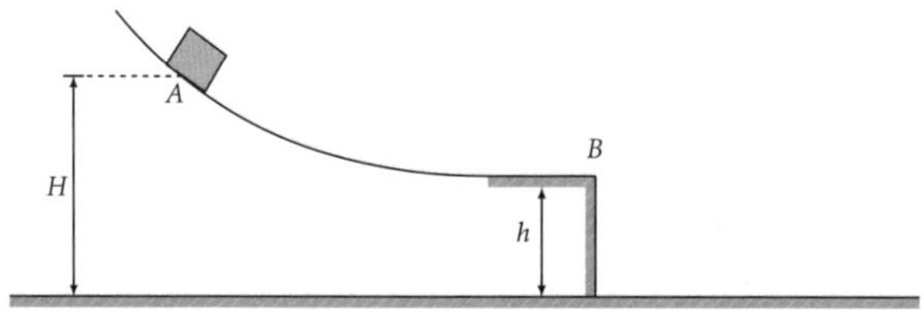

Figura 5.110: *Problema 5.*

6. Um bloco de massa $m = 15$ kg é abandonado do ponto A a uma altura $h = 5$ metros como mostra a Fig.5.111 e desliza sobre uma superfície sem atrito. Após passar pelo ponto B, o bloco cai sobre um carrinho de massa $m_c = 40$ kg que está em repouso. Determine a velocidade do carrinho após o bloco cair sobre ele.

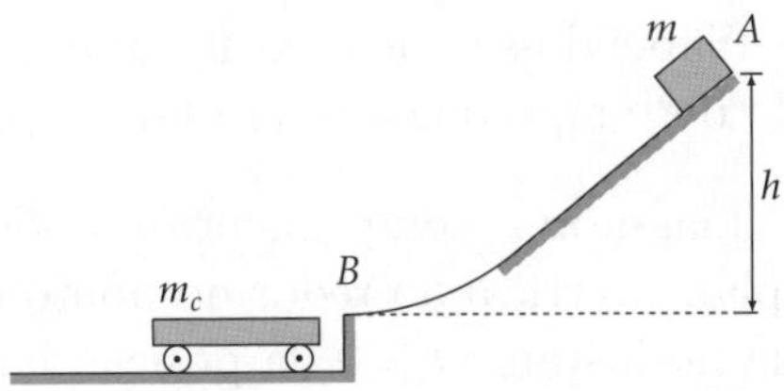

Figura 5.111: *Problema 6.*

7. A Fig.5.112 mostra dois blocos de massas $m_1 = 2m$ e $m_2 = m$ que estão presos a uma mola e oscilam livremente em um plano horizontal sem atrito com período T_0. A seguir, o sistema é comprimido contra uma parede por uma força atuando sobre o bloco de massa m_2. Nessa situação, a mola é sujeita a uma compressão ℓ com respeito ao seu comprimento natural. Em um determinado instante, o bloco de massa m_2 é então liberado e o sistema entra em movimento. Mostre que a velocidade máxima do centro de massa logo após a liberação do bloco de massa m_2 é dada por

$$v_{cm}^{max} = \frac{\pi\ell}{T_0}\sqrt{\frac{8}{27}}$$

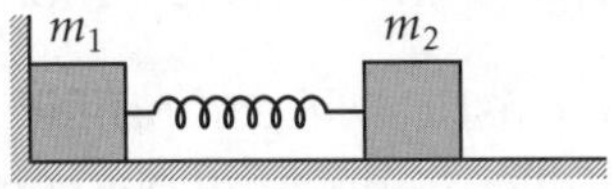

Figura 5.112: *Problema 7.*

8. A Fig.5.113 mostra um bloco de massa m que está a uma altura h sobre uma cunha de massa M. A cunha está em repouso sobre uma superfície horizontal sem atrito. Considerando que não há atrito entre o bloco e a cunha e que o sistema parte do repouso, determine a velocidade da cunha quando o bloco atinge a base da cunha.

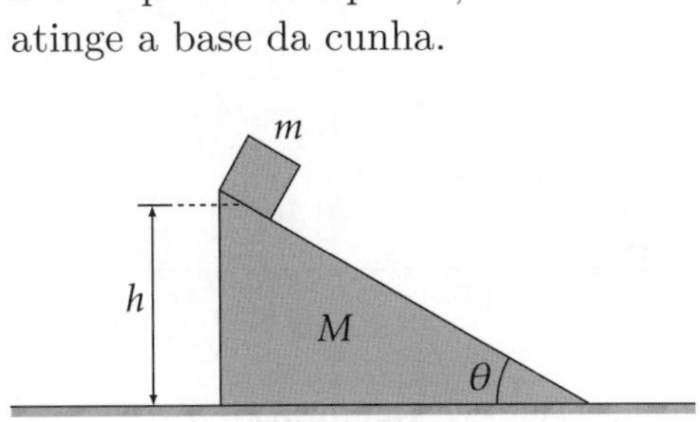

Figura 5.113: *Problema 8.*

9. Considere um esfera de massa m que é abandonada de uma certa altura H

em relação ao solo. Sabendo-se que o coeficiente de restituição é igual a e, encontre o intervalo de tempo que a esfera levará para deixar de quicar.

10. Uma barra fina de massa m e comprimento ℓ pode girar, como mostra a Fig.5.114, em um plano vertical ao redor do ponto O. Considerando que a barra é abandonada no instante $t = 0$ da posição horizontal, determine:
a) A aceleração angular e a velocidade angular quando a barra faz um ângulo θ com a vertical.
b) As forças no pino de sustentação O.

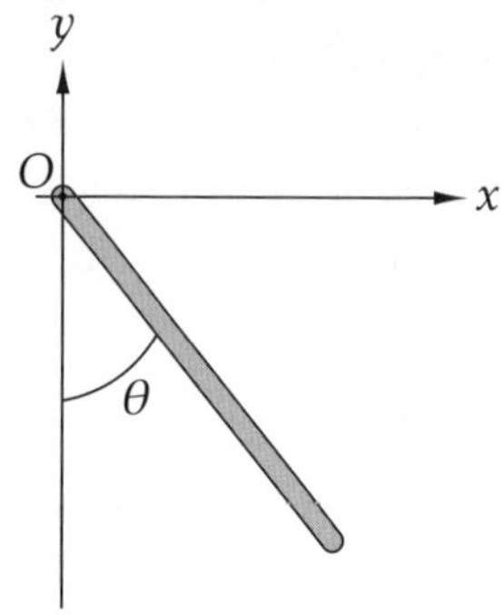

Figura 5.114: *Problema 10.*

11. Uma mola de constante elástica k é comprimida de uma quantidade d. Um bloco de massa m está encostado na mola como mostra a Fig.5.115. Em um determinado instante o bloco é posto em movimento por ação da mola. Sabendo-se que o bloco percorre uma distância $D = R$ sob influência do atrito com a superfície horizontal e cujo coeficiente é μ, determine a menor compressão d da mola de modo que o bloco consiga passar pelo ponto B sem cair.

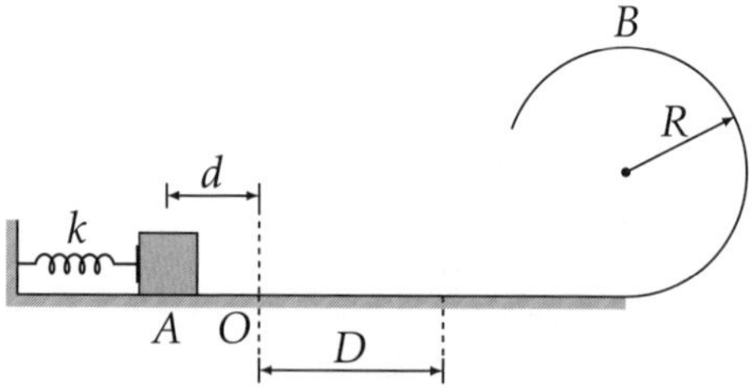

Figura 5.115: *Problema 11.*

12. Um cilindro de massa m e raio a é abandonado do topo de uma superfície cujo perfil é um círculo de raio R. Sabendo-se que o cilindro rola sem escorregar partindo do repouso, determine o ângulo em que o cilindro perde contato com a superfície.

13. Uma partícula de massa $m_1 = m$ com velocidade $\vec{v}_1 = v_0\hat{i}$ se movimenta sobre uma mesa sem atrito. Essa partícula choca-se elasticamente com outra partícula de massa $m_2 = 2m$ que está em repouso e conectada, por meio de uma haste fina e de massa desprezível como mostra a Fig.5.116, a outra partícula de massa $m_3 = 2m$. Sabendo-se que a haste tem comprimento ℓ, determine:

    a) A velocidade da partícula de massa m_2 após a colisão.
    b) A velocidade do centro de massa da haste após o choque.
    c) A velocidade angular da haste após a colisão.

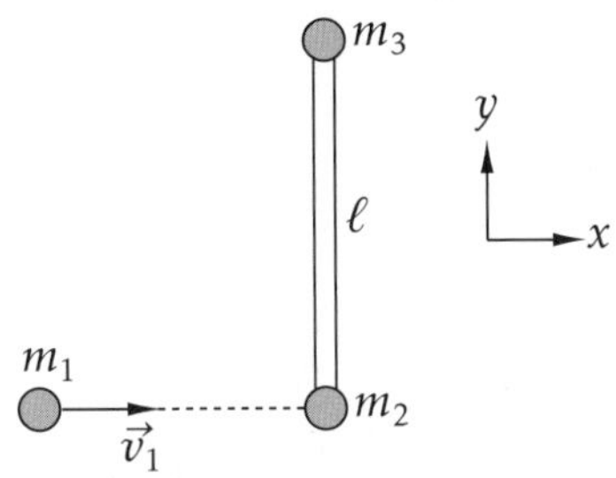

Figura 5.116: *Problema 13.*

14. Na Fig.5.117 o corpo de massa $m_1 = m$ é abandonado de uma altura h. No ponto mais baixo da trajetória ele choca-se elasticamente com um corpo de massa $m_2 = 2m$ que está em repouso. Considerando que o corpos não perdem contato com a superfície cujo perfil é circular e que não há atrito entre a superfície e os corpos, determine a altura máxima que cada corpo atinge após a colisão.

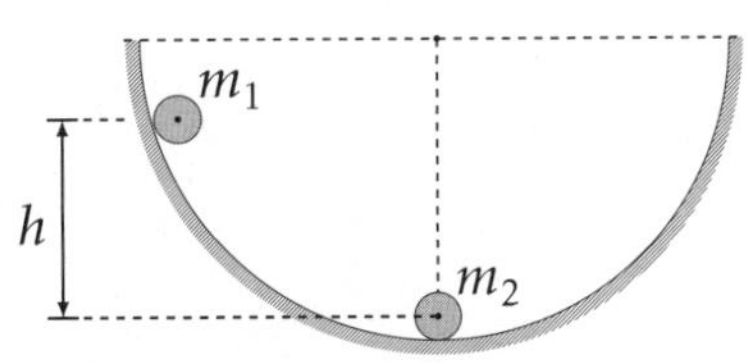

Figura 5.117: *Problema 14.*

15. Uma bola de raio a parte do repouso do topo de uma esfera fixa de raio R e rola sem deslizar. Determine a velocidade angular da bola no instante em que ela perde contato com a esfera.

16. Um disco uniforme de massa M e raio R está preso a uma mola de constante elástica k como mostra a Fig.5.118. O disco é deslocado da posição de equilíbrio e abandonado. Sabendo-se que o disco gira sem deslizar, determine a frequência de oscilação do centro de massa do disco.

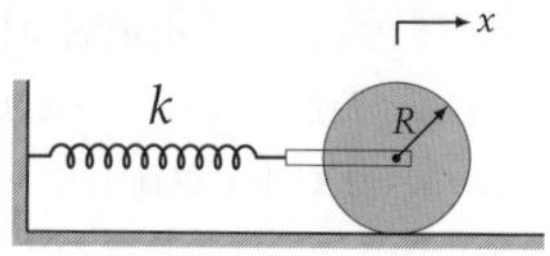

Figura 5.118: *Problema 16.*

17. Na Fig.5.119 uma barra de comprimento 2ℓ e massa M está conectada a uma mola de constante elástica k. Quando a barra está na posição vertical a mola não está deformada. Sabendo-se que, quando a barra passa pela posição horizontal, sua velocidade é nula, determine a velocidade angular inicial da barra. Considere $M = 20$ kg, $\ell = 1,5$ m e $k = 1000$ N/m.

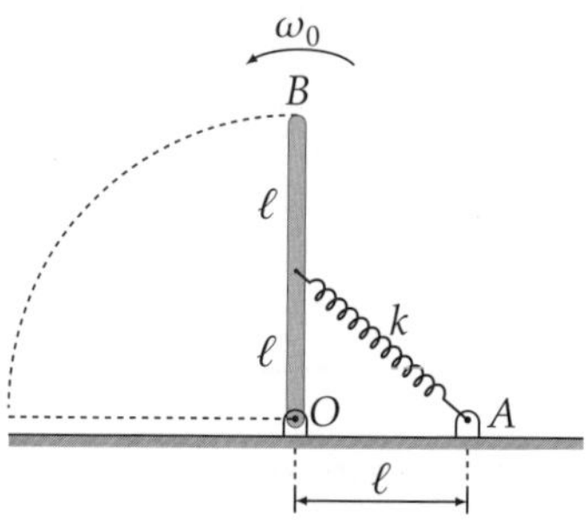

Figura 5.119: *Problema 17.*

18. Uma placa fina de massa M e largura ℓ pode girar ao redor de um eixo fixo que coincide com um dos lados da placa como mostra a Fig.5.120. Uma partícula de massa m e com velocidade $\vec{v}_0$ choca elasticamente com o centro da placa e tendo o vetor velocidade perpendicular à placa. Determine a velocidade da partícula e a velocidade angular da placa após a colisão.

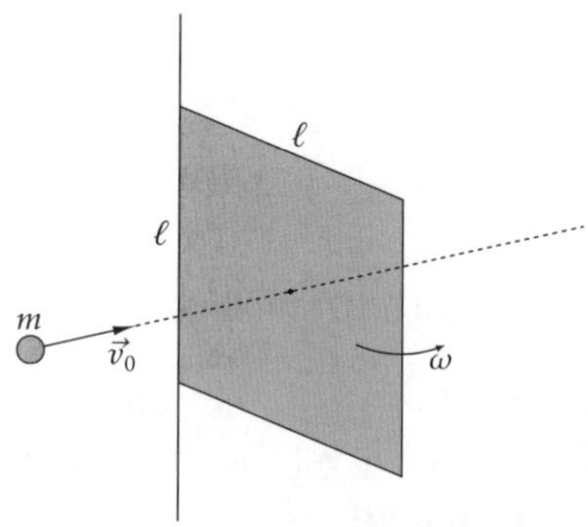

Figura 5.120: *Problema 18.*

19. Uma esfera de raio a e massa m é abandonada de uma certa altura H e rola sem deslizar por um trilho cujo perfil é mostrado na Fig.5.121.
a) Encontre a menor altura H na qual a esfera irá se manter no trilho no

topo da trajetória para os casos em que $a \ll R$ e $R = \beta a$, com β sendo uma constante.

b) Qual deve ser o valor de β para que a razão entre as alturas, calculadas no item anterior, seja igual a 0,9?

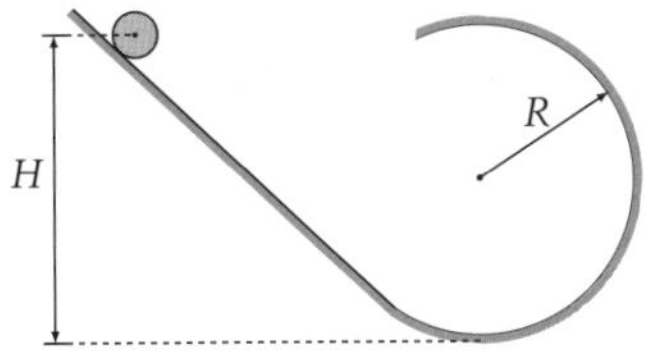

Figura 5.121: *Problema 19.*

20. Uma partícula de massa m e com velocidade $\vec{v}_0$ colide perpendicularmente com uma barra fina de comprimento ℓ e massa $M = 2m$ como mostra a Fig.5.122. A barra pode girar ao redor do ponto O sem qualquer tipo de atrito. Sabendo-se que a colisão entre a barra e a partícula é inelástica, determine o ângulo θ para o qual a velocidade do conjunto, após a colisão, é nula.

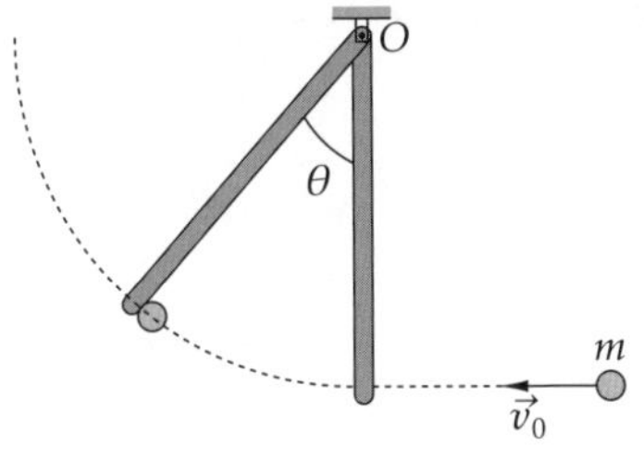

Figura 5.122: *Problema 20.*

21. Considere que a barra mostrada na Fig.5.123 tenha massa M e comprimento $\ell = 1$ metro e que está girando com velocidade angular $\omega_0 = 100$ rad/s no sentido anti-horário ao redor do eixo fixo localizado no ponto O onde o atrito é desprezível. Uma partícula de massa $m = M/4$ kg choca-se com a barra quando ela está na posição horizontal, ficando presa a ela. Determine a distância d para o qual a velocidade angular depois da colisão seja máxima e encontre o seu valor sabendo-se que $v_0 = 50$ m/s.

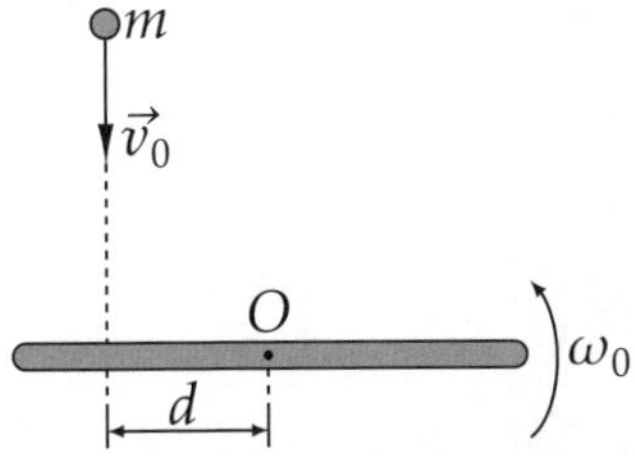

Figura 5.123: *Problema 21.*

Apêndice A

Conceitos de Matemática

A.1 Regras de potenciação

$a^0 = 1 \quad a \neq 0$

$a^m.a^n = a^{m+n}$

$\dfrac{a^m}{a^n} = a^{m-n}$

$\dfrac{1}{a^m} = a^{-m}$

$\sqrt[n]{a} = a^{1/n}$

$\sqrt[n]{a^m} = a^{m/n}$

$(a^m)^n = a^{m.n}$

$(a.b)^m = a^m.b^m$

$\sqrt[n]{\dfrac{a}{b}} = \dfrac{\sqrt[n]{a}}{\sqrt[n]{b}}$

A.2 Propriedade dos logaritmos

$\ln(M.N) = \ln M + \ln N$

$\ln\left(\dfrac{M}{N}\right) = \ln M - \ln N$

$\ln(M)^q = p \ln M$

$\log_b M = \dfrac{\log_a M}{\log_a b}$

A.3 Relações trigonométricas

$\sin^2 a + \cos^2 a = 1$

$\sin 2a = \sin a \cos a$

$\cos 2a = \cos^2 a - \sin^2 a$

$\tan^2 a + 1 = \sec^2 a$

$\sin(a \pm b) = \sin a \cos b \pm \cos a \sin b$

$\cos(a \pm b) = \cos a \cos b \mp \sin a \sin b$

$\tan(a \pm b) = \dfrac{\tan a \pm \tan b}{1 \mp \tan a \tan b}$

$\sin a + \sin b = 2 \sin\left(\dfrac{a+b}{2}\right) \cos\left(\dfrac{a-b}{2}\right)$

$\sin a - \sin b = 2 \cos\left(\dfrac{a+b}{2}\right) \sin\left(\dfrac{a-b}{2}\right)$

$$\cos a + \cos b = 2\cos\left(\frac{a+b}{2}\right)\cos\left(\frac{a-b}{2}\right)$$

$$\sin a - \sin b = 2\sin\left(\frac{a+b}{2}\right)\sin\left(\frac{a-b}{2}\right)$$

A.4 Números complexos

Soma e subtração

$$(a+ib) \pm (c+id) = (a \pm c) + (b \pm d)i \qquad i = \sqrt{-1}$$

Multiplicação

$$(a+ib)(c+id) = (ac-bd) + (ad+bc)i \qquad i = \sqrt{-1}$$

Divisão

$$\frac{a+ib}{c+id} = \frac{a+ib}{c+id}\left(\frac{c-id}{c-id}\right) = \frac{ac+bd}{c^2+d^2} + \left(\frac{bc-ad}{c^2+d^2}\right)i \qquad i = \sqrt{-1}$$

Forma polar de um número complexo

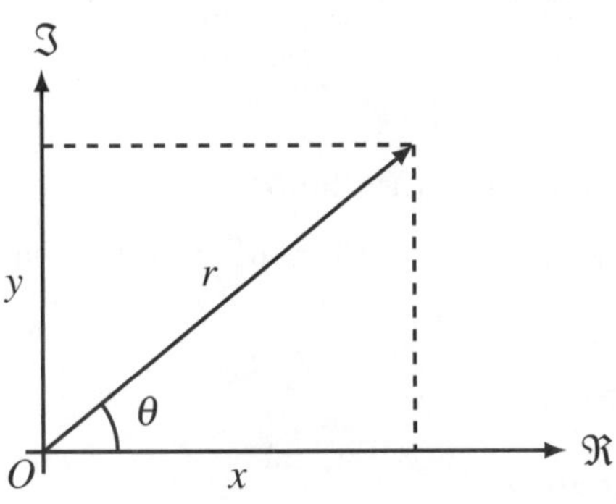

$$x = r\cos\theta$$

$$y = r\sin\theta$$

$$x + iy = r(\cos\theta + i\sin\theta)$$

x é a parte real e y, a parte imaginária do número $(x+iy)$

$$r = \sqrt{x^2+y^2}$$

Relação de Euler

$$e^{i\theta} = \cos\theta + i\sin\theta$$

$$x + iy = re^{i\theta}$$

$$\sin\theta = \frac{e^{i\theta} - e^{-i\theta}}{2i}$$

$$\cos\theta = \frac{e^{i\theta} + e^{-i\theta}}{2}$$

Complexo conjugado

$(i)^* = -i$ $\quad$ $(*)$ complexo conjugado

$$(x + iy)^* = (x - iy) = re^{-i\theta}$$

A.5 Geometria

Círculo de raio r

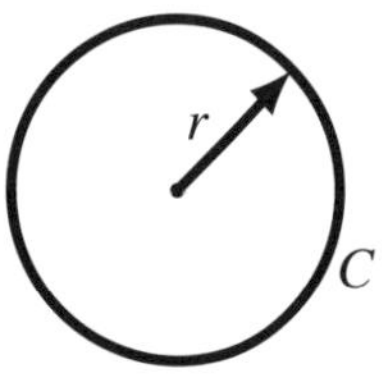

Área $\quad A = \pi r^2$

Comprimento $\quad C = 2\pi r$

Setor circular de raio r

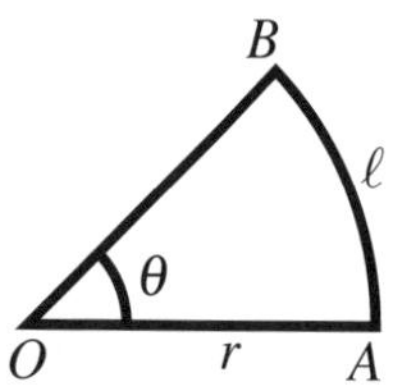

Área $\quad A = \theta r^2/2$ $\quad$ com $\quad \theta$ em radianos

Comprimento do arco **AB** $\quad \ell = \theta r$ $\quad$ com $\quad \theta$ em radianos

Funções trigonométricas no triângulo retângulo

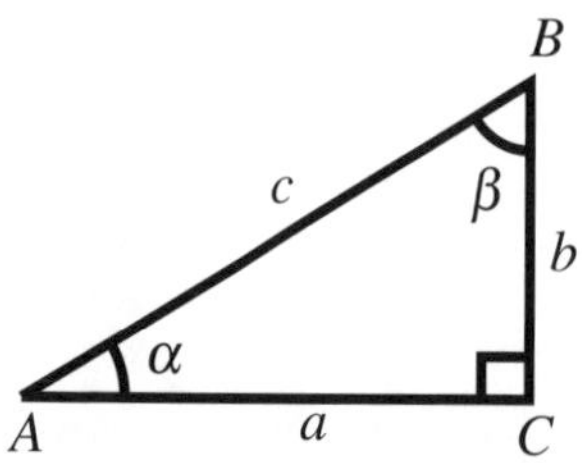

$$\sin\alpha = \frac{\overline{BC}}{\overline{AB}} = \frac{b}{c} \qquad \cos\alpha = \frac{\overline{AC}}{\overline{AB}} = \frac{a}{c} \qquad \tan\alpha = \frac{\overline{BC}}{\overline{AC}} = \frac{b}{a}$$

$$\sin\beta = \frac{\overline{AC}}{\overline{AB}} = \frac{a}{c} \qquad \cos\beta = \frac{\overline{BC}}{\overline{AB}} = \frac{b}{c} \qquad \tan\beta = \frac{\overline{AC}}{\overline{AC}} = \frac{a}{b}$$

$a^2 + b^2 = c^2$ $\quad$ Teorema de Pitágoras

Lei dos senos

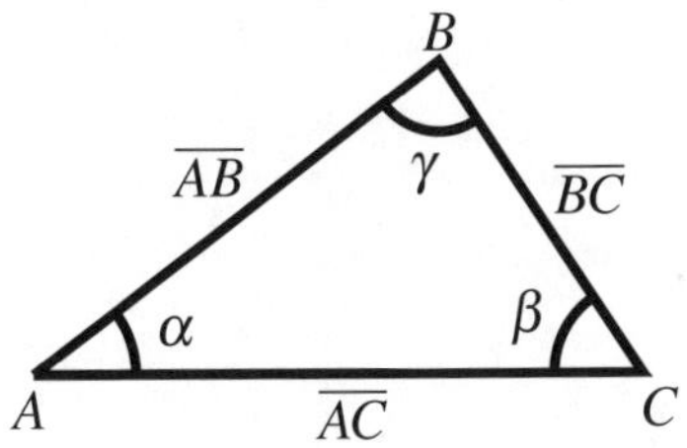

$$\frac{\sin\alpha}{\overline{BC}} = \frac{\sin\beta}{\overline{AB}} = \frac{\sin\gamma}{\overline{AC}}$$

Lei dos cossenos

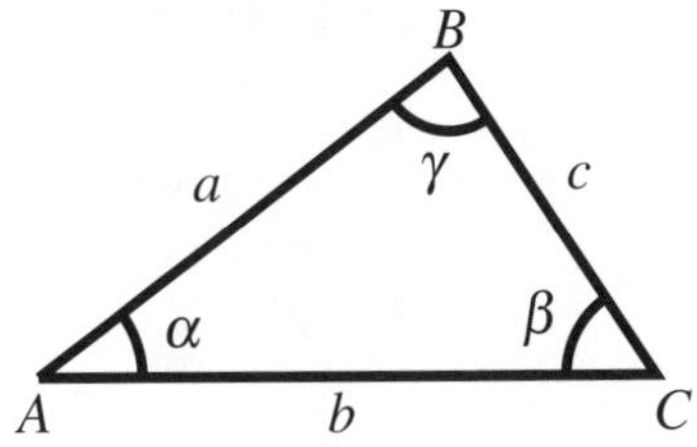

$$a^2 = b^2 + c^2 - 2bc\cos\beta$$
$$c^2 = a^2 + b^2 - 2ab\cos\alpha$$
$$b^2 = a^2 + c^2 - 2ac\cos\gamma$$

A.6 Derivadas

A.6.1 Regras de derivação

$$\frac{d(cx)}{dx} = c \tag{A.1}$$

$$\frac{d(cx^n)}{dx} = cnx^{n-1} \tag{A.2}$$

$$\frac{d(u \pm v)}{dx} = \frac{du}{dx} \pm \frac{dv}{dx} \qquad u = u(x) \text{ e } v = v(x) \tag{A.3}$$

$$\frac{d(uv)}{dx} = u\frac{dv}{dx} + v\frac{du}{dx} \tag{A.4}$$

$$\frac{d}{dx}\left(\frac{u}{v}\right) = \frac{u(dv/dx) - v(du/dx)}{v^2} \tag{A.5}$$

$$w = u(x)^n \qquad \frac{dw}{dx} = \frac{dw}{du}\frac{du}{dx} = nu^{n-1}\frac{du}{dx}, \qquad \text{regra da cadeia} \tag{A.6}$$

A.6.2 Algumas derivadas

$$\frac{d}{dx}C = 0 \Rightarrow C = constante$$

$$\frac{d}{dx}e^{au} = ae^{au}\frac{du}{dx}$$

$$\frac{d}{dx}\sin u = \cos u\frac{du}{dx}$$

$$\frac{d}{dx}\cos u = -\sin u\frac{du}{dx}$$

$$\frac{d}{dx}\tan u = \sec^2 u\frac{du}{dx}$$

$$\frac{d}{dx}\cot u = -\csc^2 u\frac{du}{dx}$$

$$\frac{d}{dx}\sec u = \sec u\tan u\frac{du}{dx}$$

$$\frac{d}{dx}\csc u = -\csc u\cot u\frac{du}{dx}$$

$$\frac{d}{dx}\sin^{-1} u = \frac{1}{\sqrt{1-u^2}}\frac{du}{dx}$$

$$\frac{d}{dx}\cos^{-1} u = -\frac{1}{\sqrt{1-u^2}}\frac{du}{dx}$$

$$\frac{d}{dx}\tan^{-1} u = \frac{1}{1+u^2}\frac{du}{dx}$$

A.6.3 Interpretação gráfica da derivada

Podemos interpretar geometricamente a derivada de uma função contínua $f(x)$ como sendo a inclinação da reta tangente à curva definida por $f(x)$, calculada no ponto x. Na Fig.A.1 vemos a representação de uma função $f(x)$ e duas retas (s) e (t) que cruzam os pontos A e B.

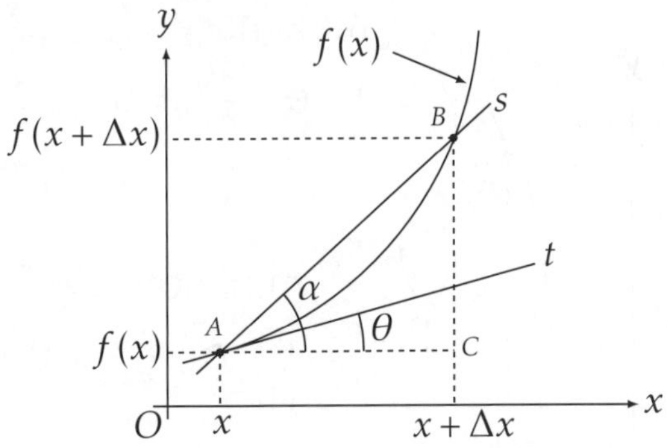

Figura A.1: *Interpretação geométrica da derivada.*

É fácil ver pela figura que a inclinação da reta (m_s) que passa pelos pontos A e B (reta secante s) é dada por

$$m_s = \tan\alpha$$
$$m_s = \frac{f(x+\Delta x) - f(x)}{\Delta x}$$

É fácil perceber ainda que, à medida que diminuímos a distância entre as abscissas x e $x+\Delta x$, a reta secante (s) aproxima-se da reta tangente (t), e, no limite dessa distância tendendo a zero ($\Delta x \to 0$), a inclinação da reta secante (s) torna-se igual à inclinação da reta tangente (t), ou seja,

$$m_s = m_t = \tan\theta$$
$$m_t = \lim_{\Delta x \to 0} \frac{f(x+\Delta x) - f(x)}{\Delta x}$$

Dessa forma a derivada de uma função $f(x)$ é a inclinação da reta tangente à curva definida por $f(x)$ calculada em $x = x_0$, ou seja,

$$m_t = \left.\frac{df(x)}{dx}\right|_{x=x_0}$$

A.6.4 Pontos de máximo, mínimo e inflexão

Na Fig.A.2 a função $f(x)$ é contínua em todo o intervalo. Nos pontos $x = x_1$ e $x = x_2$ a primeira derivada da função $f(x)$ é nula, ou seja, $\dfrac{df}{dx} = 0$, e esses pontos chamamos de pontos críticos.

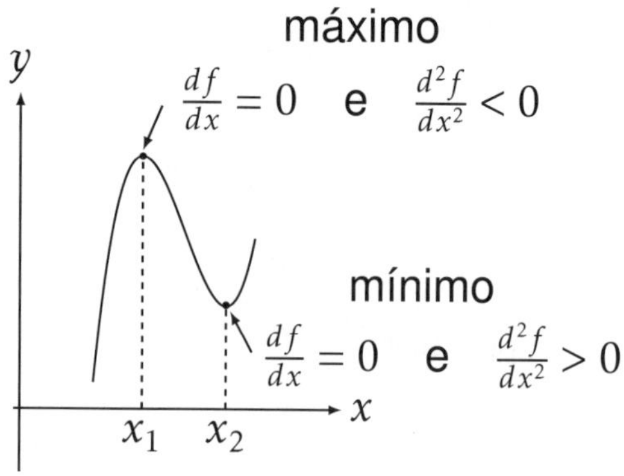

Figura A.2: *Pontos de máximo e mínimo.*

Se, no ponto crítico,

$$\frac{df}{dx} = 0 \qquad \text{e} \qquad \frac{d^2f}{dx^2} < 0$$

o ponto crítico é chamado de ponto de máximo local. Já se, no ponto crítico,

$$\frac{df}{dx} = 0 \qquad \text{e} \qquad \frac{d^2f}{dx^2} > 0$$

o ponto crítico é chamado de ponto de mínimo local. É importante notar que nos pontos críticos a inclinação da reta tangente é sempre zero.

A derivada segunda no ponto crítico indica se o gráfico, nesse ponto, possui concavidade para cima ou para baixo. A concavidade será para cima quando $\frac{d^2f}{dx^2} > 0$ e para baixo se $\frac{d^2f}{dx^2} < 0$. Além disso, se em um ponto a derivada segunda mudar de sinal, esse ponto é chamado de ponto de inflexão.

Como já dito, nos pontos críticos mostrados na Fig.A.2 a derivada primeira é sempre nula. Entretanto, se em um intervalo qualquer a derivada primeira for positiva, a função nesse intervalo é crescente; já se a derivada primeira for negativa, a função é decrescente, ou seja,

$$\begin{aligned} \frac{df}{dx} &> 0 \qquad \text{f(x) crescente} \\ \frac{df}{dx} &< 0 \qquad \text{f(x) decrescente} \end{aligned}$$

A.7 Integrais

A.7.1 Regras de integração

$$\int a dx = ax + C \qquad a = \text{cte} \qquad \text{e} \qquad C = \text{cte} \tag{A.7}$$

$$\int af(x)dx = a\int f(x)dx \tag{A.8}$$

$$\int [af(x) \pm bg(x)]dx = a\int f(x)dx \pm b\int g(x)dx \qquad a = \text{cte} \quad \text{e} \quad b = \text{cte} \tag{A.9}$$

$$\int u dv = uv - \int v du \qquad \text{Integração por partes} \tag{A.10}$$

A.7.2 Algumas integrais indefinidas

$$\int x^n dx = \frac{x^{n+1}}{n+1} + C \qquad n \neq -1$$

$$\int e^{\alpha x} dx = \frac{e^{\alpha x}}{\alpha} + C$$

$$\int \sin x dx = -\cos x + C$$

$$\int \cos x dx = \sin x + C$$

$$\int \tan x dx = \ln|\sec x| + C$$

$$\int \sec x dx = \ln|\sec x + \tan x| + C$$

$$\int \sin^2 x dx = \frac{x}{2} - \frac{1}{4}\sin 2x + C$$

$$\int \cos^2 x dx = \frac{x}{2} + \frac{1}{4}\sin 2x + C$$

$$\int \tan^2 x dx = -x + \tan x + C$$

$$\int \sqrt{a^2 - x^2} dx = \frac{x\sqrt{a^2 - x^2}}{2} + \frac{a^2}{2}\arctan\left(\frac{x}{\sqrt{a^2 - x^2}}\right) + C$$

$$\int \sqrt{a^2 + x^2} dx = \frac{x\sqrt{a^2 + x^2}}{2} + \frac{a^2}{2}\ln\left(x + \sqrt{x^2 + a^2}\right) + C$$

$$\int \sqrt{x^2 - a^2} dx = \frac{x\sqrt{a^2 - x^2}}{2} - \frac{a^2}{2}\ln\left(x + \sqrt{x^2 - a^2}\right) + C$$

$$\int x\sqrt{a^2 + x^2} dx = \frac{(a^2 + x^2)^{3/2}}{3} + C$$

$$\int x\sqrt{a^2-x^2}dx = -\frac{(a^2-x^2)^{3/2}}{3}+C$$

$$\int (a^2-x^2)^{3/2}dx = \frac{x}{8}\left(5a^2-2x^2\right)\sqrt{a^2-x^2}+\frac{3a^4}{8}\arctan\left(\frac{x}{\sqrt{a^2-x^2}}\right)+C$$

$$\int (a^2+x^2)^{3/2}dx = \frac{x}{8}\left(5a^2+2x^2\right)\sqrt{a^2+x^2}+\frac{3a^4}{8}\ln\left(\sqrt{a^2+x^2}+x\right)+C$$

$$\int x\left(a^2\pm x^2\right)^{3/2}dx = \pm\frac{1}{5}\left(a^2\pm x^2\right)^{5/2}+C$$

$$\int \frac{dx}{a+x} = \ln(a+x)+C$$

$$\int \frac{x}{a+x}dx = x-a\ln(a+x)+C$$

$$\int \frac{dx}{x(a+x)} = \frac{1}{a}\ln\left(\frac{x}{a+x}\right)+C$$

$$\int \frac{dx}{x^2-a^2} = \frac{1}{2a}\ln\left(\frac{x-a}{x+a}\right)+C$$

$$\int \frac{dx}{\sqrt{x^2+a^2}} = \ln(x+\sqrt{x^2+a^2})+C$$

$$\int \frac{dx}{\sqrt{x^2-a^2}} = \ln(x+\sqrt{x^2-a^2})+C$$

$$\int \frac{dx}{\sqrt{a^2-x^2}} = -\arctan\left(\frac{x\sqrt{a^2-x^2}}{x^2-a^2}\right)+C$$

$$\int \frac{dx}{x\sqrt{x^2+a^2}} = -\frac{1}{a}\ln\left(\frac{a+\sqrt{a^2+x^2}}{x}\right)+C$$

$$\int \frac{x^2}{\sqrt{a^2+x^2}}dx = \frac{x\sqrt{a^2+x^2}}{2}-\frac{a^2\ln\left(\sqrt{a^2+x^2}+x\right)}{2}+C$$

$$\int \frac{x^3}{\sqrt{a^2+x^2}}dx = \frac{1}{3}\left(a^2+x^2\right)^{3/2}-a^2\sqrt{a^2+x^2}+C$$

$$\int \frac{1}{\left(a^2+x^2\right)^{3/2}}dx = \frac{x}{a^2\sqrt{a^2+x^2}}+C$$

$$\int \frac{x^2}{\left(a^2+x^2\right)^{3/2}}dx = \ln\left(\sqrt{a^2+x^2}+x\right)-\frac{x}{\sqrt{a^2+x^2}}+C$$

$$\int \frac{x^3}{\left(a^2+x^2\right)^{3/2}}dx = \frac{a^2}{\sqrt{a^2+x^2}}+\sqrt{a^2+x^2}+C$$

$$\int \frac{1}{x\left(a^2+x^2\right)^{3/2}}dx = \frac{1}{a^2\sqrt{a^2+x^2}}-\frac{1}{a^3}\ln\left(\frac{\sqrt{a^2+x^2}+a}{x}\right)+C$$

$$\int \frac{1}{x^2\left(a^2+x^2\right)^{3/2}}dx = -\frac{a^2+2x^2}{a^4x\sqrt{a^2+x^2}}+C$$

$$\int \arcsin(ax)dx = \frac{\sqrt{1-a^2x^2}}{a}+x\arcsin(ax)+C$$

$$\int \arccos(ax)dx = -\frac{\sqrt{1-a^2x^2}}{a} + x\arccos(ax) + C$$
$$\int \arctan(ax)dx = x\arctan(ax) - \frac{\ln\left(a^2x^2+1\right)}{2a} + C$$

A.8 Equações diferenciais

Uma equação diferencial é uma equação que envolve uma função, como incógnita, e suas derivadas. As equações diferenciais podem envolver funções que dependem apenas de uma variável independente e a essa equações chamamos de ***equações diferenciais ordinárias*** (EDO). Já aquelas que envolvem funções com mais de uma variável independente são as ***equações diferenciais parciais*** (EDP). Uma classe especial de equações diferenciais é o que chamamos de equações diferenciais ordinárias lineares e de coeficientes constantes. Uma equação desse tipo é dada por

$$a_n\frac{d^ny(x)}{dx^n} + a_{n-1}\frac{d^{n-1}y(x)}{dx^{n-1}} + a_{n-2}\frac{d^{n-2}y(x)}{dx^{n-2}} + \cdots + a_0y(x) = h(x)$$

onde a_i $(i=0,1,2,\cdots,n)$ é constante e $h(x)$ depende apenas da variável x. Para o caso em que $h(x)=0$, a EDO é dado o nome de homogênea e, em caso contrário, de não homogênea. Pode-se provar (porém não o faremos aqui) que uma EDO homogênea possui m soluções linearmente independentes. Isso quer dizer que a solução geral pode ser escrita como sendo

$$y(x) = C_1y_1(x) + C_2y_2(x) + C_3y_3(x) + \cdots + C_ny_n(x)$$

com C_i $(i=1,2,\cdots,n)$ sendo constantes que são determinadas pelas condições de contorno ou valores iniciais. Já $y_i(x)$ $(i=,1,2\cdots,n)$ fazem parte do conjunto de soluções.

Em geral uma equação diferencial possui uma solução particular e/ou uma solução geral. A solução de uma equação diferencial é dita geral quando ela é formada por todo o conjunto de soluções. Já a solução particular é qualquer solução da equação diferencial. Consideremos a seguinte EDO:

$$\frac{d^2y}{dx^2} + 4y = 0 \tag{A.11}$$

cuja solução GERAL é dada por

$$y(x) = C_1\cos 2x + C_2\sin 2x \tag{A.12}$$

com C_1 e C_2 sendo constantes. Já uma solução PARTICULAR da Eq.(A.11) é

$$y(x) = 2\cos 2x - \sin 2x \tag{A.13}$$

É importante notar que na solução geral as constantes C_1 e C_2 são arbitrárias, diferentemente da solução particular.

Neste livro estamos interessados apenas nas EDO de segunda ordem com coeficientes constantes, ou seja, nas equações do tipo

$$\frac{d^2y}{dx^2} + a\frac{dy}{dx} + by = h(x) \tag{A.14}$$

com a e b constantes reais e $h(x)$ dependendo apenas da variável x. Para outros tipos de equações diferenciais e suas soluções, ver, por exemplo, as Ref.[2,3,6]. Para o caso onde $h(x) = 0$, ou seja, EDO homogêneas, a solução geral é dada por

$$y = C_1e^{\lambda_1 x} + C_2e^{\lambda_2 x} \tag{A.15}$$

com λ_1 e λ_2 sendo a solução da equação característica da EDO homogênea,

$$\lambda^2 + a\lambda + b = 0 \tag{A.16}$$

É interessante analisarmos três casos para a solução geral que envolvem a solução da equação característica da equação diferencial ordinária homogênea.

Primeiro caso: $\lambda_1 \neq \lambda_2$ e ambas reais

Para esse caso temos que a solução geral é dada por

$$y = C_1e^{\lambda_1 x} + C_2e^{\lambda_2 x} \tag{A.17}$$

Segundo caso: $\lambda_1 \neq \lambda_2$ e ambas complexas

Para esse caso consideremos que as soluções da equação característica Eq.(A.16) são iguais a

$$\lambda_1 = \alpha + i\beta \qquad\qquad \lambda_2 = \alpha - i\beta \tag{A.18}$$

com α e β sendo constantes reais. Nesse caso a solução geral é dada por

$$y = C_1e^{(\alpha+i\beta)x} + C_2e^{(\alpha-i\beta)x} \tag{A.19}$$

Levando em consideração que

$$e^{\pm i\theta} = \cos\theta \pm i\sin\theta \tag{A.20}$$

a solução dada pela Eq.(A.19) pode ainda ser escrita como sendo

$$y = c_1e^{\alpha x}\cos\beta x + c_2e^{\alpha x}\sin\beta x \tag{A.21}$$

com c_1 e c_2 sendo novas constantes.

Terceiro caso: $\lambda_1 = \lambda_2$

Nesse caso em que as soluções da equação característica são iguais, ou seja, são de multiplicidade um, a solução geral é dada por

$$y = C_1e^{\lambda_1 x} + C_2xe^{\lambda_1 x} \tag{A.22}$$

É importante salientar que nos três casos citados acima os valores das constantes C_1 e C_2 são determinados pelas condições de contorno ou pelos valores iniciais.

A.9 Teorema de Stokes

A integral de linha de uma função vetorial, $\vec{f}$, ao longo de uma curva fechada C é igual à integral de superfície da componente perpendicular à superfície, do rotacional da função vetorial. Matematicamente temos que

$$\oint_C \vec{f}\cdot d\vec{\ell} = \int_S (\nabla \times \vec{f})\cdot \hat{n}dS \qquad \text{(A.23)}$$

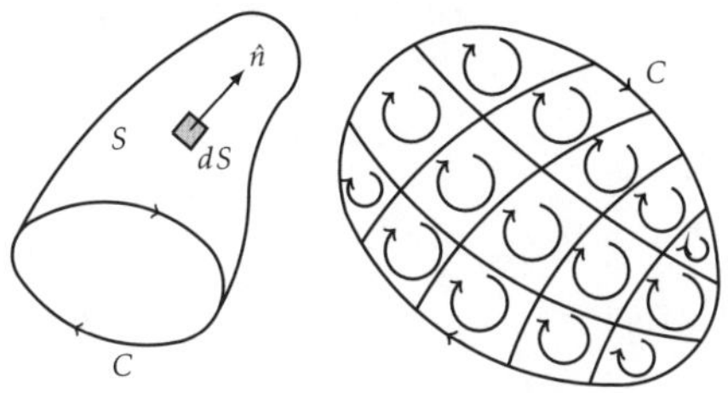

Figura A.3: *Representação geométrica do teorema de Stokes.*

A.10 Séries

$$(a+x)^n = a^n + na^{n-1}x + \frac{n(n-1)}{2!}a^{n-2}x^2 + \frac{n(n-1)(n-2)}{3!}a^{n-3}x^3 + \cdots$$

$$(1+x)^n = 1 + nx - \frac{n(n-1)}{2}x^2 + \frac{n(n-1)(n-2)}{6}x^3 + \cdots$$

$$a + ax + ax^2 + ax^3 + ax^4 + \cdots = \frac{a}{1-x} \qquad \text{para} \qquad -1 < x < 1$$

$$e^{ax} = 1 + ax + \frac{a^2x^2}{2!} + \frac{a^3x^3}{3!} + \cdots$$

$$\ln(1+ax) = ax - \frac{a^2x^2}{2} + \frac{a^3x^3}{3} - \frac{a^4x^4}{4} + \frac{a^5x^5}{5} - \cdots$$

$$\sin\theta = \theta - \frac{\theta^3}{3!} + \frac{\theta^5}{5!} - \frac{x^7}{7!} + \cdots$$

$$\cos\theta = 1 - \frac{\theta^2}{2!} + \frac{\theta^4}{4!} - \frac{x^6}{6!} + \cdots$$

Apêndice

B

Vetores

B.1 Representação de grandezas vetoriais

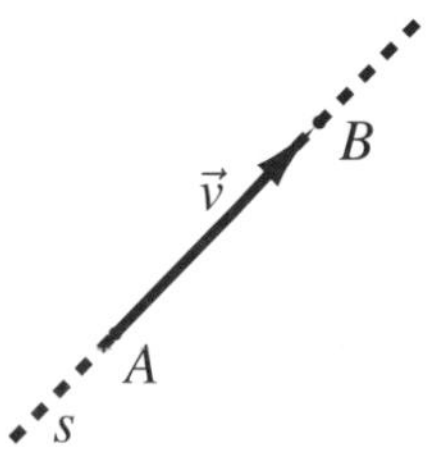

$\vec{v}$ ou **v** – Grandeza vetorial

A – Origem do vetor

B – Extremidade do vetor

Direção do vetor – o da reta s

Sentido do vetor – de A para B

Módulo do vetor – igual à distância entre os pontos A e B

B.2 Operações com vetores

B.2.1 Soma e subtração de vetores geometricamente

SOMA

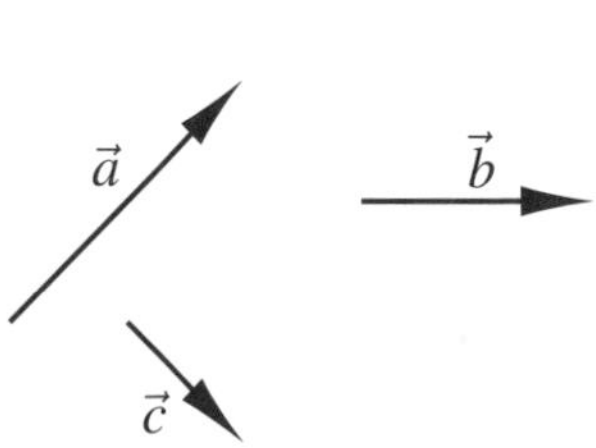

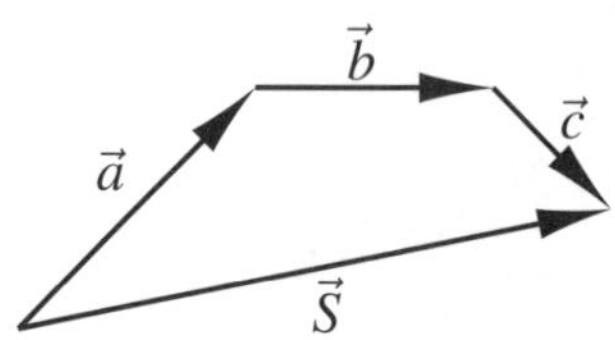

$$\vec{S} = \vec{a} + \vec{b} + \vec{c}$$

SUBTRAÇÃO

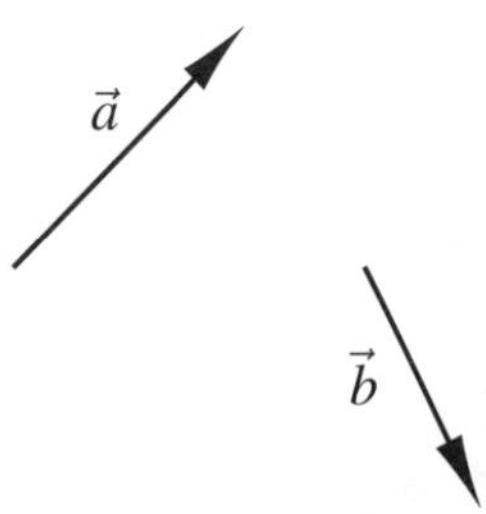

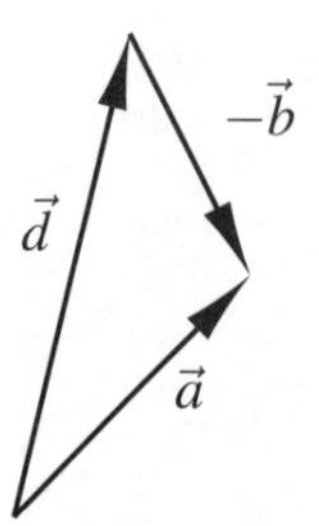

$$\vec{d} = \vec{a} + (-\vec{b})$$

$-\vec{b} \Rightarrow$ **Vetor oposto**

B.2.2 Vetores unitários

Vetores que têm módulos iguais a 1 e apontam para uma determinada direção.

Coordenadas cartesianas

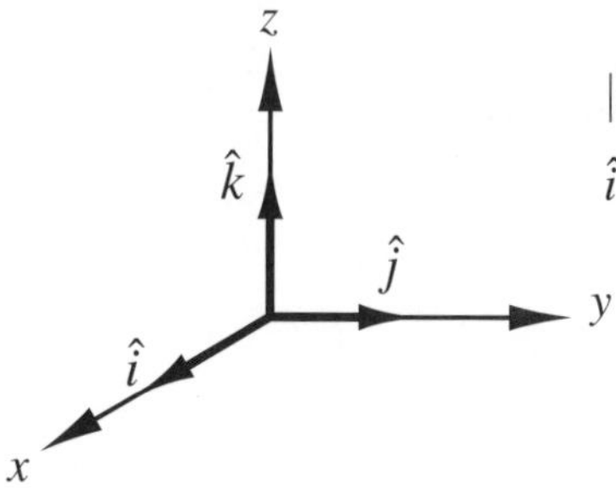

$$|\hat{i}| = |\hat{j}| = |\hat{k}| = 1$$

$$\hat{i} \perp \hat{j} \perp \hat{k}$$

Coordenadas polares

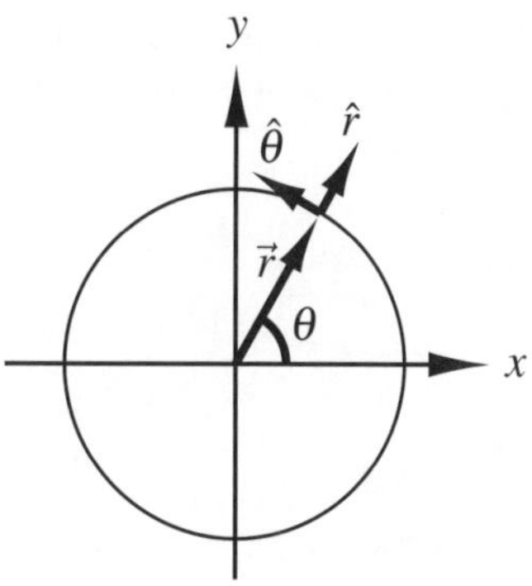

$$|\hat{r}| = |\hat{\theta}| = 1$$

$$\hat{r} \perp \hat{\theta}$$

$$\vec{r} = r\hat{r}$$

$$\vec{r} = x\hat{i} + y\hat{j} \qquad \vec{r} = r\cos\theta\hat{i} + r\sin\theta\hat{j}$$

$$\hat{\theta} = -\sin\theta\hat{i} + \cos\theta\hat{j}$$

Coordenadas cilíndricas

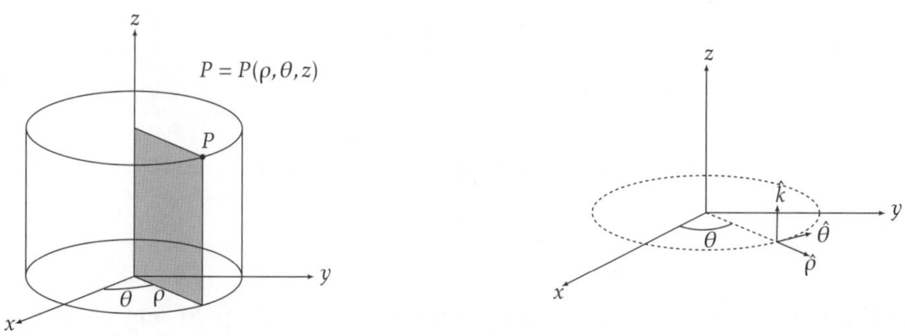

Figura B.1: *Coordenadas cilíndricas.*

Um ponto P em coordenadas cilíndricas é definido pelas coordenadas (ρ, θ, z) cujos limites são

$$0 \le \rho < \infty \qquad 0 \le \theta \le 2\pi \qquad -\infty < z < \infty$$

O ponto P pode ser localizado no espaço pelo vetor

$$\vec{r} = \rho\hat{\rho} + z\hat{k}$$

com $\hat{\rho}$ sendo o vetor unitário ao longo do raio e dado por

$$\hat{\rho} = \cos\theta\hat{i} + \sin\theta\,\hat{j}$$

B.2.3 Componentes cartesianas de um vetor

A componente de um vetor $\vec{A}$ é a projeção desse vetor ao longo de uma dada direção. Na Fig.B.2 o vetor $\vec{A}$ no espaço tem como componentes cartesianas A_x, A_y e A_z.

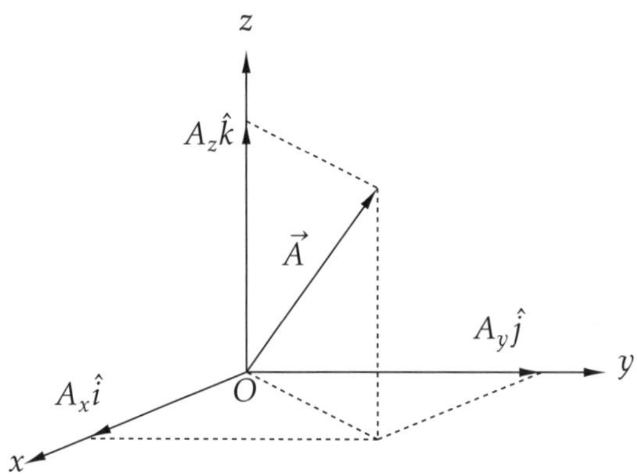

Figura B.2: *Componentes de um vetor.*

Na Fig.B.3 o vetor $\vec{A}$ no plano xy tem a direção definida pelo ângulo θ e suas componentes x e y são

$$A_x = A\cos\theta \qquad\qquad A_y = A\sin\theta$$

sendo θ a direção do vetor $\vec{A}$ em relação do eixo x.

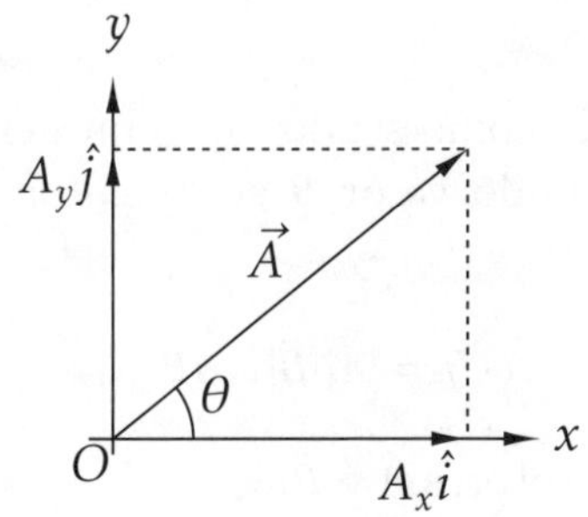

Figura B.3: *Componentes de um vetor no plano xy.*

O módulo do vetor $\vec{A}$ é dado por

$$A = \sqrt{A_x^2 + A_y^2}$$

e a direção do vetor $\vec{A}$ é dada por

$$\tan\theta = \frac{A_y}{A_x}$$

B.2.4 Soma e subtração de vetores algebricamente

Dados os vetores

$$\vec{A} = A_x\hat{i} + A_y\hat{j} + A_z\hat{k}$$

$$\vec{B} = B_x\hat{i} + B_y\hat{j} + B_z\hat{k}$$

em coordenadas cartesianas, a soma e a subtração entres os vetores $\vec{A}$ e $\vec{B}$ são determinadas por

$$\vec{A} + \vec{B} = (A_x + B_x)\hat{i} + (A_y + B_y)\hat{j} + (A_z + B_z)\hat{k}$$

$$\vec{A} - \vec{B} = (A_x - B_x)\hat{i} + (A_y - B_y)\hat{j} + (A_z - B_z)\hat{k}$$

B.2.5 Produto entre vetores

O produto entre vetores pode ser feito de duas formas distintas, que são chamadas de produto escalar e produto vetorial. A diferença fundamental entre eles é que o produto escalar tem como resultado um escalar que pode ser positivo, negativo ou nulo, já o produto vetorial tem como resultado um vetor.

B.2.5.1 Produto escalar

O produto escalar é definido como sendo o produto entre o módulo de um vetor $\vec{A}$ pela projeção de um segundo vetor $\vec{B}$ ao longo da direção do primeiro como mostra a Fig.B.4, ou seja,

$$\vec{A} \cdot \vec{B} = |\vec{A}||\vec{B}| \cos\theta$$

onde θ é o ângulo entre os vetores $\vec{A}$ e $\vec{B}$.

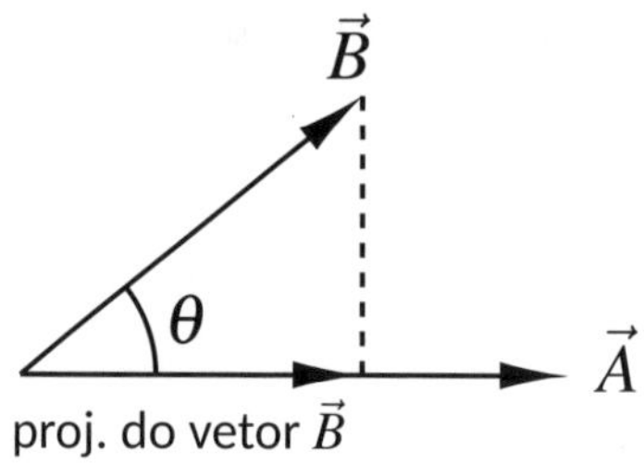

Figura B.4: *Produto escalar entre os vetores $\vec{A}$ e $\vec{B}$.*

Dados os vetores,

$$\vec{A} = A_x\hat{\imath} + A_y\hat{\jmath} + A_z\hat{k}$$

$$\vec{B} = B_x\hat{\imath} + B_y\hat{\jmath} + B_z\hat{k}$$

em coordenadas cartesianas, o produto escalar pode ser determinado por

$$\vec{A} \cdot \vec{B} = A_xB_x + A_yB_y + A_zB_z$$

B.2.5.2 Produto vetorial

O produto vetorial entre dois vetores ($\vec{A}$ e $\vec{B}$) é definido como sendo

$$\vec{A} \times \vec{B} = \vec{C}$$

onde o vetor $\vec{C}$ é sempre perpendicular ao plano formado pelos vetores $\vec{A}$ e $\vec{B}$ e cujo o módulo é dado por

$$|\vec{C}| = |\vec{A}||\vec{B}| \sin\theta$$

com θ sendo o menor ângulo entre os vetores $\vec{A}$ e $\vec{B}$, como mostra a Fig.B.5.

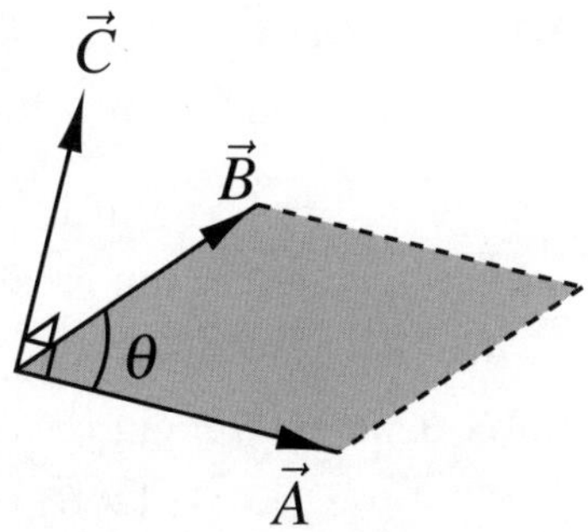

Figura B.5: *Produto vetorial entre os vetores $\vec{A}$ e $\vec{B}$.*

O produto vetorial possui a seguinte propriedade:

$$\vec{A} \times \vec{B} \neq \vec{B} \times \vec{A}$$

ou seja,

$$\vec{A} \times \vec{B} = \vec{C}$$

$$\vec{B} \times \vec{A} = -\vec{C}$$

Dados os vetores

$$\vec{A} = A_x\hat{i} + A_y\hat{j} + A_z\hat{k}$$

$$\vec{B} = B_x\hat{i} + B_y\hat{j} + B_z\hat{k}$$

em coordenadas cartesianas, o produto vetorial pode ser determinado por

$$\vec{A} \times \vec{B} = (A_yB_z - A_zB_y)\hat{i} + (A_zB_x - A_xB_z)\hat{j} + (A_xB_y - A_yB_x)\hat{k}$$

ou ainda resolvendo o seguinte determinante:

$$\vec{A} \times \vec{B} = \begin{vmatrix} \hat{i} & \hat{j} & \hat{k} \\ A_x & A_y & A_z \\ B_x & B_y & B_z \end{vmatrix}$$

B.3 Algumas identidades vetoriais

$$\vec{A}\cdot(\vec{B}+\vec{C})=\vec{A}\cdot\vec{B}+\vec{A}\cdot\vec{C} \tag{B.1}$$

$$\vec{A}\cdot(a\vec{B})=a\vec{A}\cdot\vec{B} \quad \text{onde } a \text{ é um escalar} \tag{B.2}$$

$$\vec{A}\times(\vec{B}+\vec{C})=\vec{A}\times\vec{B}+\vec{A}\times\vec{C} \tag{B.3}$$

$$\vec{A}\times a\vec{B}=a\vec{A}\times\vec{B} \quad \text{onde } a \text{ é um escalar} \tag{B.4}$$

$$\vec{A}\cdot(\vec{A}\times\vec{B})=0 \tag{B.5}$$

$$\vec{A}\cdot\vec{B}\times\vec{C}=\vec{B}\cdot\vec{C}\times\vec{A}=\vec{C}\cdot\vec{A}\times\vec{B} \tag{B.6}$$

$$\vec{A}\times(\vec{B}\times\vec{C})=\vec{B}(\vec{A}\cdot\vec{C})-\vec{C}(\vec{A}\cdot\vec{B}) \tag{B.7}$$

$$\frac{d}{dt}\left(\vec{A}\times\vec{B}\right)=\frac{d\vec{A}}{dt}\times\vec{B}+\vec{A}\times\frac{d\vec{B}}{dt} \tag{B.8}$$

Respostas

CAPÍTULO 1
PROBLEMAS

1. a) 38 m/s;
   b) 24 m/s;
   c) 1,4 s;
   d)

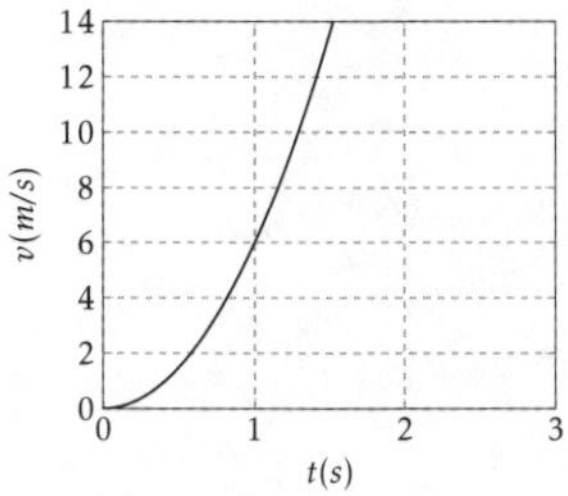

2. a) $v = 40t - 15t^2$;
   b) $a = 40 - 30t$;
   c) $a > 0 \quad \Rightarrow \quad 0 < t < 1,33$ s e $a < 0 \quad \Rightarrow \quad t > 1,33$ s;
   d)

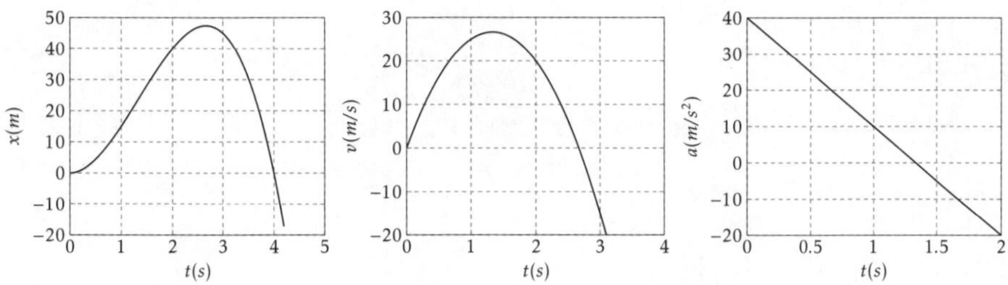

3. $|\vec{v}_M| = 1.6$ m/s.

4. a) $\vec{r} = 6\hat{i} - 106\hat{j}$ m, $\quad \vec{v} = 19\hat{i} - 224\hat{j}$ m/s $\quad$ e $\quad \vec{a} = 24\hat{i} - 336\hat{j}$ m/s^2;
   b) $\theta = 85,15^o$.

5. a) $x = 8$ m, $y = 2$ m e $z = 2$ m;
   b) $\Delta\vec{r} = 26\hat{\imath} + 8\hat{\jmath} + 6\hat{k}$ m e $\vec{v}_M = 13\hat{\imath} + 4\hat{\jmath} + 3\hat{k}$ m/s;
   c) $\vec{v} = 3t^2\hat{\imath} + 2\hat{\jmath} + (2t-1)\hat{k}$ m/s;
   d) $\vec{a} = 6t\hat{\imath} + 2\hat{\jmath} + 2\hat{k}$ m/s^2;
   e) $t = 1{,}41$ s;
   f) $t = 0{,}5$ s, $x = 0{,}125$ m, $y = -1{,}75$ m e $z = -0{,}25$ m.

6. b) $\vec{v} = 4\left(5\beta\hat{\imath} - \frac{1}{125\beta}\hat{\jmath}\right)$ e $\vec{a} = 8\left(\beta\hat{\imath} + \frac{3}{625\beta}\hat{\jmath}\right)$.

8. a) $\vec{r} = \frac{1}{2}\sin\left(\frac{3\gamma}{4}\right)\hat{\imath} + \frac{1}{2}\cos\left(\frac{3\beta}{4}\right)\hat{\jmath} - \frac{3\beta}{4}\hat{k}$;
   b) $|\vec{v}| = \frac{1}{2}\sqrt{\gamma^2\cos^2\left(\frac{3\gamma}{4}\right) + \beta^2\left[4 + \sin^2\left(\frac{3\beta}{4}\right)\right]}$
   $|\vec{a}| = \frac{1}{2}\sqrt{\gamma^4\sin^2\left(\frac{3\gamma}{4}\right) + \beta^4\cos^2\left(\frac{3\beta}{4}\right)}$.

9. $a = 3{,}2$ m/s.

10. $v_x = \frac{v_0}{\sqrt{1+b^2}}$ e $v_y = \frac{bv_0}{\sqrt{1+b^2}}$
    $a_T = 0$ e $a_n = \frac{2av_0^2}{(1+b^2)^{3/2}}$.

11. a) $S = \frac{\alpha R\tau^2}{2}$;
    b) $S = \frac{\omega_0^2 R}{2\alpha}$.

12. $\vec{v} = \omega_0(\ell_1\hat{\imath} + \ell_2\hat{\jmath})$ e $\vec{a} = -(\alpha_0\ell_1 + \ell_2\omega_0^2)\hat{\imath} - (\alpha_0\ell_2 - \ell_1\omega_0^2)\hat{\jmath}$.

13. $\vec{v}_A = 0{,}44\hat{\imath} + 1{,}64\hat{\jmath}$ m/s e $\vec{a}_A = -1{,}52\hat{\imath} + 7{,}44\hat{\jmath}$ m/s^2.

14. $\vec{v}_P = (v_0 + a\omega\sin\theta)\hat{\imath} - \omega a\cos\theta\,\hat{\jmath}$.

15. $\omega = 16$ rad/s.

16. $\vec{v}_A - \vec{v}_C = 0{,}79\hat{\imath} - 1{,}84\hat{\jmath}$ m/s.

17. $\vec{v}_A = -0{,}3\hat{\jmath}$ m/s e $\omega = 0{,}9$ rad/s.

18. $\vec{v} = (2c_2 - 3c_3)\hat{r} - 2c_1\pi(c_2 - c_3)\hat{\theta}$ e
    $\vec{a} = \left[2c_2(1 + 2c_1^2\pi^2) - 2c_3(3 - 2c_1^2\pi^2)\right]\hat{r} + 2c_1\pi(9c_3 - 7c_2)\hat{\theta}$.

19. a) $\hat{T} = -0{,}6\sin 2t\hat{\imath} + 0{,}6\cos 2t\hat{\jmath} + 0{,}8\hat{k}$.

20. a) $x^2+y^2=\gamma^2$ círculo de raio γ;
b) $\vec{v}=-\gamma\omega(\sin\omega t\hat{i}-\cos\omega t\hat{j})+2\beta t\hat{k}$ e $\vec{a}=-\gamma\omega^2(\cos\omega t\hat{i}+\sin\omega t\hat{j})+2\beta\hat{k}$

22. $\dfrac{d\theta}{dt}=\dfrac{v_0}{z}\sin^2\theta.$

24. a) $\vec{v}=-\dfrac{b\sqrt{3}\omega_0}{6}\hat{r}+\dfrac{5b\omega_0}{2}\hat{\theta}$ e $\vec{a}=-3b\omega_0^2\hat{r}-\dfrac{b\sqrt{3}\omega_0^2}{3}\hat{\theta}$;
b) $v_x=-\dfrac{3b\omega_0}{2}$ e $v_y=\dfrac{7b\sqrt{3}\omega_0}{6}$.

25. $v=\sqrt{v_0^2-bx^2}$.

26. $v=\dfrac{v_0}{1+kv_0t}$ e $x=x_0+\dfrac{1}{k}\ln(1+kv_0t)$.

27. $v=\dfrac{\alpha}{\beta}\left(1-e^{-\beta t}\right)+v_0e^{-\beta t}$ e $x=\dfrac{\alpha}{\beta}t-\dfrac{\alpha}{\beta^2}\left(1-\dfrac{\beta v_0}{\alpha}\right)\left(1-e^{-\beta t}\right)$.

29. $\vec{v}=\dfrac{3}{\gamma}\left(1-e^{-\gamma t}\right)\hat{i}+\dfrac{2}{\gamma}\sin\gamma t\,\hat{j}+\dfrac{1}{\gamma}(\cos\gamma t-1)\hat{k}$ e
$\Delta\vec{r}=\dfrac{3}{\gamma^2}\left[\gamma t-(1-e^{-\gamma t})\right]\hat{i}+\dfrac{2}{\gamma^2}(1-\cos\gamma t)\hat{j}+\dfrac{1}{\gamma^2}(\sin\gamma t-\gamma t)\hat{k}$.

32. círculo de raio $R=\dfrac{\ell}{2}$ e $v=\dfrac{v_0}{2}\sqrt{\dfrac{\ell^2+3x^2}{\ell^2-x^2}}$.

33. $t=3,8$ min e $d_{min}=654$ m.

34. $\vec{v}_{AC}=5\hat{i}-7\hat{j}$ m/s.

35. $\Delta t_T=\dfrac{2vd}{v^2-v_0^2}$.

36. $\vec{v}_{AB}=9\hat{i}-12\hat{j}-48\hat{k}$ m/s.

38. a) $z=2x^2+4x+5-y$;
b) $t=1$ s;
c) $a_T=\dfrac{16(t-1)}{\sqrt{1+16(t-1)^2}}$ e $a_n=\dfrac{4}{\sqrt{1+16(t-1)^2}}$;
d) $R=0,25$ m.

39. a) $a_A=0,923$ cm/s^2 e $a_B=1,384$ cm/s^2;
b) $v_B=7,768$ cm/s e $\Delta x_B=12,768$ cm.

40. a) $v_A = \dfrac{2v_0}{3}$, $v_C = 2v_0$ e $v_D = \dfrac{v_0}{3}$;
b) $v_{AC} = \dfrac{4v_0}{3}$.

41. $a_A = 9\text{m/s}^2$, $a_B = 3 \text{ m/s}^2$ e $\Delta y_B = 13,5$ m.

43. a) $a_A = -1,6 \text{ m/s}^2$, $a_B = 6,4 \text{ m/s}^2$ e $a_C = 1,6 \text{ m/s}^2$;
b) $v_B = 12,8$ m/s.

44. $\Delta y_A = \dfrac{5v_0\tau}{12}$, $\Delta y_B = \dfrac{v_0\tau}{4}$ e $\Delta y_C = \dfrac{7v_0\tau}{12}$.

CAPÍTULO 2
PROBLEMAS

1. $F = 1 + 6t + 6t^2$ N

2. $\vec{v} = \dfrac{\gamma}{m\omega}\sin\omega t\hat{i} + \dfrac{\beta}{m\omega}(1-\cos\omega t)\hat{j}$ e
$\vec{r} = \dfrac{\gamma}{m\omega^2}(1-\cos\omega t)\hat{i} + \dfrac{\beta}{m\omega^2}(\omega t - \sin\omega t)\hat{j}$

3. $\vec{p} = -2\hat{i} - 6\hat{j} + 8\hat{k}$ kgm/s e $\vec{F} = -10\hat{i} + 24\hat{k}$ N.

4. $\vec{F} = -3\hat{j} - 2\hat{k}$ N.

5. $\Delta\vec{p} = \dfrac{\beta}{\alpha^2}\hat{i}$ e $\vec{v} = \dfrac{\beta}{m\alpha^2}\hat{i}$.

6. $F_R^{min} = 0$ e $F_R^{max} = 2F_0$.

7. $\vec{F}_R = -20,6\hat{i} + 250,2\hat{j}$ N.

8. $\vec{F}_R = 223,5\hat{i} - 239,4\hat{j}$ N e $\theta = 47^o$.

9. $F_2 = 316,5$ N e $\vec{F}_R = 170,8\hat{j}$ N.

10. $\vec{F}_R = 161,2\hat{i} + 58,3\hat{j}$ N.

11. $\vec{F} = 65,5\hat{i} - 165\hat{j} + 95,1\hat{k}$ N e $\theta_z = 61,8^o$.

12. $F_1 = 774,5$ N e $F_2 = 345,8$ N.

13. $\vec{F}_3 = -288\hat{i} + 132,924\hat{j} - 243,693\hat{k}$ N ou
$\vec{F}_3 = 288\hat{i} - 132,924\hat{j} + 243,693\hat{k}$ N.

14. a) $\vec{F}_R = -150\hat{i} - 160\hat{j} + 91\hat{k}$ N;
b) $\theta_x = 50,8^o$, $\theta_y = 52,9^o$ e $\theta_x = 74,9^o$.

15. $\alpha = \beta = 78,4^o$.

16. $F_{AB} = 458,12$ N e $\beta = 30,7^o$.

17. $\vec{F}_R = -4604,8\hat{k}$ N.

18. $\vec{F}_R = 157,85\hat{\imath} + 82,62\hat{\jmath} - 261,73\hat{k}$ N;
$\theta_x = 61,0^o$, $\theta_y = 74,9^o$ e $\theta_x = 145,8^o$.

19. $F_{min} = 361,85$ N e $\alpha = 75,96^o$.

21. $29,7 \leq F \leq 45,4$ N.

22. $F = 114,9$ N.

23. $F = 658,7$ N.

24. $F = mg\left(\dfrac{\mu_A \cot\beta}{1-\mu_A \cot\beta} + \dfrac{\mu_B \cot\alpha}{1-\mu_B \cot\alpha}\right)$.

25. $143 \leq F \leq 483.5$ N.

26. $\theta = 76,6^o$.

27. $F = 217,2$ N e $\theta = 47,4^o$.

28. $a = 1.16$ m/s^2.

29. $F_N = \dfrac{\sqrt{2}mg}{2}\left(1 + \dfrac{v_0^2}{2pg}\right)$.

30. $H = \dfrac{1}{4}p\mu^2$.

CAPÍTULO 3

EXERCÍCIOS 3.2.2

1. $x_{cm} = 18,13$ m e $y_{cm} = -3,53$ m com a origem no ponto B.

2. $x_{cm} = 1,78$ m, $y_{cm} = 1,33$ m e $z_{cm} = 0,55$ m.

3. $x_{cm} = -\dfrac{2R\sqrt{2}}{3\pi}$ e $y_{cm} = 0$.

4. $x_{cm} = \dfrac{9L}{16}$.

5. $x_{cm} = \dfrac{2a}{3}$ e $y_{cm} = \dfrac{ka}{3}$.

6. $x_{cm} = 2,30$ e $y_{cm} = 3,81$.

7. $x_{cm} = \dfrac{2R}{3\alpha}\sin\alpha$ e $y_{cm} = 0$.

8. $x_{cm} = \dfrac{4b}{3}$ e $y_{cm} = \dfrac{2H}{3}$.

9. $x_{cm} = 0$ e $y_{cm} = 2$.

10. $x_{cm} = \dfrac{4a}{3\pi}$ e $y_{cm} = \dfrac{4b}{3\pi}$.

11. $x_{cm} = y_{cm} = \dfrac{4R}{3\pi}$.

12. $x_{cm} = \dfrac{\pi - 2}{2}$ e $y_{cm} = \dfrac{\pi}{8}$.

13. $x_{cm} = y_{cm} = \dfrac{10}{3(4-\pi)}$.

14. $x_{cm} = -\dfrac{R}{3}$ e $y_{cm} = 0$.

15. a) $x_{cm} = \dfrac{8a}{3}$ e $y_{cm} = 2a$;
    b) $x_{cm} = \dfrac{2a(32-\pi)}{24-\pi}$ e $y_{cm} = 2a$.

16. a) $x_{cm} = 0$ e $y_{cm} = \dfrac{b}{3}$;
    b) $x_{cm} = -0,118b$ e $y_{cm} = 0,346b$.

17. $x_{cm} = \dfrac{\ell(3 - 4\sin\beta)}{3(1-\beta)}$ e $y_{cm} = 0$.

18. $x_{cm} = y_{cm} = \dfrac{16}{5}$.

19. $x_{cm} = 2$ e $y_{cm} = \dfrac{12}{5}$.

20. $x_{cm} = y_{cm} = 0$ e $z_{cm} = \dfrac{3R}{8}$.

21. $x_{cm} = \dfrac{1}{2}$ e $y_{cm} = 0$.

22. $x_{cm} = 0$ e $y_{cm} = \dfrac{h}{3}$.

23. $x_{cm} = 3,2$ e $y_{cm} = 0$.

24. $x_{cm} = 0$ e $y_{cm} = \dfrac{3a}{5}$.

25. $x_{cm} = \dfrac{27R}{40}$ e $y_{cm} = 0$.

26. $x_{cm} = y_{cm} = 0$ e $z_{cm} = \dfrac{33H}{84}$.

27. $x_{cm} = \dfrac{2a}{\pi - 1}$ e $y_{cm} = \dfrac{7b}{3(\pi - 1)}$.

EXERCÍCIOS 3.2.4

1. $T_{AC} = 3018,6$ N e $T_{BC} = 2107,9$ N.
2. $F = 1149,1$ N e $\theta = 80,0^o$.
3. $T = 1623,7$ N e $F_1 = 2373,7$ N.
4. $P_{max} = 1070$ N.
5. $d = 35,6$ cm.
6. $T_{AD} = 739,2$ N, $T_{AC} = 465,8$ N e $T_{AB} = 29,6$ N.
7. $T_{AC} = 357,5$ N, $T_{AD} = 175,4$ N e $F = 815,5$ N.

EXERCÍCIOS 3.2.6

1. $\vec{M}_O$=-47.9$\hat{k}$ Nm.
2. $\vec{F} = 200\hat{\imath} - 346,4\hat{\jmath}$ N e $\vec{M} = -785,64\hat{k}$ Nm.
3. $\vec{M} = 460,9\hat{k}$ Nm.
4. $\vec{F} = -350\hat{\imath}$ N e $\vec{M} = 60,6\hat{k}$ Nm.
5. $\vec{M} = 4607\hat{k}$ Nm.
6. $\vec{M} = -43,3\hat{\jmath}$ Nm.
7. $\vec{M}_p = 250\hat{\imath} + 230\hat{\jmath} + 790\hat{k}$ Nm.
8. $\vec{M}_p = 3140\hat{k}$ Nm.
9. $\vec{M}_C = 278,6\hat{\imath} - 111,4\hat{\jmath} + 185,7\hat{k}$ Nm.
10. $M = \mu_e mg\ell$.
11. $d = 0,64$ m.

12. $M_{\bar{O}B} = 272$ Nm.

13. $M_{\bar{A}B} = 72$ Nm.

14. $\vec{M}_O = Fa\left(\frac{\sqrt{2}}{2} - 1\right)\hat{i}$ e $\vec{F}_R = 0$.

EXERCÍCIOS 3.2.8

2. $R_A = P\sin\beta$ e $R_B = P\cos\beta$.

3. $F = \frac{mg\sqrt{h(2R-h)}}{R-h}$.

4. $R_A = 0,64P$, $R_B = 0,36P$ e $\theta = 32,5^o$.

5. $M_C^{min} = \frac{mg\ell}{2}$.

6. $d = \frac{\ell}{3}$ em relação ao centro de massa do cubo.

7. O bloco irá tombar.

8. $d = 7,8$ m ao longo do comprimento da escada.

9. $F^{min} = 23.5$ N.

10. $T = 6500$ N e $\vec{R}_A = 7200\hat{i} + 9000\hat{j}$ N.

11. $\vec{R}_A = F\hat{i} - F(\sqrt{3}-1)\hat{j}$ e $\vec{R}_B = -F\hat{i} + F\sqrt{3}\hat{j}$.

12. $T = 701$ N e $\vec{R}_C = 517\hat{i} + 824\hat{j}$ N.

EXERCÍCIOS 3.2.10

1. $R_A = 1810,3$ N e $R_B = 2941,7$ N.

2. $R_A = 1410,4$ N e $R_B = 753,7$ N.

3. $R_A = 1733,3$ N, $R_B = 1666,7$ N $F_R = 4400$ N aplicada a uma distância $d = 4.54$ m do ponto A.

4. $C_A = 1500$ N e $C_B = 7500$ N.

5. $R_A = 14$ kN e $R_B = 11$ kN.

PROBLEMAS

1. $z_{cm} = \frac{11H}{28}$.

2. $z_{cm} = \dfrac{R}{\pi - 2}$.

3. $d \approx 2,2$ m.

4. $F_m = 10,4$ kN e $F_M = 28,9$ kN.

5. $T_{OB} = 94,5$ N.

6. $T_1 = 7,2\alpha g$, $T_2 = 8,8\alpha g$ e $T_3 = 16\alpha g$.

7. $\mu = 0,48$.

8. $F = \dfrac{\rho g \ell h^2}{2}$, $M_O = \dfrac{\rho g \ell h^3}{6}$ e $d = \dfrac{2h}{3}$ em relação à superfície.

9. $M_P = 5,24 \times 10^6$ Nm.

10. $T_{BE} = 173$ N $T_{BD} = 906$ N $R_A = 1125$ N.

11. $T = \dfrac{aC_0(5b + 12a)}{15b\sqrt{3}}$, $R_{Ox} = \dfrac{aC_0(5b + 12a)}{30b\sqrt{3}}$ e $R_{Oy} = \dfrac{aC_0(25b - 12a)}{30b}$.

13. $T_{CB} = T_{DB} = 7531$ N e $R_A = 7921$ N.

14. $R_A = 236$ kN e $N_B = 142$ kN.

15. $T_A = T_B = 88,2$ N e $T_O = 264,6$ N.

16. $M = \dfrac{\mu R m g(1 + \mu)}{1 + \mu^2}$.

18. $F = \dfrac{\mu m g}{\sqrt{1 + \mu^2} - \mu}$.

19. $\theta = 2 \arctan\left(\dfrac{1}{\mu}\right)$ e $T = \dfrac{mg}{\sqrt{1 + \mu^2}}$.

CAPÍTULO 4

EXERCÍCIOS 4.2.1

2. $a = \dfrac{2(x_2 t_1 - x_1 t_2)}{t_1 t_2 (t_2 - t_1)}$.

3. Condição para não haver colisão: $(v_A - v_B)^2 < \sqrt{2ad}$.

4. a) Sim, o passageiro conseguirá alcançar o trem;
   b) $d_{max} = 24,5$ m;
   c) $v_T = 7$ m/s;
   d) $v_{MT} = 3,5$ m/s;
   e)

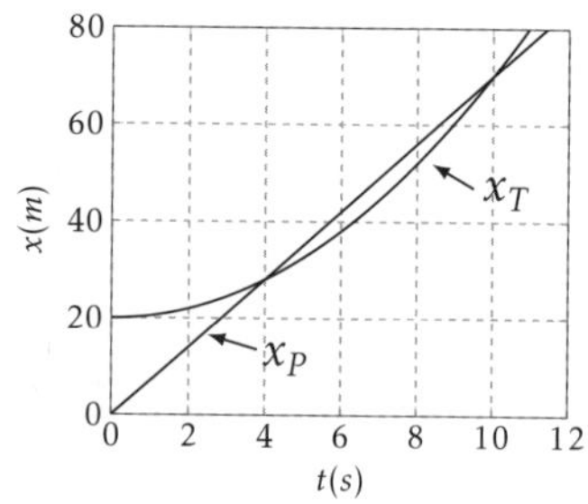

5. $v_{max} = \dfrac{2d}{2t_2 - t_1}$.

6. $\Delta t = \sqrt{\dfrac{2Md}{F - \mu(m+M)g}}$.

7. $\theta = 36,6^o$ e $t_{min} = 1,5$ s.

8. $t_E = 16$ s e $d = 192$ m.

9. $\Delta t_{AB} = \tau\left[\dfrac{D_T}{\tau(v_1+v_2)} - 1\right]$ para $D_T > \tau(v_1+v_2)$ e
   $d_0 = D_T\left(\dfrac{v_1}{v_1+v_2} - \dfrac{v_1\tau}{D_T}\right)$.

10. $\Delta t = 6,3$ s e $d = 31,4$ m.

11. $v = 30$ m/s no sentido contrário à trajetória e $d = 325$ m.

13. $y_B = \dfrac{1}{4}\left(2vt - at^2\right)$ e $v_B = \dfrac{1}{2}\left(v - at\right)$.

14. $t = \dfrac{av_A + bv_B}{v_A^2 + v_B^2}$ e $d_{min} = \dfrac{|bv_A - av_B|}{\sqrt{v_A^2+v_B^2}}$.

15. $\sin\theta = -\dfrac{v_0^2}{ay_0}\left[1 - \sqrt{1 + \dfrac{a^2y_0^2}{v_0^4}}\right]$.

16. $a_A = 2,8$ m/s^2 e $a_B = 1,9$ m/s^2.

17. $\Delta x_1 = 31{,}4$ m, $\Delta y_2 = 15{,}7$ m e $T = \frac{4}{5}mg$.

18. $m_2 = 23$ kg, $m_3 = 7{,}6$ kg e $\Delta x_1 = 12$ m.

19. $v_A = 4{,}4$ m/s^2 e $T = 113$ N.

20. $d = 1{,}4$ m e $T = 163{,}3$ N.

21. $t = 2{,}5$ s e $\Delta y_B = 1{,}25$ m.

22. $a_A = 3{,}3$ m/s^2, $a_B = 1{,}6$ m/s^2 e $T = 653$ N.

23. $v_A = 2{,}0$ m/s.

EXERCÍCIOS 4.3.1

1. a) $t \approx 1{,}2$ s e $t \approx 3{,}5$ s;
   b) $1{,}2 < t < 3{,}5$ s;
   c) $0 \leq t < 1{,}2$ s e $t > 3{,}5$ s.

2. $d = 202{,}5$ m;
   $0 \leq t \leq 3$ s $\quad x = 30t$;
   $3 \leq t \leq 12$ s $\quad x = -30 + 45t - \frac{5}{2}t^2$.

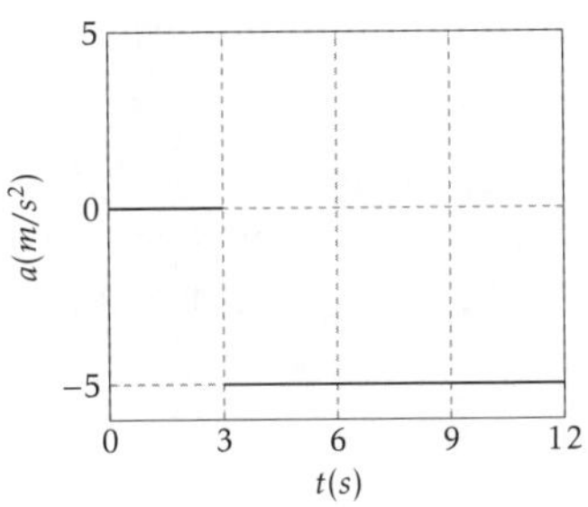

3. $d = 437{,}3$ m;

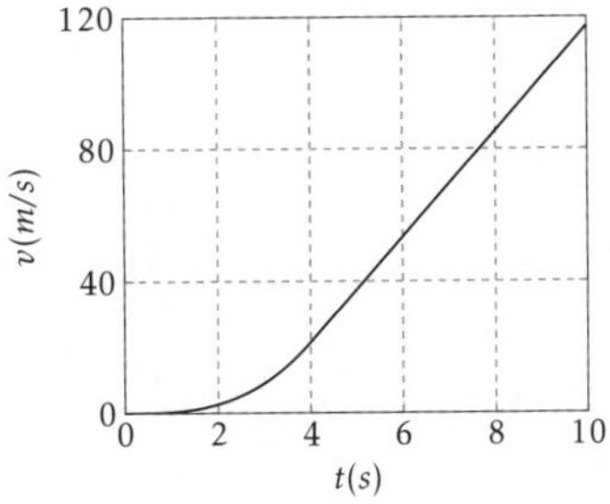

4. a) $v = -t + \dfrac{t^2}{8}$ e $x = -\dfrac{t^2}{2} + \dfrac{t^3}{24}$;
   b) $d = 21,3$ m.

5. $d = 416$ m e $\Delta t = 10$ s.

EXERCÍCIOS 4.4.1

1. a) $H_{max} = 11,5$m;
   b) $t = 1,5$ s;
   c) $t_v = 3,0$ s;
   d) $v = 29,7$ m/s.

3. $\theta_{1,2} = \arctan\left[\dfrac{v_0^2}{gd}\left(1 \pm \sqrt{1 - \dfrac{g^2d^2}{v_0^4}}\right)\right]$.

4. $v_A = v_B = \sqrt{v_0^2 + 2gH}$.

7. $\theta = 37^o$ ou $\theta = 61^o$.

8. $v_{min} = \dfrac{19}{4}\sqrt{\dfrac{dg}{8}}$ e $v_{max} = \dfrac{29}{4}\sqrt{\dfrac{dg}{8}}$.

9. $d_{max} = 0,7$ m.

10. $v_0 = 22,6$ m/s e $t = 4,8$ s.

EXERCÍCIOS 4.5.1

1. $T = 0,78$ s, $f = 1,28$ Hz e $A = 30$ cm.

2. $\omega = 4$ rad/s e $T = 1,6$ s.

5. $k = \dfrac{16}{3}\pi^2 f_1^2 m_1$ e $m_2 = \dfrac{m_1}{3}$.

9. $\dfrac{b}{m} = 1\ \text{s}^{-1}$ e $\omega_0 = \sqrt{5}$ rad/s.

PROBLEMAS

1. $d = 8,6$ cm.

2. $F = \dfrac{m_2}{m_1}(M + m_1 + m_2)g$.

3. a) $T = 1,6$ N;
   b) $\beta = 26,7^o$.

4. $F = 3mg\sin\theta$.

5. a) $\theta = \arctan\left(\frac{\mu_1 m_1 + \mu_2 m_2}{m_1 + m_2}\right)$;
   b) $F_c = \frac{m_1 m_2 g(\mu_1 - \mu_2)\cos\theta}{m_1 + m_2}$.

6. a) $\mu = 0,45$;
   b) $T = m_0 g$.

7. $H_{max} = \frac{6\beta}{4+\beta} h$.

9. $F = 7,7mg$.

10. a) $x = v_0 \cos\theta t - \frac{F_0}{2m} t^2$ e $y = v_0 \sin\theta t - \frac{1}{2} g t^2$;
    c) $v_0 = 10,0$ m/s.

11. $\beta = \frac{\pi}{4} - \frac{\theta}{2}$ e $A_{max} = \frac{v_0^2}{g} \frac{1 - \sin\theta}{\cos\theta}$.

13. $t = \sqrt{\frac{\ell}{g}} \ln\left[\frac{\ell + \sqrt{\ell^2 - b^2}}{\ell}\right]$.

14. a) $\ell_{max} = \frac{\mu}{1+\mu} \ell$;
    b) $v = \sqrt{\frac{g}{\ell}\left[(1-\mu)\ell^2 - (1+\mu)b^2\right] + 2\mu b g}$.

15. $v = \sqrt{\frac{g}{\ell}(\ell^2 - b^2)\sin\theta}$.

16. $v = \frac{F_0 t}{m_0 + \beta t}$ e $a = \frac{F_0 m_0}{(m_0 + \beta t)^2}$.

17. $t = \frac{m}{b} \ln\left(1 + \frac{b v_0}{mg}\right)$ e $H_{max} = \frac{m v_0}{b}\left[1 - \frac{mg}{b v_0} \ln\left(1 + \frac{b v_0}{mg}\right)\right]$.

18. $d = \frac{m}{2b} \ln\left[\frac{F_0 - b v_1^2}{F_0 - b v_2^2}\right]$.

20. $a_T = \frac{g^2 \tau}{\sqrt{v_0^2 + g^2 \tau^2}}$ e $a_n = \frac{v_0 g}{\sqrt{v_0^2 + g^2 \tau^2}}$.

21. a) $T = \frac{4}{\sin\theta} \sqrt{\frac{2h}{g}}$;
    b) Não é um movimento harmônico simples.

23. $\mu = 0,33$.

24. $\omega_{max} = \sqrt{\frac{g}{H}\left(\frac{2\cos^2\beta + \mu\sin 2\beta}{2\sin^2\beta - \mu\sin 2\beta}\right)}$ e $\omega_{min} = \sqrt{\frac{g}{H}\left(\frac{2\cos^2\beta - \mu\sin 2\beta}{2\sin^2\beta + \mu\sin 2\beta}\right)}$.

25. $a_1 = \frac{4m_2m_3}{m_1m_2 + m_1m_3 + 4m_2m_3}g$ e $T = \frac{4m_1m_2m_3g}{m_1m_2 + m_1m_3 + 4m_2m_3}$.

26. $a = \frac{F_0}{m}\Big(\cos\theta - \mu\sin\theta\Big) - \mu g$;

$N_A = \frac{mg(\ell - \mu H) - F_0(b\cos\theta + \mu H\sin\theta)}{2\ell}$ e

$N_B = \frac{mg(\ell + \mu H) + F_0 b\cos\theta + (2\ell + \mu H)F_0\sin\theta}{2\ell}$.

27. a) $T = mg\left[3\cos\theta + 3\frac{a}{g}\sin\theta - 2\right]$;

b) $\theta = \arctan\left(\frac{a}{g}\right)$ e $T_{max} = mg\left[3\sqrt{1 + \frac{a^2}{g^2}} - 2\right]$.

33. $\omega_R = \sqrt{\frac{k}{6m}}$.

34. $\frac{d^2x}{dt^2} + \frac{b}{m}\frac{dx}{dt} + \left(\frac{k_1 + k_2}{m}\right)x = \frac{k_2x_0}{m}\cos\omega_e t$,

$\omega_0 = \sqrt{\frac{k_1 + k_2}{m}}$ e $\omega_R = \sqrt{\frac{2m(k_1 - k_2) - b^2}{2m^2}}$.

CAPÍTULO 5

EXERCÍCIOS 5.1.1

1. $W = -24$ J.

2. $W = 2\pi R^2$.

3. Não conservativa.

4. $a = 4$, $b = 2$ e $c = -1$.

5. a) $\frac{x^2}{a} + \frac{y^2}{b^2} = 1$ eq. da elipse;

b) $W = \frac{m\omega^2}{2}\Big(a^2 - b^2\Big)$.

7. $W = mg(h + \mu\ell)$.

8. $W = \dfrac{(1+\mu)m_1 m_2 g}{m_1+m_2} d.$

9. $W = kA^2 + 2k\ell_0 \left[\ell_0 - \sqrt{\ell_0^2 + A^2}\right].$

EXERCÍCIOS 5.2.1

1. $P = 3{,}5$ W.

2. $P = 5{,}9$ kW.

3. $P = \dfrac{F_0^2 t}{2m}.$

4. $P = 4{,}4$ W.

5. $W = 3{,}3$ J.

6. $P = \dfrac{m\omega^3}{2}(a^2 - b^2)\sin 2\omega t.$

7. $P = 11{,}03$ kW.

8. $P = 109{,}4$ kW.

9. $W = \dfrac{a^2}{m\omega^2}\left[1 - \cos\omega t\right].$

EXERCÍCIOS 5.4.3

1. a) $d_{max} = 6{,}2$ m;
   b) $v = 4{,}3$ m/s.

2. $W = 18{,}3$ J.

3. a) $T_A = 83$ N e $T_B = 57$ N;
   b) $W_{fat} = -80$ J.

4. $v = 10{,}7$ m/s.

5. $v = 12{,}4$ m/s.

6. $W_{fat} = -968$ J.

7. $E_{c2} = 16$ J.

9. $W_{fat} = -1906$ J.

14. $x_{max} = 68$ cm.

15. $F = 251{,}5$ N.

EXERCÍCIOS 5.4.5

1. $\vec{F}_g = -mg\hat{r}$.

2. $\vec{F} = -6U_0\left(\frac{\alpha}{r^7} - \frac{2\beta}{r^{13}}\right)\hat{r}$ e $r = \left(\frac{2\beta}{\alpha}\right)^{1/6}$.

3. $\vec{F} = -\frac{\alpha}{r^2}\left[1 - \frac{r_0}{r}\right]e^{-r_0/r}\hat{r}$, $r = r_0$ e $U_{min} = -0{,}368\frac{\alpha}{r_0}$.

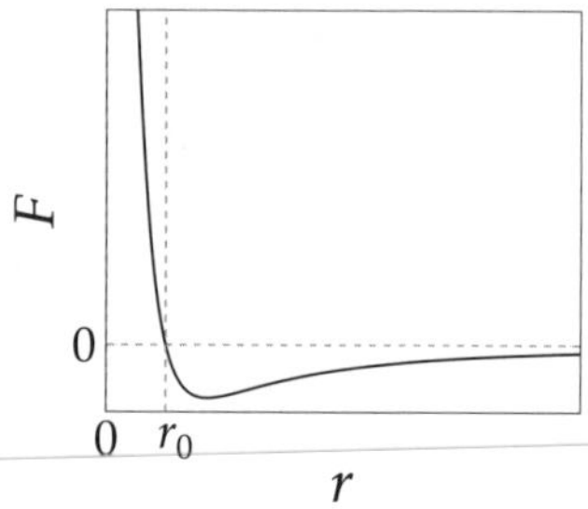

EXERCÍCIOS 5.5.2

1. $v = 94{,}4$ m/s.

2. $H_{max} = 64$ cm e $d = 83$ cm.

3. $H = \frac{5R}{2}$.

4. $k_2 = 153{,}3$ N/m.

5. $v = \sqrt{v_0^2 + 4g\ell}$ e $T = 5mg\left(1 + \frac{v_0^2}{5\ell g}\right)$.

6. $d = 3{,}6$ m e $v = 4{,}2$ m/s.

7. $v_B = 3{,}6$ m/s.

8. $v = \sqrt{2gH\left[1 - \frac{kH}{2mg}\left(7 + 2\beta - 4\sqrt{2}\beta\right)\right]}$ com $\beta = \frac{\ell_0}{H}$.

9. $\theta = \arccos\left(\frac{2H}{3R}\right)$.

10. $v = 17$ m/s e $F_N = 286$ N.

EXERCÍCIOS 5.5.4

1. a) $x = 0$ equilíbrio estável;
   $x = 2$ m equilíbrio instável;
   $x \geq 3$ m equilíbrio indiferente.

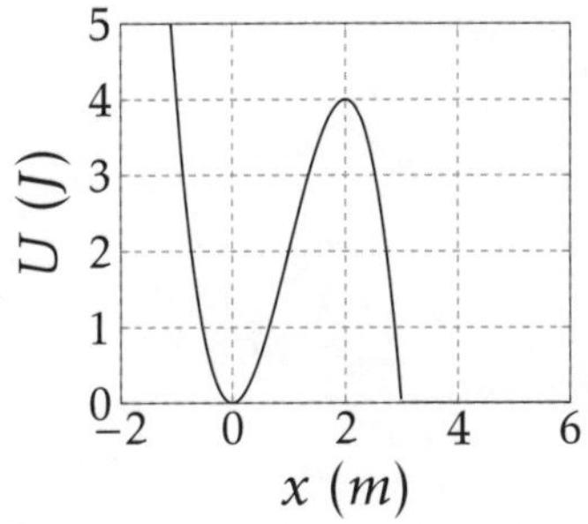

b) $x = 0$ $v = 3{,}6$ m/s e $x = 2$ m $v = 3{,}2$ m/s.

3. $y = \frac{m_1}{2m_2} \frac{d}{\sqrt{1 - \left(\frac{m_1}{2m_2}\right)^2}}$.

4. $U(x) = U_1 \left(\frac{2x^2}{a^2} - \frac{x^4}{a^4} \right)$;
   $F(x) = -kx + k\frac{x^3}{a^2}$ com $k = \frac{4U_1}{a^2}$;
   $x = 0$ ponto de equilíbrio estável;
   $x = \pm a$ pontos de equilíbrio instável.

6. $x = \pm a\sqrt{2}$ pontos de equilíbrio estável;
   $x = 0$ ponto de equilíbrio instável.

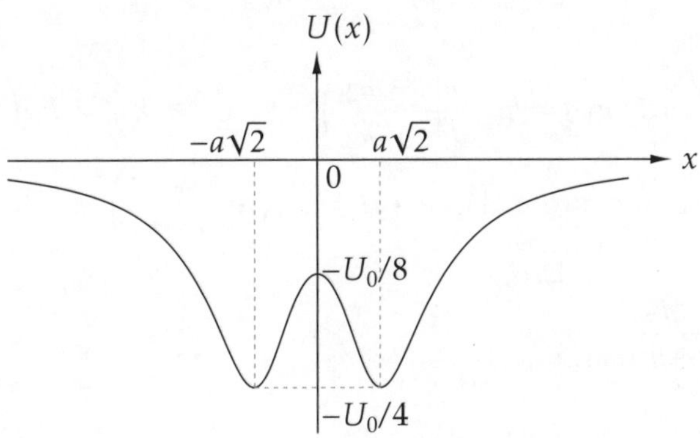

EXERCÍCIOS 5.7.1

1. a) $\Delta\vec{p} = 54\hat{i} + 246\hat{j} - 72\hat{k}$ N.s;
   b) $\theta = 76,2^o$.

2. $E_c = \dfrac{F_0^2}{2m}t^2$.

3. $J = \dfrac{kq^2}{d^2}\dfrac{t}{\sqrt{1+\left(\frac{v_0 t}{d}\right)^2}}$.

4. $\vec{p} = 160\hat{i} + 504\hat{j}$ N.s e $E_c = 17,5$ kJ.

5. $y_{cm} = \dfrac{a}{2} + \dfrac{3b}{4} - 2x_{cm}$ uma reta.

7. $E_c = \dfrac{m_r}{2}\left(v_1^2 + v_2^2\right)$ com $m_r = \dfrac{m_1 m_2}{m_1 + m_2}$.

10. $P = \rho v^2 \cos^2\beta$.

EXERCÍCIOS 5.7.3

1. $\vec{v}_c = 1\hat{i} + 2\hat{j} - 4\hat{k}$ m/s.

2. $v_{cm} = \dfrac{m_1 v_{1i} + m_2 v_{2i}}{m_1 + m_2}$.

3. $\theta = 26,6^o$.

5. $v = 12,6$ m/s e $\beta = 50,5^o$.

6. $v_{1D} = \dfrac{v_0}{5}$ e $v_{2D} = \dfrac{2v_0}{5}$.

7. $v_{1D} = -\dfrac{1}{5}v_0$ e $v_{2D} = v_{3D} = \dfrac{2\sqrt{3}}{5}v_0$.

8. $\text{Colisão elástica}: h_{1D} = h_0\left(\dfrac{m_1 - m_2}{m_1 + m_2}\right)^2$ e $h_{2D} = h_0\left(\dfrac{m_1}{m_1 + m_2}\right)^2$;

   $\text{Colisão perfeitamente inelástica}: h = h_0\left(\dfrac{m_1}{m_1 + m_2}\right)^2$.

9. $v_0 = \sqrt{\dfrac{M_p g\ell}{(M_p + m)\sin 2\theta}}$.

10. $\dfrac{\Delta E_c}{E_c} = -1 + \dfrac{m}{M} + \left(1 + \dfrac{m}{M}\right)\tan^2\theta$.

11. $v_p = v_0\sqrt{\dfrac{m/M}{1+\frac{M}{m\cos^2\theta}}}$.

12. $v_{AD} = 1{,}9$ m/s, $v_{BD} = 5{,}8$ m/s e $\dfrac{\Delta E_c}{E_{cA}} = 43\%$.

14. $\sin\theta_{max} = \dfrac{m_2}{m_1}$.

16. $v_0 = 2\left(\dfrac{M+m}{m}\right)\sin(\theta/2)\sqrt{\ell g}$.

EXERCÍCIOS 5.8.3

1. $\vec{M}_0 = -24\hat{\imath}+48\hat{\jmath}+32\hat{k}$ N.m e $\vec{L}_0 = 18\hat{\jmath}+6\hat{k}$ m^{2}kg/s.

2. $\vec{M} = 12\hat{\imath}-2\hat{\jmath}+128\hat{k}$ N.m.

4. $(a): I_x = \dfrac{211m}{3}a^2$ e $I_z = \dfrac{211m}{3}a^2$;
   $(b): I_x = \dfrac{19m}{3}b^2$ e $I_z = \dfrac{19m}{3}\left(a^2+b^2\right)$.

7. $\vec{L}_0 = \dfrac{1}{2}mgv_0t^2\hat{k}$.

8. $L_A = 0$ e $L_O = m\sqrt{gd^3}$;
   $L_A = m\left(\dfrac{3-\sqrt{3}}{2}\right)\sqrt{2gd^3}$ e $L_O = m\sqrt{gd^3(3-\sqrt{3})}$.

9. $a = \dfrac{2(R-b)F}{3mR}$ e $f_{at} = \dfrac{F(4b-R)}{3(R-b)}$.

10. $a_1 = a_2 = 0{,}7$ m/s^2, $T_1 = 14{,}6$ N e $T_2 = 19{,}8$ N.

11. $\vec{L}_0 = -mv_0(c\hat{\imath}-a\hat{k})$.

12. $v = \sqrt{\dfrac{4Mgd(\sin\theta-\mu\cos\theta)}{2M+m}}$.

13. $a = 0{,}89$ m/s^2.

14. $v_B = 3{,}1$ m/s.

15. a) $v = v_0\dfrac{(5+2\beta)}{7}$;
    b) $\Delta t = \dfrac{2v_0}{7\mu g}(\beta-1)$;
    c) $d = \dfrac{2v_0^2}{49\mu g}(\beta-1)(\beta+6)$.

16. $\mu = 0,495$.

18. $T = \dfrac{L_0^2}{mr^3}$.

19. a) $F_N = \dfrac{mg}{4}\cos\theta \qquad \text{e} \qquad f_{at} = \dfrac{5mg}{2}\sin\theta$;
    b) $\theta = \arctan\left(\dfrac{\mu}{10}\right)$.

20. $\mu = 0,254$.

21. $R_p = \dfrac{mg}{4}\sqrt{\dfrac{13}{2}}$.

22. $I_x = \dfrac{mR^2}{2} \qquad \text{e} \qquad I_{z'} = 2mR^2\left(1 - \dfrac{2}{\pi}\right)$.

23. $I_z = \dfrac{mR^2}{2}$.

24. $I_x = \dfrac{mb^2}{4}, \qquad I_y = \dfrac{ma^2}{4} \qquad \text{e} \qquad I_z = \dfrac{m}{4}\left(a^2 + b^2\right)$.

25. $I_z = \dfrac{3mR^2}{10} \qquad \text{e} \qquad I_{x'} = \dfrac{3mH^2}{5}\left(1 + \dfrac{R^2}{4H^2}\right)$.

26. $I_{z'} = \dfrac{3mR^2}{2} \qquad \text{e} \qquad I_{x'} = \dfrac{m\ell^2}{3}\left(1 + \dfrac{3R^2}{4\ell^2}\right)$.

27. $I_z = \dfrac{mb^2}{3}$.

28. $I_x = \dfrac{13mb^2}{54}$.

29. $I_x = \dfrac{93mb^2}{70}$.

30. $I_z = \dfrac{5m}{4}\left(a^2 + b^2\right)$.

31. $I_x = \dfrac{13m\ell^2}{36} \qquad \text{e} \qquad I_z = \dfrac{49m\ell^2}{18}$

EXERCÍCIOS 5.9.1

1. $\omega = \dfrac{3v(a+b)}{a^2 + 3b^2}$.

2. a) $\omega = \dfrac{5a^2}{8b^2}\omega_0$;

   b) $\dfrac{E_{cf}}{E_{ci}} = \dfrac{2b^2}{5a^2}$.

3. $\omega = 1{,}6$ rad/s e $\dfrac{E_{cf}}{E_{ci}} = 5{,}5 \times 10^{-4}$.

4. $\omega = \dfrac{18mv_0}{5M\ell}$.

PROBLEMAS

1. $P = mR\alpha t$.

2. $P_{max} = \dfrac{mv_0^2}{2}\sqrt{\beta g}$.

3. a) $m_B = 5m$;

   b) $v_B = \dfrac{v_0}{3}$ e $v_A = -\dfrac{2v_0}{3}$.

4. $\theta = \arcsin\left(\dfrac{\mu m_1}{3m_2}\right)$.

5. $h = \dfrac{H}{2}$ e $d_{max} = H$.

6. $v = 3{,}0$ m/s.

8. $v = \sqrt{\dfrac{2m^2 gH\cos^2\theta}{(M+m)(M+m\sin^2\theta)}}$.

9. $\Delta t = \sqrt{\dfrac{2H}{g}}\left(\dfrac{1+e}{1-e}\right)$.

10. a) $\alpha = \dfrac{3g}{2\ell}\sin\theta$ e $\omega = \sqrt{\dfrac{3g}{\ell}\cos\theta}$;

    b) $F_r = \dfrac{5mg}{2}\cos\theta$ e $F_\theta = \dfrac{mg}{4}\sin\theta$.

11. $d_{min} = \sqrt{\dfrac{5mgR}{k}\left(1+\dfrac{2\mu D}{5R}\right)}$.

12. $\theta = 55{,}2^o$.

13. a) $v = \dfrac{2v_0}{3}$;

    b) $v_{cm} = \dfrac{2v_0}{3}$;

    c) $\omega = \dfrac{4v_0}{3\ell}$.

14. $h_1 = \dfrac{h}{9}$ e $h_2 = \dfrac{4h}{9}$.

15. $\omega = \sqrt{\dfrac{10(R+a)g}{17a^2}}$.

16. $f = \dfrac{1}{2\pi}\sqrt{\dfrac{2k}{3m}}$.

17. $\omega_0 = 1,75$ rad/s.

18. $v = -\dfrac{1}{4}v_0$ e $\omega = \dfrac{3}{2}\dfrac{v_0}{\ell}$.

19. a) $H = \dfrac{27}{10}R$ e $H = \dfrac{27\beta a}{10}\left(1 - \dfrac{17}{27\beta}\right)$;

    b) $\beta = 6,3$.

20. $\theta = \arccos\left(1 - \dfrac{3v_0^2}{20\ell g}\right)$.

21. $d = 0,22$ m e $\omega_{max} = 116,1$ rad/s.

Referências

1. Alonso, M., & Finn, E. J. (1972). *Física: um curso universitário* (v. 1, Mecânica). São Paulo: Blucher.

2. Arfken, G. B., & Weber, H. J. (1995). *Mathematical Methods for Physicists*. New York: Academic Press.

3. Ayres, F. Jr. (1959). *Equações Diferenciais - Coleção Schaum*. São Paulo: McGraw-Hill.

4. Beer, F. P., Johnston, E. R. Jr. (1994). *Mecânica vetorial para engenheiros - Estática*. São Paulo: Makon Books.

5. Beer, F. P., Johnston, E. R. Jr. (1994). *Mecânica vetorial para engenheiros - Dinâmica*. São Paulo: Makon Books.

6. Bronson, R. (1977). *Moderna Introdução as Equações Diferenciais - Coleção Schaum*. São Paulo: McGraw-Hill.

7. Halliday, R., Resnick, D., & Walker, J. (2009). *Fundamentos de Física* (v. 1, Mecânica). Rio de Janeiro: Livros Técnicos e Científicos.

8. Hibbeler, R. C. (2005). *Dinâmica - Mecânica para engenharia*. São Paulo: Pearson, Prentice Hall.

9. Hibbeler, R. C. (2005). *Estática - Mecânica para engenharia*. São Paulo: Pearson, Prentice Hall.

10. Meriam, J. L., Kraige, L. G. (2009). *Mecânica para engenharia - Estática*. Rio de Janeiro: Livros Técnicos e Científicos.

11. Meriam, J. L., Kraige, L. G. (2009). *Mecânica para engenharia - Dinâmica*. Rio de Janeiro: Livros Técnicos e Científicos.

12. Serway, R. A., & Jewett, J. W. (2006). *Princípios de Física* (v. 1, Mecânica Clássica). São Paulo: Thompson.

13. Spiegel, M. R. (1967). *Theoretical Mechanics*. New York: McGraw-Hill.

14. Stewart, J. (2006). *Cálculo - volume I*. São Paulo: Pioneira Thomson Learning.

15. Symon, K. R. (1996). *Mecânica*. Rio de Janeiro: Editora Campos.

16. Tipler, P. A. (1995). *Física* (v. 1, Mecânica). Rio de Janeiro: Livros Técnicos e Científicos.

17. Young, H. D., Freedman, R. A., Sears & Zemansky. (2009). *Física I: Mecânica*. São Paulo: Addison Wesley, Pearson.

Índice remissivo

GRÁFICA PAYM
Tel. [11] 4392-3344
paym@graficapaym.com.br